普通高等教育电气工程与自动化（应用型）系列教材

电力系统继电保护

第 3 版

主　编　韩　笑
副主编　隆贤林
参　编　李　斌　宋丽群

机械工业出版社

本书主要介绍电力系统继电保护原理及相关应用。内容涵盖继电保护基本概念、电力系统故障分析方法、互感器等专业基础知识，馈电线路、输电线路、变压器、发电机、母线等多种元件的保护技术，以及自动重合闸、数字式保护装置、二次接线、继电保护测试技术等多个方面。

全书没有烦琐冗长的数学推导和理论计算，而是通过实际案例和具体装置为读者构建了一个突出工程应用的继电保护基础理论体系。

本书可作为应用型本科院校电气工程及其自动化专业及相关专业的教材，也可作为自学、培训教材，同时可供从事继电保护的工作者参考。

本书主编始终从事与电力系统继电保护相关的生产、教学、科研工作，使用本书主讲的"电力系统继电保护"课程于2019年获得"国家级精品在线开放课程"。课程链接 https://www.icourse163.org/course/NJIT-1001754184。

图书在版编目（CIP）数据

电力系统继电保护 / 韩笑主编. -- 3版. -- 北京：机械工业出版社，2025.7. -- （普通高等教育电气工程与自动化（应用型）系列教材）. -- ISBN 978-7-111-78224-7

Ⅰ. TM77

中国国家版本馆 CIP 数据核字第 2025B9C121 号

机械工业出版社（北京市百万庄大街22号　邮政编码100037）
策划编辑：王雅新　　　　　责任编辑：王雅新　刘琴琴
责任校对：丁梦卓　张　薇　封面设计：张　静
责任印制：张　博
河北泓景印刷有限公司印刷
2025年7月第3版第1次印刷
184mm×260mm・18印张・445千字
标准书号：ISBN 978-7-111-78224-7
定价：59.00元

电话服务　　　　　　　　　网络服务
客服电话：010-88361066　　机　工　官　网：www.cmpbook.com
　　　　　010-88379833　　机　工　官　博：weibo.com/cmp1952
　　　　　010-68326294　　金　书　网：www.golden-book.com
封底无防伪标均为盗版　　　机工教育服务网：www.cmpedu.com

前　言

本书是国家级线上一流本科课程、国家级精品开放课程——"电力系统继电保护"的配套教材。

作者结合长期电力系统继电保护教学与科研体会，立足于多年的课程建设与改革积累，确立本书第 3 版的编写总体思路为：以培养学生能力为中心，以行业最新需求为导向，打造适应"金课"建设目标的立体化教材。

本书对第 2 版中的基础知识及电网保护部分章节进行了较大改动，使教材内容更为层次鲜明、浅显易懂、便于教学；同时还增加了故障分析实例、整定计算实例、特性分析实例等多种实例，以便于学生加强对概念的理解。

本书重视原理与技术的传承与创新，如在第 3 章，根据新型配电网特点，增加了中性点经小电阻接地系统接地分析与零序电流保护的内容；在第 4 章，在阻抗特性、电压死区、过渡电阻对策、振荡闭锁等方面，对于传统继电器原理及相关数字式保护技术的内容进行了重新梳理。

本书增设了多种形式的在线资源，读者可通过中国大学 MOOC 网站参与本课程的学习，也可通过扫描教材中的二维码获取相关课程资源。

全书章节次序与第 2 版保持一致。南京工程学院韩笑担任主编并编写第 1、3、4、7、8 章，隆贤林担任副主编并编写第 5 章，宋丽群编写第 2、6 章，李斌编写第 9、10 章。全书由韩笑负责统稿。

在编写本书过程中，编者参阅了相关论文及国内外继电保护公司的有关资料，并得到广大从事继电保护工作同仁的支持。在此，一并向他们表示感谢！

限于水平与精力，书中难免有不妥或纰漏之处，敬请读者批评指正。

编　者

下标符号说明

下标	英语	含义	下标应用举例
1	Positive Sequence	正序	z_1 线路单位长度正序阻抗
2	Negative Sequence	负序	I_2 负序电流
0	Zero Sequence	零序	I_0 零序电流
act	action	起动	I_{act} 起动电流
aper	aperiodic	非周期的	K_{aper} 非周期分量系数
B	Base	基准	S_B 标准(基准)容量
bra	branch	分支	K_{bra} 分支系数
C	Capacitor	电容	X_C 电容电抗
d	difference	差动	I_d 差动电流
F	Fault	故障	$\dot{I}_F$ 故障电流
G	Generator	发电机	$I_{N.G}$ 发电机额定电流
g	grounding	接地	R_g 接地电阻
L	Line	线路	Z_L 线路阻抗
L	Inductance(Lenz)	电感	X_L 电感电抗(X 用于和线路阻抗相区分)
Lo	Load	负荷	I_{Lo} 负荷电流；Z_{Lo} 负荷阻抗
m	measuring	测量	$\dot{U}_m$、$\dot{I}_m$(输入保护装置的)测量电压、电流
max	maximum	最大的	$I_{F.max}$ 最大故障电流
min	minimum	最小的	$I_{F.min}$ 最小故障电流
Ms	Motor start	电动机自起动	K_{Ms} 电动机自起动系数
N	Nominal	额定的	U_N 额定电压
n	neutral	中性点	R_n 中性点接地电阻
op	operation	动作	I_{op}、Z_{op} 动作电流、动作阻抗
P	Polarization	极化	U_P 极化电压
rel	reliable	可靠的	K_{rel} 可靠系数
res	reset	制动	K_{res} 制动系数
re	reset	返回	I_{re} 返回电流
S	System	系统	$X_{S.min}$ 系统最小阻抗
sen	sensitive	灵敏性	K_{sen} 灵敏系数
set	setting	整定	Z_{set} 整定阻抗
ss	same style	同型	K_{ss} 同型系数
T	Transformer	变压器	$I_{N.T}$ 变压器额定电流
unb	unbalance	不平衡	I_{unb} 不平衡电流

目 录

前言
下标符号说明
第1章 绪论 ································· 1
  1.1 概述 ································· 1
    1.1.1 继电保护的定义 ················· 1
    1.1.2 "继电保护"名称的由来 ········· 1
    1.1.3 继电保护的任务 ················· 2
  1.2 继电保护基本构成 ··················· 2
    1.2.1 继电保护动作原理 ··············· 2
    1.2.2 继电保护装置组成 ··············· 3
    1.2.3 保护对象与保护区 ··············· 4
    1.2.4 案例：一条馈线的继电保护 ······ 5
  1.3 继电保护"四性" ····················· 6
    1.3.1 选择性 ··························· 6
    1.3.2 速动性 ··························· 7
    1.3.3 灵敏性 ··························· 8
    1.3.4 可靠性 ··························· 8
    1.3.5 继电保护"四性"的辩证统一 ····· 9
  1.4 继电保护发展历程和展望 ············ 9
  本章小结 ·································· 10
  习题与思考题 ··························· 10
第2章 基础知识 ························· 11
  2.1 故障电气量计算简便方法 ·········· 11
    2.1.1 三相短路电气量分布计算 ······ 11
    2.1.2 两相短路电气量分布计算 ······ 13
    2.1.3 单相接地短路电气量分布计算 ·· 15
    2.1.4 两相接地短路电气量分布计算 ·· 18
  2.2 电流互感器在继电保护中的应用 ··· 19
    2.2.1 极性及电流比 ·················· 20
    2.2.2 误差与准确级 ·················· 21
    2.2.3 接线方式简介 ·················· 23
  2.3 电压互感器在继电保护中的应用 ··· 25
    2.3.1 典型接线 ······················· 26

    2.3.2 二次回路的保护与接地 ········ 30
  2.4 继电器简介 ·························· 31
    2.4.1 继电器的分类 ·················· 31
    2.4.2 电磁型继电器简介 ············· 32
    2.4.3 继电保护常用术语 ············· 33
    2.4.4 继电保护常用文字符号 ········ 34
  2.5 三相断路器控制回路简介 ·········· 35
    2.5.1 基本概念 ······················· 35
    2.5.2 常用设备简介 ·················· 36
    2.5.3 合闸与分闸控制 ··············· 37
  本章小结 ································· 39
  习题与思考题 ··························· 40
第3章 35kV及以下电压等级线路
        保护 ······························· 43
  3.1 单侧电源配电线路相间短路电流
      保护 ································· 43
    3.1.1 无时限电流速断保护 ·········· 44
    3.1.2 限时电流速断保护 ············· 46
    3.1.3 定时限过电流保护 ············· 49
    3.1.4 电流保护接线方式 ············· 52
    3.1.5 阶段式电流保护 ··············· 54
    3.1.6 评价与小结 ···················· 57
  3.2 方向电流保护 ······················· 57
    3.2.1 工作原理 ······················· 57
    3.2.2 功率方向元件 ·················· 58
    3.2.3 功率方向继电器接线方式 ····· 61
    3.2.4 应用实例 ······················· 64
    3.2.5 评价与小结 ···················· 64
  3.3 单相接地保护 ······················· 65
    3.3.1 中性点不接地配电网故障分析 ·· 65
    3.3.2 中性点经消弧线圈接地电网
          故障分析 ······················ 68
    3.3.3 中性点经小电阻接地配电网故障

　　　　　分析 ·················· 68
　　3.3.4 中性点不接地配电网或经消弧
　　　　　线圈接地配电网单相接地检测 ······ 70
　　3.3.5 中性点经小电阻接地配电网零序
　　　　　电流保护 ··················· 71
　本章小结 ······················· 74
　习题与思考题 ···················· 75

第4章　110kV输电线路保护 ············· 77
　4.1　零序电气量分析 ··············· 77
　　4.1.1　零序电压 ················· 77
　　4.1.2　零序电流 ················· 78
　　4.1.3　零序电压电流相量关系 ········· 78
　4.2　零序电流保护 ················ 79
　　4.2.1　零序电流Ⅰ段 ··············· 80
　　4.2.2　零序电流Ⅱ段 ··············· 80
　　4.2.3　零序电流Ⅲ段 ··············· 81
　4.3　零序方向电流保护 ·············· 82
　　4.3.1　工作原理 ················· 82
　　4.3.2　传统零序功率方向继电器 ········ 82
　　4.3.3　微机型零序功率方向元件 ········ 83
　4.4　距离保护基本原理 ·············· 83
　4.5　阻抗元件 ··················· 85
　　4.5.1　测量阻抗 ················· 85
　　4.5.2　传统圆特性阻抗继电器特性 ······· 86
　　4.5.3　传统直线特性阻抗继电器特性 ····· 88
　　4.5.4　传统方向阻抗继电器的实现 ······· 89
　　4.5.5　阻抗继电器的精确工作电流 ······· 90
　　4.5.6　方向阻抗继电器的死区问题 ······· 90
　　4.5.7　阻抗继电器的接线方式 ········· 91
　4.6　距离保护整定 ················ 93
　　4.6.1　助增电流与汲出电流 ··········· 93
　　4.6.2　阶段式距离保护整定 ··········· 94
　4.7　电力系统振荡对距离保护的影响及
　　　对策 ····················· 97
　　4.7.1　电流电压量分析 ············· 97
　　4.7.2　保护P的测量阻抗 ············ 98
　　4.7.3　振荡闭锁原理 ··············· 100
　4.8　过渡电阻对距离保护的影响与对策 ··· 102
　　4.8.1　过渡电阻影响分析 ············ 102
　　4.8.2　过渡电阻对策 ··············· 103
　4.9　电压互感器回路断线对距离保护的
　　　影响与对策 ·················· 104
　4.10　110kV输电线路数字式保护原理

　　　　简介 ···················· 104
　　4.10.1　启动元件 ················· 105
　　4.10.2　零序电流保护逻辑 ············ 105
　　4.10.3　常用微机型阻抗元件简介 ······· 107
　　4.10.4　距离保护动作逻辑 ··········· 110
　本章小结 ······················· 111
　习题与思考题 ···················· 113

第5章　220kV及以上电压等级输
　　　 电线路保护 ················ 114
　5.1　纵联保护概述 ················ 114
　　5.1.1　全线速动保护与双端测量原理 ··· 114
　　5.1.2　纵联保护通道与信息含义分类 ··· 116
　　5.1.3　纵联保护通道 ·············· 117
　5.2　光纤分相电流差动保护 ·········· 120
　　5.2.1　差动电流、制动电流与不平衡
　　　　　电流 ···················· 121
　　5.2.2　比率制动特性 ·············· 121
　　5.2.3　动作逻辑 ················· 124
　5.3　方向比较式纵联保护 ············ 125
　　5.3.1　纵联方向保护工作原理 ········ 125
　　5.3.2　纵联距离、零序方向保护动作
　　　　　逻辑 ···················· 126
　5.4　工频变化量原理在高压线路保护中的
　　　应用 ····················· 129
　　5.4.1　电压电流分析 ·············· 129
　　5.4.2　方向元件原理 ·············· 130
　　5.4.3　阻抗继电器原理 ············ 132
　5.5　220kV及以上电压等级线路保护
　　　配置 ····················· 133
　5.6　电网保护配置总结 ············· 135
　　5.6.1　主保护与后备保护 ··········· 135
　　5.6.2　电网保护的配置 ············ 135
　本章小结 ······················· 136
　习题与思考题 ···················· 137

第6章　输电线路自动重合闸 ········· 138
　6.1　重合闸的作用、分类及基本要求 ····· 138
　6.2　110kV及以下电压等级线路三相
　　　自动重合闸 ················· 139
　　6.2.1　检无压、检同步重合闸基本
　　　　　原理 ···················· 139
　　6.2.2　检无压、检同步重合闸动作
　　　　　逻辑 ···················· 141

6.2.3 同步检定原理 ………………… 143
6.2.4 参数整定 …………………… 144
6.3 220kV 及以上电压等级线路综合自动重合闸 …………………… 146
6.3.1 功能逻辑 …………………… 146
6.3.2 参数整定 …………………… 150
6.4 重合闸相关问题 …………………… 150
6.4.1 自动重合闸与继电保护的配合 … 150
6.4.2 分相跳闸逻辑 ……………… 152
6.4.3 非全相运行对零序方向电流保护的影响 ………………… 153
6.4.4 非全相运行对距离保护的影响 … 155
6.4.5 非全相运行对线路纵联保护的影响 ………………………… 156
6.4.6 自适应重合闸概述 ………… 156
本章小结 ………………………………… 157
习题与思考题 …………………………… 158

第 7 章 变压器保护 …………………… 160

7.1 变压器继电保护配置 ……………… 160
7.1.1 变压器的故障及不正常工作状态 ……………………………… 160
7.1.2 主保护配置 ………………… 161
7.1.3 后备保护配置 ……………… 161
7.2 瓦斯保护 …………………………… 162
7.2.1 瓦斯保护简介 ……………… 162
7.2.2 气体继电器的工作原理 …… 162
7.3 纵联差动保护基本原理 …………… 163
7.4 励磁涌流分析与对策 ……………… 165
7.4.1 励磁电流与励磁涌流 ……… 165
7.4.2 相应对策 …………………… 167
7.5 差动保护的相位补偿与数值补偿 … 169
7.5.1 外转角 ……………………… 169
7.5.2 内转角 ……………………… 171
7.5.3 数值补偿方法 ……………… 173
7.6 比率制动特性分析 ………………… 175
7.6.1 其他不平衡电流分析 ……… 175
7.6.2 比率制动原理 ……………… 176
7.6.3 比率制动特性的改进 ……… 179
7.7 差动保护整定 ……………………… 181
7.7.1 比率制动特性相关参数整定 … 181
7.7.2 其他参数整定 ……………… 182
7.8 变压器相间短路的后备保护及过负荷保护 ………………………………… 182

7.8.1 过电流保护 ………………… 183
7.8.2 复合电压启动过电流保护 … 184
7.8.3 负序过电流保护 …………… 186
7.8.4 过负荷保护 ………………… 187
7.8.5 阻抗保护 …………………… 187
7.8.6 跳闸方案与方向元件的配置 … 188
7.9 变压器接地短路的后备保护 ……… 189
7.9.1 中性点直接接地变压器的零序电流保护 …………………… 189
7.9.2 中性点可接地或不接地运行变压器的零序电流电压保护 …… 190
本章小结 ………………………………… 192
习题与思考题 …………………………… 193

第 8 章 发电机保护 …………………… 195

8.1 发电机的故障和不正常工作状态及其保护配置 ……………………… 195
8.1.1 故障与不正常工作状态 …… 195
8.1.2 保护配置 …………………… 195
8.1.3 保护的动作行为 …………… 197
8.2 发电机的纵差保护 ………………… 198
8.2.1 保护构成原理 ……………… 198
8.2.2 发电机—变压器组差动保护配置 … 199
8.2.3 比率制动式纵联差动保护 … 199
8.2.4 标积制动式纵联差动保护 … 201
8.2.5 逻辑框图 …………………… 201
8.3 发电机定子绕组匝间短路保护 …… 202
8.3.1 概述 ………………………… 202
8.3.2 单元件横差式匝间短路保护 … 203
8.3.3 裂相横差保护式匝间短路保护 … 204
8.3.4 反应转子回路二次谐波电流的匝间短路保护 ……………… 205
8.3.5 纵向零序电压式匝间短路保护 … 205
8.4 发电机定子绕组的单相接地保护 … 207
8.4.1 定子绕组单相接地的特点 … 207
8.4.2 基波零序电压式定子接地保护 … 208
8.4.3 双频式100%保护区定子接地保护 ………………………… 209
8.4.4 附加电源的定子接地保护 … 210
8.5 发电机过电流与过负荷保护 ……… 211
8.5.1 相间短路后备保护特点 …… 211
8.5.2 对称过电流（过负荷）保护 … 211
8.5.3 负序过电流（过负荷）保护 … 213
8.6 励磁回路接地保护 ………………… 214

8.6.1 概述 …………………………… 214
8.6.2 定期检测装置与励磁回路一点
接地保护 ………………………… 214
8.6.3 励磁回路两点接地保护 ……… 215
8.7 同步发电机失磁保护 ……………… 216
8.7.1 概述 …………………………… 216
8.7.2 失磁过程中的阻抗变化 ……… 216
8.7.3 失磁保护的主要判据及整定 …… 217
本章小结 ………………………………… 219
习题与思考题 …………………………… 220

第9章 母线保护 …………………………… 222
9.1 母线保护配置原则 ………………… 222
9.1.1 母线故障范围 ………………… 222
9.1.2 母线故障后保护动作行为 …… 222
9.1.3 利用线路保护切除母线故障 …… 222
9.1.4 专用母线保护 ………………… 223
9.2 母线保护原理 ……………………… 223
9.3 双母线保护特点与配置 …………… 225
9.3.1 双母线保护选择性 …………… 225
9.3.2 选择故障母线方法 …………… 225
9.4 断路器失灵保护简介 ……………… 226
本章小结 ………………………………… 228
习题与思考题 …………………………… 228

第10章 继电保护装置与实现 ……………… 230
10.1 微机保护硬件组成 ……………… 230
10.2 10~35kV 线路保护测控装置应用
案例 ………………………………… 232
10.2.1 典型保护测控一体化装置
简介 …………………………… 232
10.2.2 典型保护测控一体化装置
测试 …………………………… 233
10.2.3 保护装置的组屏方式 ……… 235
10.2.4 装置应用于10kV 馈线整定
案例 …………………………… 236
10.3 110kV 线路保护测控装置应用
案例 ………………………………… 239
10.3.1 典型110kV 输电线路保护装置
简介 …………………………… 239
10.3.2 典型110kV 输电线路距离保护
测试 …………………………… 240
10.3.3 110kV 线路保护相关二次部分
简介 …………………………… 245
10.3.4 装置应用于110kV 线路的整定
案例 …………………………… 246
10.4 220kV 线路保护实例 …………… 250
10.4.1 典型220kV 输电线路保护装置
简介 …………………………… 250
10.4.2 典型220kV 输电线路主保护
测试 …………………………… 250
10.4.3 典型220kV 输电线路一次接线
简介 …………………………… 251
10.4.4 主要相关二次设备之间的
联系 …………………………… 252
10.4.5 第一套保护柜 ……………… 252
10.4.6 第二套保护柜 ……………… 255
10.4.7 测控柜 ……………………… 256
10.4.8 其他户内设备 ……………… 257
10.4.9 220kV 线路保护相关二次部分
简介 …………………………… 258
10.4.10 装置应用于220kV 线路的整定
案例 …………………………… 262
10.5 110kV 变压器保护实例 ………… 264
10.5.1 典型110kV 变压器保护装置
简介 …………………………… 265
10.5.2 典型110kV 变压器差动保护
测试 …………………………… 267
10.5.3 变压器保护相关二次部分
简介 …………………………… 269
10.5.4 装置应用于110kV 主变压器的
整定案例 ……………………… 273
本章小结 ………………………………… 274
习题与思考题 …………………………… 277

参考文献 …………………………………… 279

第1章 绪 论

什么是电力系统的继电保护？为什么称它为电力系统的"外科医生"？"继电"一词从何而来？它的组成是什么，又是如何工作的？继电保护对电力系统的安全稳定有什么贡献？什么叫保护的"四性"？如何学好继电保护？本章将为您解答这些问题。

1.1 概述

1.1.1 继电保护的定义

电力系统是由发电厂、送变电线路、供配电所和用电等环节组成的电能生产与消费系统，是社会的重要组成部分。电力系统能否安全稳定运行，直接关系到人类社会经济系统、文化系统、政治系统的安全运行，直接影响到社会成员的人身安全以及经济利益、文化利益、政治利益。因此，保障电力系统的安全稳定运行，是电力人所肩负的重大责任和艰巨的历史使命。在电力系统运行过程中，将不可避免地出现诸如电源突然消失、电压突然升高或者突然下降、电气设备故障、自然灾害事件、外力破坏、人为误操作等情况。而这些情况的大部分将导致故障或不正常工作状态的发生。

电力系统继电保护是对电力系统中发生的故障或异常状况进行检测，从而发出报警信号，或直接将故障部分隔离、切除的一种重要的技术措施。

继电保护伴随着电力系统而生，是电力系统不可或缺的重要分支，属于信息与控制系统的范畴。电力系统继电保护涉及保护原理、装置制造、系统构成、设计施工、运行维护等方面，而这些方面与电能在生产过程中的测量、调节、控制、保护、通信和调度息息相关。随着电力系统和智能化技术的快速发展，大量先进的继电保护技术与保护装置得到广泛应用。

1.1.2 "继电保护"名称的由来

"继电保护"常被翻译为"Protective Relay"，其中的"Relay"一词翻译为"继电"或"继电器"。"Relay"一词起源于驿站，马车是一种古代的交通工具，"Relay"就是更换疲惫驿马为新驿马的中继站点。"继电保护"也被翻译为"Protective Relaying"，"Relaying"的含义为"中继"。

电气电子工程师学会（Institute of Electrical and Electronic Engineers，IEEE）对于"Relay"一词的定义为："一种能对于输入条件做出响应，并能在特定的条件被满足时，通过相应的电气控制回路做出触点接触动作或类似的突然变化的一种电气装置。"其输入的条件通常是电气量，也有可能是机械、热力或其他输入量或输入量的结合，而限位开关或类似的装置不属于"Relay"。"Relay"离我们很近，在生活中涉及的许多电气设备中，如冰箱、洗衣机、空调器、电梯和微波炉等的控制回路中都有它的身影。

本书着重讨论的电力系统继电保护，是一种服务于电力系统的"Protective Relay"，IEEE对它的定义为：一种能检测线路或电气设备故障，或反应电力系统异常或危险状态的"Relay"，并能进行相应的控制回路操作。

我国古代文字中，"继"字的篆体如图1-1所示。它的左偏旁是"丝"，右部首中也有"丝"，还能看到有个象形的"人"把断了的丝再接上！因此，"继"字含义就是把断了的丝

图1-1 "继"字的含义

续上，"继，续也"（许慎《说文解字》）。而"继电"有电气量信息的传接、承继的意思。

1.1.3 继电保护的任务

电力系统稳定性指电力系统受到扰动后保持稳定运行的能力，电力系统中的扰动可分为小扰动和大扰动两类。小扰动是指由于负荷波动、功率及潮流控制、电压调整等引起的扰动。而大扰动是指系统元件短路、切换操作和其他较大的功率或阻抗变化引起的扰动。任何扰动都需要得到妥善处理，例如某一台变压器运行过程出现了小扰动——负荷电流超过额定电流，那么就需要相应继电保护装置发出警告；如果这台变压器发生了大扰动——内部短路，则需要相应继电保护装置动作，与断路器相配合，切除这个故障。

电力系统受到扰动后，如果得不到及时处理，后果将十分严重！现代电力系统是世界上目前最庞大和最复杂的人造系统，具有地域分布广、传输能量大、动态过程复杂等特点。面对如此庞大的电力系统，扰动不仅影响电力系统中的某一个体元件，而且影响电力系统的整体。分析近四十年来世界典型的十次电网大停电的原因不难发现，事故往往都起源于某一个非常庞大的电力系统中的某一条输电线路或某一台电力设备的故障，这个看似很轻微的故障引起了断路器断开、负荷的转移、电压或频率失去稳定、电网四分五裂、恶性循环……最终电网崩溃。因此，电力系统继电保护的任务是：①在系统发生元件短路等大扰动时，发出相应的跳闸命令；②当系统出现不正常运行状态时，发出告警信号。

总之，继电保护，不是保护电力系统元件（设备）不发生故障，而是将故障元件从电力系统中切除（或异常情况及时告警），减小故障对电力设备和电力系统的危害及影响，从而维护电力系统的安全稳定运行。

这种将故障元件从电力系统中切除的行为，相当于对电力系统实施"切除手术"。因此可将继电保护比喻为电力系统的"外科医生"。

1.2 继电保护基本构成

1.2.1 继电保护动作原理

电力系统发生故障（或出现异常）时，很多电气量（以及一些非电气量）都会发生较

正常运行明显不同的变化。利用短路故障时电气量变化的特点，可以构成不同动作原理的继电保护。例如：

① 反应故障时相电流的增加而构成的过电流保护。
② 反应故障时电压的降低（或升高）而构成的欠电压（或过电压）保护。
③ 同时反应故障时电压降低、电流增加而构成的阻抗保护（即距离保护）。
④ 反应不对称故障时序分量的变化而构成的负序电流保护以及零序电流保护。

以上动作原理均为反应单侧电气量变化的保护，而纵联方向保护、纵联差动保护等则是反应被保护元件两侧（甚至多侧）电气量变化特点的保护。

除反应各种电气量变化的保护原理外，还有根据电气设备非电气量构成的保护。如反应电动机绕组温度升高的过负荷保护；反应变压器油箱内部故障导致绝缘油分解产生气体的气体保护等。

随着技术的发展，继电保护装置的新动作原理也不断涌现。例如利用故障分量构成的突变量保护；利用网络技术在多个位置采集信息的广域保护等。

1.2.2 继电保护装置组成

传统继电保护装置一般由若干个单功能继电器（如电流继电器、时间继电器、中间继电器等）组合而成，从而实现相应的完善的保护功能。随着半导体技术的迅速发展，继电保护装置已随着芯片技术的大规模集成化，可以利用新型算法和逻辑功能来实现过去传统继电器的组合功能，即目前广泛采用的微机型继电保护装置或称数字式继电保护装置。纵观电力系统继电保护的发展历程，虽然继电保护装置在不同发展阶段的硬件构成不同，动作原理形式多样，但总体上都是由测量部分、逻辑部分及执行部分组成。图1-2为继电保护装置的组成框图。

（1）**测量部分** 保护装置获得被保护对象（如馈线）的有关电气量（如电压、电流），在保护装置内部，将其所获得的电

图1-2 继电保护装置的组成框图

气量参数，与保护装置预先设定的整定值（setting value）或者动作条件加以比较，给出相应的判断结论。

（2）**逻辑部分** 在保护装置内部，逻辑部分根据测量部分的参数、性质、输出状态等出现的顺序或者组合，执行布尔逻辑和时序逻辑操作，并将有关执行指令传递给执行部分。

（3）**执行部分** 根据逻辑部分发出的指令，如跳闸、发出告警信号等，最后完成保护装置所担负的任务。例如，向断路器控制回路发出跳闸命令，或者向上级监控系统发出告警信号等。

不难看出，继电保护装置收集信息、分析判断、执行相应决策的行为是自动完成的。决策，是人们根据测量获得的各种事件信息，做出合理判断和决定的过程。它是一个复杂的逻辑思维过程。因此，继电保护的优劣，侧面反映了人类科学决策的水平。只有以客观的、科学的思维方式，应用各种科学的分析手段与方法，按照科学的决策程序进行符合客观实际的决策活动，才能真正起到应有的效果。

综上所述，结合工程实际，我们可将测量回路、继电保护回路、断路器控制及信号回路、操作电源回路、断路器和隔离开关的电气闭锁回路等统称为二次回路。这是一种对一次

设备进行监测、控制、调节和保护的电气回路。继电保护与二次回路密不可分，继电保护系统的不正常动作，多半由二次回路引起。

1.2.3 保护对象与保护区

随着电力系统的不断发展，我国的主干电网已逐步由特高压、超高压电网构成，电源也多以大容量发电机组的形式存在。与此同时，110kV 及以下电压等级的输电、配电网络已成为城乡电网的主流，新型能源、直流电网的存在，增加了电力系统的复杂程度。因此，保护区域的划分，必须适应电力系统不同的保护对象、不同电压等级及不同的保护需求。

按其保护对象的不同，继电保护可分为电网保护与元件保护两个大类。其中电网保护对象是交流或直流形式的不同电压等级的输电或配电线路，因此也称为线路保护；元件保护对象主要包括：①发电机或发电机变压器组；②主变压器；③重要的母线；④电气设备，如电动机，电抗器等。

为了更好地说明保护范围，先介绍主保护与后备保护的概念。主保护（main protection）是指在整个保护范围内被保护元件发生故障都能以最短的时间切除，并保证系统中其他非故障部分继续运行的保护。系统发生故障时，正常情况下，应由主保护发挥作用；后备保护（backup protection）一般指主保护拒动时，用以切除主保护对应保护范围内故障的保护。为简化起见，本节只讨论被保护元件主保护的保护范围。

以一个典型的简化电力系统模型说明保护区域的划分方案，如图 1-3 所示。这个系统包括发电机（G）、升压变压器（T_1）、输电线路（L_1）、降压变压器（T_2）、馈线（L_2、L_3）等，电流互感器用 $TA_1 \sim TA_{11}$ 序号表示。针对不同保护对象，配置有不同保护，其保护区域用虚线框表示。

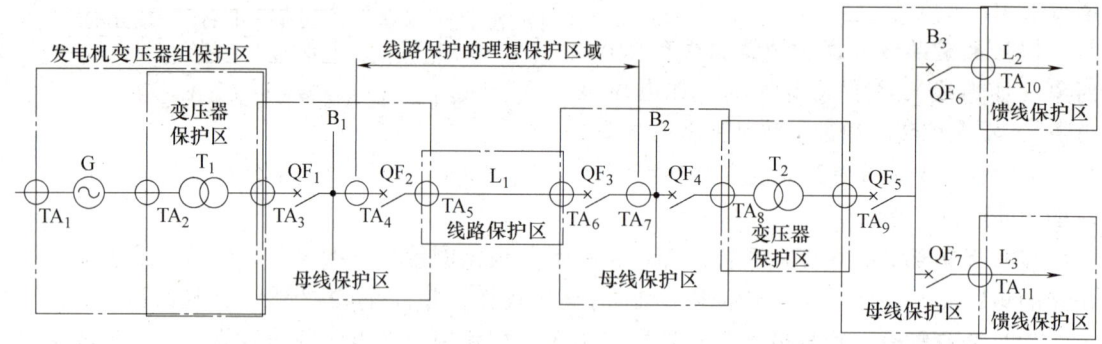

图 1-3 保护区域的划分

观察图 1-3 不难发现，某些保护的主保护区域之间是存在重叠的，这样做的目的就是力图使电力系统中的任何需要保护的区域都有相应的主保护存在。主保护区域的细致划分，一般是根据电流互感器的配置及安装位置来确定的。

以图 1-3 中 L_1 线路的主保护为例，该线路保护区域从理论上应从本侧母线至对侧母线的整条线路。由于线路保护必须取得电流互感器的电流，因此线路保护理想的保护范围是从电流互感器 TA_4 开始，至电流互感器 TA_7 终止。但是，如果在电流互感器 TA_4 与其右侧断路器之间发生故障，继电保护测量到电流互感器 TA_4 的电流发生变化而动作跳开 QF_2 断路器，此时故障仍没有被该断路器"切除"，发电机 G 仍向故障点提供短路能量。因此，对于

L_1 线路而言,两端断路器与母线之间的部分,不属于线路保护的保护范围,实际保护范围是电流互感器 TA_5 至电流互感器 TA_6 之间的部分线路。当然从粗略的角度来看,仍然可以认为线路的主保护的保护范围是本线路的全长,因为相对于整条线路而言,线路保护未能保护到的区域是非常小的。

1.2.4 案例:一条馈线的继电保护

下面通过一个案例来说明继电保护是如何具体履行电力系统"外科医生"的职责的。如图 1-4 所示为某一条馈线继电保护示意图。图中,10kV 等值电源代表馈线的上级系统,为馈线的唯一电源或称单电源。10kV 母线接有多条配电线路,简称馈线,图中只画出其中一条。图中的断路器位于该馈线的首端,当断路器处于合闸(闭合)状态时,电源与负荷通过馈线相联系,负荷将得电,而当断路器处于跳闸(断开)状态时,负荷将失电。

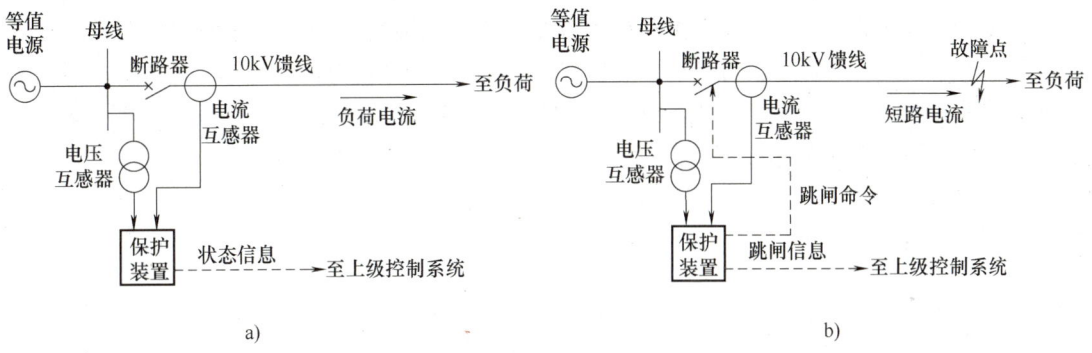

图 1-4 某一条馈线继电保护示意图
a) 馈线正常运行或过负荷时 b) 馈线发生故障时

电流互感器装设在线路出口处,用于将本线路的一次侧电流,变换成较小电流,供继电保护装置采集电流信息。电压互感器装设在母线出口处,用于将母线的一次侧电压,变换成较小电压,供继电保护装置采集电压信息。

由图 1-4a 可见,正常运行时,断路器闭合。此时,保护采集到母线电压、馈线负荷电流,继电保护装置处于"待命"状态。如线路中负荷电流超过了额定电流值,达到额定电流的 1.15 倍,有可能引起相应设备损坏。此时,保护装置要向上级控制系统发送告警信号,反映这种不正常运行状态。

在图 1-4b 中,初始状态仍为正常运行状态。如馈线上发生相间短路故障,流过线路的电流将由负荷电流突然上升为短路电流,保护装置的测量元件经电压互感器、电流互感器不间断地测量母线电压及线路电流等信息,保护装置的逻辑元件进一步判断出故障确实存在,通过执行元件向断路器发出跳闸命令,后者执行跳闸操作,跳开断路器,切断故障点与电源之间的联系,线路停电。同时,保护装置还要向上级控制系统发出"10kV 线路跳闸"的信号。这样做,起到了将发生故障的线路与系统实现隔离的目的。由于保护动作时间很短,本馈线所遭受的损害也较小。

观察图 1-4 可知,馈线故障时,继电保护发出命令,使断路器跳闸。仅继电保护的决策活动,并不能切除故障。电力系统继电保护泛指继电保护技术和由各种继电保护装置构成的继电保护系统。在切除故障的"队伍"中,它只是一份子。结合图1-4所示馈线保护示例,继续以电力系统"外科医生"打比方,电压互感器及电流互感器相当于"外科医生"的"眼睛",断路器相当于"外科医生"的"手脚",保护装置本身相当于"外科医生"的"大脑"。

(1)"眼睛" 对于继电保护装置而言,这些通过互感器而获得的电压量、电流量被称为二次(secondary)电压与二次电流,它们间接地反映了被保护对象的一次(primary)电压与一次电流情况。互感器本身的电气量传变质量差,二次部分接线的不正确等都会造成电气量的传变出现异常。异常的出现将使得继电保护装置被蒙蔽,从而导致故障。

(2)"大脑" 保护装置提供了感受故障的"大脑"。但作为一个弱电元件,它不可能亲自完成故障隔离任务。继电保护装置的设计与制造水平、检修质量、整定值、硬件完好程度、直流电源、电磁干扰甚至环境温度等,都会影响"大脑"对电力系统实际状态的判断。

(3)"手脚" 断路器等用于切断强电回路的元件,能够完成故障隔离,提供了切除故障的"手脚"。但断路器、断路器操动机构本身并没有故障判断功能。它们需要听从来自于保护装置的"命令"。断路器的机构完好性、操作所需能源完好性、反映断路器闭合或打开状态的辅助触点及接线正确性,与继电保护装置相连接的控制回路的完好性等,都是影响整个继电保护系统成败的因素。

1.3 继电保护"四性"

作为电力系统的"外科医生",在电力系统正常运行的情况下,并不需要它们动作。而在电力系统发生故障或异常情况时,需要继电保护判断准确、行为迅速、反应灵敏、动作可靠地切除故障,从而尽可能地减小故障范围,并降低故障对于系统的影响,以提高电力系统的安全性、稳定性。在我国,对于继电保护的基本要求的提法简称为"保护四性",即可靠性、选择性、速动性、灵敏性。而在国外,有些学者对保护的基本要求提法为:可靠性、选择性、速动性、简单性、经济性。

1.3.1 选择性

保护的选择性是指保护检出电力系统的故障区和(或)故障相的能力。当发生故障时,应尽可能缩小电力系统被停电的范围,只将故障部分从电力系统中切除,最大限度地保证电力系统中的无故障部分仍能继续安全运行。如图1-5所示电力网络中,对于K_1点故障,应跳开断路器QF_1、QF_2,而对于K_2点故障,应跳开断路器QF_5,对于K_3点故障,应跳开断路器QF_6。这样做的目的,就是将故障时切除区域控制在最小,保证系统其他部分的正常运行。

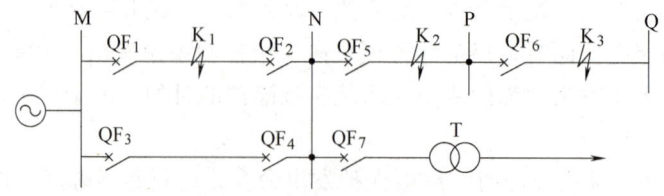

图1-5 保护选择性示意图

对于 NP 线路而言,其配置的继电保护的保护范围,除应包括本线路——NP 线路外,还应包括相邻 PQ 线路。换句话说,NP 线路所配置的保护超越了本线路的范围,覆盖了相邻线路 PQ 的保护范围。这样在本线路 NP 发生故障时,由本线路的继电保护快速地切除它,而相邻线路 PQ 上 K_3 点故障,由 PQ 线路自身的保护动作快速切除故障当然是最理想的,但如果该保护或断路器拒动,导致 QF_6 未跳闸,故障依然存在的情况下,线路 NP 的保护经延时动作,跳开 QF_5,保证了故障被切除,起到了后备保护的作用,使得故障对于系统的影响尽可能地控制在一个较小的范围内。此时 NP 线路保护的这种动作行为,也是满足"选择性"要求的。NP 线路保护称为 PQ 线路保护的远后备。同时我们也应注意到,对于 NP 线路保护而言,其后备保护动作跳开 QF_5 的延时时间,必须与相邻 PQ 线路保护的动作时间相配合,否则就有可能出现 NP 线路保护抢先于 PQ 线路保护动作的情况,扩大了停电范围,这被称为"失去选择性",是一种错误的动作行为。

同样,如果 K_1 点故障,与之平行的线路保护动作跳开 QF_3、QF_4,则称该保护的动作行为"失去选择性";对于分相跳闸的线路,如果某一相(如 A 相)发生故障,保护应正确选择出故障相别,否则也称为"失去选择性"。

1.3.2 速动性

保护的速动性是指保护尽可能快地切除故障的能力。故障的快速切除,有利于防止故障的漫延,减轻对电力系统的不利影响。速动性好的保护系统,能够快速有效地处理不断变化的输入信号。因此,速动性也是反映保护系统整体性能的一个重要指标。

如图 1-6 所示,为一故障时电流波形图,约在 0.5s 时刻发生故障,电流幅值突然增大,在 0.6s 时刻电流变为零。0.8s 后续波形略去。从故障发生到故障被切除的总时间约为 100ms。由于切除故障所需时间等于保护装置的动作时间与断路器动作时间之和,如除去断路器的固有动作时间,留给继电保护做出反应,并发出跳闸命令的时间就更短了。一般要求相应继电保护在 5~20ms 内,即一个工频周期内做出是否应启动的判断。同时我们也要认识到,所谓无延时动作,实际指的是对于保护的启动,不再追加人为的延时。在当今技术条件下,保护装置存在约 30ms 固有延时是正常的。真正 0s 动作出口的继电保护是不存在的。

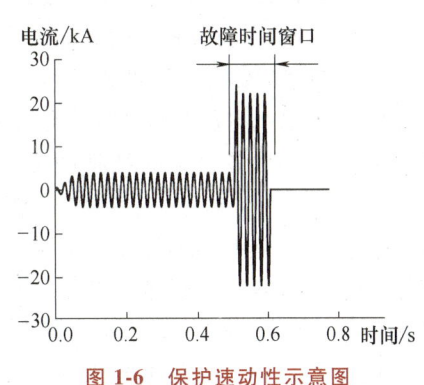

图 1-6 保护速动性示意图

对于超高压电网和大型机组而言,尽可能快速地切除其故障,是保障系统稳定极为重要的前提条件,快速动作的保护装置与快速动作的断路器相配合,在两个工频周期即 40ms 以内切除故障已能实现,按国家标准 GB/T 14285—2023《继电保护和安全自动装置技术规程》要求,对于 220kV 及以上电压等级线路,其全线速动保护装置对于近端故障的动作出口时间应控制在 20ms 以内,这样故障的切除总时间应控制在 3 个工频周期以内。近年来,国家电网公司所辖 220kV 及以上电压等级保护设备对于故障快速切除率均超过 99%。

实现速动性,需要相应的技术支持和设备保障,对于速动性的要求越高,继电保护的投入也就越大。对于中低压电网的保护系统,无必要过分地、不计成本地去追求保护的速动性。

1.3.3 灵敏性

保护的灵敏性是指保护对于其保护范围内发生故障或不正常运行状态的反应能力。满足灵敏性要求的保护装置应该是在规定的保护范围内部故障时，在系统任意的运行条件下，无论短路点的位置、短路的类型如何，以及短路点是否有过渡电阻，当发生短路时都能敏锐感觉、正确反应。灵敏性通常用灵敏系数或灵敏度来衡量，增大灵敏度，将增加保护动作的可信赖性，但有时与安全性相矛盾。

在国家标准 GB/T 14285—2023《继电保护和安全自动装置技术规程》中，对各类保护的灵敏度的要求都做了具体规定。关于这个问题在以后各章中还将分别予以讨论。

1.3.4 可靠性

可靠性分为两个方面：安全性及可信赖性。保护的可靠性指的是在给定条件下的给定时间间隔内，保护能完成所需功能的程度或能力。其中，保护的安全性是指在给定条件下的给定时间间隔内，继电保护不发生误动的程度或能力，简单地说，安全性就是保护不应该动作时保证不出现误动的能力。保护的可信赖性，指的是在给定条件下的给定时间间隔内，继电保护不发生拒动的程度或能力。简单地说，可信赖性就是保护应该动作时保证动作而不发生拒动的能力。提高继电保护的可靠性，除了可以通过提高电力设备自身质量、运行维护与管理水平外，还要依据电力系统实际运行需要，在技术环节加以特殊考虑。

安全性和可信赖性哪个更重要？继电保护的设计需遵从于电力系统的不同需求。在 220kV 及以上电力系统，往往通过继电保护装置的双重配置来提高其工作的可靠性。图 1-7 所示，K_1、K_2 代表具有相同功能的保护装置，对于 220kV 及以上输电线路，如果保护装置拒动，将会造成输电线路的损坏甚至引起电力系统进入紧急状态或极端状态。因此，要求每回 220kV 及以上电压等级的输电线路都装设两套工作原理不同、工作回路完全独立的快速保护系统，采取各自独立跳闸的方式，提高不发生拒动的可信赖性。如图 1-7c 所示，只要 K_1、K_2 有一个动作，就能实现跳闸，两者在逻辑上构成或门关系。相对于图 1-7b，图 1-7c 保护的可信赖性增加了，安全性随之减弱。而对于母线保护，由于误动将会给电力系统带来严重后果，则更强调不发生误动的安全性，一般采取两套保护出口触点串联后跳闸的方式。如图 1-7b 所示，只有 K_1、K_2 同时动作，才能实现跳闸，两者在逻辑上构成与门关系。相对于图 1-7c 保护的防误动的能力即安全性增强了，但同时防拒动的能力也随之减弱了。

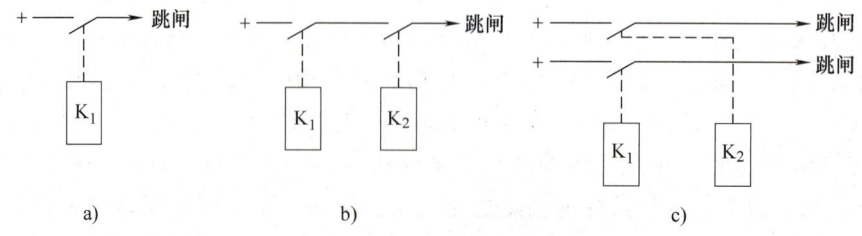

图 1-7 保护安全性与可信赖性对比图

a）保护动作示意 b）强调安全性 c）强调可信赖性

因此，安全性与可信赖性两者是相互矛盾的。继电保护如何在两者之间找到一个恰当的尺度，在某种程度上是一个复杂的问题。我们必须对于被保护对象的故障可能性及后果进行判断，有针对性地对安全性与可信赖性做出取舍。

从系统的角度而言，保护系统构成越简单，其可靠性越高，保护系统越复杂，其可靠性越低。在继电保护系统的设计上，安全性及可信赖性往往无法同时兼顾，只能根据实际需要，权衡得失，折中处理。

电力系统中，发生故障的概率较小。从一个继电器或继电保护装置的整个服役生涯来看，其累积的、动作于应切除故障的时间，可能只有短短的几秒钟到几分钟的时间，甚至有的继电器从未动作于应切除的故障。如对于某些服役超过30年的继电器而言，保护的磨损，多是由于测试、检修及相应的工作造成的，而不是因为切除故障引起的。目前，电网公司面临着变电站数目不断增多，而运行维护人员无法同步增加导致的运行维护压力大的矛盾。如果解决不好这个矛盾，就会影响设备的可靠性，进一步威胁供电可靠性。目前国内还没有做到二次设备完全免维护，而维护不当或维护不及时将严重地影响继电保护的安全性。

总体而言，我国继电保护的可靠性总体可达到90%以上，继电保护装置本身的动作可靠性则更高，主要问题还是出在互感器、二次回路及人为因素方面。

1.3.5 继电保护"四性"的辩证统一

在理论上，继电保护对于电力系统中所有可能发生的故障或异常情况都应动作，但受到经济条件、行业政策或设备条件的限制，继电保护系统有简有繁，功能也各不相同，如10kV电压等级的配电线路相对于500kV输电线路配置的保护相对就简单得多。针对不同类型的保护，应就保护"四性"提出不同的要求；同时，保护"四性"之间也是既矛盾又统一。如保证选择性和速动性时，灵敏性就无法同时满足；若要保证选择性和灵敏性，则速动性就无法同时满足；若同时兼顾选择性、速动性和灵敏性，则在保护原理设计和装置构成上势必更加复杂，可靠性降低。因此在处理此类问题时，一定要从电力系统安全、稳定运行的需求出发，根据保护对象在电力系统所处的地位及重要性，抓住主要矛盾与矛盾的主要方面，使继电保护的设计、配置、整定等应用技术方案既科学合理，又经济可行。

根据国内的相关规程，继电保护装置应符合可靠性、选择性、灵敏性和速动性的要求。当确定其继电保护的配置和构成方案时，应综合考虑以下几个方面，并结合具体情况，处理好上述四性的关系：①电力设备和电力网的结构特点和运行特点；②故障出现的概率和可能造成的后果；③电力系统的近期发展规划；④相关专业的技术发展状况；⑤经济上的合理性；⑥国内和国外的经验。

1.4 继电保护发展历程和展望

继电保护原理及技术随着电子技术、计算机技术、通信技术发展而逐步提出、完善并实用化。随着材料、器件、制造技术等相关学科的发展，继电保护装置的结构、形式和制造工艺也发生着巨大的变化，经历了机电式保护装置、静态继电保护装置和数字继电保护装置三大发展阶段。

如需了解"继电保护发展历程和展望"详细内容,请扫描二维码查看。

继电保护发展历程和展望

本章小结

本章主要知识点如图1-8所示。通过本章的学习,目的是建立电力系统继电保护的基本概念,理解继电保护的作用,掌握继电保护的动作原理、基本构成及设计准则,为后续具体保护原理的学习打下扎实的基础。

(1) **继电保护的概念与任务** 继电保护的任务(或作用)是本章的核心。充分理解继电保护在电力系统中所谓"外科医生"的角色,是学好继电保护的前提。

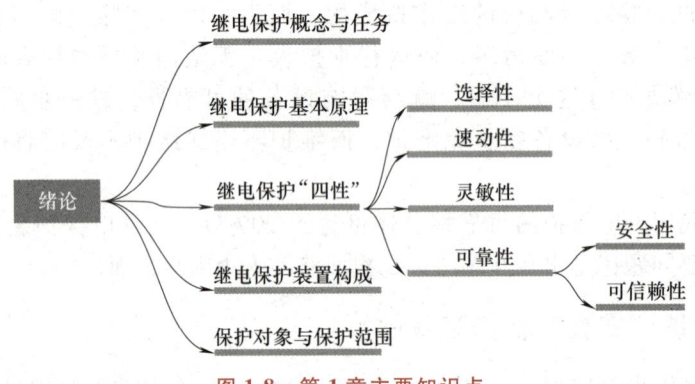

图1-8 第1章主要知识点

(2) **继电保护装置基本构成** 虽然继电保护原理多种多样,但一般均由测量部分、逻辑部分和执行部分组成。而保护装置并不是继电保护系统的全部,可通过案例理解"眼睛""大脑""手脚"等比喻的含义。

(3) **继电保护设计准则**(即"四性"要求) 保护的"四性"是本章的重点,也是全书的灵魂所在。需要牢记"四性"的名称及定义,灵活掌握"四性"间既矛盾又统一的辩证关系。在学习过程中深刻理解继电保护的宗旨是服务于系统的安全稳定运行。继电保护的原理设计、配置、整定、调试技术以及对于继电保护装置的"四性"要求都是围绕这一主题展开。后续学习中要养成利用唯物辩证法分析处理继电保护技术中各种矛盾对立统一问题的习惯。

习题与思考题

1. 简述继电保护的定义、任务。
2. 为什么称继电保护为电力系统"外科医生"?
3. 继电保护装置一般由哪几部分组成?简述其各部分的作用。
4. "电力系统继电保护就是指电力系统继电保护装置"这种说法错在何处?
5. 保护的区域为什么需要存在部分重叠?
6. 保护的"四性"指的是什么?具体如何解释?

第2章 基础知识

继电保护根据电气量的变化机理来判断电力系统是否发生故障（或异常）；电力系统一次设备的电气量需要通过电流互感器、电压互感器变换后接入保护装置；继电保护动作后，需要通过断路器控制回路才能真正实现跳闸。为便于读者了解上述内容，为学习继电保护工作原理打下良好基础，本章主要介绍电力系统发生故障时，电流量、电压量的简便求法；电流互感器、电压互感器的主要特性与用法；继电器及三相断路器控制回路工作原理。

2.1 故障电气量计算简便方法

电力系统短路故障类型主要包括三相短路、两相短路、单相接地短路及两相接地短路。本节将分别介绍四种短路故障情况下相关电气量的简便计算方法。

2.1.1 三相短路电气量分布计算

(1) 常用计算模型 三相短路电气量分布计算，在继电保护整定计算过程中的应用非常广泛。三相短路属于对称性短路，只需要建立正序网络即可进行分析。如图 2-1a 所示为一简化系统图（图中未画出断路器）。

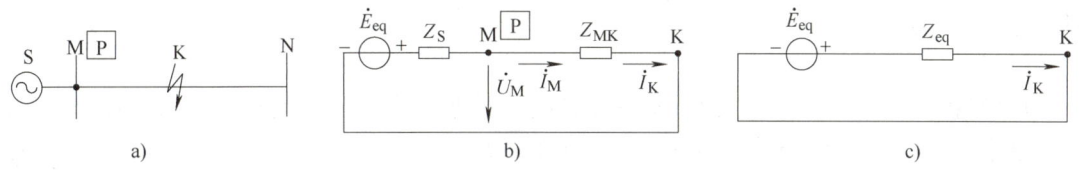

图 2-1 系统接线示意及等值阻抗图
a）线路接线示意图 b）等值正序网络图 c）等值正序网络简化图

图中 M 母线处安装有保护 P，M 母线左侧为等值电力系统，右侧接有保护对象，K 点代表被保护对象中故障点的位置。发生三相短路后，故障电流从电源 S 流向故障点，经过保护 P。由于 K 点发生三相短路时电压为零，即使 K 点右侧系统也有电源提供短路电流，该短路电流也不会流过保护 P 处。因此分析三相短路时保护 P 处的电气量，只需要分析该侧电源向故障点提供电流的情况即可。

根据图 2-1a 建立相应的等值正序网络如图 2-1b 所示。图中 $\dot{E}_{eq}$ 为等值系统 S 的等值电动势，Z_S 为系统 S 的等值正序阻抗。Z_{MK} 为 M 母线到故障 K 点之间的正序阻抗。$\dot{I}_M$ 为流过保护 P（即流过 M 母线）的电流，也是正序电流。$\dot{I}_K$ 为故障点电流。$\dot{U}_M$ 为 M 母线处某一相对地的电压。

将图 2-1b 进一步化简得到图 2-1c，$Z_{eq} = Z_S + Z_{MK}$。

（2）短路电流计算 结合图 2-1c，流过短路点处及保护安装处的三相短路电流为

$$\dot{I}_M^{(3)} = \dot{I}_K^{(3)} = \frac{\dot{E}_{eq}}{Z_{eq}} \tag{2-1}$$

如果只计算电流幅值，在忽略阻抗 Z_{eq} 中电阻时（Z_{eq} 中电阻值一般较小，在电力系统短路故障近似计算时通常忽略不计），式（2-1）可表示为

$$I_M^{(3)} = I_K^{(3)} = \frac{E_{eq}}{X_{eq}} \tag{2-2}$$

注意：<u>由于本例为单侧电源系统，所以三相短路时流过保护安装处的电流等于短路点处的电流。</u>

（3）保护安装处电压计算 继电保护装置安装处简称为"保护安装处"。保护 P 安装于母线 M 处。K 点发生三相短路时，故障点 K 的故障相电压为零，由此可得保护 P 安装处（即 M 母线处）单相电压为

$$\dot{U}_M = \dot{I}_M^{(3)} Z_{MK} \tag{2-3}$$

【**例 2-1**】 某 10kV 馈线如图 2-2 所示，S 为上级等值系统，M、N、P 为母线，可理解为电气节点。线路由 L_1 和 L_2 组成，长度分别为 5km 与 10km，单位长度线路阻抗为 0.4Ω/km（此处忽略电阻）。QF_1、QF_2 为断路器。MN 线路首端装设有保护 P_1。NP 线路首端装设有保护 P_2。试求：

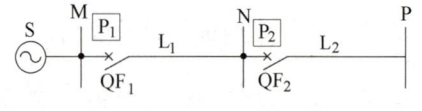

图 2-2 系统接线简图

① 假设系统 S 在最大运行方式下等值阻抗为 0.4Ω，试分别计算 N 点、P 点三相短路时，流过保护 P_1、P_2 电流值。

② 假设系统 S 在最小运行方式下等值阻抗为 0.42Ω，试分别计算 N 点、P 点三相短路时，保护 P_1、P_2 处的母线电压值。

【解】

1) 阻抗参数计算。最大、最小运行方式属于专业术语，最大运行方式下，系统等值阻抗是最小的，$X_{S.min} = 0.4Ω$（下标 min 为最小的意思，表示此时系统阻抗最小）；最小运行方式下系统等值阻抗 $X_{S.max} = 0.42Ω$（下标 max 为最大的意思，表示此时系统阻抗最大）。

线路 L_1 阻抗 $X_{L_1} = 5km \times 0.4Ω/km = 2Ω$；$L_2$ 阻抗 $X_{L_2} = 4Ω$。给出 P 点三相短路时正序等值网络示意如图 2-3 所示。N 点三相短路时的网络图更为简单，只需将本图改为 N 点与系统中性点相短接即可。图中，流过 P_1、P_2 处的电流以 $\dot{I}_M$、$\dot{I}_N$ 表示，P_1、P_2 处的电压以 $\dot{U}_M$、$\dot{U}_N$ 表示。

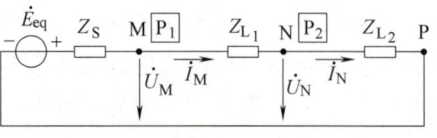

图 2-3 例 2-1 正序等值网络示意

2) 问题①计算。为计算相电流，应采用相电势，对于 10kV 系统，其等值电势应采用平均额定电压，即 10.5kV 所对应的相电势为

$$E_{eq} = 10.5 \times 10^3 V / \sqrt{3} = 6062.2V$$

最大运行方式下，N 点故障电流 $I_{N.max}^{(3)}$ 为

$$I_{\text{N.max}}^{(3)} = \frac{E_{\text{eq}}}{X_{\text{eq.N}}} = \frac{E_{\text{eq}}}{X_{\text{S.min}} + X_{\text{L}_1}} = \frac{6062.2\text{V}}{(0.4+2)\Omega} = 2525.9\text{A}$$

此时流过保护 P_1 的电流与故障点电流相同，流过保护 P_2 的电流为零。

最大运行方式下，P 点故障电流 $I_{\text{P.max}}^{(3)}$ 为

$$I_{\text{P.max}}^{(3)} = \frac{E_{\text{eq}}}{X_{\text{eq.P}}} = \frac{E_{\text{eq}}}{X_{\text{S.min}} + X_{\text{L}_1} + X_{\text{L}_2}} = \frac{6062.2\text{V}}{(0.4+2+4)\Omega} = 947.2\text{A}$$

此时流过保护 P_1 的电流为 947.2A，流过保护 P_2 的电流也为 947.2A。

3）问题②计算。最小运行方式下，N 点故障电流 $I_{\text{N.min}}^{(3)}$ 为

$$I_{\text{N.min}}^{(3)} = \frac{E_{\text{eq}}}{X_{\text{eq.N}}} = \frac{E_{\text{eq}}}{X_{\text{S.max}} + X_{\text{L}_1}} = \frac{6062.2\text{V}}{(0.42+2)\Omega} = 2505.04\text{A}$$

此时保护 P_1 处，即 M 母线的相电压值为

$$U_{\text{M}} = I_{\text{N.min}}^{(3)} X_{\text{L}_1} = 2505.04\text{A} \times 2\Omega = 5010.08\text{V}$$

此时保护 P_2 处，N 母线电压为零。

最小运行方式下，P 点故障电流 $I_{\text{P.min}}^{(3)}$ 为

$$I_{\text{P.min}}^{(3)} = \frac{E_{\text{eq}}}{X_{\text{eq.P}}} = \frac{E_{\text{eq}}}{X_{\text{S.max}} + X_{\text{L}_1} + X_{\text{L}_2}} = \frac{6062.2\text{V}}{(0.42+2+4)\Omega} = 944.3\text{A}$$

此时保护 P_1 处，即 M 母线的相电压值为

$$U_{\text{M}} = I_{\text{P.min}}^{(3)}(X_{\text{L}_2} + X_{\text{L}_1}) = 944.3\text{A} \times 6\Omega = 5665.8\text{V}$$

此时保护 P_2 处，N 母线处的相电压值为

$$U_{\text{N}} = I_{\text{P.min}}^{(3)} X_{\text{L}_2} = 944.3\text{A} \times 4\Omega = 3777.2\text{V}$$

2.1.2 两相短路电气量分布计算

两相短路属于不对称性故障。针对不对称性故障，电力系统通常采用对称分量法进行分析计算。这里仍以图 2-1 所示单侧电源系统为分析模型，说明电气量的计算与分析方法。K 点发生两相短路时，建立复合序网如图 2-4a 所示，正序网络中，$\dot{E}_{\text{eq}}$、$Z_{\text{S.1}}$、$Z_{\text{MK.1}}$ 的定义与

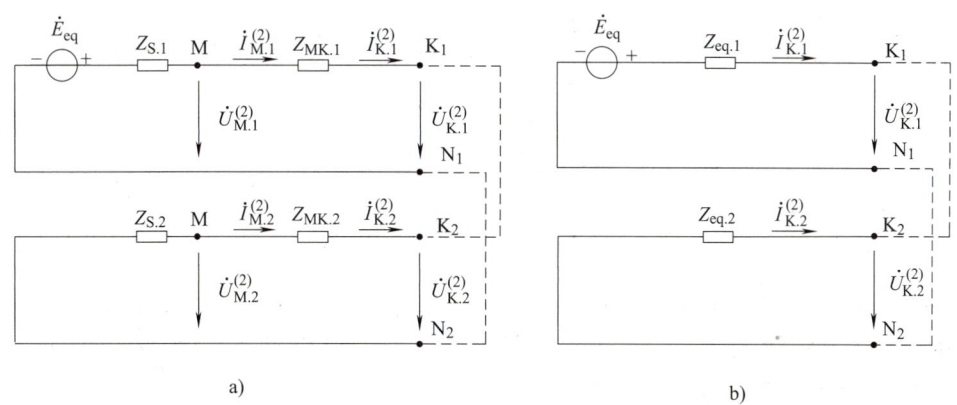

图 2-4 两相短路阻抗网络示意图
a）复合序网络图 b）简化后复合序网络图

图 2-1b 中元件定义相同，$Z_{S.2}$、$Z_{MK.2}$ 分别为对应元件的负序阻抗。由于正序阻抗与负序阻抗大小相差不大，在电力系统短路近似计算中，一般默认负序阻抗与正序阻抗相等，因此，正、负序网络等值后阻抗亦相等，即 $Z_{eq.1} = Z_{eq.2}$。

(1) 复合序网络图分析 观察图 2-4b 可知，当 K 点发生两相短路时，正序电流从电源流向故障点，故障点正序电压绝对值低于电源电压。而负序网络中，由于没有负序电源，只有故障点等值叠加的负序电动势，因此故障点的负序电压绝对值最高，这一特点不同于正序电压，在后续继电保护应用中需要特别注意。

(2) 短路电流计算 流经保护安装处的故障相电流 $\dot{I}_M^{(2)}$ 等于故障点故障相电流 $\dot{I}_K^{(2)}$，在假设等值正序阻抗等于负序阻抗时，可直接利用同一位置发生三相短路时的短路电流进行简便计算，即

$$\dot{I}_M^{(2)} = \dot{I}_K^{(2)} = \frac{\sqrt{3}}{2}\frac{\dot{E}_{eq}}{Z_{eq}} = \frac{\sqrt{3}}{2}\dot{I}_K^{(3)} \tag{2-4}$$

如果只需要计算电流的幅值，则有

$$I_M^{(2)} = I_K^{(2)} = \frac{\sqrt{3}}{2}\frac{E_{eq}}{X_{eq}} = \frac{\sqrt{3}}{2}I_K^{(3)} \tag{2-5}$$

由上式可知，在求得三相短路电流后，可直接通过"打折"的方法，乘以 0.866，求得两相电流。如求得最小运行方式下流经保护安装处的三相短路电流为 1000A，则可直接算得两相短路电流为 866A。

(3) 保护安装处电压计算 保护安装处测得的故障相间电压可用下式表示

$$\dot{U}_{M.\varphi\varphi}^{(2)} = 2\dot{I}_K^{(2)} Z_{MK} \tag{2-6}$$

式中 $\dot{U}_{M.\varphi\varphi}^{(2)}$——保护安装处故障两相的线电压，$\varphi\varphi$ 代表短路形式，如 BC；

$\dot{I}_K^{(2)}$——故障时超前相电流，如 BC 短路时，为 B 相电流。

注意，上式中隐含了故障点两相之间电压差为零的概念。如 BC 短路时，故障点 BC 两相的电压差为零，BC 两相电流大小相等，相量方向相反，所以对于 M 母线到 K 点间的每一相的电压降的幅值相等，方向相反，所以公式中才会出现 2。此时 CA、AB 都不存在这种关系。

(4) 保护安装处负序电压计算 保护安装处测得的负序相电压可用下式表示

$$\dot{U}_{M.2}^{(2)} = -\dot{I}_{K.2}^{(2)} Z_{S.2} \tag{2-7}$$

式中 $\dot{U}_{M.2}^{(2)}$——某一相负序电压，如 A 相负序电压；

$\dot{I}_{K.2}^{(2)}$——对应该相的负序电流，如 A 相负序电流。

此式说明：在保护的正方向，即面向被保护对象的方向发生两相短路时，保护安装处测得的某一相负序电压与负序电流之间的相位关系，决定于保护安装处背后的系统负序阻抗。

【例 2-2】 延用例 2-1 中参数，假设在最小运行方式下，N 点发生 BC 两相短路。

① 试计算流过保护安装 P_1、P_2 的电流值；

② 如果保护安装处背后的系统负序阻抗 $Z_{S.2}$ 的阻抗角为 80°，试画出保护 P_1 处负序电压与负序电流相位关系图。

【解】

阻抗参数与系统等值相电势计算同例 2-1。

1) 问题①计算。最小运行方式下，N 点故障等值正序电抗为

$$X_{eq} = 0.42\Omega + 2\Omega = 2.42\Omega$$

BC 两相短路时，故障相电流值为

$$I_{N.\min}^{(2)} = \frac{\sqrt{3}}{2} \cdot I_{N.\min}^{(3)} = \frac{\sqrt{3}}{2} \cdot \frac{E_{eq}}{X_{eq}} = 2169.4A$$

此时流过保护 P_1 的电流与故障点电流相同，为 2169.4A。保护 P_2 右侧无电源，因此测得电流为零。

2) 问题②画图。给出 N 点两相短路时负序等值网络示意图如图 2-5a 所示。画出保护安装处负序电流、电压相位关系如图 2-5b 所示。图中负序电流 $\dot{I}_{M.2}^{(2)}$ 超前负序电压 $\dot{U}_{M.2}^{(2)}$ 的角度为保护安装处背后系统等值负序阻抗 $Z_{S.2}$ 的角度。

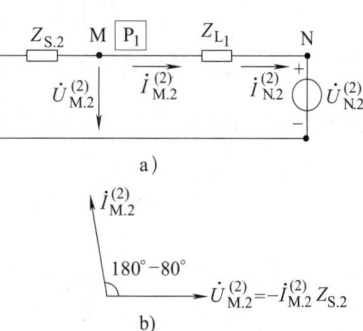

图 2-5 问题②图示
a) 负序等值网络示意图
b) 负序电流电压相位图

2.1.3 单相接地短路电气量分布计算

仍以图 2-1a 所示单侧电源系统为分析模型说明电气量的计算与分析方法。假设系统 S 中性点直接接地。K 点发生单相接地短路时，建立复合序网络图如图 2-6 所示。$\dot{E}_{eq}$、$Z_{S.1}$、$Z_{MK.1}$、$Z_{S.2}$、$Z_{MK.2}$ 等变量的定义与前文相同。零序网络中阻抗采用 $Z_{S.0}$、$Z_{MK.0}$ 表示。对应的正、负、零序网络等值阻抗分别为 $Z_{eq.1}$、$Z_{eq.2}$、$Z_{eq.0}$。

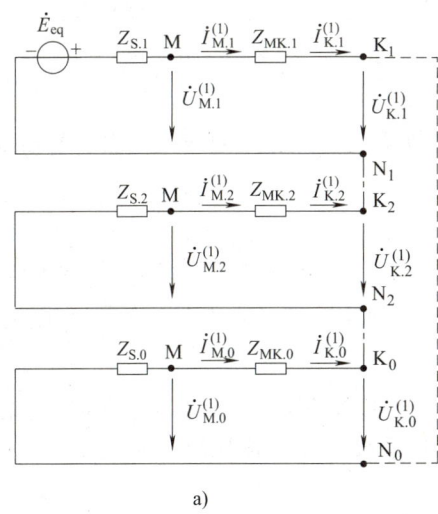
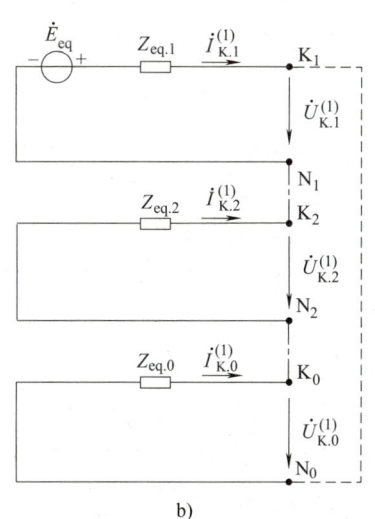

图 2-6 单相接地短路阻抗网络示意图
a) 复合序网络图 b) 简化后复合序网络图

(1) 复合序网络图分析 观察图 2-6b 可知，当 K 点发生单相接地短路时，复合序网络

为串联型网络，正、负、零序电流相等，大小由正序网电源电势与序阻抗的总和决定。类似于前面负序网络电气量特点（没有负序电源，故障点的负序电压绝对值最高），零序网络中亦没有零序电源，只有故障点等值叠加的零序电势，因此，零序网络中，故障点的零序电压绝对值最高。故障点的零序电压大小取决于零序阻抗与正序阻抗的比值，比值越大，零序电压越高。

（2）零序电流计算 针对电力系统接地故障，继电保护更多关注此时零序电气量的分布特点，因此，这里主要介绍零序电流、电压的计算方法。

在大接地电流系统发生单相接地短路时，故障点正、负、零序电流相等，三倍零序电流 $3\dot{I}_0^{(1)}$ 等于三倍正序电流，也等于故障相电流 $\dot{I}_K^{(1)}$。流经保护安装处的故障相电流 $\dot{I}_M^{(1)}$ 等于故障点故障相电流 $\dot{I}_K^{(1)}$，计算公式为

$$3\dot{I}_0^{(1)} = \dot{I}_M^{(1)} = \dot{I}_K^{(1)} = \frac{3\dot{E}_{eq}}{Z_{eq.1}+Z_{eq.2}+Z_{eq.0}} = \frac{3\dot{E}_{eq}}{2Z_{eq.1}+Z_{eq.0}} \tag{2-8}$$

式中 $\dot{I}_M^{(1)}$、$\dot{I}_K^{(1)}$ ——保护安装处及故障点处故障相电流；

$Z_{eq.1}$、$Z_{eq.2}$、$Z_{eq.0}$ ——等值正、负、零序阻抗，且 $Z_{eq.1} = Z_{eq.2}$。

如果只需要计算电流的幅值，且忽略等值阻抗 $Z_{eq.1}$、$Z_{eq.0}$ 的电阻时，三倍零序电流 $3I_0^{(1)}$ 为

$$3I_0^{(1)} = I_M^{(1)} = I_K^{(1)} = \frac{3E_{eq}}{2X_{eq.1}+X_{eq.0}} \tag{2-9}$$

式中 $X_{eq.1}$、$X_{eq.2}$、$X_{eq.0}$ ——等值正、负、零序电抗，且 $X_{eq.1} = X_{eq.2}$。

（3）保护安装处零序电压计算 为方便求取保护安装处的零序电压 $\dot{U}_{M.0}^{(1)}$，可利用 M 点左侧，即保护安装处背后的系统等值零序阻抗上的电压降来进行计算，而不是求取它与故障点处零序电压 $\dot{U}_{K.0}^{(1)}$ 关系。其关系式为

$$\dot{U}_{M.0}^{(1)} = -\dot{I}_{M.0}^{(1)} Z_{S.0} \tag{2-10}$$

式中 $\dot{I}_{M.0}^{(1)}$ ——故障相零序电流，如单相接地故障时，流过保护安装处的 A 相零序电流分量；

$Z_{S.0}$ ——系统零序阻抗。

式（2-10）说明，当正方向发生单相接地短路时，保护安装处测得的零序电压与零序电流之间的相位关系，取决于保护安装处背后的系统零序阻抗。事实上，发生两相接地短路时同样具有上述特征。

值得指出，若系统零序阻抗 $Z_{S.0} = \infty$，则零序电流 $\dot{I}_{M.0}^{(1)}$ 将变为零，此时 $\dot{U}_{M.0}^{(1)}$ 与 $\dot{U}_{K.0}^{(1)}$ 电压比例为 1:1。该种情况适用于中性点不接地系统，或在接地故障系统中，零序电流无法流通的支路存此现象。

【例 2-3】 某单侧电源系统如图 2-7 所示，图中 S 为上级等值系统；变压器 T_1 电压比为 220kV/110kV/10kV，高压侧及中压侧中性点均接地；MN、NP 为 110kV 输电线路；变压器 T_2 电压比为 110kV/10kV，高压侧中性点不接地，低压侧未接电源。以 100MVA 为标准容量，阻抗以标幺值表示。系统 S 正序、负序等值阻抗 $Z_{S.1} = 0.005+j0.05$，零序等值阻抗为

$Z_{S.0}$ = 0.01+j0.1。考虑线路故障时,变压器 T_1 的正序、负序零序等值阻抗均为 Z_{T_1} = j0.1。L_1 正序阻抗为 $Z_{L_1.1}$ = 0.004+j0.04;L_2 正序阻抗为 $Z_{L_2.1}$ = 0.006+j0.06。线路单位长度零序阻抗为对应正序阻抗的 3 倍。试分别计算:

① N 点、P 点发生单相接地短路故障时,流过保护 P_1、P_2 的三倍零序电流;
② N 点两相接地短路时,流过保护 P_1 的三倍零序电流;
③ N 点、P 点发生三相短路故障时,流过保护 P_1、P_2 的相电流。

【解】
系统等值相电势计算同例 2-1。

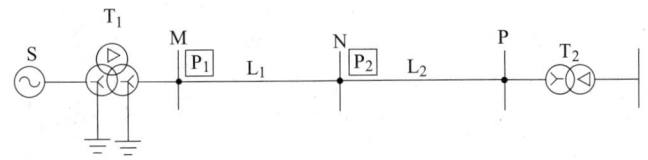

图 2-7 单侧电流系统图

1)阻抗参数计算。采用近似算法,忽略系统及线路阻抗参数中的电阻成分。则系统正序阻抗标幺值 $Z_{S.1} \approx j0.05$,系统零序阻抗标幺值 $Z_{S.0} \approx j0.1$;根据题意,线路 L_1 的正序阻抗标幺值 $Z_{L_1.1} \approx j0.04$,零序等值阻抗 $Z_{L_1.0} = 3Z_{L_1.1} \approx j0.12$;线路 L_2 的正序阻抗标幺值 $Z_{L_2.1} \approx j0.06$,零序等值阻抗 $Z_{L_2.0} = 3Z_{L_2.1} \approx j0.18$。

分别给出 N 点、P 点发生接地故障时零序等值网络示意图如图 2-8、图 2-9 所示。

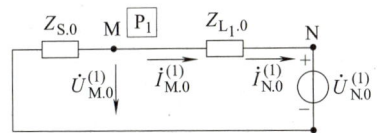

图 2-8 N 点单相接地零序等值网络示意图   图 2-9 P 点单相接地零序等值网络示意图

2)问题①计算。N 点故障时,等值正序阻抗标幺值为

$$Z_{\text{eq.N.1}} = Z_{S.1} + Z_{T_1} + Z_{L_1.1} = j0.05+j0.1+j0.04 = j0.19$$

对应电抗值 $X_{\text{eq.N.1}} = 0.19$,等值零序阻抗标幺值为

$$Z_{\text{eq.N.0}} = Z_{S.0} + Z_{T_1} + Z_{L_1.0} = j0.1+j0.1+j0.12 = j0.32$$

对应电抗值 $X_{\text{eq.N.0}} = 0.32$,参照式(2-9)计算,得其分母为

$$2X_{\text{eq.N.1}} + X_{\text{eq.N.0}} = 0.38+0.32 = 0.7$$

根据标准容量为 100MVA,求得 110kV 系统对应的标准电流为

$$I_{B.110} = \frac{100\times 10^3 \text{kVA}}{\sqrt{3}\times 115\text{kV}} = 502\text{A}$$

则流过保护 P_1 即 M 点的三倍零序电流值为

$$3I_{N.0}^{(1)} = \frac{3I_{B.110}}{2X_{\text{eq.N.1}}+X_{\text{eq.N.0}}} = \frac{3\times 502\text{A}}{0.7} = 2151.4\text{A}$$

根据故障特点可知,变压器 T_2 中性点也未接地,零序电流无法流通,因此,N 点发生故障时流过 P_2 的三倍零序电流为 0A。

P 点单相接地计算。P 点故障等值正序阻抗标幺值为

$$Z_{eq.P.1} = Z_{S.1} + Z_{T.1} + Z_{L_1.1} + Z_{L_2.1} = j0.05 + j0.1 + j0.04 + j0.06 = j0.25$$

对应电抗值 $X_{eq.P.1} = 0.25$，等值零序阻抗标幺值为

$$Z_{eq.P.0} = Z_{S.0} + Z_{T.0} + Z_{L_1.0} + Z_{L_2.0} = j0.1 + j0.1 + j0.12 + j0.18 = j0.5$$

对应电抗值 $X_{eq.P.0} = 0.5$，同样参照式（2-9）进行计算，对应分母为

$$2X_{eq.P.1} + X_{eq.P.0} = 2 \times 0.25 + 0.5 = 1$$

从而得 P 点单相接地时，流入故障点的三倍零序电流值为

$$3I_{P.0}^{(1)} = \frac{3I_{B.110}}{2X_{eq.P.1} + X_{eq.P.0}} = \frac{3 \times 502\text{A}}{1} = 1506\text{A}$$

即 P 点发生单相接地短路故障时，流过保护 P_1、P_2 的三倍零序电流为 1506A。

3）问题②计算。N 点两相接地短路时，参照式（2-12）计算，对应分母为

$$X_{eq.N.1} + 2X_{eq.N.0} = 0.19 + 2 \times 0.32 = 0.83$$

流过保护 P_1 即 M 点的三倍零序电流值为

$$3I_{N.0}^{(1.1)} = \frac{3I_{B.110}}{X_{eq.N.1} + 2X_{eq.N.0}} = \frac{3 \times 502\text{A}}{0.83} = 1814.4\text{A}$$

4）问题③计算。N 点发生三相短路时，根据问题①计算已知等值正序电抗为 $X_{eq.N.1} = 0.19$。参照式（2-2）计算，则流过保护 P_1 的相电流为

$$I_{N.1}^{(3)} = \frac{I_{B.110}}{X_{eq.N.1}} = \frac{502\text{A}}{0.19} = 2642.1\text{A}$$

流过保护 P_2 的相电流为 0A。

P 点发生三相短路时，根据问题①计算已知等值正序电抗为 $X_{eq.P.1} = 0.25$，参照式（2-2）计算，则流过保护 P_1P_2 的相电流相等，为

$$I_{P.1}^{(3)} = \frac{I_{B.110}}{X_{eq.P.1}} = \frac{502\text{A}}{0.25} = 2008\text{A}$$

2.1.4 两相接地短路电气量分布计算

仍以图 2-1a 所示单侧电源系统为分析模型说明电气量的计算与分析方法。假设系统 S 中性点直接接地。K 点发生两相接地短路时，建立阻抗网络示意图如图 2-10 所示。$\dot{E}_{eq}$、$Z_{S.1}$、$Z_{MK.1}$、$Z_{S.2}$、$Z_{MK.2}$、$Z_{S.0}$、$Z_{MK.0}$、$Z_{eq.1}$、$Z_{eq.2}$、$Z_{eq.0}$ 等变量的定义与前文相同。

(1) 复合序网络图简要分析 与单相接地故障类似，对于继电保护而言，分析两相接地故障的主要目的也是获取零序电流及零序电压。由图 2-10 可见，各序阻抗网络的构成及等值参数值计算方法，与同一位置发生单相接地时相同，不同的是两相接地时的复合序网络为并联型网络，正序、负序、零序网络并联。故障点正序与零序电流并不相等，但故障点的零序电压与正序电压是相等的。

(2) 零序电流计算 对于两相接地故障，故障点三倍零序电流 $3I_0^{(1.1)}$ 是正序电流的分流，即

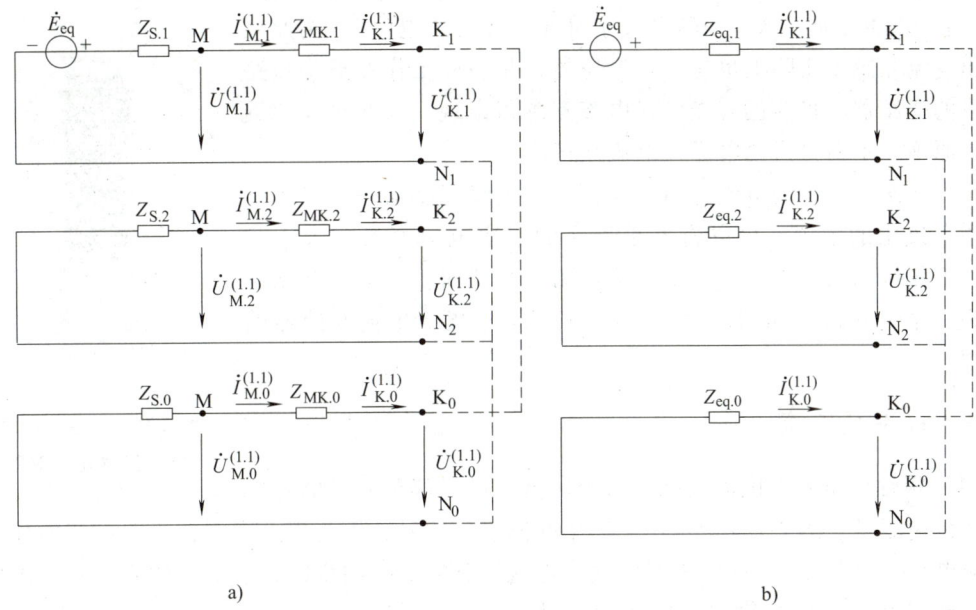

图 2-10 两相接地短路阻抗网络示意图
a) 复合序网络图 b) 简化后复合序网络图

$$\begin{cases} \dot{I}_1^{(1.1)} = \dfrac{\dot{E}_{eq}}{(Z_{eq.1} + Z_{eq.2}) /\!/ Z_{eq.0}} \\ 3\dot{I}_0^{(1.1)} = 3\dot{I}_1^{(1.1)} \times \dfrac{Z_{eq.2}}{Z_{eq.2} + Z_{eq.0}} = \dfrac{3\dot{E}_{eq}}{Z_{eq.1} + 2Z_{eq.0}} \end{cases} \tag{2-11}$$

如果只需要计算电流的幅值，且忽略电阻时，正序、零序等值阻抗 $Z_{eq.1}$、$Z_{eq.0}$ 可用电抗表示，则<u>三倍零序电流幅值 $3I_0^{(1.1)}$</u> 为

$$3I_0^{(1.1)} = \frac{3E_{eq}}{X_{eq.1} + 2X_{eq.0}} \tag{2-12}$$

式中　$X_{eq.1}$、$X_{eq.0}$——等值正序、零序电抗。

(3) 保护安装处零序电压计算　保护安装处的零序电压与单相接地故障分析方法类似，同样可利用 M 点左侧，即保护安装处背后的系统等值零序阻抗上的电压降来进行计算。值得指出，若系统零序阻抗 $Z_{S.0} = \infty$，则零序电流 $\dot{I}_{M.0}^{(1.1)}$ 将变为零。由图 2-10a 可见，此时保护安装处的零序电压与故障点相等，也等于故障点的正序电压。

2.2　电流互感器在继电保护中的应用

电力系统属于高电压大电流的强电系统，其运行设备为一次设备，而继电保护属于二次设备，不能直接接入一次系统的大电流。电流互感器（TA）的主要作用是以合理的准确度，将大电流（一次电流）按电流比变换为小电流（二次电流），供继电保护装置及其他测量装置使用，以满足设备及人身的安全。电流互感器在现场也称为 CT（Current Transformer）或流变。目前标准的文字代号为TA,其中"T"为主文字符号,代表"变压器"大类,而"A"是辅助文字符号,代表"电流"。由此也可看出电流互感器实际上也是一种变压器,是一种工作在近似短路状态下的变压器。目前已有光电式电流互感器出现,为便于介绍继电保护原理,本书只讨论电磁式电流互感器。

电力一次设备中的电流各不相同,通过电流互感器一、二次绕组不同匝数比的配置,可以将大小悬殊的一次电流变换成大小相当、便于测量的二次电流,对于保护及测量装置而言,电流互感器近似为一个电流源。如图2-11为一种110kV电磁式电流互感器的外形图。

图 2-11 一种 110kV 电流互感器外形图

2.2.1 极性及电流比

(1) 极性 电磁型电流互感器与变压器一样,都是通过电磁耦合变换传递能量。图2-12a中示出了其单线图表示符号,主要用于表明在一次系统的什么位置装设电流互感器,图2-12a中竖线代表电流互感器的一次绕组,一根线代表三相;圆代表电流互感器的一组二次绕组,横线代表其二次输出。电流互感器制造厂家常用 L_1、L_2 标记一次绕组始端和末端,用 K_1、K_2 标记二次绕组始端和末端,图2-12b中示出了某一单相电流互感器的示意图,在工程图中,常用该类型图表示电流回路。图2-12b中通常用"*"或"·"标记于 L_1 与 K_1 上,或 L_2 与 K_2 上,来表明它们是同极性端。保护用电流互感器参考方向规定如图2-12c所示,一次侧以电流流入极性端为正方向,二次侧以电流自极性端流出为正方向。<u>保护用电流互感器这样规定正方向后,当忽略传变误差时并在正确接线条件下,一次电流与二次电流相位相同。</u>

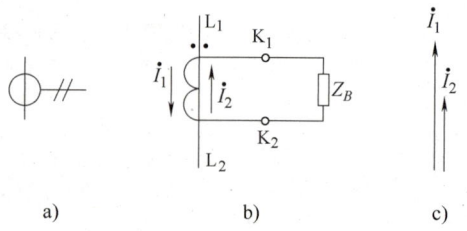

图 2-12 电流互感器原理示意图
a) 单线图 b) 极性端与二次电流回路 c) 两侧电流相量

(2) 电流比 电流互感器的二次额定电流是固定的,通常只有5A及1A两种选项。电流互感器的电流比等于一次额定电流与二次额定电流之比,对于继电保护而言,电流比参数是继电保护进行定值整定的重要依据。对于继电保护及测量仪表而言,电流比的选择应满足继电保护装置的额定输入电流及工作准确度的需求。<u>如某继电保护装置的额定电流为5A,则在正常运行时电流互感器的输出应在1~4.5A之间较为合理,不能过大,也不能过小。</u>

电流互感器电流比 n_{TA} 的表示方法为

$$n_{TA} = I_{1N}/I_{2N} \tag{2-13}$$

式中 I_{1N}——一次额定电流(A);
I_{2N}——二次额定电流(A)。

如某电流互感器一次额定电流为300A,二次额定电流为5A,其电流比表示为300/5。如该互感器一次匝数 W_1 设为2匝,则二次匝数 W_2 应为120匝,即匝数比为 $W_2/W_1 = 60$,即 $n_{TA} = W_2/W_1 = 60$,这样才能实现一次电流为300A时,二次电流为5A的效果,所以说电流互感器电流比的背后是其绕组的匝数比,调整一次或二次绕组的匝数,将会形成不同的电流比。例如,将该互感器的 W_1 设为 1 匝,W_2 维持 120 匝不变,则电流互感器的电流比将放大一倍,变为 600A/5A。

2.2.2 误差与准确级

(1) 误差 电流互感器等效电路如图 2-13 所示。图中,K_n 为一、二次绕组匝数比;E_S 为二次感应电动势,也称为励磁电压;U_S 为二次电压;I_P 为一次电流;I_S 为二次电流;I_E 为励磁电流;Z_{CT} 为一、二次绕组阻抗等效值;Z_B 为负载阻抗;Z_E 为励磁阻抗,$Z_{CT}+Z_B \ll Z_E$。

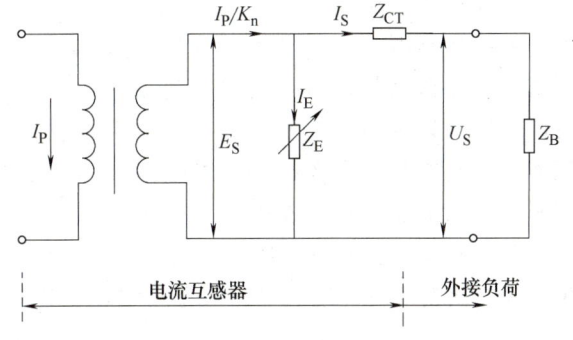

图 2-13 电流互感器等效电路

$Z_{CT}+Z_B$ 与 Z_E 之间的差异也是电流互感器存在误差的原因,如认为 Z_E 无穷大,则电流互感器就可以被认为没有误差。反之,二次负载阻抗相对于励磁阻抗的比值越大,则电流互感器的误差越大。短路致一次电流增大时,TA 铁心可能趋向饱和,励磁阻抗因此下降,电流互感器误差也会增大,严重故障所引起的电流互感器的饱和现象发生在故障后的 3~4ms 内,此时励磁阻抗急剧下降,波形也会产生畸变,谐波分量很大,这将对于保护装置的动作行为产生不利的影响。二次负载主要取决于二次电缆的阻抗,而电缆的阻抗以电阻成分为主。因此二次电缆的长度、二次接触电阻的大小对于电流互感器的比值误差与相位误差都会产生影响。

电流互感器励磁回路有以下关系(为简化以标量表示,即假设所分析电流中所有阻抗的阻抗角相同)

$$E_S = U_S + I_S Z_{CT} = I_S(Z_{CT}+Z_B) \tag{2-14}$$

当电流互感器的误差为 10% 时,有 $I_S = 9I_E$,此时对应互感器二次所允许的负载阻抗 Z_B 为

$$\begin{cases} Z_B = \dfrac{E_S}{9I_E} - Z_{CT} \\ m_{10} = \dfrac{10I_E}{I_{S.N}} \end{cases} \tag{2-15}$$

当实际的负载阻抗大于 Z_B 时,由于它对于 Z_E 的比值变大,其对于二次侧的理想电流 I_P/K_n 的分流将减小,I_E 将变大,因此会造成 $I_E/(I_S+I_E)>10\%$。由此可见,二次负载过大,将使得电流互感器的误差增加,造成继电保护获得的电流信息失真,有可能引发其出现不正确的动作行为。因此,工程中常用电流互感器的误差曲线来表征二次负载与电流倍数的关系。误差曲线是指某电流互感器满足误差要求(5%)时,一次电流倍数 m(一次电流 I_P 与其额定电流 $I_{P.N}$ 的比值)与二次负载阻抗 Z_B 之间的关系曲线。准确级为 10P 的电流互感器对应于 10% 误差曲线。某电流互感器的 10% 误差曲线如图 2-14 所示。该曲线为反比例曲线,图中虚线表明,m 值越高,所允许的二次负载阻抗就越小,一次电流和二次负载阻抗是相互

制约的,一次电流越大,允许的二次负载阻抗越小。

10%误差曲线一般由制造厂家给定,有时并不完全准确。因此在现场工作中,为准确把握电流互感器的特性,特别是电流互感器在系统故障时的最大一次电流情况下会不会出现误差大于10%的情况,除了需要测量电流互感器极性、电流比、二次负载等参数之外,还要绘制电流互感器的伏安特性曲线即互感器的励磁特性曲线。电流互感器的励磁特性曲线可以通过试验获得,这种试验与

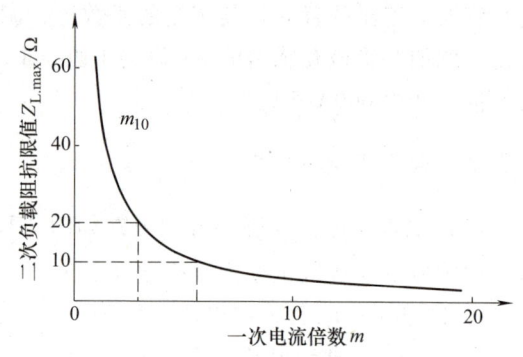

图 2-14 电流互感器10%误差曲线示例

变压器的伏安特性实验类似。试验时,将电流互感器一次绕组开路,二次绕组与二次回路负载断开,在二次绕组侧施加电压,测量二次电流。根据测量的电压与电流值,绘制电流互感器的励磁特性曲线,如图 2-15 所示为励磁特性曲线示例,横坐标为二次励磁电流有效值 I_E,纵坐标为二次所测得的励磁电压值有效值 E_S。图中画出两种电流比,即 600/5 与 1200/5。

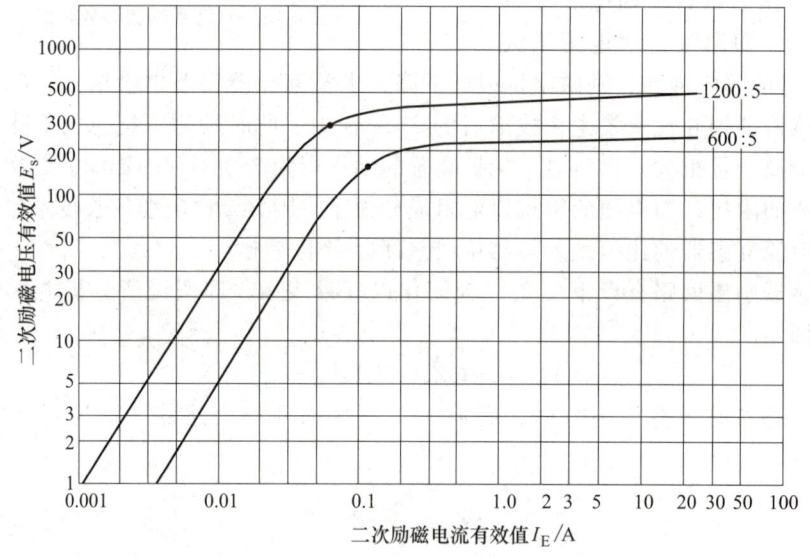

图 2-15 电流互感器的励磁特性曲线

为便于理解,在图 2-15 曲线上,以黑点的形式标出了拐点的位置,其右上方部分近似于水平线,说明励磁电压不会再有大幅度上升,而随着励磁电流的不断上升,电流互感器接近于"饱和"。结合图 2-13 可见,此种状态下,如励磁电压 E_S 被近似认为定值时,则励磁电流 I_E 越大,对理想二次电流 I_P 的分流越大,电流互感器的误差相应增大。但是误差是多少,出现误差时,电流互感器能否满足继电保护的需求呢?

目前解决这个问题常用的方法有两种,第一种方法,给定某一短路电流值,假设此时 TA 误差恰为 10%,根据励磁特性(伏安特性)曲线查得对应 E_S 值,根据式(2-15)即可求出此时的最大允许负载阻抗,注意此时励磁电流为归算到二次侧额定电流的 1/10。第二

种方法，励磁特性（伏安特性）曲线拐点粗略判别法，如已知或通过测量获得某电流互感器的拐点电压值，则将其最大允许二次阻抗（最大允许负载阻抗 Z_B 加上电流互感器自身阻抗）乘以电流互感器的负载系数（多数情况下为1）再乘以二次额定电流（如 5A 或 1A），只要小于拐点电压值，即为合格。

（2）准确级 电流互感器的准确级，是其电流变换的精确度。继电保护装置所用的电流互感器，应考虑暂态条件下的综合误差，一般选用 P 级或 TP 级准确级的电流互感器。P 级电流互感器是用稳态对称的最大故障电流下能满足的综合误差值来表示的。在表示保护用电流互感器准确度等级时，通常也将准确限值系数一并写出，例如，某电流互感器的准确度等级表示为 10P20，其含义为："P" 代表保护用电流互感器；"20" 代表在一次侧流过的最大电流为其一次额定电流的 20 倍；"10" 代表该互感器的综合误差不大于 10%。

TP 级保护用电流互感器的铁心带有小气隙，在它规定的准确限额条件下（规定的二次回路时间常数及无电流时间等）以及某额定电流倍数下，其综合瞬时误差最大为 10%。

【例 2-4】 某 10P20 型电流互感器，其二次额定电流 $I_{N.S}$ 为 5A。经伏安特性试验可知：当互感器达到允许误差 10%，即励磁电流为 10A 时，励磁电压 E_S 应为 230V。互感器二次负载总阻抗 Z_B 为 2Ω，互感器内阻抗 Z_{TA} 为 0.3Ω。问该电流互感器一次侧流过 20 倍额定电流时，误差是否能小于 10%？

【解】
由题意，对于二次额定电流为 5A 的 10P20 型电流互感器，电流互感器所接负载在系统故障条件下，理想的最大电流为 20×5A = 100A，如此时励磁电流为 10A，则误差为 10%。对应式（2-15）可得容许二次负载总阻抗的最大值为

$$Z_{B.max} = E_S/9I_E - Z_{CT} = 230V/(9 \times 10)A - 0.3\Omega = 2.26\Omega$$

因此，互感器二次负载总阻抗 Z_B 为 2Ω，小于该值，因此该互感器误差将小于 10%。

此题还可以用另一种粗略的解法，即假设二次负载总阻抗 Z_B 上的电流为 90A，则 2Ω 上压降为 180V，小于 230V，对应的励磁电流也一定小于 10A，因此该互感器误差将小于 10%。

需要指出，上述简便方法的思路是从励磁电压出发考虑问题，保证足够的励磁电压值（即图 2-15 中拐点后的电压"高度"）是精度的基础，而减小二次阻抗是精度的保障。

电流互感器误差不满足要求时可采取的措施：
① 增大二次回路连接导线的截面积，以减小二次回路总的负载电阻。
② 选择电流比大的电流互感器，以减小二次电流，从而降低二次电压。
③ 采用两个同容量、同电流比的电流互感器串联使用，以增大输出容量，此时互感器容量增大一倍，但电流比不变。
④ 采用饱和电流倍数高的电流互感器，其励磁特性曲线高，即相同的二次电压所对应的励磁电流低。

2.2.3 接线方式简介

电流互感器的接线方式是指电流互感器二次绕组与继电保护装置的连接方式。电流互感器的常见接线方式如图 2-16 所示。图中，TA 代表电流互感器，其上黑点为极性标识；$i_{P.A}$、$i_{P.B}$、$i_{P.C}$ 分别是 A、B、C 三相电流互感器一次侧电流，$i_{S.A}$、$i_{S.B}$、$i_{S.C}$ 代表流

入保护装置的二次侧电流,$3\dot{I}_{0.S}$ 为流过中性线的三倍零序电流二次值;N 代表中性点。图中的 Z_B 代表某一相电流互感器二次侧引出线与继电保护装置之间的连接电缆的阻抗与继电保护装置内部电流回路等值阻抗之和,$Z_{B.G}$ 代表中性线阻抗。

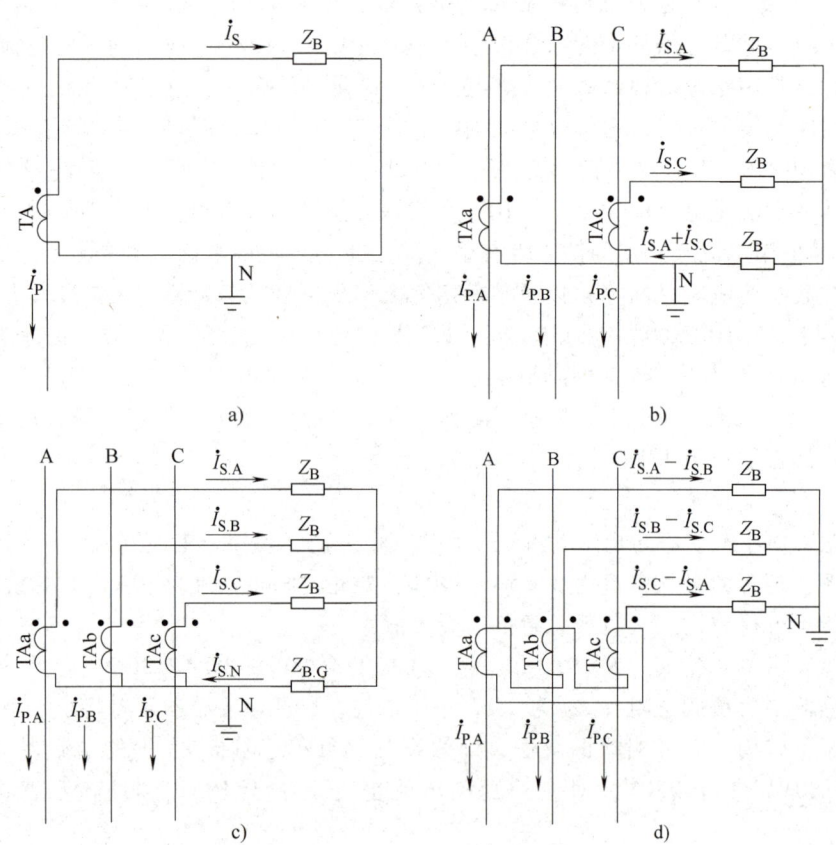

图 2-16 电流互感器联结方式

a) 单相联结　b) 两相不完全星形联结　c) 三相完全星形联结　d) 三角形联结

如图 2-16 所示,不同的接线方式所对应的电流互感器的负载也不相同。图中的 Z_B 为电流互感器与继电保护之间的连接电缆或连接线、继电保护及相关设备的阻抗值。可假设各相的阻抗值相等。图 2-16a 所示为单相联结,可用于变压器中性点零序电流或发电机中性点零序电流的测量,用于过负荷保护。流过 Z_B 的电流与互感器流出的电流始终相等。

电流互感器负载系数主要用于计算互感器二次侧的实际阻抗值,用于判断该互感器是否满足误差要求。负载系数 K 的计算方法为将电流互感器二次侧端口电压除以该相绕组所提供的电流后,再除以 Z_B。对于单相联结,K 值为 1。

图 2-16b 所示为两相不完全星形联结,用于 35kV 及以下电压等级小接地电流系统,可以获得 A、C 相电流,能够对各种相间故障起保护作用,其中性线如接有继电器,也可构成两相三继电器式联结。图 2-16c 所示为三相完全星形联结,可以获得三相电流,另外在中性线上可以获得三相电流之和,即 3 倍的零序电流。图 2-16d 所示为三角形联结,通常用于变压器差动保护中。

下面以三相完全星形联结与三角形联结为例，说明联结方式与电流互感器二次负载系数的关系。当三相短路时，由图2-16c可见，由于三相电流存在正序电流关系，三相电流幅值相等、相位对称，则$\dot{I}_{S.N}=\dot{I}_{S.A}+\dot{I}_{S.B}+\dot{I}_{S.C}$。不难算出，此时每相电流互感器的负载系数都为1。也可理解为各相的互感器流出的电流等于各相Z_B上所流过的电流。由图2-16d可见，对于三相短路，任意相Z_B上流过的电流为二次相电流差，其幅值为各相互感器流出的电流值的$\sqrt{3}$倍，因此，每相电流互感器的负载系数都为$\sqrt{3}$。

当两相短路时，以BC相短路为例。$\dot{I}_{S.A}=0$，$\dot{I}_{S.B}=-\dot{I}_{S.C}$，对于三相完全星形联结，有$\dot{I}_{S.N}=\dot{I}_{S.B}+\dot{I}_{S.C}=0$，此时每相电流互感器的负载系数都为1。而对于三角形联结，故障相（以B相为例）的二次端电压为：

$$(\dot{I}_{S.B}-\dot{I}_{S.C})Z_B-(\dot{I}_{S.A}-\dot{I}_{S.B})Z_B=(2\dot{I}_{S.B}-\dot{I}_{S.C})Z_B=3\dot{I}_{S.B}Z_B \tag{2-16}$$

则此时故障相电流互感器的负载系数都为3。

当单相接地时，以B相接地为例。$\dot{I}_{S.A}=\dot{I}_{S.C}=0$，则对于三相完全星形联结，有$\dot{I}_{S.N}=\dot{I}_{S.B}$，如忽略中性线阻抗$Z_{B.G}$，则B相电流互感器的负载系数为1。而对于三角形联结，故障相B相电流互感器的二次端电压为$2\dot{I}_{S.B}Z_B$，则B相电流互感器的负载系数为2。

综上所述，电流互感器的负载系数的最大值为3，且有着不同的变化。负载系数随着故障方式的改变而改变。另外，在电流互感器的联结中，要特别注意其二次绕组的极性。以不完全星形联结为例，如C相的二次极性接反，则其中性线上所流过的电流为$\dot{I}_{S.C}+\dot{I}_{S.A}$，如遇CA相短路，则在该相上，将流过两倍于故障相所能感受到的电流，有可能造成继电保护误动！在三角形联结中，也经常会发生联结错误导致的差动保护误动作行为。

2.3 电压互感器在继电保护中的应用

电压互感器主要作用是以合理的准确级，将高电压（一次电压）按电压比变换为二次电压，向继电保护装置及其他测量装置提供电压信息。相对于主变压器等传递能量用的变压器，电压互感器可认为是一种额定容量很小，等值内阻抗值很高、专门用于变换电压信息的特殊用途变压器。其额定容量标准值在10~500V·A之间，其二次电压已完全达到设备及人身安全的标准。

电压互感器的型式多种多样，按工作原理划分有电磁式电压互感器、电容式电压互感器、电子式互感器。前两者为传统型电压互感器，后者为智能变电站采用的新型互感器。一种电磁式电压互感器如图2-17所示。

电压互感器在现场也称为PT（Potential Transformer）或称压变，目前标准的文字代号为TV，其中"T"为主文字符号，代表变压器这一大类，而"V"是辅助文字符号，代表"电压"。

电压互感器一次额定电压以线电压表示，有6kV、10kV、20kV、

图2-17 电磁式电压互感器

35kV、60kV、110kV、220kV、330kV、500kV、750kV 等。对于接在三相系统中某相与地之间或接于电气设备（如变压器、发电机等）中性点与地之间的单相电压互感器，其额定一次电压为上述额定电压的 $1/\sqrt{3}$。电压互感器二次额定电压（以线电压表示）为 100V。

继电保护用电压互感器的标准准确级有 3P 和 6P 两个等级。其中 P 代表保护用，3、6 分别代表综合误差为 3% 和 6%。

对于保护及测量装置而言，电压互感器近似为一个电压源。在二次电压一定的情况下，阻抗越小则电流越大，当电压互感器二次回路短路时，二次回路的阻抗接近为零，二次电流将变得非常大，如果没有保护措施，将会损坏电压互感器。所以电压互感器的二次回路不能短路。正常使用时，电压互感器的二次负载阻抗值很高。

2.3.1 典型接线

(1) 单相接线　电压互感器的单相联结与双绕组变压器的联结类似。图 2-18a 为变压器常用电压、电流表示及关联正方向示意图，其中 k 值为变压器电压比，Z 为所接负载。两侧电压、电流采用瞬时值表示，其中，u_P、i_P 代表一次侧电压电流，u_S、i_S 代表二次侧电压电流。

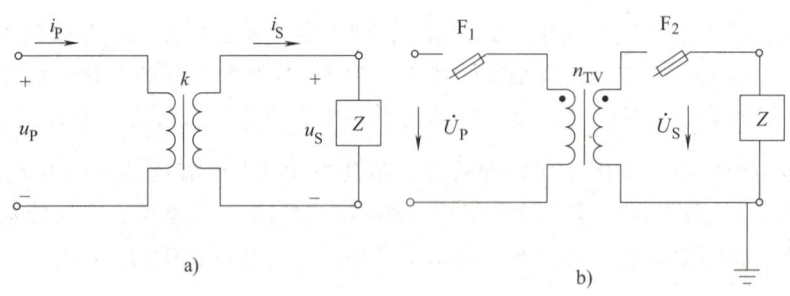

图 2-18　电压互感器单相联结示意图
a) 变压器通用单相联结　b) 电压互感器单相联结

图 2-18b 为电压互感器单相联结示意图，相对于普通变压器，电压互感器高压侧增加了带有熔断器的隔离开关 F_1。电压互感器低压侧的 F_2 代表互感器二次侧的快速熔断器或断路器。$\dot{U}_P$、$\dot{U}_S$ 为一次电压与二次电压相量，工程中其参考方向以箭头形状表示。电压互感器电压比 n_{TV} 计算公式为

$$n_{TV} = U_P/U_S \tag{2-17}$$

如某发电机的额定电压为 20kV，其中性点接有单相式电压互感器，电压比为 $\dfrac{20}{\sqrt{3}}$ kV/0.1kV，如当发电机的机端发生单相接地时，其中性点的一次电压值为 $(20/\sqrt{3})$ kV，则保护装置将测得 100V 电压，注意该电压为零序电压。

这种电压互感器一次绕组的两端可以分别接某一相线及大地，以测量相对地电压。或者一端接在中性点，另一端接地，测量某元件（如发电机）中性点对地电压。也可以将两端接在某元件不同的两相之间，用于测量线电压。上述三种接线，测量的都是一次侧两个端口间的电压，互感器无论怎么接，一、二次绕组都只有一个。虽被称为单相式电压互感器，测

量的一次量值并不一定是某一单相（如 A 相）的对地电压。图 2-18b 中，不再标识电流符号，原因是电压互感器一、二次绕组电流都接近于零，一般不会讨论电压互感器的电流问题。电压互感器二次回路保护的作用是在其二次回路发生短路时，防止其对电压互感器二次线圈造成损坏。注意二次侧有一个接地点，属于保护接地（protection earthing，PE）。

（2）三相接线 如图 2-19 所示，为三相电压互感器一、二次绕组示意，图 2-19a 示出了一种最常用的联结方式，其一次侧经熔断器式隔离开关 F_{a1}、F_{b1}、F_{c1}，分别与母线 A、B、C 相连接，其二次侧经熔断器或空气开关 F_{a2}、F_{b2}、F_{c2} 分别输出，供给保护与测量装置使用。

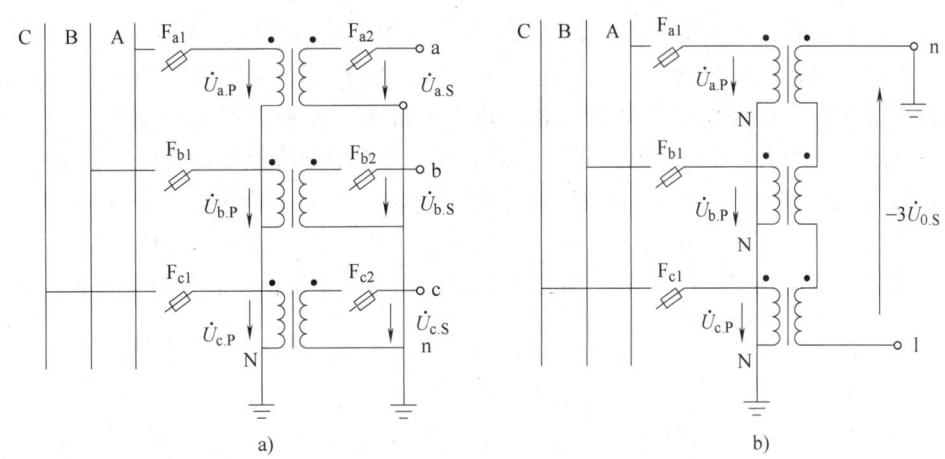

图 2-19　电压互感器三相联结示意图
a）二次主绕组　b）二次辅助绕组（开口三角形）

继电保护装置及大部分测量装置主要通过图 2-19a 所示绕组获取电压，该二次绕组被称为电压互感器的二次主绕组。一、二次绕组都接成星形。尾部都接于中性点 N、n 点。对于每一相而言，一次侧电压与对应二次侧电压的关系，与图 2-18 所示单相式接线并无差别。如果电压互感器中性点 N、n 都接地，令 $\dot{U}_{a.P}$、$\dot{U}_{b.P}$、$\dot{U}_{c.P}$ 分别为一次侧各相对中性点 N 的电压，$\dot{U}_{a.S}$、$\dot{U}_{b.S}$、$\dot{U}_{c.S}$ 分别为二次侧各相对中性点 n 的电压，$n_{TV.main}$ 为对应电压比，则有

$$\begin{cases} \dot{U}_{a.P}/n_{TV.main} = \dot{U}_{a.S} \\ \dot{U}_{b.P}/n_{TV.main} = \dot{U}_{b.S} \\ \dot{U}_{c.P}/n_{TV.main} = \dot{U}_{c.S} \end{cases} \quad (2\text{-}18)$$

一次绕组与二次主绕组之间的电压比 $n_{TV.main}$，在继电保护中经常被用到。如某 110kV 母线三相电压互感器额定参数中的电压比一项表示为：$\frac{110}{\sqrt{3}}$kV$\left/\frac{0.1}{\sqrt{3}}\right.$kV/0.1kV，共有三个部分，前者代表一次绕组额定电压 $U_{N.P}$ 除以 $\sqrt{3}$，第二项代表二次主绕组额定电压 $U_{N.S}$ 除以 $\sqrt{3}$（注意：在电压比计算过程中，二次侧主绕组额定电压固定为 0.1kV 不变。无论用在哪一个电压等级，该值都不变。），第三项代表二次辅助绕组额定电压。其中第一项与第二项的比

值，即二次主绕组对应电压比 $n_{\text{TV.main}}$ 为

$$n_{\text{TV.main}} = \frac{U_{\text{N.P}}}{\sqrt{3}} \bigg/ \frac{U_{\text{N.S}}}{\sqrt{3}} = U_{\text{N.P}}/U_{\text{N.S}} = U_{\text{N.P}}/0.1\text{kV} \tag{2-19}$$

式中 $U_{\text{N.P}}$、$U_{\text{N.S}}$ ——一次侧、二次侧的额定电压值。

如对于 110kV 电压互感器，$U_{\text{N.P}} = 110\text{kV}$，可算得电压比为 110kV/0.1kV = 1100。对于该电压比可理解为：继电保护在正常运行时，互感器一次电压为额定电压，也称满压。根据此电压比关系，互感器二次主绕组输出的线电压值为 100V，对应于二次侧额定电压 $U_{\text{N.S}}$ 为 100V，即 0.1kV，由于正常运行时电压为纯正序，各相的二次电压均为 57.7V。

图 2-19b 表示出了互感器一次绕组与二次辅助绕组，注意图中一次绕组与图 2-19a 为同一个，二次主绕组与二次辅助绕组绕在同一铁心上，共用一个一次绕组，分为两个图表示只是为了说明方便。二次辅助绕组共有三相，绕组串接为三角形，但未完全闭合，一般将 A 相绕组极性端引出为 L，C 相绕组的非极性端接地。二次辅助绕组如此接线，形成一个"开口三角形"，目的是获得三倍零序电压。在大接地电流系统和小接地电流系统中，发生接地短路时一次侧零序电压的大小不同，因此在两个系统中，开口三角形的绕组电压比选择不同。对于大接地电流系统，设 $n_{\text{TV.aux}}$ 为二次辅助绕组对应电压比，其计算公式为

$$n_{\text{TV.aux}} = \frac{U_{\text{N.P}}}{\sqrt{3}} \bigg/ U_{\text{N.S}} \tag{2-20}$$

如某 110kV 母线三相电压互感器额定参数中的电压比一项表示为：$\frac{110}{\sqrt{3}}\text{kV}/\frac{0.1}{\sqrt{3}}\text{kV}/$

0.1kV，则第一项与第三项的比值即二次辅助绕组对应电压比 $n_{\text{TV.aux}}$ 为 $\frac{110}{\sqrt{3}}\text{kV}/0.1\text{kV}$。 如每相一次侧零序电压为 $\frac{110}{\sqrt{3}}\text{kV}/3\text{kV}$，则二次侧每一相为 33.33V。由图 2-19b 可知 $|-3\dot{U}_{0.\text{S}}| = |-(\dot{U}_{\text{a.P}} + \dot{U}_{\text{b.P}} + \dot{U}_{\text{c.P}})|/n_{\text{TV.aux}}$，一次侧三相电压相量和为三倍零序电压，$|-(\dot{U}_{\text{a.P}} + \dot{U}_{\text{b.P}} + \dot{U}_{\text{c.P}})| = 110/\sqrt{3}\text{kV}$，此时二次侧三倍零序电压为 $3U_0 = 100\text{V}$。

对于小接地电流系统，设 $n'_{\text{TV.aux}}$ 为辅助绕组对应电压比，其计算公式为

$$n'_{\text{TV.aux}} = \frac{U_{\text{N.P}}}{\sqrt{3}} \bigg/ \frac{U_{\text{N.S}}}{3} \tag{2-21}$$

如对于 10kV 系统。$n'_{\text{TV.aux}}$ 为 $(10/\sqrt{3})\text{kV}/(0.1/3)\text{kV}$。如每相一次侧零序电压为 $110/\sqrt{3}\text{kV}$，则二次侧每一相为 33.33V。同理，此时二次侧三倍零序电压为 $3U_0 = 100\text{V}$。

(3) 实际应用 为了满足不同继电保护及安全自动装置以及测量、计量装置的测量需求，电压互感器有多种配置与联结方式。本章列出常用的一些联结方式如图 2-20 所示。

1) 两个二次绕组的三相电压互感器。对于 110kV 及以下主接线为单母线、单母线分段、双母线等的电力系统，在母线上安装三相式电压互感器。电压互感器一般有两个二次绕组，一组接为星形，一组接为开口三角形，如图 2-20a 所示。内桥接线的电压互感器可以安装在线路侧，也可以安装在母线上，一般不同时安装。安装地点的不同对保护功能有所影响。

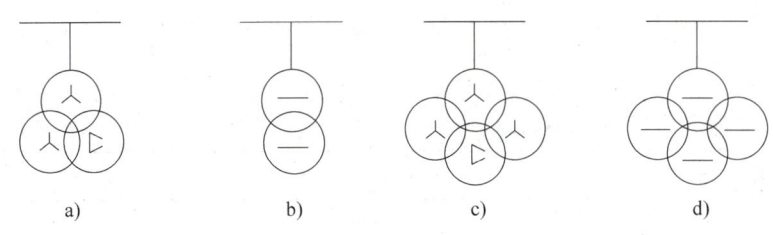

图 2-20 互感器的常用联结方式
a) 含两个二次绕组的三相互感器　b) 含一个二次绕组的单相互感器
c) 含多个二次绕组的三相互感器　d) 含多个二次绕组的单相互感器

2）一个二次绕组的单相电压互感器。当其出线上有电源，需要检测线路是否有电压或需要进行同期并列时，在线路侧，一般只安装单相电压互感器，如图 2-20b 所示。

3）多个二次绕组的三相电压互感器。对 220kV 及以上电压等级的电力系统，为了继电保护的完全双重化，一般选用具有三个二次绕组的三相电压互感器，其中两组接为星形，一组接为开口三角形，如图 2-20c 所示。对于 500kV 3/2（每个间隔 3 组断路器，2 回进出线）主接线，常常在线路或变压器侧安装三相电压互感器，作为保护、测量和通信公用。

4）多个二次绕组的单相电压互感器。对于 500kV 3/2 主接线，母线上安装具有多个绕组的单相电压互感器，以供同期并列运行及重合闸装置使用，如图 2-20d 所示。

值得注意的是，三相电压互感器，具有一个一次绕组及两个或两个以上的二次绕组，其中二次主绕组用于测量相电压或线电压；二次辅助绕组（或称三次绕组、开口三角形）专门用于测量零序电压。对于不同的电压等级互感器，二次主绕组电压比是统一的，而二次辅助绕组的电压比并不完全一致。如对于图 2-20a 所示的三相电压互感器，用于大电流接地系统时，其电压比设计为 $\frac{U_N}{\sqrt{3}}\mathrm{kV} \Big/ \frac{0.1}{\sqrt{3}}\mathrm{kV} \Big/ 0.1\mathrm{kV}$，用于小电流接地系统时，电压比设计为 $\frac{U_N}{\sqrt{3}}\mathrm{kV} \Big/ \frac{0.1}{\sqrt{3}}\mathrm{kV} \Big/ \frac{0.1}{3}\mathrm{kV}$。注意二次辅助绕组的电压比是不同的。

【例 2-5】 某典型三相式电压互感器二次联结如图 2-21 所示。

① 如该互感器一次侧母线额定电压为 110kV，求正常时 A630、B630、C630 对 N600 的电压值，L630 对 N600 的电压值。

② 如该互感器一次侧母线电压为 110kV，如 A 相接地故障时，电压变为零，BC 两相电压不变，求 A630、B630、C630 对 N600 的电压值，L630 对 N600′的电压值。

③ 如该互感器一次侧母线电压为 10kV，求 A630、B630、C630 对 N600 的电压值，L630 对 N600′的电压值。

④ 如该互感器一次侧母线电压为 10kV，如 A 相接地故障时，测得 L630 对 N600′的电压为 100V，求 A630、B630、C630 对 N600 的电压相量和幅值。

【解】

1）问题①计算。额定电压为 110kV，则电压互感器的电压比为 $\frac{110}{\sqrt{3}}\mathrm{kV} \Big/ \frac{0.1}{\sqrt{3}}\mathrm{kV} \Big/ 0.1\mathrm{kV}$。

则正常时 A630、B630、C630 对 N600 电压为 $0.1\mathrm{kV}/\sqrt{3} = 57.7\mathrm{V}$，即二次主绕组中，每相的

额定电压为 57.7V。因为正常运行，三相电压对称，L630 对 N600 的电压，即所称开口三角电压，为 0V。

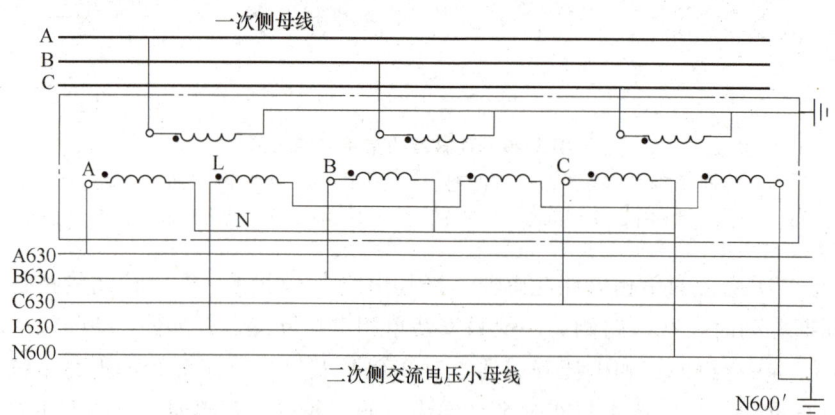

图 2-21 例 2-5 图

2）问题②计算。A 相一次电压变为零，则 A630 对 N600 的电压由 57.7V 降为 0V，B、C 相一次电压不变，则 B630、C630 对 N600 的电压仍为每相的额定电压，即 57.7V。一次侧三相电压所合成的零序电压与相电压相等。根据电压比，二次侧 L630 对 N600 的电压，即所称开口三角电压，为 100V。

3）问题③计算。额定电压为 10kV，则电压互感器电压比为 $\frac{10}{\sqrt{3}}\text{kV} \Big/ \frac{0.1}{\sqrt{3}}\text{kV} \Big/ \frac{0.1}{3}\text{kV}$。正常时 A630、B630、C630 对 N600 的电压为 $0.1\text{kV}/\sqrt{3}=57.7\text{V}$，即二次主绕组中，每一相的额定电压为 57.7V。因为正常运行，三相电压对称，L630 对 N600′的电压，即所称开口三角电压，为 0V。

4）问题④计算。二次侧 L630 对 N600′的电压，即所称开口三角电压，为 100V。根据电压比关系，A630、B630、C630 对 N600 的电压相量相加约为 173V。

2.3.2 二次回路的保护与接地

电压互感器二次回路保护的作用是在其二次回路发生短路时，防止其对电压互感器二次线圈造成损坏。电压互感器二次回路保护设备一般采用快速熔断器或低压断路器。采用熔断器作为保护设备简单，能满足上述选择性及快速性要求，报警信号需要在继电保护回路中实现。采用低压断路器作为保护设备时，除能切除短路故障外，还能保证三相同时切除，防止断相运行，并可利用断路器的辅助触点，在断开电压回路的同时也切断有关继电保护的正电源，防止保护装置误动作，或由辅助触点发出断线信号。

值得指出，电压互感器的断线类型有一次绕组或相应回路断线、二次主绕组或相应回路断线、二次辅助绕组断线等。这三种形式都称为 PT 断线。PT 断线将可能导致功率方向保护、阻抗保护、发电机失磁保护等保护发生拒动或误动。为防止 PT 断线导致保护装置误动作，必须考虑增加 PT 断线闭锁保护的功能，当 PT 断线或电压回路熔断器熔断或快速开关断开造成电压快速消失时，将相关失电压后易误动的保护出口闭锁，并发出"TV 断线"或

"PT 断线"信号。另一方面，由于 PT 断线的形式及相别各有不同，因此继电保护还需要设计不同的 PT 断线判据。

电压互感器二次回路的保护设备应满足：在电压回路最大负荷时，保护设备不应动作；而电压回路发生单相接地或相间短路时，保护设备应能可靠地切除短路线路；在保护设备切除电压回路的短路线路过程中和切除短路线路之后，反应电压下降的继电保护装置不应误动作，即保护装置的动作速度要足够快；电压回路短路保护动作后出现电压回路断线应有预告信号。

电压互感器二次主绕组或相应回路、二次辅助绕组及相应回路必须有一个接地点，电压互感器二次回路的接地，主要是防止一次高压窜至二次侧时，可能对人身及二次设备造成的伤害。电压互感器的二次回路只允许有一个接地点。若有两个或多个接地点，当电力系统发生故障时，各个接地点的地电位相差很大，容易造成继电保护的误动或拒动，也有可能造成二次回路及装置的损坏。经控制室小母线（N600）连通的几组电压互感器二次回路，只应在控制室内将 N600 一点接地。否则，由于各组电压互感器二次回路都有一个接地点，将出现多点接地。

图 2-21 所示的电压互感器二次回路，注意二次主绕组的中性线，与开口三角形联结的中性线同时从室外引至控制室或保护装置时，不能将两者合并后共用一根线引入，而应分别引入，否则，当二次回路中的电流在公用 N 线上产生压降时，有可能导致与开口三角形联结零序电压有关的保护出现不正确动作。

2.4 继电器简介

2.4.1 继电器的分类

继电保护可根据输入信息、动作原理或结构及动作特性的不同进行分类。电力系统发生故障时，故障相关区域内继电保护装置感受到的电流、电压、频率及电力设备的温升及电动机的转速等，均有可能与正常运行状态不一样。根据现场需求，继电保护工作者选择不同用途的继电保护装置。例如：电流继电器反应故障时被保护元件流过电流的增加，低电压继电器反应故障时被保护元件工作电压的降低，低频率继电器反应故障时频率的降低等。常见的反应非电气量的继电器有保护变压器的温度继电器及气体继电器。继电保护装置的动作原理（工作原理、保护原理）随着技术的发展在不断地更新，较为传统的动作原理有过量继电器（如过电流继电器）、欠量继电器（如欠电压继电器）、乘积式继电器（如功率方向继电器、阻抗继电器等）、差动继电器等。按目前常用的继电保护装置（继电器）进行结构分类，主要分为磁电机械式（电磁型）继电器、静态继电器两大类，后者又包含晶体管型、集成电路型及数字式（微机型）继电保护装置三类，而数字式（微机型）继电保护装置是目前电力系统继电保护的主力军。以下重点介绍继电器的功能分类，共可分为五类：①保护继电器；②调节继电器；③重合、同期检查及同期继电器；④监视继电器；⑤辅助继电器。

（1）保护继电器　保护继电器及相应系统为本书主要介绍的内容。保护继电器广泛应用于发电机、变压器、母线、输电线路、配电线路、电动机及电力用户、电容器、电抗器等处。一般而言，保护继电器的输入量值取自电流互感器及电压互感器。在本书中，400V 以下系统的保护继电器不做深入讨论。

（2）**调节继电器**　调节继电器一般应用于变压器按负荷调节分接头或发电机的电压调节装置中。调节继电器一般工作于电力系统的正常运行状态，与保护继电器动作于故障有本质的区别。

（3）**重合、同期检查及同期继电器**　目前，重合、同期检查及同期继电器功能上有相通之处，前者用于自动恢复故障线路的供电，且重合过程有一定的条件及程序；后者用于将发电机并入电力系统或用于两个电力系统在达到同期（同步）条件时进行合闸操作，同期过程也有一定的条件及程序。

（4）**辅助继电器**　辅助继电器在继电保护系统中得到广泛的应用。总体而言，辅助继电器可分为两类，即触点扩展及回路隔离。触点扩展辅助继电器的典型代表为中间继电器，当代表保护动作的信息触发中间继电器动作时，其多个触点同时接通或断开，从而将保护动作信息加以"扩展"，再分别驱动跳闸、告警、操作等其他功能。辅助继电器一般为直流电压继电器或直流电流继电器。

2.4.2　电磁型继电器简介

最早的感应式电流继电器具有反时限特性，其动作时间与输入的电流呈反比例的关系，曾在电力系统中得以广泛应用。根据电磁感应原理制成的感应型电流继电器具有两个系统：一个是感应系统，其动作是有时限的，最初是将传统的电能表加以改造，在其旋转铝盘上加一个触点及限位机构；另一个是电磁系统，其动作是瞬时的。感应系统是通过带短路环的铁心产生的移进磁场与铝盘上产生的感应电流相互作用，在铝盘上产生电磁转矩，使铝盘旋转。铝盘的中心设有螺杆，其旁是扇形齿轮的传动机构，在 20%～40% 的动作电流整定值下，圆盘开始旋转。此时由于扇形齿轮与蜗杆没有咬合，故继电器不动作。当线圈中的电流增大至整定电流时，电磁转矩使扇形齿轮与蜗杆咬合，扇形齿轮上升。电流越大，铝盘转速越高，扇形齿轮上升越快，最终使继电器动作，相应触点闭合。当继电器线圈中的电流大于等于整定值时，其动作时间与动作电流水平成反比，其实际特性为电流和时间的函数。反时限继电器（Inverse Definite Minimum Time，IDMT）的动作特性将在本书第 3 章中加以说明。

传统的反时限电流继电器采用极度反时限形式。当电流增加到较大值时，动作时限逐渐趋于定值。当线圈中的电流达到某一电流倍数时，继电器中的电磁元件将瞬时动作。可以理解为，当电流达到一定值时，反时限过电流保护不再按上述的反时限公式来确定动作时间，而是采用一个固定的、较短的时间来动作，也可设计为瞬时动作。

相对于反时限过电流继电器，瞬时过电流继电器的原理是：在电流超过预定值时，无内部延时，瞬时动作。以 DL 型电磁型继电器的构成及原理加以说明。图 2-22 为 DL 系列电流继电器的结构图，它由固定触点 1、可动触点 2、线圈 3、铁心 4、弹簧 5、转动舌片 6 和止挡 7 组成。

当线圈中通过电流 I_{KA} 时，铁心中产生磁通 Φ，它通过由铁心、空气隙和转动舌片组成的磁路，将舌片磁化，

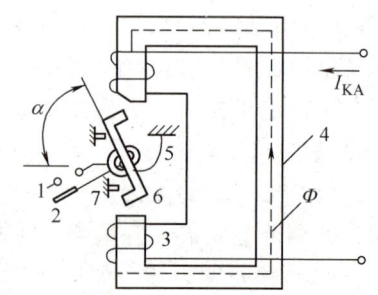

图 2-22　电磁型电流继电器结构示意图

产生电磁力 F_e，形成一对力偶。由这对力偶所形成的电磁转矩，将使转动舌片按磁阻减小的方向（即顺时针方向）转动，从而使继电器触点闭合。

分析表明，电磁转矩 M_e 与作用于转动舌片上的电磁转矩和继电器线圈中的电流 I_{KA} 的二次方成正比，因此，M_e 不随电流的方向而变化，所以，电磁型结构可以制造成交流或直流继电器。除电流继电器外，应用电磁型结构的还有电压继电器、时间继电器、中间继电器和信号继电器。为了使继电器动作（衔铁吸持，触点闭合），它的平均电磁转矩 M_e 必须大于弹簧力矩 M_s 及摩擦的反抗力矩 M 之和。当 I_{KA} 达到一定值后，继电器开始动作，舌片由起始位置转向终止位置，触点闭合。在此过程中，舌片与铁心之间的气隙减小，M_e 与气隙的二次方成反比，弹簧力矩 M_s 则与气隙按线性关系增加，因此在动作过程中 M_e 动作力矩相对于弹簧力矩 M_s 及摩擦的反抗力矩 M 之和的优势进一步加大，使继电器快速或者瞬时动作。注意，这种继电器在动作过程中并不具有内部延时特性，故被称为瞬时过电流继电器。

当 I_{KA} 减小时，已经动作的继电器在弹簧力的作用下有可能会返回到起始位置。为使继电器返回，弹簧的作用力矩 M_s' 必须大于电磁转矩 M_e' 及摩擦的作用力矩 M' 之和。当 I_{KA} 减小到一定数值时，继电器返回。能使继电器返回的最大电流称为继电器的返回电流，并以 I_{res} 表示。返回电流 I_{res} 与动作电流 I_{op} 的比值称为返回系数 K_{res}，即 $K_{res}=I_{res}/I_{op}$。反应电流增大而动作的继电器 $I_{op}>I_{res}$，因而 $K_{res}<1$。

2.4.3 继电保护常用术语

在学习继电保护时，常用到一些专用术语，本节列举部分常用术语。

(1) 触点 触点常被继电保护工作者称为"接点"，指在交流或直流电路中用以断开或闭合电路的金属触点。继电保护装置通过触点可以将本装置的动作信息传向外界。继电器的动作触点按其功能可分为多种，如图 2-23 所示，图 2-23a 所示为常开触点，即常态（不通电）的情况下处于断开状态的触点，又称动合触点，图 2-23g 说明了继电器 K 在未得电时，其上触点处于断开状态的示例，继电器线圈与触点之间的虚线代表两者实际上是一体的，继电器的线圈（方框表示）与触点间有逻辑联系。图 2-23b 所示为常闭触点，是指常态（不通电）的情况下处于闭合状态的触点，又称动断触点；图 2-23c~f 是在常开或常闭触点的基础上加一些限时条件，如延时闭合、瞬时断开等，满足继电保护装置不同动作行为的需求。

(2) 保护的启动与动作 如图 2-24 所示，图中 KA 为一只过电流继电器，当施加于该继电器的电流使其启动后，其触点使时间继电器 KS 启动，经一时间间隔，其触点闭合，发出跳闸命令。可见继电保护装置反应故障状态，相应元件做出动作行为，称为保护启动，经一时间间隔后，其触点才完全闭合或打开，此时才能确认继电保护装置动作。"启动"并不等同于"动作"。

在现场应用中，也有的技术人员将"继电器启动"与"继电器动作"区别开，将继电器启动称为"保护动作"，而将继电器动作

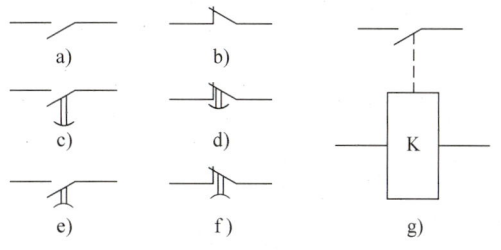

图 2-23 触点示例

a) 常开触点 b) 常闭触点 c) 延时闭合瞬时断开的常开触点 d) 瞬时闭合延时断开的常闭触点 e) 瞬时闭合延时断开的常开触点 f) 延时闭合瞬时断开的常闭触点 g) 继电器与常开触点示例

称为"保护出口"。

(3) **整定** 为配合实际应用的需要,大部分继电保护装置的启动值(始动值)是可以调整的,如图 2-24 中的 KA、KS 的整定值。这种调整的过程及步骤被称为对继电保护装置的"整定",所整定的值被称为整定值。如图 2-24 中,可将 KA 的动作值整定为 5A,KS 动作时间整定为 1s 等。

(4) **保护跳闸** 继电器(保护装置)向断路器的操动机构发出跳闸命令(通过一常开触点实现),将断路器跳开,这种过程称为保护跳闸。

(5) **触点释放及触点复位**(保护返回) 仍以图 2-24 中的电流继电器为例,KA 动作后,如外加的电流量慢慢降低至低于启动值以下一定量时,继电器应开始释放,经一段时间后,触点完全断开(或闭合),这一过程称为继电器返回。

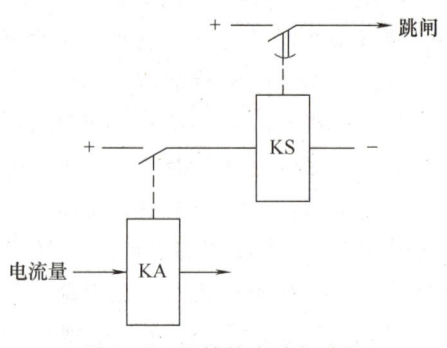

图 2-24 保护的启动与动作

2.4.4 继电保护常用文字符号

随着数字式继电保护装置的不断推广,对于继电保护的称谓也从继电器向继电保护装置或继电保护系统不断过渡。在学习继电保护基本原理过程中,必须学习掌握有关继电器的文字符号,在此基础上学习继电保护的相关电气文字符号。

继电保护常用的电气文字符号随着技术的发展及行业标准、国家标准的推广而在不断地改变,各地区的电力行业对于继电器、继电保护装置的称谓也会有所区别。目前我国继电保护的电气文字符号正在向国际化、标准化迈进,但由于 IEC 标准、IEEE 标准本身存在一些差异,且我国长期采用拼音标注方法,现场对于新的电气文字符号在消化过程中形成了多种称呼并存的现象。在学习本课程时会发现许多参考资料所列某继电保护装置的名称仍在沿用旧的名称,如电流继电器,就有"DL"(电流的拼音)、"LJ"(取电流继电器中"流继"的拼音)、"KA"(K 为国标项目类别名称,A 代表电流)、"BC"(B 为国标项目类别名称,C 代表电流)等许多名称 [参考 GB/T 5094.2—2018《工业系统、装置与设备以及工业产品——结构原则与参照代号 第 2 部分:项目的分类与分类码》]。传统名称与标准名称之间将有可能出现冲突。以下列出一些常用的电气文字符号及下标,见表 2-1。

表 2-1 常用电气符号及下标

A、B、C	A、B、C 三相
A	告警(Alarm)
B	母线(Bus)
C	电流(Current),闭合(Close),控制(Control),电容(Capacitor)
ac 或 AC	交流(Alternating Current)
CT	电流互感器(Current Transformer)
CCVD	电容式电压互感器(Coupling Capacitor Voltage Device)
dc 或 DC	直流(Direct Current)
E	励磁(Exciter,Excitation)

（续）

A、B、C	A、B、C 三相
F	故障(Fault),馈线(Feeder)
G	接地(Ground),发电机(Generator)
GND	接地(Ground)
L	线路(Line)
M	电动机(Motor),测量(Measure)
N	中性(点)(Neutral),网络(Network)
O	断开(Open)
P	一次(Primary),保护(Protection),能量(Power)
PF	功率因数(Power Factor)
R	电阻(Resistance)
S	二次(Secondary),同期(Synchronizing)
T	变压器(Transformer)

2.5 三相断路器控制回路简介

2.5.1 基本概念

断路器是指能带电切合正常状态的空载设备，能开断、关合和承载正常的负荷电流，并且能在规定的时间内承载、开断和关合规定的异常电流（如短路电流）的电器。高压断路器结构比较复杂，主要包括：

① 开断元件。开断元件包括断路器的灭弧装置和导电系统的动、静触头等；
② 支持元件。支持元件用来支撑断路器器身，包括断路器外壳和支持瓷套；
③ 底座。底座用来支撑和固定断路器；
④ 操动机构。操动机构用来操动断路器分、合闸；
⑤ 传动系统。传动系统将操动机构的分、合运动传动给导电杆和动触头。

断路器的主触头用于接通或分开电气回路，这一过程需要较大的动能，该动能应靠断路器自身在操作之前加以储备，称为断路器的储能。储能完毕的断路器，可以至少维持一次"跳闸（Open）、合闸（Close）、再跳闸（re-Open）"的操作。如果储能不足，则根据能量情况闭锁合闸或跳闸。

操动机构与变电站控制系统以及继电保护装置联系紧密，与操动机构相联系的直流控制回路，称为断路器控制回路。控制回路的接线方式很多，其基本原理与要求相似。本节仅介绍变电站常用的直流控制回路，对一些基本术语介绍如下。

（1）三相操动机构与分相操动机构 能控制断路器的三相主触头进行同时合、分的操动机构称为三相操动机构，一般用于110kV及以下电压等级，当线路发生故障时，三相同时断开。能控制断路器的单相主触头进行合、分的操动机构称为分相操动机构，一般用于220kV及以上电压等级，当线路发生单相接地短路故障时，可只跳开故障相。分相机构与分相断路器配套使用，因此，每一相断路器都有一套控制回路。

（2）**就地控制与远方控制**　就地控制指操作人员控制安装在断路器本体的操动机构或开关柜上的电气或机械按钮进行断路器的闭合、断开操作；远方控制指操作人员在变电站控制室通过操作控制屏的控制把手或在监控系统发出控制命令，该命令通过控制电缆传送至断路器的操动机构进行断路器的闭合、断开操作。

（3）**跳闸操作与合闸操作**　无论是通过控制开关还是保护进行跳闸与合闸，都是向断路器发出跳闸或合闸的命令。该命令必须借助于断路器操动机构加以实现。一般而言，当操动机构中的合闸线圈励磁后，当视为已扣动了断路器操动机构的"扳机"，断路器将合闸。跳闸线圈励磁后，与此类似。

（4）**跳闸位置与合闸位置**　操作结束后，断路器只能处于合闸（主触头闭合）或分闸（主触头断开）的位置，其最初始状态一般定义为跳闸位置，这种状态是通过断路器机构中，反映断路器位置的一系列辅助触点来显示的。在合闸回路中，必须串接有反映断路器跳闸位置的辅助触点；在跳闸回路中，必须串接有反映断路器合闸位置的辅助触点。这样做的目的是控制分合的次序，只有断路器处于跳闸位置，才能进行合闸，反之亦然。

2.5.2　常用设备简介

图2-25是一个三相操动机构的断路器控制回路，反映了满足断路器控制回路要求的二次原理图。通过对该回路动作过程来分析它是如何满足断路器控制回路要求的。图中常用设备如表2-2所示。

表2-2　三相操动机构控制回路设备

符号	名称	简称	作用
±KM	直流控制小母线	控母	一般为DC 220V/110V，提供操作所需电源
1DK	控制电源微型断路器	控制空开	投入或退出控制电源的开关
TWJ	跳闸位置继电器	跳位继	用于监视和反映断路器跳闸位置状态
HWJ	合闸位置继电器	合位继	用于监视和反映断路器合闸位置状态
HJ	重合闸接点		在重合闸动作时由保护装置输出
TJ	跳闸接点		在保护动作出口跳闸时由保护装置输出
1QK	分合闸操作把手/远近控切换开关（近控时可操作断路器）	KK把手	当切换开关投在远方状态时，断路器通过后台机或监控来遥控操作分合闸；在近控位置时可以通过切换开关进行断路器分合操作
KKJ	合后继电器	合后继	动作后表示断路器处于合闸后状态，只有手动或遥控分闸时，继电器恢复动作前状态，保护跳闸时继电器状态不变
HBJ	合闸保持继电器		合闸时通过自身常开触点闭合，保证合闸命令能可靠发出到合闸线圈
TBJ	防跳继电器		①跳闸时通过自身常开触点闭合，保证跳闸命令能可靠发出到跳闸线圈 ②启动断路器防跳回路
TBJV	防跳继电器(电压保持)		通过防跳继电器TBJ防跳回路，通过自身TBJV常闭触点断开合闸回路，实现防跳回路保持

(续)

符号	名称	简称	作用
HYJ	合闸压力闭锁继电器		接入 SF$_6$ 断路器的压力闭锁触点，当压力不满足要求时继电器动作，打开 HYJ 的常闭触点，断开合闸回路，无法进行合闸或重合闸
TYJ	跳闸压力闭锁继电器		接入 SF$_6$ 断路器的压力闭锁触点，当压力不满足要求时继电器动作，打开 TYJ 的常闭触点，断开跳闸回路，无法进行分闸或保护跳闸
HC	断路器合闸线圈	合圈	在开关机构内，线圈得电动作，进行断路器合闸
TQ	断路器跳闸线圈	跳圈	在开关机构内，线圈得电动作，进行断路器分闸
1LP1	跳闸压板		用于投退保护跳闸功能
1LP2	重合闸压板		用于投退重合闸功能
D1～D3	二极管		用于保护回路和控制回路的隔离，防止出现寄生回路
D5～D7，D11～D15，D19～D22，D24～D25	二极管		抗干扰作用，防止线圈失电时形成高压对其他元器件产生影响，通过二极管构成闭环回路，消除干扰影响
R3～R14，R16，R17	电阻器		实现回路参数匹配，满足继电器电流、电压参数要求，保证继电器运行稳定可靠

2.5.3　合闸与分闸控制

为说明方便，将图 2-25 所示断路器控制回路按支路进行编号，列于左侧。

（1）合闸前状态　起始状态下，断路器处于跳闸位置，断路器常闭辅助触点 DL（支路 2）闭合。TWJ 线圈（支路 1）得电励磁，其常开触点闭合（见图下方）用于向上级系统输出断路器信号。

断路器常开辅助触点 DL（支路 10）打开，HWJ（支路 11）断开；TBJ（支路 10）、HBJ（支路 2）线圈不得电，常开触点断开，常闭触点闭合（支路 2、支路 10）；代表测量与控制装置发出合闸或跳闸命令的 HJ（支路 3）和 TJ（支路 9）未动作，对应的常开触点打开；断路器储能正常，HYJ（支路 12）和 TYJ（支路 13）不动作，相应常闭触点闭合（支路 4 和支路 8）。

（2）就地手动合闸　就地（local）手动合闸时，将在继电保护屏（注：三相操动机构，控制回路与继电保护设计为一体）控制 1QK 的触点 3、4（支路 6）接通。控制母线+KM（简称直流"+"），经 1DK，至保护屏端子排再至装置端子 B06（支路 6），进入测控装置（也可称为操作箱）内部，经二极管 D9（支路 5）、HYJ（目前闭合）、TBJV、HBJ（支路 2）至 B04 出测控装置，再至保护屏端子排、通过电缆接至断路器操动机构中，经 DL（支路 2，此时断路器处于跳闸位置，该触点闭合）到合闸线圈 HC，（HC 应称为合闸接触器，是电磁型操动机构中常用的，目前很少采用，但其名称被保留下来），再经电缆回至保护屏端子排（再并至 B02，见图 2-25 右上部，"操作电源"注释框左侧），回至 1DK，回至控制母线-KM（简称直流"-"）。HC 励磁后动作，扣动了断路器操动机构的"扳机"，断路器主触头闭合，实现合闸。

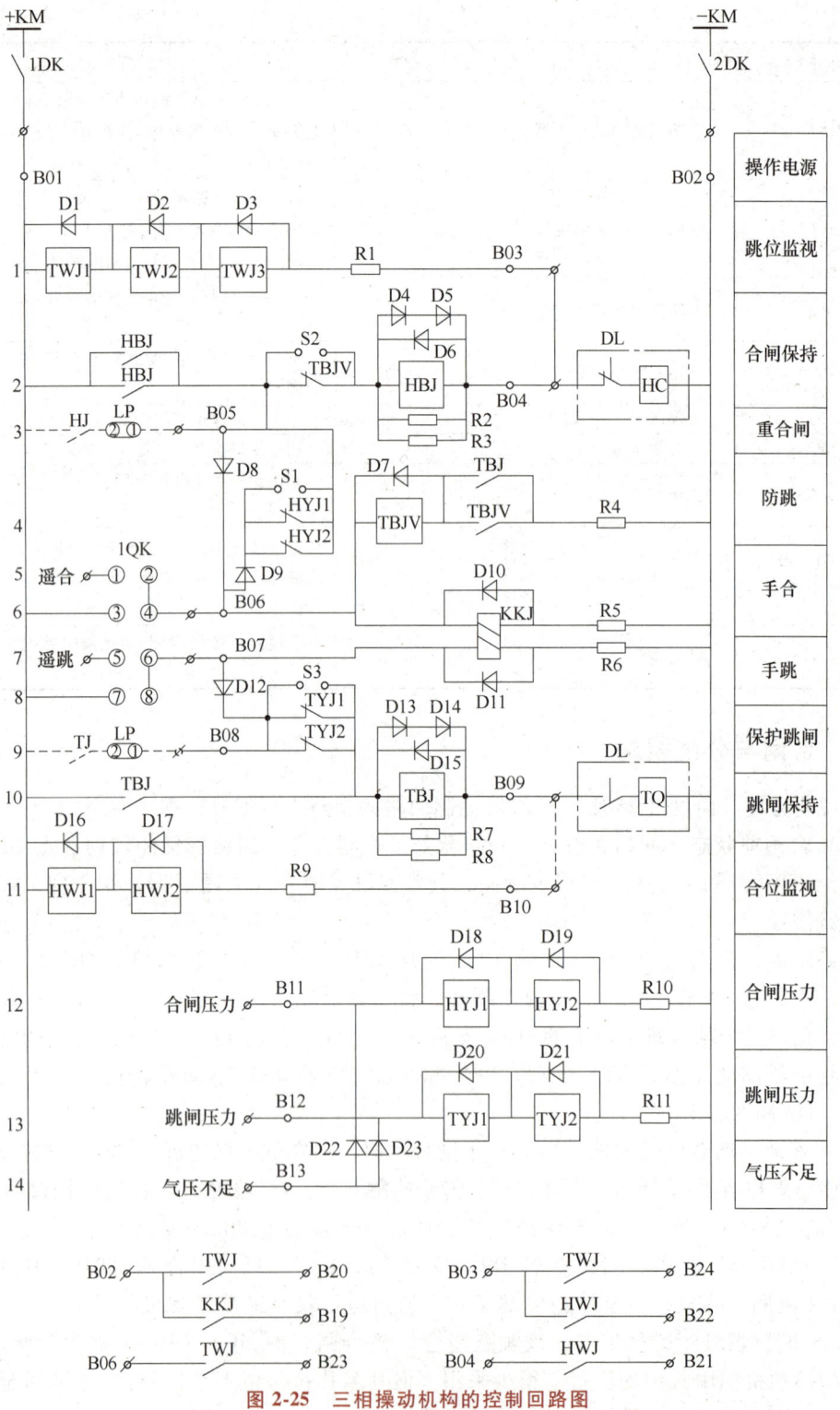

图 2-25 三相操动机构的控制回路图

为了保证这一过程的可靠性,合闸回路串接有合闸保持继电器 HBJ 的线圈(支路 2),合闸实施过程中,HBJ 的触点闭合并形成自保持,此时即使人手松开,断开 1QK 的触点 1、

2，仍保证 HC 励磁状态，直到断路器合闸，本回路中断路器常闭辅助触点 DL（支路2）打开，断开合闸回路。

断路器常闭触点打开后，HBJ 线圈（支路2）失电，自保持作用消失。此时，由于断路器 DL 合闸成功，图中断路器常开触点 DL（支路10）闭合。

(3) 手动跳闸（分闸） 当手动分闸时，1QK 的触点 7、8（支路8）接通，直流"+"经二极管 D12、TYJ（支路9，目前闭合）、TBJ 至 B09（支路10）、再经 DL（支路10，该触点闭合）到跳闸线圈 TQ，再经电缆回至直流"-"。TQ 励磁后动作，扣动了断路器操动机构的"扳机"，断路器主触头打开，实现跳（分）闸。

为了保证这一过程的可靠性，跳闸回路串接有 TBJ 线圈（支路10），跳闸实施过程中，跳闸保持继电器 TBJ 触点闭合并形成自保持，直到断路器跳闸完成。当主触头打开时，断路器常开辅助触点 DL（支路10）打开，断开跳闸回路。

(4) 遥控合闸和分闸 目前现场更多的是使用监控系统通过遥控功能对断路器进行操作。从图 2-25 中可以看出遥控分、合闸和手动分、合闸的控制回路基本一致，只是前者在 1QK 操作把手前多了遥控合闸的开入端子（支路5）和遥控分闸的开入端子（支路7），现场需要进行远方遥控操作时可将操作把手 1QK 切至"远方"位置。遥控合闸时，1QK 的触点 1、2 接通；遥控分闸时，1QK 的触点 5、6 接通，其他的过程与手动分合闸相同。

本 章 小 结

本章主要知识点如图 2-26 所示。故障分析是学习继电保护的基础，本章主要介绍了常用横向短路的便捷计算方法。电流互感器与电压互感器是继电保护的"眼睛"，本章主要介绍它们与继电保护的关系。介绍继电器的主要目的是方便建立对于保护装置的基本构成理

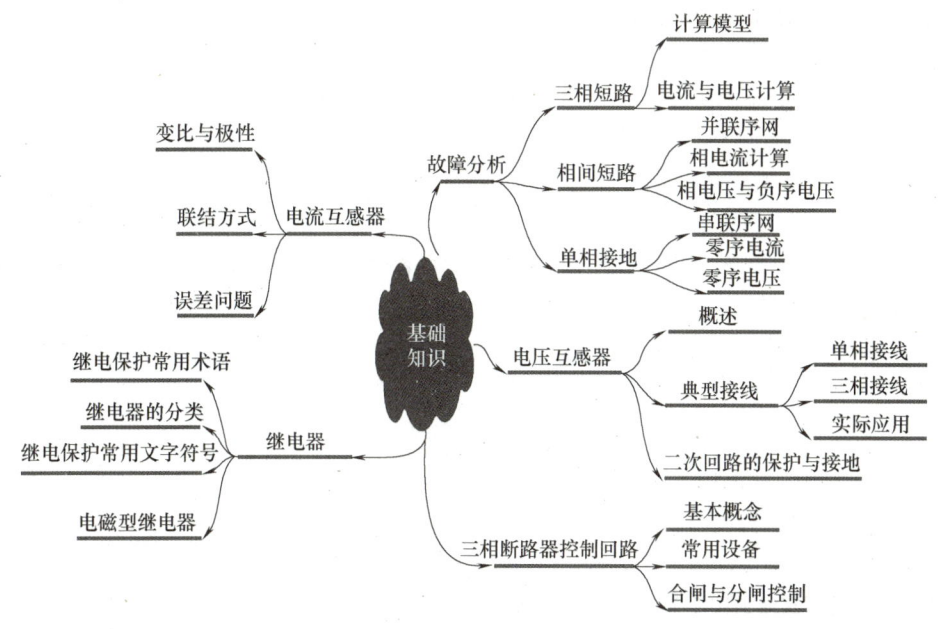

图 2-26 第 2 章主要知识点

念。断路器操动机构是继电保护的"手脚",本章简要介绍了三相断路器控制回路。

故障分析部分,应理解三相短路、两相短路、接地短路(包括单相接地及两相接地短路)等横向短路故障的复合序网络图特点。应熟练掌握三相短路电流与两相短路电流的计算公式,牢记两者之间的换算关系。同时,应理解保护安装处相电压、序电压的求法。在学习接地故障分析时,应重点掌握三倍零序电流的求法,理解等效零序阻抗与零序电流之间的关系,理解零序电压的分布规律。

电流互感器部分,应重点掌握互感器的一次电流、二次电流、极性、电流比等概念,应初步了解电流互感器的联结方式。理解电流互感器误差与继电保护的关系;电压互感器部分,应重点掌握互感器的二次主绕组、二次辅助绕组(开口三角形)、电压比等概念,应理解电压互感器在不同的电压等级,所采用的二次辅助绕组对应电压比存在的差异。

继电器部分,应了解继电器的相关术语、分类及符号,理解继电器的动作与返回过程。

断路器控制回路部分,应了解断路器三相操动机构原理及控制回路的基本构成,以及合闸、分闸回路的动作机理。重点关注继电保护装置如何通过该回路实现跳闸。

本章主要复习内容如下:

1) 电力系统元件(如系统、发电机、变压器、线路)正序阻抗的计算方法。
2) 各序阻抗的计算方法。
3) 对称分量法的概念,负序分量和零序分量的概念。
4) 单相接地、相间短路的计算方法。
5) 电流互感器的一次电流与二次电流的关系。
6) 电流互感器二次阻抗的计算方法。
7) 电流互感器的联结方式。
8) 电压互感器的二次主绕组与二次辅助绕组的联结特点。
9) 电压互感器的电压比。
10) 二次回路的保护与接地。
11) 继电器的常用术语。
12) 三相操动机构及其控制回路基本构成与原理。

习题与思考题

1. 电力系统及参数如图 2-27 所示,其中发电机 G 的额定容量为 50MV·A,直轴次暂态电抗 X'_d = 0.14Ω,机端额定电压为 10kV,变压器 T 的电压比为 10.5/121kV,容量为 60MV·A,阻抗电压百分数 $U_K\%$ = 10.5。输电线路长度为 70km,单位正序阻抗 X_1 = 0.4Ω/km,所接 110kV 系统的等效短路容量为 $S_{K.S}$ = 1000MV·A。试求出 K_1、K_2 点故障时,流过 P_1 处的电流。

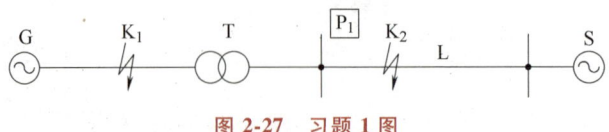

图 2-27 习题 1 图

2. 某电压互感器接线如图 2-28 所示。其一次绕组呈星形接于 A、B、C 相母线,中性点为 N 并接地;其二次主绕组呈星形接于代号为 A630、B630、C630 电压小母线,中性点 n 引至代号为 N600 电压小母线并接地；电压互感器二次辅助绕组（开口三角形）分别引至代号为 L630、N600′电压小母线，并将 N600′接地。

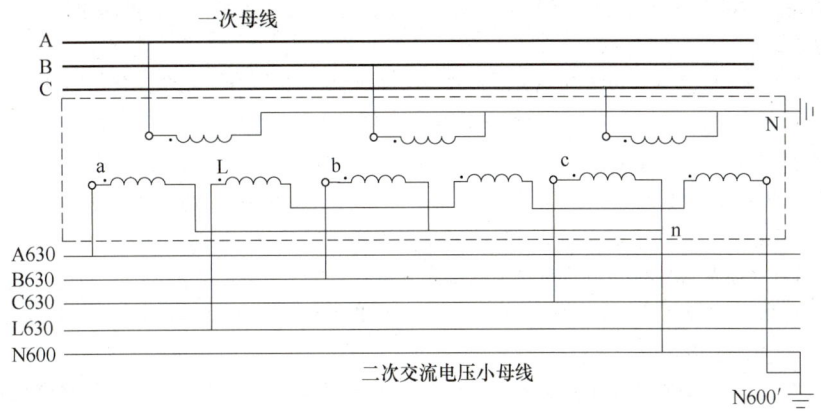

图 2-28 某电压互感器接线方式

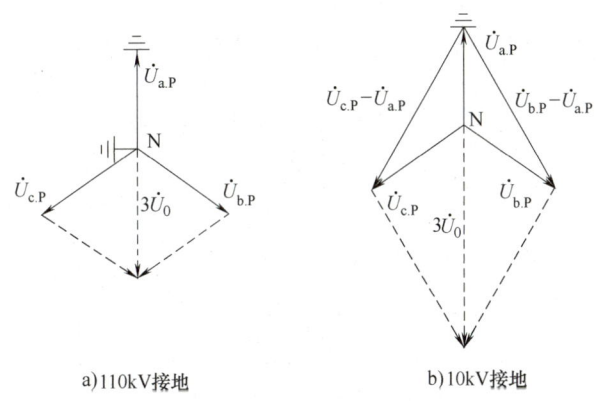

a) 110kV 接地   b) 10kV 接地

图 2-29 习题 2 图

试求：1）如该互感器一次母线电压为 110kV，设系统发生 A 相接地，一次电压相位关系如图 2-29a 所示。A630、B630、C630 对 N600 电压为多少伏？L630 对 N600′电压为多少伏？

2）如该互感器一次母线电压为 10kV，设系统发生 A 相接地，一次电压相位关系如图 2-29b 所示。则 A630、B630、C630 对 N600 电压为多少伏？L630 对 N600′电压为多少伏？

3. 某 10kV 馈线如图 2-30 所示，S 为上级等值系统，M、N、P 为母线，可理解为电气节点。线路被分为 L_1 及 L_2 段，长度分别为 5km 与 10km，单位长度线路阻抗为 0.4Ω/km。QF_1、QF_2 为断路器。DT 为配电变压器，其容量为 1MV·A，阻抗电压百分数为 4%。MN 线路首端装设有保护 P_1。NP 线路首端装设有保护 P_2。TA_1、TA_2、TA_3 为电流互感器，电流比分别为 600/5、300/5、200/5；TV 为三相式电压互感器。

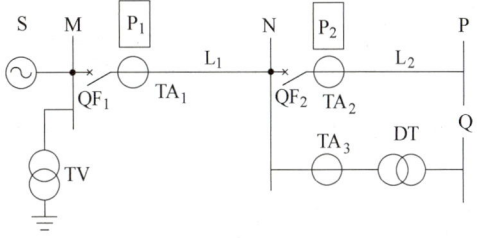

图 2-30 习题 3 图

试求：1）假设系统 S 在最大运行方式下等值阻抗为 0.4Ω，试分别计算 P 点、Q 点三相短路时，电流互感器 TA_1 与 TA_3 的二次电流值。

2）假设系统 S 在最小运行方式下等值阻抗为 0.42Ω，试分别计算 N 点、P 点两相短路时，TA_1、TA_2 的二次电流值。

4. 同上题参数，试求：1) 假设系统 S 在最大运行方式下等值阻抗为 0.4Ω，试分别计算 P 点、Q 点三相短路时，保护 P_1 处 TV 二次主绕组 A 相电压值，给出简要比较结论。

2) 假设系统 S 在最小运行方式下等值阻抗为 0.42Ω，试分别计算 N 点、P 点两相短路时，TV 二次主绕组 A 相负序电压值。

5. 延用例 2-1 中系统，并假设系统正序、负序等值阻抗均为 j0.4Ω，零序等值阻抗为（30+j0.4）Ω。线路 L_1 正序阻抗为（0.2+j2）Ω；L_2 正序阻抗为（0.4+j4）Ω。线路单位长度零序阻抗为对应正序阻抗的 3 倍。试分别计算 N 点、P 点发生单相接地短路故障时，流过保护 P_1、P_2 的三倍零序电流。

6. 某 10P20 型电流互感器，其二次额定电流 $I_{N.S}$ 为 5A。经伏安特性试验测得拐点后励磁电压最大值 $E_{S.max}$ 为 100V。互感器二次负载总阻抗 Z_B 为 0.5Ω，负载系数 K 为 3。互感器内阻抗 Z_{TA} 为 1Ω。问该电流互感器所接负载在系统故障条件下，准确级能否满足要求？

7. 如图 2-31 所示，10kV 母线的电压互感器由三个单相互感器组成，每相有一个一次绕组和两个二次绕组。

请问：二次主绕组的每相额定电压为多少？二次辅助绕组输出的电压为多少？互感器电压比表达式？要求将三个单相互感器进行一次绕组及二次绕组的联结，以完成三相电压互感器的功能，注意接线、极性及接地点。电压互感器的误差是指什么误差？应小于多少？

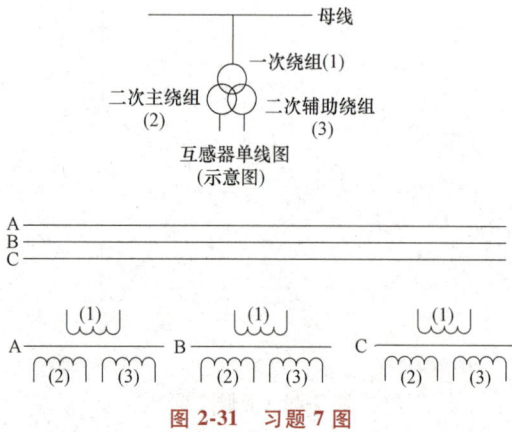

图 2-31 习题 7 图

8. 如图 2-32 所示，10kV 线路电流保护采用 10P20 电流互感器，采用不完全星形接线，某电流保护采用两相两继电器式接线，试根据以下素材画出示意图，注意极性与接地，并说明：1) 10P20 的含义；2) 继电器的电流互感器极性接反，会带来什么问题？

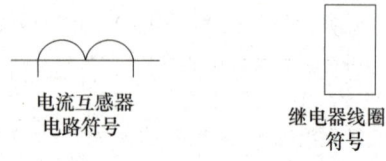

图 2-32 习题 8 图

第3章 35kV及以下电压等级线路保护

35kV及以下电压等级配电网通过架空线路、电缆和配电变压器等设备,将输送到配电网的电能传输并分配到各个用电设备。配电网中,线路保护的主要作用是反应配电线路或电缆上发生的故障或异常,配合配电自动化系统完成实时监控及故障隔离处理,提高配电网的供电可靠性。本章主要介绍单侧电源配电线路的相间短路电流保护,双侧电源线路的方向电流保护以及配电网单相接地保护。

3.1 单侧电源配电线路相间短路电流保护

35kV及以下单侧电源配电线路主要有以下特点:

① 由于是单侧电源线路,因此负荷功率、短路功率的流动方向是单向的;

② 处于较低的电压等级,传输距离短,传输容量小,因此在电力系统中的重要性相对较低;

③ 线路上一般存在多个分段、分支断路器,并与多台配电变压器相连接,网络结构相对复杂;

④ 所在配电系统属于中性点非有效接地系统。

因此,35kV及以下单侧电源配电线路的继电保护以反应相间短路的电流保护为主。

电流保护是一种反应故障时电流的增加而动作的一种保护。当故障电流超过预先设定值(即整定值)时,保护动作。电流保护装置按断路器位置配置,采用阶段式原理,各保护间在动作值与动作时间上相互配合,以满足"四性"要求。单侧电源配电线路示例如图3-1所

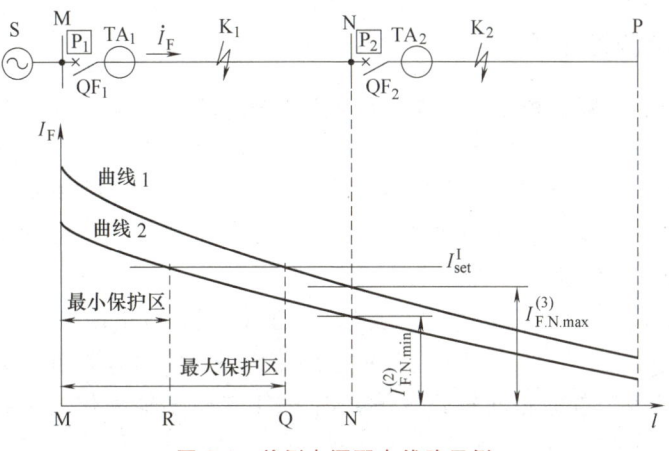

图3-1 单侧电源配电线路示例

示，S 为系统等效电源。MN 线路上配置有保护 P_1，NP 线路为其下级线路（也称相邻线路），配置有保护 P_2。

K_1、K_2 点为故障点，线路发生相间短路故障时，三相短路电流 $I_F^{(3)}$ 与两相短路电流 $I_F^{(2)}$ 的通用计算公式为

$$I_F^{(3)} = \frac{E_\varphi}{Z_S + z_1 l} \tag{3-1}$$

$$I_F^{(2)} = \frac{E_\varphi}{Z_S + z_1 l} \times \frac{\sqrt{3}}{2} \tag{3-2}$$

式中　E_φ——相电动势；

　　　Z_S——系统（S）电源等效阻抗；

　　　z_1——线路单位长度阻抗（Ω/km）；

　　　l——故障点到保护安装处的距离（km）。

图 3-1 给出了短路电流与故障点位置的对应关系。其中曲线 1 为最大运行方式下各点三相短路电流曲线，曲线 2 为最小运行方式下各点两相短路电流曲线。此处的最大或最小运行方式（简称运行方式），与电源投入数量、电网结构变化有关，运行方式变化时，系统电源等效阻抗 Z_S 也会随之变化。最大运行方式下，Z_S 表示为 $Z_{S.\min}$。可以理解为本线路上级系统，处于最大运行方式下，对应等效阻抗为最小。最小运行方式下 Z_S 表示为 $Z_{S.\max}$。

结合式（3-1）、式（3-2）并观察曲线可知：

① 故障点越近（即 l 值越小），短路点到保护安装处的阻抗越小，短路电流越大。

② 短路类型与运行方式也决定故障电流的大小，对于同一个故障点，最大运行方式下的三相短路电流最大，最小运行方式下的两相短路电流最小。

图 3-1 中 K_1 处故障时，保护 P_1 应动作，保护 P_2 未流过故障电流，无法反应；图中 K_2 处故障时，保护 P_1、P_2 流过同一电流，此时，根据"选择性"要求，保护 P_2 应先于保护 P_1 动作，跳开 QF_2，保障 MN 线路正常供电；如 P_2 由于各种原因未能动作，保护 P_1 应延时动作跳开 QF_1，此时故障范围扩大，但 M 母线上级系统仍能保障供电。阶段式电流保护的原理即按上述思路进行设计。阶段式电流保护一般为三段式，包括无时限电流速断、限时电流速断和定时限过电流保护。下面分别介绍三段式电流保护整定原则与配合关系。

3.1.1　无时限电流速断保护

（1）无时限电流速断保护整定　无时限电流速断保护动作原理是，当测量电流高于整定值时不经延时而动作，工程中常被称为"电流Ⅰ段保护"，"Ⅰ"是罗马数字"1"，因此，"Ⅰ段"应读为"1 段"。电流Ⅰ段保护在"阶段式"电流保护中动作速度最快，目的是使故障设备能够快速地被隔离（即满足"速动性"）。由于是无时限动作，为保证选择性，其保护范围小于被保护线路全长。

观察图 3-1 可知，当 K_2 点故障时，为保证"选择性"，应由保护 P_2 动作切除故障而非 P_1 的Ⅰ段动作切除。因此，对于 MN 线路 P_1 的Ⅰ段，保护范围不能在 N 点或超过 N 点，即无论在 N 点发生多么严重的相间短路故障，P_1 的Ⅰ段也不能动作。N 点短路电流最大值 $I_{N.\max}^{(3)}$ 为

$$I_{\text{N.max}}^{(3)} = \frac{E_\varphi}{Z_{\text{S.min}} + z_1 l_{\text{MN}}} \tag{3-3}$$

式中 $Z_{\text{S.min}}$——最大运行方式下的系统等效阻抗；

l_{MN}——线路 MN 全长。

式（3-3）对应于最大运行方式下，本线路（即 MN 线路）末端的三相短路电流。

综上所述，电流 I 段的整定原则是保护范围（即保护区）小于本线路全长，动作电流（也可称为"整定电流"）按躲过本线路末端最大运行方式下发生三相短路时流过保护安装处的最大短路电流计算，即 $I_{\text{set.1}}^{\text{I}}$ 应满足

$$I_{\text{set.1}}^{\text{I}} > I_{\text{N.max}}^{(3)} \tag{3-4}$$

可靠起见，P_1 的 I 段动作电流整定为

$$I_{\text{set.1}}^{\text{I}} = K_{\text{rel}}^{\text{I}} I_{\text{N.max}}^{(3)} \tag{3-5}$$

式中 $K_{\text{rel}}^{\text{I}}$——I 段可靠系数，一般取 1.2~1.3。

可靠系数主要考虑短路电流计算误差、电流互感器误差、继电器动作电流误差、短路电流中非周期分量的影响，并留有必要的裕度。

P_1 的 I 段动作时限为 $t_1^{\text{I}} = 0\text{s}$。

由图 3-1 可看出，I 段动作电流大于最大的外部短路电流，最大运行方式下 MQ 段发生三相短路时短路电流大于动作电流，保护动作，这个区域称为保护动作区。电流保护的保护区是变化的，短路电流水平降低时保护区缩短，如最小运行方式发生两相短路时保护区变为 MR。式（3-5）也可以理解为考虑各种运行方式、短路类型以及 TA、保护误差等情况后，无时限电流速断保护的保护区不伸出本线范围，即电流 I 段保护不能保护本线全长。

电流 I 段应校验被保护线路出口短路的灵敏系数。具体要求是最大运行方式下出口三相短路电流值不低于保护的动作电流。以保护 P_1 为例，当 M 母线最大三相短路电流大于 I 段定值，即 $I_{\text{M.max}}^{(3)} \geq I_{\text{set.1}}^{\text{I}}$ 时，I 段灵敏度即满足要求。

在工程中根据实际需要，电流 I 段的动作时限也可以设定为大于 0s，但不超过 0.2s。

【例 3-1】 某 10kV 馈线如图 3-1 所示，N、P 点最大三相短路电流分别为 2525.4A、947.1A。电流互感器 TA_1、TA_2 电流比，均为 600/5 即 $n_{\text{TA}_1} = n_{\text{TA}_2}$。试分别计算保护 P_1、P_2 的 I 段动作电流一次值与二次值，可靠系数 $K_{\text{rel}}^{\text{I}}$ 取 1.3。

【解】

1) 动作电流一次值。保护 P_1 的 I 段动作电流一次值 $I_{\text{set.1}}^{\text{I}}$ 按躲过（大于）线路 MN 末端 N 母线处短路时的最大三相短路电流 $I_{\text{N.max}}^{(3)}$ 整定。

$$I_{\text{set.1}}^{\text{I}} = K_{\text{rel}}^{\text{I}} I_{\text{N.max}}^{(3)} = 1.3 \times 2525.4\text{A} = 3283.02\text{A}$$

保护 P_2 的 I 段动作电流一次值 $I_{\text{set.2}}^{\text{I}}$ 按躲过（大于）线路 NP 末端 P 母线处短路时的最大三相短路电流 $I_{\text{P.max}}^{(3)}$ 整定。

$$I_{\text{set.2}}^{\text{I}} = K_{\text{rel}}^{\text{I}} I_{\text{P.max}}^{(3)} = 1.3 \times 947.1\text{A} = 1231.23\text{A}$$

2) 动作电流二次值。保护 P_1 的 I 段动作电流二次值 $I_{\text{set.1}}^{\text{I}'}$ 为动作电流一次值 $I_{\text{set.1}}^{\text{I}}$ 除以 TA_1 的电流比 n_{TA_1}，得

$$I_{\text{set.1}}^{\text{I}'} = \frac{I_{\text{set.1}}^{\text{I}}}{n_{\text{TA}_1}} = \frac{3283.02\text{A}}{600/5} = 3283.02\text{A}/120 = 27.36\text{A}$$

同理，保护 P_2 的 I 段动作电流二次值 $I_{\text{set.2}}^{I'}$ 为 $I_{\text{set.2}}^{I}$ 除以 TA_2 电流比 n_{TA_2}，有

$$I_{\text{set.2}}^{I'} = \frac{I_{\text{set.2}}^{I}}{n_{TA_2}} = \frac{1231.23\text{A}}{600/5} = 1231.23\text{A}/120 = 10.26\text{A}$$

（2）无时限电流速断保护原理接线 以分立元件表示的无时限电流速断保护的单相原理接线如图 3-2 所示，图中 TA 为电流互感器，KA 为 I 段电流继电器，KC 中间继电器，KS 为信号继电器，QF 为断路器，YR 为跳闸线圈。

本线路故障时，如果流过电流继电器的电流大于继电器定值 $I_{\text{set.2}}^{I'}$，该继电器的触点将闭合，从而驱使中间继电器 KC 动作，相应触点接通线路断路器 QF 跳闸回路，使跳闸线圈 YR 励磁，驱动断路器 QF 实现跳闸，同时使信号继电器 KS 动作，发出保护跳闸信号。上述测量（电流继电器 KA 测量到 TA 送来的电流）——逻辑（达到预先整定值的要求后，使中间继电器 KC 无延时动作）——执行（KC 触点闭合，使跳闸线圈励磁）

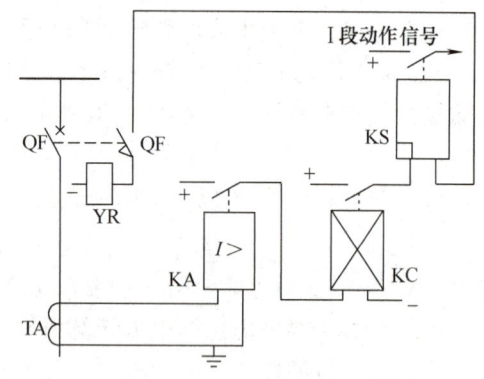

图 3-2 无时限电流速断保护的单相原理接线示意图

的一系列动作过程，代表了典型的继电保护系统的动作过程。这一过程中，除了继电器的固有延时外，不再有人为的延时，因此称为"速断"。图中的"+"、"-"号，代表直流（220V）电源正负极，保护装置的相应线圈与触点接于直流回路中，成为断路器控制回路的一部分。这一点也体现出继电保护必须依靠电流互感器、断路器等元件，完成保护功能。

3.1.2 限时电流速断保护

由于电流保护 I 段通常不能保护线路全长，考虑增加限时电流速断保护，目的是保护本线路全长，该保护又称为电流 II 段保护。由图 3-3 可以看出，设置电流 II 段保护的目的是保护本线路全长，II 段保护的保护范围必然会伸入下一级线路（相邻线路），在图 3-3 阴影区域发生故障时，P_1 的 II 段保护存在与下线保护（P_2）I 段"抢动"的问题。

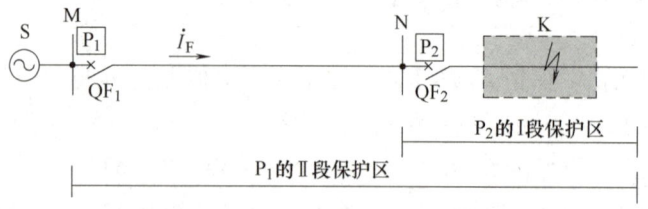

图 3-3 本线路电流 II 段保护与相邻线路电流 I 段保护"抢动"

若图 3-3 中 P_2 的 I 段保护区内 K 点发生故障，P_1 的 II 段、P_2 的 I 段均可以动作，而按照保护选择性的要求，希望 P_2 的 I 段保护动作跳开 QF_2，P_1 的 II 段保护不跳开 QF_1。为了保证选择性，P_1 的 II 段保护动作应带有一个延时，使其动作慢于 P_2 的 I 段保护。这样，相邻线路始端发生故障时本线路 II 段保护与相邻线路 I 段保护同时启动但不会立即跳闸，相邻线路保护 I 段动作跳闸后短路电流消失，P_1 的 II 段保护返回；本线路末端发生短路时，相邻线路 I 段保护不动作，本线路 II 段保护经延时动作跳闸，实现保护本线路全长的功能。

P_1 的 II 段保护区不应伸出相邻线路 P_2 的 I 段保护区，如图 3-4 所示，若 P_1 的 II 段保护区伸出相邻线路 I 段保护区，在图示阴影部分发生故障时，P_2 的 I 段不动，P_1 的 II 段与 P_2 的 II 段同时动作，跳开 QF_1 和 QF_2，这种保护动作行为称为"失去选择性"，是一种错误行为。

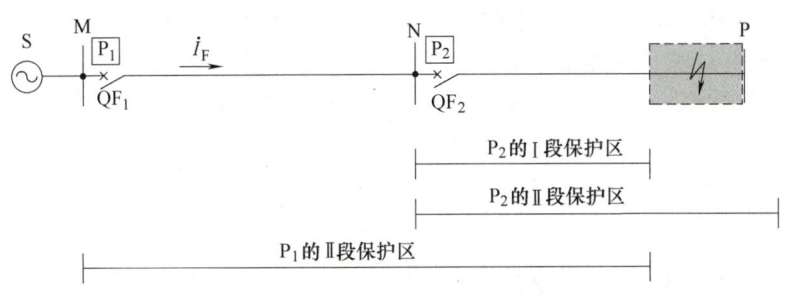

图 3-4 电流 II 段保护区的配合

（1）限时电流速断保护整定 电流 II 段保护的整定原则是保护本线路全长，但保护区不超过相邻线路保护 I 段保护区，即与相邻线路保护 I 段配合，其动作电流及动作时间为

$$\begin{cases} I_{\text{set.1}}^{\text{II}} = K_{\text{rel}}^{\text{II}} I_{\text{set.2}}^{\text{I}} \\ t_1^{\text{II}} = t_2^{\text{I}} + \Delta t = \Delta t \end{cases} \tag{3-6}$$

式中 $K_{\text{rel}}^{\text{II}}$——II 段可靠系数，考虑到短路电流中的非周期分量已衰减，取 1.1~1.2；

$I_{\text{set.2}}^{\text{I}}$——相邻线路 P_2 的 I 段动作电流；

t_2^{I}——相邻线路保护 P_2 的 I 段延时，为 0s；

Δt——动作级差。

Δt 应大于相邻线路 I 段保护动作、断路器跳闸、II 段保护返回时间之和，同时还要考虑时间继电器误差以及留有一定裕度。Δt 取为 0.3~0.5s，时间元件精度较高时，Δt 可取较小值。

本线路电流 II 段保护与相邻线路电流 I 段保护的整定配合关系如图 3-5 所示。

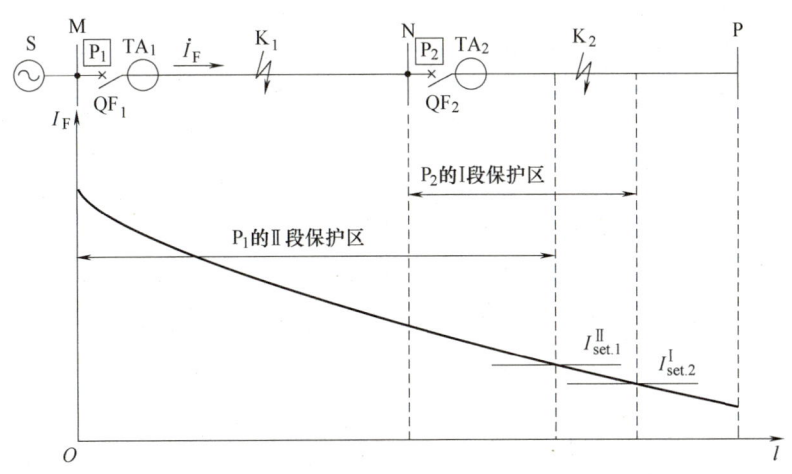

图 3-5 本线路电流 II 段保护与相邻线路电流 I 段保护的整定配合关系

（2）灵敏度校验 设置电流 II 段保护的目的是保护本线路全长，故应校验在本线路末

端发生故障，短路电流最小的情况下保护能否可靠动作。电流保护动作条件为 $I_F > I_{set}$，保护反应故障能力以灵敏系数表示

$$K_{sen} = \frac{I_F}{I_{set}} \tag{3-7}$$

考虑 TA、电流继电器误差，当 K_{sen} 大于规定值时才认为电流保护能可靠动作。灵敏度校验按最不利情况计算，即在最小运行方式下，被保护线路末端发生两相短路时，短路电流为本线路内部故障时最小的短路电流，以此短路电流校验灵敏度。

$$K_{sen}^{\mathrm{II}} = \frac{I_{F.\min}^{(2)}}{I_{set}^{\mathrm{II}}} \tag{3-8}$$

规程规定：

① 对于长度为 20km 以下线路，要求 $K_{sen}^{\mathrm{II}} \geq 1.5$；

② 对于长度为 20~50km 的线路，要求 $K_{sen}^{\mathrm{II}} \geq 1.4$；

③ 对于长度为 50km 以上的线路，要求 $K_{sen}^{\mathrm{II}} \geq 1.3$。

10kV 配电网的线路长度一般都在 20km 以下，因此要求其电流Ⅱ段保护的灵敏系数不小于 1.5。灵敏度合格，说明Ⅱ段保护有能力保护本线全长。

当灵敏系数不能满足要求时，电流Ⅱ段保护定值可与相邻线路限时电流速断保护配合整定，即 $I_{set.1}^{\mathrm{II}} = K_{rel}^{\mathrm{II}} I_{set.2}^{\mathrm{II}}$，同时动作时限为 $t_1^{\mathrm{II}} = t_2^{\mathrm{II}} + \Delta t = 2\Delta t$。如果这样做，灵敏系数还是不能满足要求。则电流Ⅱ段保护必须按保证本线路末端故障时达到规定的灵敏度来整定，即

$$I_{set.1}^{\mathrm{II}} = \frac{I_{F.\min}^{(2)}}{K_{sen}^{\mathrm{II}}} \tag{3-9}$$

这种整定方法被称为"按灵敏度整定"。采用该整定方法后，虽然牺牲了本保护与相邻线路保护之间的配合关系，但达到了保证电流Ⅱ段保护能保护本线路全长的目的。为解决各段保护间失去配合的问题，在条件允许时，也可使用其他性能更好的保护来代替电流保护。总之，不能因迁就各段保护间的配合关系牺牲电流Ⅱ段保护的灵敏度。

【例 3-2】 延用例 3-1 中参数，已知线路 NP 电流Ⅰ段保护整定一次值 $I_{set.2}^{\mathrm{I}}$ 为 1231.2A，N 母线最小两相短路电流 $I_{N.\min}^{(2)}$ 为 2167.1A。试计算保护 P_1 的Ⅱ段一次整定值与二次整定值，可靠系数取 1.1，时间级差取 0.5s。

【解】

1) 动作电流一次值。保护 P_1 的Ⅱ段动作电流一次值按躲过（大于）NP 线路的电流Ⅰ段保护（即 P_2 的Ⅰ段）动作电流整定。

$$I_{set.1}^{\mathrm{II}} = K_{rel} I_{set.2}^{\mathrm{I}} = 1.1 \times 1231.2\mathrm{A} = 1354.32\mathrm{A}$$

2) 动作电流二次值。保护 P_1 的Ⅱ段动作电流二次值 $I_{set.1}^{\mathrm{II}\prime}$ 为动作电流一次值 $I_{set.1}^{\mathrm{II}}$ 除以 TA_1 的电流比 n_{TA_1}，得

$$I_{set.1}^{\mathrm{II}\prime} = \frac{I_{set.1}^{\mathrm{II}}}{n_{TA_1}} = \frac{1354.32\mathrm{A}}{600/5} = 11.3\mathrm{A}$$

3) 动作时限。对于 P_1 的Ⅱ段，其动作时限与线路 NP 无时限电流速断的时限相配合。

$$t_1^{\mathrm{II}} = t_2^{\mathrm{I}} + \Delta t = 0.5\mathrm{s}$$

4）灵敏度校验。对于 P_1 的 II 段，按最小运行方式下 MN 线路末端（N 母线）两相短路校验灵敏度，要求灵敏度不小于 1.5。

$$K_{\text{sen}}^{\text{II}} = \frac{I_{\text{N.min}}^{(2)}}{I_{\text{set.1}}^{\text{II}}} = \frac{2167.1\text{A}}{1354.32\text{A}} = 1.6 > 1.5$$

灵敏度满足要求。

（3）**限时电流速断保护原理接线** 限时电流速断保护的单相原理接线如图 3-6 所示，与图 3-2 不同的是，KC 由 KT 代替，KT 为时间继电器，当限时电流速断保护所对应的电流继电器 KA 动作后，其触点闭合，使 KT 励磁，其触点在整定时间后闭合，接通跳闸回路，KT 既担任了延时继电器的作用，又担任了中间继电器的作用。值得注意的是，保护装置的延时定义为从故障发生（即向 KA 通入故障电流）开始到保护出口（KT）触点闭合的时间。图 3-6 所示保护装置中，

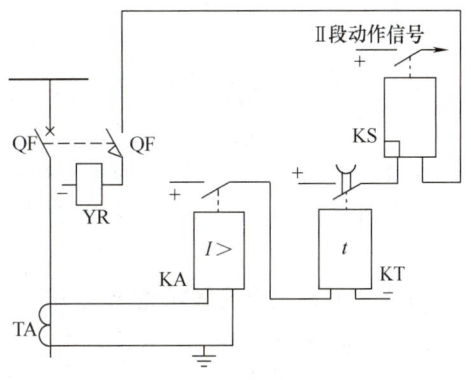

图 3-6 限时电流速断保护的单相原理接线

该延时将大于 KT 的整定值。因此，不能认为 KT 的整定值等于保护装置的延时，只是在工程应用中两者比较接近。

3.1.3 定时限过电流保护

（1）**主保护与后备保护** 主保护的定义为：为满足系统稳定和设备安全要求，能以最快速度、有选择地切除被保护设备和线路故障的保护。如对于图 3-1 中保护 P_1，仅靠无时限电流速断保护不能构成本线路的主保护，原因是仅靠它并不能快速切除线路上所有位置的故障。因此，对于本线路，必须由无时限电流速断保护（电流 I 段保护）和限时电流速断保护（电流 II 段保护），共同构成本线路的主保护。

除了主保护，线路上还应配有后备保护，所谓后备保护是主保护或断路器拒动时，用以切除故障的保护。一旦主保护设备或断路器发生故障拒动，可以依赖后备保护切除故障。定时限过电流保护（电流 III 段保护）就是一种后备保护。

图 3-7 所示为三段式电流保护的保护区，当线路 NP 上故障，保护 P_2 或断路器 QF_2 拒动时，需要由保护 P_1 提供远后备保护，跳开 QF_1 以切除故障。

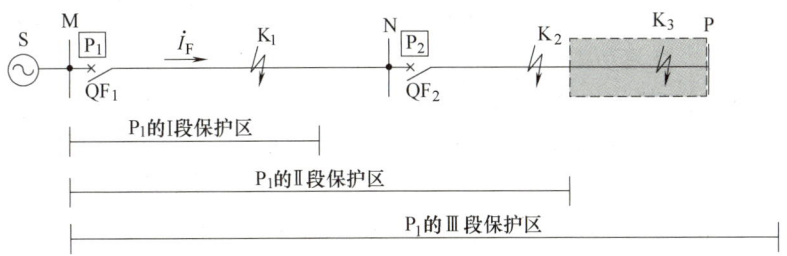

图 3-7 本线路各段电流保护的保护区示意

后备保护分为近后备、远后备两种方式。近后备是当主保护拒动时，由本电力设备的另一套保护实现的后备保护。如 K_1 处故障，P_1 的主保护或 QF_1 拒动，由 P_1 的 III 段保护跳开

QF$_1$，此时 P$_1$ 的Ⅲ段保护是线路 MN 的近后备保护。所谓远后备是当主保护或断路器拒动时，由相邻电力设备的保护来实现的后备保护。如 K$_2$ 处故障，P$_2$ 的主保护或 QF$_2$ 拒动，由 P$_1$ 的Ⅲ段保护跳开 QF$_1$，此时 P$_1$ 的Ⅲ段保护是线路 NP 的远后备保护。

不难看出，对于图 3-7 中 K$_3$ 处故障，若 P$_2$ 的主保护或 QF$_2$ 拒动，故障将不能被切除，这是不允许的。因此，必须设立电流Ⅲ段保护提供完整的远后备保护。显然，电流Ⅲ段保护应能保护相邻线路全长。

综上所述，电流Ⅲ段保护作为后备保护，既是本线路主保护的近后备保护又是相邻线路的远后备保护，且Ⅲ段保护区应伸出相邻线路范围。

需要注意的是，后备保护与主保护相对独立。如果主保护正确动作、断路器也未出现拒动，则后备保护将不会动作。因此在讨论后备保护动作情况时，应以主保护已出现拒动为前提。

（2）定时限过电流保护整定 由前文可知，限时电流速断保护虽然可以保护本线路全长，但其不能保护相邻线路全长以实现远后备功能。定时限过电流保护（下称电流Ⅲ段保护）要求的保护区较长，其保护区要求伸出相邻线路末端，因此要求其动作电流整定值相对较低。事实上，电流Ⅲ段保护只要保证在正常运行时（含外部故障切除后自起动过程）不会动作即可，因此其动作电流可以按负荷电流进行整定，这样即可降低整定值，提高保护的灵敏性，实现保护相邻线路全长的目的。

电流Ⅲ段保护的动作电流应按以下两个条件整定：

1）保证Ⅲ段过电流保护在外部故障切除后可靠返回，其返回电流应大于外部短路故障切除后流过保护的最大自起动电流。即

$$I_{\text{res}}^{\text{Ⅲ}} = K_{\text{rel}}^{\text{Ⅲ}} K_{\text{Ms}} I_{\text{lo. max}} \tag{3-10}$$

式中　$K_{\text{rel}}^{\text{Ⅲ}}$——可靠系数，要求不小于 1.2；

K_{Ms}——自起动系数，取 1.5~3；

$I_{\text{lo. max}}$——最大负荷电流。

自起动情况如图 3-8 所示，当故障发生在保护 P$_1$ 的相邻线路 K 点时，保护 P$_1$ 和 P$_2$ 同时启动，根据选择性原则，P$_2$ 保护动作切除故障后，变电所 N 母线电压恢复时，接于 N 母线上的处于制动状态的电动机（如图 3-8 中的 M$_1$、M$_2$）将自起动，此时，流过保护 P$_1$ 的电流不是最大负荷电流而是自起动电流，自起动电流大于负荷电流，以 $K_{\text{Ms}} I_{\text{lo. max}}$ 表示。此时 P$_1$ 的Ⅲ段过电流保护应能可靠返回，因此其返回电流 $I_{\text{res}}^{\text{Ⅲ}}$ 必须大于 $K_{\text{Ms}} I_{\text{lo. max}}$。

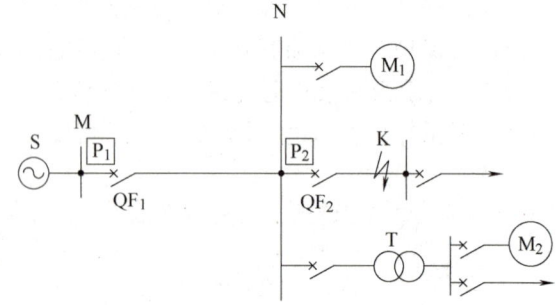

图 3-8　电动机自起动与保护整定

根据过电流保护返回电流小于动作电流且存在固定比例的特点，可得过电流保护的整定值为

$$I_{\text{set}}^{\text{Ⅲ}} = \frac{K_{\text{rel}}^{\text{Ⅲ}} K_{\text{Ms}}}{K_{\text{re}}} I_{\text{lo. max}} \tag{3-11}$$

式中 K_{re}——返回系数，取 $0.85\sim0.95$。

2) 与相邻线路Ⅲ段电流保护配合，即本线路的Ⅲ段电流保护整定值应大于相邻线路Ⅲ段电流保护整定值。以图 3-7 所示系统为例有

$$I_{\text{set.1}}^{\text{Ⅲ}} = K_{\text{co}}^{\text{Ⅲ}} I_{\text{set.2}}^{\text{Ⅲ}} \tag{3-12}$$

式中 $K_{\text{co}}^{\text{Ⅲ}}$——配合系数，一般取 $1.05\sim1.1$。

P_1 的Ⅲ段动作电流取式（3-11）、式（3-12）较大值。

由于单侧电源辐射型配电网各段线路的负荷电流相差不大，因此各级线路的电流Ⅲ段保护定值也相差不大。如图 3-9 所示配电网，当 K 点短路时，P_1、P_2、P_3 的Ⅲ段都可能动作，无法通过动作电流实现选择性，因此，电流Ⅲ段的选择性需要依靠动作时限的"阶梯特性"来保证。阶梯特性实际上就是实现指定的跳闸顺序。对于线路上的某一处故障，距离故障点最近的（也是距离电源最远的）保护先动作，如果该保护拒动，它的上一级保护经过短延时再动作，依此类推。因此，阶梯特性是指各级保护动作的时间顺序。如图 3-9 所示线路，阶梯的起点是电网末端，各台阶的高度差为 Δt，一般为 $0.3\sim0.5\text{s}$，从而在动作延时上形成一种阶梯的形状。

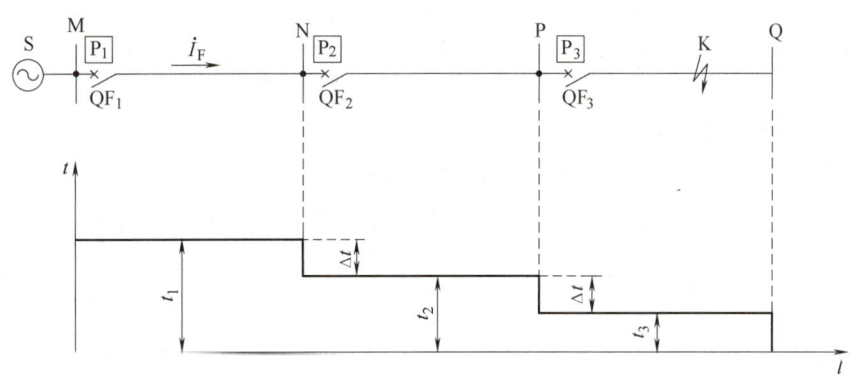

图 3-9 后备保护时限的阶梯特性

图 3-9 中，Ⅲ段电流保护动作时限整定应满足以下关系：$t_1^{\text{Ⅲ}} > t_2^{\text{Ⅲ}} > t_3^{\text{Ⅲ}}$，其中 $t_3^{\text{Ⅲ}}$ 最短，可取 0.5s。图中 K 点出故障时，由于Ⅲ段电流保护启动电流较小，可能 P_1、P_2、P_3 的Ⅲ段电流保护均启动，P_3 经 $t_3^{\text{Ⅲ}}$ 跳开 QF_3 后，故障切除，而保护 P_1、P_2 均未达到动作时限而返回。如果 P_3 没有动作。P_2 经 $t_2^{\text{Ⅲ}}$ 动作，向 QF_2 发出跳闸命令，依此类推。

定时限过电流保护的动作时间应与相邻线路配合，如以图 3-7 所示系统为例有 $t_{\text{set.1}}^{\text{Ⅲ}} = t_{\text{set.2}}^{\text{Ⅲ}} + \Delta t$，$\Delta t$ 取 $0.3\sim0.5\text{s}$。

定时限过电流保护用作本线路近后备保护，同时作为相邻线路的远后备保护。故应按这两种情况校验灵敏度，即以最小运行方式下本线路末端两相金属性短路时的短路电流，校验近后备保护灵敏度；以最小运行方式下相邻线路末端两相金属性短路时的短路电流，校验远后备保护灵敏度。以图 3-7 中电流保护 P_1 的Ⅲ段为例，近后备灵敏度为 $K_{\text{sen}}^{\text{Ⅲ}} = I_{\text{N.min}}^{(2)}/I_{\text{set}}^{\text{Ⅲ}}$，要求不低于 1.5。远后备灵敏度 $K_{\text{sen}}^{\text{Ⅲ}'} = I_{\text{P.min}}^{(2)}/I_{\text{set}}^{\text{Ⅲ}}$ 要求不低于 1.2。

定时限过电流保护单相原理接线图与图 3-6 类似，这里不再赘述。

【例 3-3】 系统接线简图如图 3-10 所示。已知线路最大负荷电流 $I_{\text{lo.max}}$ 为 300A。保护

P_2 的Ⅲ段的动作值 $I_{\text{set.2}}^{\text{Ⅲ}}$ 为400A。保护 P_1 所接电流互感器 TA 电流比 n_{TA} 为600A/5A。N 母线最小两相短路电流 $I_{\text{N.min}}^{(2)}$ 为2167.1A；P 母线最小两相短路电流 $I_{\text{P.min}}^{(2)}$ 为817.4A；可靠系数 $K_{\text{rel}}^{\text{Ⅲ}}$ 取1.3，自起动系数 K_{Ms} 取1.5，返回系数 K_{re} 取0.9，配合系数 $K_{\text{co}}^{\text{Ⅲ}}$ 取1.05，相邻线路Ⅲ段的延时 $t_{\text{set.2}}^{\text{Ⅲ}}$ 取0.5s。试计算：保护 P_1 的Ⅲ段整定电流一次值与二次值动作时限，并检验其近后备、远后备灵敏度。

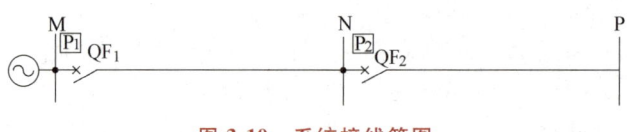

图 3-10　系统接线简图

【解】

1) 保护 P_1 的Ⅲ段整定电流一次值。根据过电流保护其返回电流小于动作电流且存在固定比例的特点，可得过电流保护的整定值为

$$I_{\text{set.1}}^{\text{Ⅲ}} = \frac{K_{\text{rel}}^{\text{Ⅲ}} K_{\text{Ms}}}{K_{\text{re}}} I_{\text{lo.max}} = \frac{1.3 \times 1.5}{0.9} \times 300\text{A} = 650\text{A}$$

本线路的过电流保护整定值应大于相邻线路过电流保护整定值。

$$I_{\text{set.1}}^{\text{Ⅲ}} = K_{\text{co}}^{\text{Ⅲ}} I_{\text{set.2}}^{\text{Ⅲ}} = 1.05 \times 400\text{A} = 420\text{A}$$

两者取较大值，所以取

$$I_{\text{set.1}}^{\text{Ⅲ}} = 650\text{A}$$

2) 保护 P_1 的Ⅲ段整定电流二次值。保护 P_1 的Ⅲ段整定电流二次值 $I_{\text{set.1}}^{\text{Ⅲ}}$ 为整定电流一次值 $I_{\text{set.1}}^{\text{Ⅲ}}$ 除以 TA 的电流比 n_{TA}，得

$$I_{\text{set.1}}^{\text{Ⅲ}'} = \frac{I_{\text{set.1}}^{\text{Ⅲ}}}{n_{\text{TA}}} = \frac{650\text{A}}{600/5} = 5.42\text{A}$$

3) 动作时限。Ⅲ段保护动作时限

$$t_{\text{set.1}}^{\text{Ⅲ}} = t_{\text{set.2}}^{\text{Ⅲ}} + \Delta t$$

式中　$t_{\text{set.2}}^{\text{Ⅲ}}$——相邻线路保护 P_2 的Ⅲ段动作时限，为0.5s；

　　　Δt——时间级差，取0.3s。

本例中，保护 P_1 的Ⅲ段动作时限为

$$t_1^{\text{Ⅲ}} = 0.5\text{s} + 0.3\text{s} = 0.8\text{s}$$

4) 灵敏度校验。校验近后备灵敏度，指校验点为本线路末端，即 N 母线处。

$$K_{\text{sen}}^{\text{Ⅲ}} = \frac{I_{\text{N.min}}^{(2)}}{I_{\text{set.1}}^{\text{Ⅲ}}} = \frac{2167.1\text{A}}{650\text{A}} = 3.33 > 1.5 \quad 满足要求。$$

校验远后备灵敏度，指校验点为相邻线路末端，即 P 母线处。

$$K_{\text{sen}}^{\text{Ⅲ}'} = \frac{I_{\text{P.min}}^{(2)}}{I_{\text{set.1}}^{\text{Ⅲ}}} = \frac{817.4\text{A}}{650\text{A}} = 1.26 > 1.2 \quad 满足要求。$$

3.1.4　电流保护接线方式

所谓电流保护接线方式，是指电流保护中电流继电器线圈与电流互感器二次绕组之间的

连接方式。对保护接线方式的要求是能反应各种类型故障，且灵敏度尽量一致。

配电线路常用的电流保护接线方式有三相三继电器式完全星形接线、两相两继电器式不完全星形接线和两相三继电器接线，如图 3-11 所示。

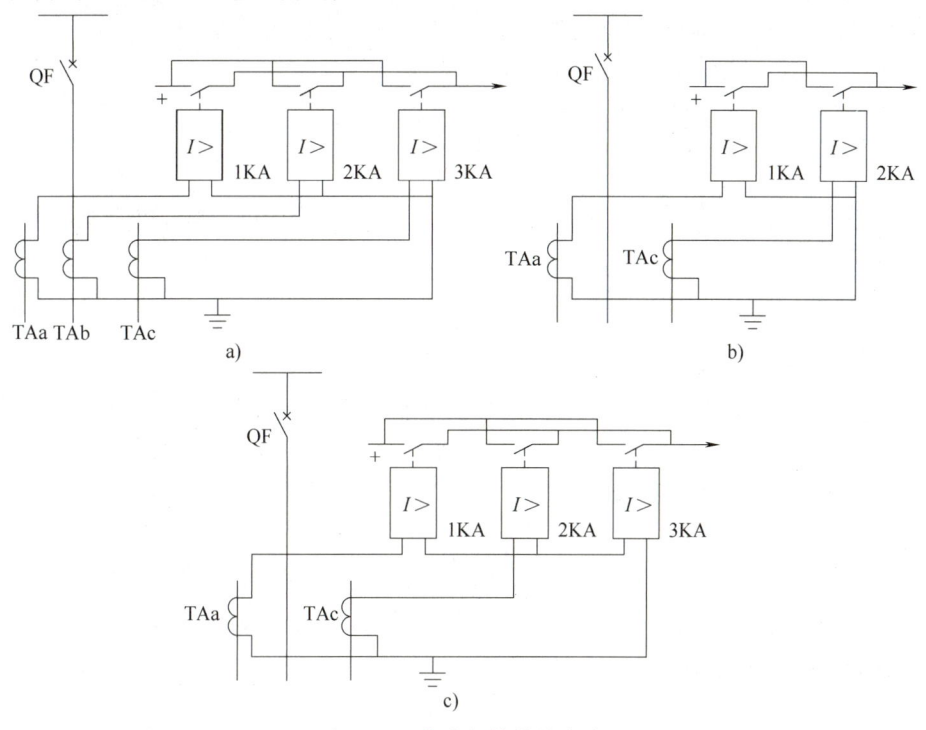

图 3-11 电流保护接线方式

a) 完全星形接线　b) 不完全星形接线　c) 两相三继电器接线

流入电流继电器的电流与电流互感器一次电流的比值称为接线系数，显然完全星形与不完全星形联结的接线系数均为 1。

完全星形接线和不完全星形接线中流入电流继电器的电流均为相电流，两种接线都能反应各种相间短路故障。所不同的是，完全星形接线还可以反应各种单相接地短路，不完全星形接线不能反应全部的单相接地短路（如 B 相接地）。

两相三继电器接线一般用于Ⅲ段电流保护，当相邻设备为 Yd_{11} 联结组别变压器时，灵敏度可能提高 1 倍。

电流保护一般用于 10~35kV 电网，该类电网属于小电流接地系统，传统保护一般采用不完全星形接线。采用不完全星形接线时必须注意：保护应统一安装在同名相上（通常装于 A、C 相）。如果保护未装于同名相，如图 3-12 所示，发生图示两点接地故障时，保护将会拒动。

传统保护中，两相三继电器接线一般用于电流保护Ⅲ段，且相邻设备是 Yd_{11} 联结组别变压器。如当 Yd_{11} 联结组别变压器低压侧（即三角形侧）两相短路时（如 AB 相间短路），如图 3-13 所示，变压器

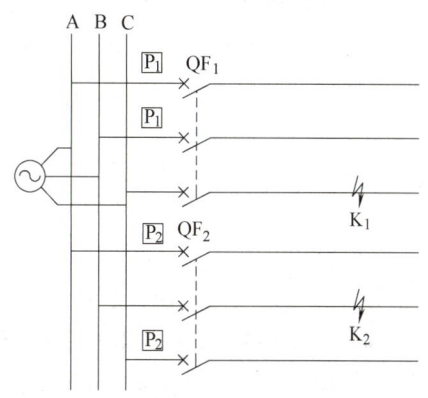

图 3-12 电流保护未装于同名相情况

高压侧（星形侧）电流分布为，B 相电流是 A、C 相电流的两倍，即 $I_{YB} = 2I_{YA} = 2I_{YC}$，$n_T$ 为变压器电压比。作为反应相邻设备故障的远后备保护（电流保护Ⅲ段）接入的电流为高压侧电流，如果只是接入 A、C 相电流，其灵敏度就只能用 A、C 相电流校验。接入 B 相电流后，可用 B 相电流校验灵敏度，灵敏度就提高一倍。因此当相邻设备为 Yd_{11} 联结组别变压器时，电流保护Ⅲ段一般采用两相三继电器来提高远后备的灵敏度。

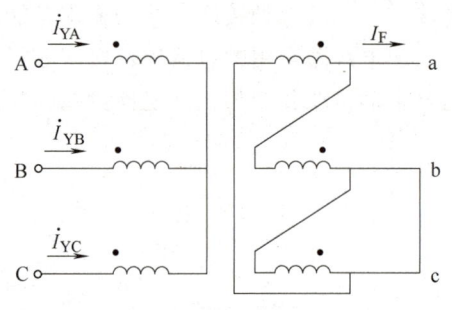

图 3-13 变压器两相短路分析

图 3-13 中 $\dot{I}_{da} = -\dot{I}_{db} = \dot{I}_F$，$\dot{I}_{dc} = 0$

$$\dot{I}_{YA} = \frac{\dot{I}_{da} - \dot{I}_{dc}}{\sqrt{3} n_T} = \frac{\dot{I}_F}{\sqrt{3} n_T} \tag{3-13}$$

$$\dot{I}_{YB} = \frac{\dot{I}_{db} - \dot{I}_{da}}{\sqrt{3} n_T} = \frac{-2\dot{I}_F}{\sqrt{3} n_T} \tag{3-14}$$

$$\dot{I}_{YC} = \frac{\dot{I}_{dc} - \dot{I}_{db}}{\sqrt{3} n_T} = \frac{\dot{I}_F}{\sqrt{3} n_T} \tag{3-15}$$

3.1.5 阶段式电流保护

（1）阶段式电流保护的组成 阶段式电流保护在传统的继电保护中，是由不同的电流继电器及相应的直流辅助继电器构成的一套完整的电流保护装置。随着微机型继电保护装置的推广，"阶段式电流保护"或"三段式电流保护"只是微机保护装置中的一种功能模块。无论是装置还是功能模块，阶段式电流保护中各段保护取长补短，相互协调，实现保护本线路及相邻线路的功能。阶段式电流保护由电流Ⅰ段、电流Ⅱ段、电流Ⅲ段组成，三段保护构成"或"逻辑出口跳闸。电流Ⅰ段、电流Ⅱ段为线路的主保护，本线路故障时切除时间为数十毫秒（电流Ⅰ段固有动作时间）至 0.5s 左右。电流Ⅲ段保护为后备保护，为本线路提供近后备作用，同时也为相邻线路提供远后备作用。

电流Ⅰ段保护由动作电流保证选择性，动作电流按躲过本线路末端最大运行方式下三相短路电流整定，快速性好，但灵敏性差，不能保护本线全长；电流Ⅱ段保护由动作电流、动作时限保证选择性，动作电流与下一级线路电流Ⅰ段保护配合整定，快速性较Ⅰ段保护差，但灵敏性较好，能保护本线路全长；电流Ⅲ段保护按阶梯特性整定动作时限以保证选择性，动作电流按正常运行时电流保护不启动、外部故障切除后电流保护能可靠返回计算，动作慢，但灵敏性好，能保护本线路及下一段线路全长。

需要指出，在实际工程中，并不是每条或每段配电线路都要配置全套的三段式电流保护。例如末端馈线的电流保护可采用两段式电流保护。

（2）电磁型电流保护归总图与展开图 三段式电流保护原理图如图 3-14 所示，图 3-14a 为归总式原理图，图 3-14b 为展开式原理图。

归总式原理图绘出了设备之间连接方式，继电器等元件绘制为一个整体，该图便于说明保护装置的基本工作原理。展开图中各元件不画在一个整体内,以回路为单元说明信号流向,便于施工接线及检修。

由图 3-14a 可见,三段式电流保护归总式原理图构成如下:

1) Ⅰ段保护测量元件由 1KA、2KA 组成,电流继电器动作后启动 1KS 发出Ⅰ段保护动作信号并由出口继电器 1KM 接通 QF 跳闸回路。

2) Ⅱ段保护测量元件由 3KA、4KA 组成,电流继电器动作后启动时间继电器 1KT,

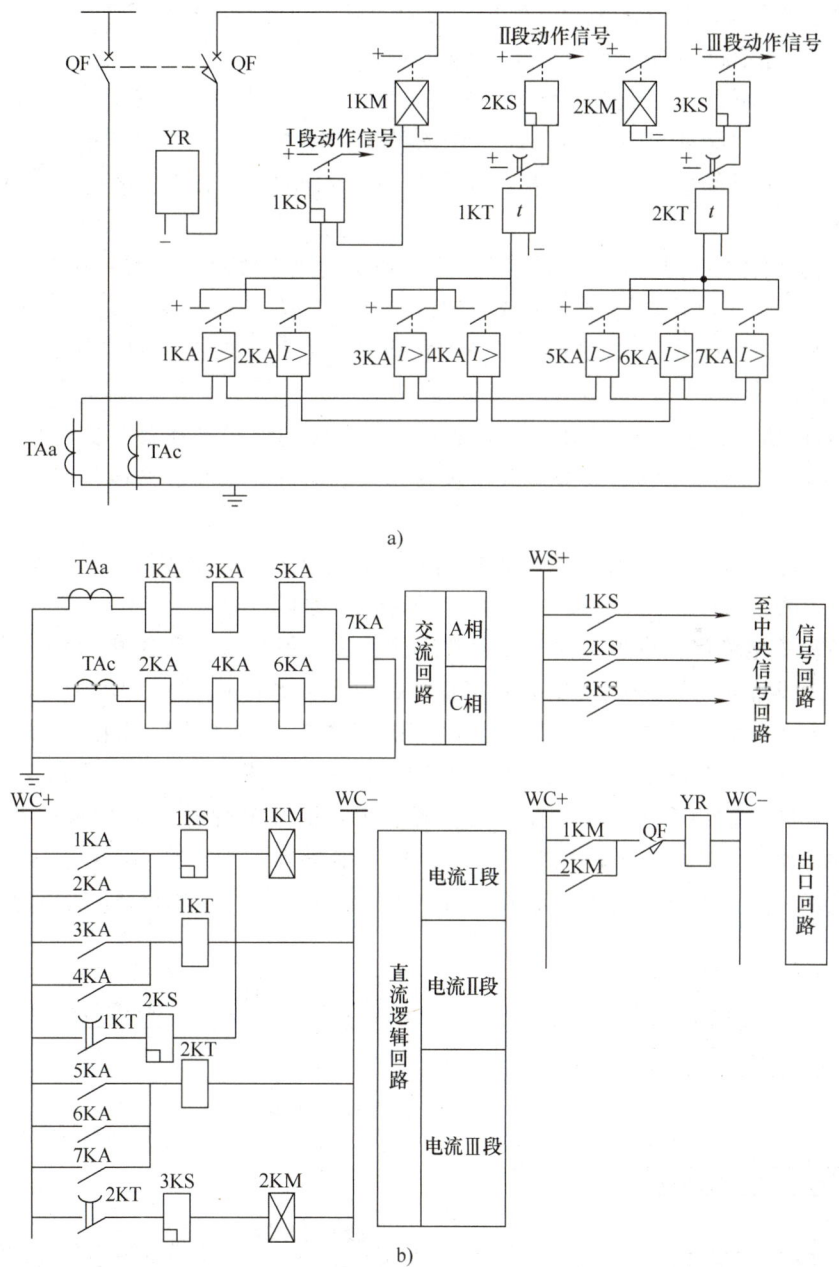

图 3-14 三段式电流保护原理图
a) 归总式原理图 b) 展开式原理图

1KT 经延时启动 2KS 发出 Ⅱ 段保护动作信号并由出口继电器 1KM 接通 QF 跳闸回路,1KT 延时整定值为电流 Ⅱ 段动作时限。Ⅰ、Ⅱ 段保护共同构成主保护,可共用一个出口继电器。

3) Ⅲ 段保护测量元件由 5KA、6KA、7KA 组成,电流继电器动作后启动时间继电器 2KT,2KT 经延时启动 3KS 发出 Ⅲ 段保护动作信号并由出口继电器 2KM 接通 QF 跳闸回路,2KT 延时整定值为电流 Ⅲ 段动作时限。Ⅲ 段保护为后备保护,为提高保护动作可靠性可以独立使用一个出口继电器。

归总式原理图可以很直观地表示保护装置的构成,但是二次接线难于编号,交、直流各种回路集中在一张图上,安装施工、检修困难。

图 3-14b 中,展开式原理图按交流、直流逻辑、信号、出口(控制)等回路分别绘制。

1) 交流回路:此处只有电流回路。由图可见,1KA、3KA、5KA 测量 A 相电流,而 2KA、4KA、6KA 测量 C 相电流,7KA 测量 A 相与 C 相电流之和,被称为 "B 相电流继电器"。

2) 直流逻辑回路:由 1KA、2KA 以 "或" 逻辑构成 Ⅰ 段保护,无延时启动信号继电器 1KS、中间继电器(出口继电器)1KM。3KA、4KA 构成 Ⅱ 段保护,启动时间元件 1KT,1KT 延时启动 2KS、1KM。5KA、6KA、7KA 构成 Ⅲ 段保护,启动时间元件 2KT,2KT 延时启动 3KS、2KM。

3) 信号回路:1KS、2KS、3KS 触点闭合发出相应的保护动作信号,中央信号回路不同,具体的接线也不同(例如信号继电器触点可以启动灯光信号、音响信号等),图 3-14b 未画出具体信号回路。

4) 出口回路:出口中间继电器触点接通断路器跳闸回路,完整的出口回路应与实际的断路器控制电路相适应,图 3-14b 中仅为出口回路示意图。

(3) 阶段式电流保护应用实例 目前常用的数字式保护(也称微机保护)中电流保护将母线电压、线路电流经模-数转换为数字量,在程序中进行判别;传统的电流、时间继电器功能也改为在数字式保护装置内部由程序实现。某数字式电流保护简化逻辑框图如图 3-15 所示。图中启动元件在三相电流最大值大于 0.95 倍最小电流整定值(如电流保护 Ⅲ 段动作电流值)时动作,输出为 1。以过流 Ⅰ 段(无时限电流速断保护)为例说明其动作条件:①启动元件动作;②过电流 Ⅰ 段控制字投入,即功能投入(置 1);③过电流 Ⅰ 段元件动作,即三相电流任一相大于 Ⅰ 段电流整定值。动作条件满足后,过逻辑门 A_1 输出为 1,经延时

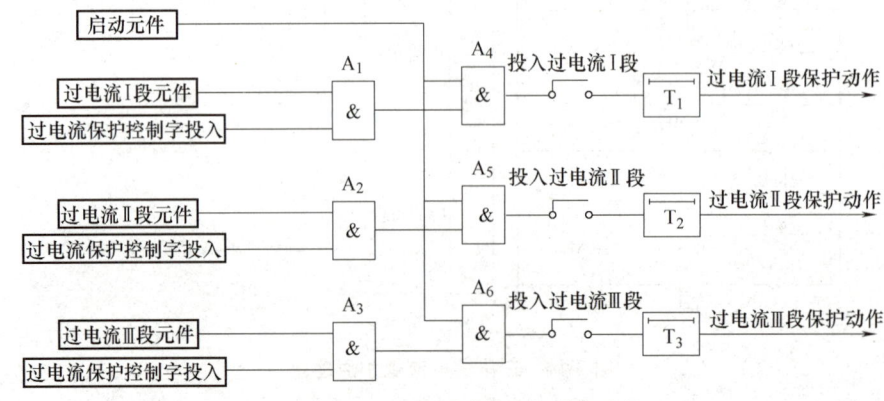

图 3-15 三段式电流保护简化逻辑框图

T_1（一般设置为 0s）输出为 1。过电流 I 段保护动作，向断路器发出跳闸命令。其他过电流段的动作逻辑与过电流 I 段类似。数字式保护同样有交流回路、信号回路、出口回路，与图 3-14b 类似，图中未画出。

3.1.6 评价与小结

（1）**选择性** 电流保护在单电源线路上具有选择性；电流 I 段由动作电流保证选择性；电流 II 段由动作电流及动作时间保证选择性；电流 III 段由动作时间阶梯特性保证选择性。

（2）**速动性** 电流 I 段快速性最好，动作时间仅为毫秒级的继电器固有动作时间；电流 II 段快速性次之，动作时间为 0.5s 左右；电流 III 段快速性最差，动作时间长。

（3）**灵敏性** 电流 I 段灵敏性最差，不能保护本线全长（除线变组情况）；电流 II 段灵敏性较好，能保护本线全长；电流 III 段灵敏性最好，能保护本线及下一段线全长。

（4）**可靠性** 电流保护构成简单，可靠性较高。

总之，相间短路电流保护主要用于单侧电源配电线路（如 10~35kV 线路），该保护只能反应相间短路故障，其保护区随系统运行方式及短路类型变化。

对相间短路电流保护的总体评价是：灵敏性较差，可靠性较高。

3.2 方向电流保护

3.2.1 工作原理

（1）**电流保护用于双电源线路时的问题** 随着新能源技术和智能电网的发展，小型的可再生能源发电的分布式电源在电网中越来越普及，从而出现大量采用两侧电源供电的电网或单侧电源环形电网，如图 3-16 所示。在双电源线路上，为切除故障元件，应在线路两侧装设断路器和保护装置。线路发生故障时线路两侧的保护均应动作，跳开两侧的断路器，这样才能切除故障线路，保证非故障设备继续运行。在这种电网中，如果仅采用一般过电流保护作为相间短路保护，主保护灵敏度可能下降，后备保护无法满足选择性要求。

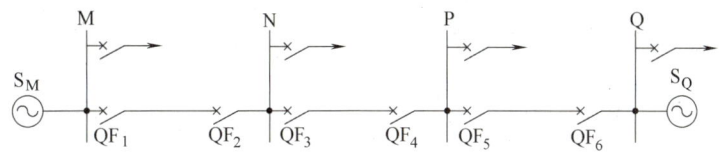

图 3-16 双侧电源网络示意图

1) I、II 段灵敏度可能下降。以图 3-17 中保护 P_3 的 I 段为例，整定电流应躲过本线路末端短路时的最大短路电流，关键是除了躲过 P 母线处短路时 M 侧电源提供的短路电流，还必须躲过 N 母线短路时 Q 侧电源提供的短路电流，如图 3-17 所示。当两侧电源相差较大且 Q 侧电源强于 M 侧电源时，可能使整定电流增大，I 段保护区缩短，严重时可能导致 I

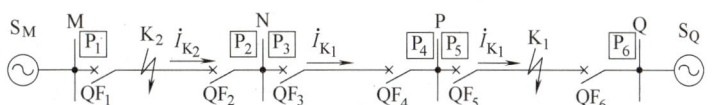

图 3-17 保护 P_3 主保护整定示意图

段保护丧失保护区。整定电流保护Ⅱ段时也有类似的问题，除了与保护 P_5 的Ⅰ段配合，还必须与保护 P_2 的Ⅰ段配合，可能导致灵敏度下降。

2）无法保证Ⅲ段动作选择性。单侧电源线路电流Ⅲ段动作时限采用"阶梯特性"，距电源最远处为起点，动作时限最短。现在有两个电源，无法确定动作时限起点。图3-18中保护 P_2、P_3 的Ⅲ段动作时限分别为 t_2、t_3，当 K_1 点故障时，保护 P_2、P_3 的电流Ⅲ段同时启动，按选择性要求应该保护 P_3 动作，即要求 $t_3<t_2$；而 K_2 点故障时，又希望保护 P_2 动作，即要求 $t_3>t_2$，显然无法同时满足两种情况下后备保护的选择性。

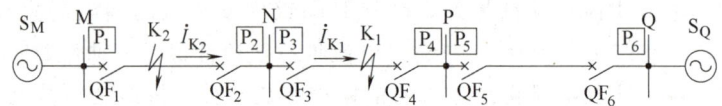

图 3-18　后备保护整定示意图

（2）方向性保护的概念　造成电流保护在双电源线路上应用困难的原因是需要考虑"反向故障"。以图3-19中保护 P_3 为例，阴影中发生故障时 Q 侧电源提供的短路电流流过保护 P_3。而如果仅存在电源 S_M，阴影部分发生故障时则没有短路电流流过保护 P_3，P_3 有电流流过时，一定是正向故障。因此，单侧电源配电线路不需要装设方向性保护。

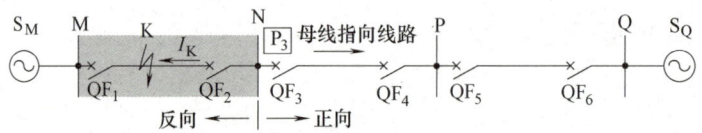

图 3-19　故障方向示意图

从保护安装处看进去，在"母线指向（被保护）线路"方向上发生的故障称为正向故障，反之称为反向故障。如果有一个方向元件控制电流保护，当发生反向故障（图3-19阴影区域故障）时闭锁电流保护，就能解决在双电源线路上应用电流保护的问题。方向元件与电流元件结合，就构成了方向电流保护。其简化逻辑关系如图3-20所示。

正方向故障时方向电流保护才可能动作，按正方向分组，图3-21中的保护可以分为两组：P_1、P_3、P_5 为一组，整定动作

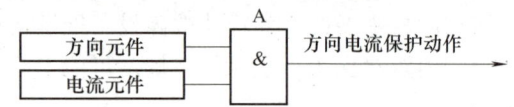

图 3-20　方向电流保护简化框图

电流时考虑 S_M 电源提供的短路电流；P_2、P_4、P_6 为另一组，整定时考虑 S_Q 电源提供的短路电流。

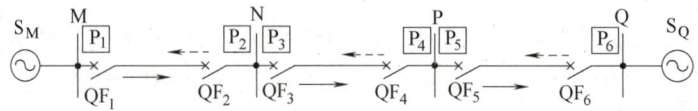

图 3-21　方向电流保护分组

3.2.2　功率方向元件

（1）工作原理　方向元件的作用是判别故障方向。具体而言，功率方向元件是由母线电压、线路电流来实现判别故障方向功能的。

图 3-22 所示为两侧电源系统，$\dot{E}_M$、$\dot{E}_N$ 代表 M、N 两侧电源电动势，当在 MN 线路上 K 点发生三相短路时，Z_{SM} 为保护安装处背后系统等效阻抗，Z_{MK} 为保护安装处到故障点 K 处的阻抗，Z_{KN} 为对侧 N 母线至故障点 K 处的阻抗，Z_{SN} 为对侧保护所在 N 母线背后系统的等效阻抗，如图 3-22a 所示；当在 M 母线背后至 M 侧系统的线路上 K′点发生短路时，Z'_{MK} 为母线 M 至故障点的阻抗，并有 $Z_{SM} = Z'_{SM} + Z'_{MK}$，如图 3-22b 所示。

规定保护安装处的母线电压参考方向为"母线指向大地"，电流参考方向为"母线指向线路"，因此，可依据 $\dot{U}$ 与 $\dot{I}$ 的相位关系判别故障方向，当正方向（K 点）发生短路时，其相位关系如图 3-22c 所示；当反方向（K′点）发生短路时，其相位关系如图 3-22d 所示。$\varphi(\varphi')$ 表示电压与电流的夹角，与保护安装处至故障点处的短路阻抗角相对应。在正方向故障时，有故障相电压 $\dot{U}$ 超前故障相电流 $\dot{I}$，夹角为锐角，从而有 $P = UI\cos\varphi > 0$；在反方向故障时，有故障相电压 $\dot{U}'$ 滞后故障相电流 $\dot{I}'$，夹角为钝角，此时 $P = U'I'\cos\varphi' < 0$。

在规定的电压、电流参考方向下，有功功率的正负可以用来判断故障的方向，依此原理构成的方向元件也称为功率方向继电器。对于两相短路，其判别方法并不是简单地依据相电压与相电流的相位关系。

传统继电保护中，功率方向继电器主要有感应型的 GG-11、整流型的 LG-11 等装置型号。考虑到 10~35kV 线路绝大多数简化为单电源运行方式、无需方向元件以及微机型保护的广泛使用，此处仅讨论继电器动作特性，并对 LG-11 结构做简要介绍。

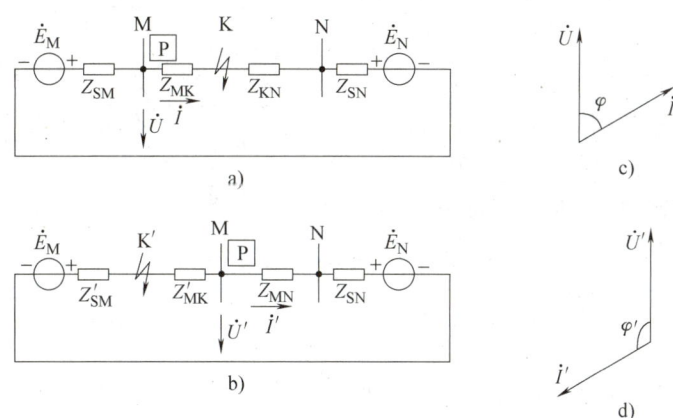

图 3-22　三相短路故障时电压、电流相位关系

a) 正方向故障　b) 反方向故障　c) 正方向故障相量图　d) 反方向故障相量图

（2）动作方程　以 LG-11 为例，传统功率方向继电器动作方程为

$$-90° \leq \arg \frac{\dot{K}_U \dot{U}_K}{\dot{K}_I \dot{I}_K} \leq 90° \tag{3-16}$$

式中　$\dot{U}_K$、$\dot{I}_K$——加入继电器的电压、电流；

$\dot{K}_U$、$\dot{K}_I$——电压变换器及电抗变压器的变换系数。

实际工作时，将式（3-16）比相方程转为式（3-17）比幅方程，即

$$|\dot{K}_U\dot{U}_K + \dot{K}_I\dot{I}_K| \geq |\dot{K}_U\dot{U}_K - \dot{K}_I\dot{I}_K| \tag{3-17}$$

由图 3-23 不难看出比相方程式（3-16）与比幅方程式（3-17）是等效的。

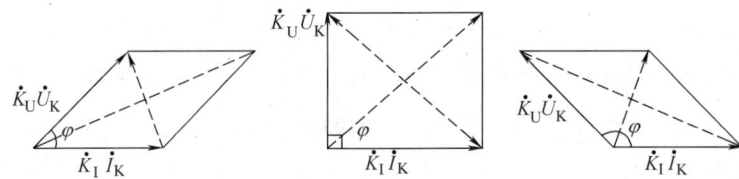

图 3-23　比相方程与比幅方程的等效性

整流型功率方向继电器 LG-11 电路图如图 3-24 所示。$\dot{U}_K$、$\dot{I}_K$ 经变换器后形成 $\dot{K}_U\dot{U}_K$、$\dot{K}_I\dot{I}_K$，串联后分别形成工作电压 $\dot{U}_I = \dot{K}_U\dot{U}_K + \dot{K}_I\dot{I}_K$、制动电压 $\dot{U}_{II} = \dot{K}_U\dot{U}_K - \dot{K}_I\dot{I}_K$。工作电压、制动电压分别经整流桥 U_1、U_2 接入环流比幅电路。LG-11 的执行元件为极化继电器 KP，极化继电器为直流继电器，动作需要很小的功率，只要电流由标记"·"处流入即可动作。图 3-24 中 I_0 为极化继电器的固有动作电流，其值很小。

当在保护正向出口处发生三相短路时，$\dot{U}_K = 0$，功率方向继电器因无法进行比相而面临拒动风险，上述情况下因 $\dot{U}_K$ 过低导致功率方向继电器拒动的区域称为功率方向继电器的"死区"。LG-11 为了克服"死区"，引入了"极化记忆回路"。注意图 3-24 中电压引入部分，C_1 与 W_1 串联谐振，保护出口短路时 $\dot{U}_K = 0$，而 $\dot{K}_U\dot{U}_K$ 不会立即变为零，仍"记忆"约 70ms 以保证保护正确动作。

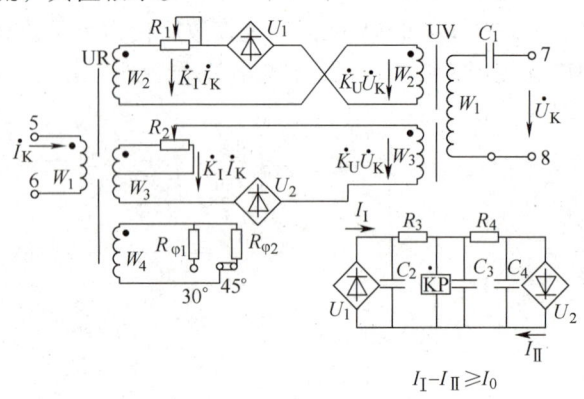

图 3-24　LG-11 继电器电路原理图

LG-11 的电抗变压器 UR 阻抗角有 60°、45°两档可以选择。式（3-16）可以改写为

$$-90°-\alpha \leq \arg\frac{\dot{U}_K}{\dot{I}_K} \leq 90°-\alpha \tag{3-18}$$

其中，$\alpha = \angle\dot{K}_U - \angle\dot{K}_I$，称为继电器的内角，LG-11 内角有 45°、30°两档。图 3-25 所示为功率方向继电器的动作特性，以 $\dot{U}_K$ 为参考相量，当 $\dot{I}_K$ 落在阴影侧区域里时功率方向继电器动作。φ_K 为 $\dot{U}_K$ 超前 $\dot{I}_K$ 的角度。$\varphi_K = -\alpha$ 时 $\dot{K}_U\dot{U}_K$、$\dot{K}_I\dot{I}_K$ 同相位，工作电压 $\dot{U}_I = \dot{K}_U\dot{U}_K + \dot{K}_I\dot{I}_K$ 与制动电压 $\dot{U}_{II} = \dot{K}_U\dot{U}_K - \dot{K}_I\dot{I}_K$ 差值最大，继电器工作在最灵敏状态，称此时的 φ_K 为灵敏角 φ_{sen}，注意灵敏角等于内角的负值。为正确反应正方向的相间短路，应尽量使功率方向继电器工作在最灵敏线附近。

（3）微机保护方向元件　微机保护中有两大类方向元件：一类是以比相算法实现的工

频量比相,动作方程与传统的功率方向继电器类似;另一类是以工频变化量构成的"工频变化量方向元件""能量积分方向元件"等新型的方向元件,性能更为优异,用于110kV以上电压等级的线路纵联保护中。

3.2.3 功率方向继电器接线方式

必须向功率方向继电器输入满足其相位要求的电压、电流量,它才能动作。功率方向继电器的接线方式是指它与电流互感器和电压互感器之间的连接方式,对于微机型功率方向元件而言,接线方式可理解为:合理选择某相的功率方向元件的输入电压相别与电流相别,以满足如下要求:①必须保证功率方向继电器具有良好的方向性。即正向发生任何类型的相间短路都能动作,而反向发生相间短路时可靠不动作;②尽量使功率方向继电器在正向相间短路时具有较高的灵敏度,φ_K 应接近 φ_{sen}。

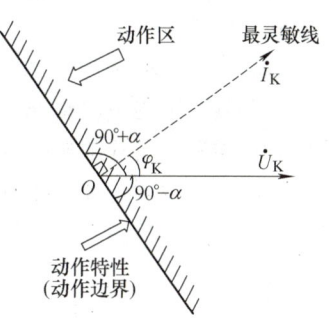

图 3-25 功率方向继电器动作特性

功率方向继电器广泛采用90°接线,见表3-1,保护处于送电侧,系统正常运行,$\cos\varphi = 1$ 时,三个功率方向继电器测量的角度均为90°,如 KW_A,A相电流 $\dot{I}_A$ 超前BC线电压 $\dot{U}_{BC}$ 90°,该接线方式因此而得名。

表 3-1 90°接线

功率方向继电器	电流	电压
KW_A	$\dot{I}_A$	$\dot{U}_{BC}$
KW_B	$\dot{I}_B$	$\dot{U}_{CA}$
KW_C	$\dot{I}_C$	$\dot{U}_{AB}$

采用90°接线的功率方向元件动作区的画法可参见图3-25。以 KW_B 为例,假设功率方向继电器的内角为30°,步骤如下:①定原点"O",水平向右画 $\dot{U}_{CA}$ 相量,即定其为参考相量,相位为0°。②将参考相量绕原点逆时针转30°,画一条虚线。③过原点,垂直于该虚线画一条实线,即为动作边界。④在实线的参考相量侧画出阴影线。⑤进行相应文字标识。⑥在动作区内,以原点"O"为中心,画出实际流入功率方向元件的 $\dot{I}_B$ 电流相量,并判别功率方向元件是否动作。

不难发现,对于B相线路而言,在其功率因数为1即B相电流与B相电压同相时,在以上动作区内,并不是处于最灵敏线位置,为继电器最大灵敏度的50%;电流滞后电压60°时为最灵敏,为继电器最大灵敏度的100%;功率因数为0时,即B相电流滞后于B相电压90°时,为继电器最大灵敏度的86.6%。这种设计对于阻抗角为70°~80°的输电线路而言,是相对比较灵敏的。

与电流元件不同,功率方向继电器的任务是区分正向与反向故障,而不是区分正常运行与故障。功率方向继电器动作不需要很大的电流,在系统正常运行负荷电流流过时也可能动作。系统正常运行时功率方向继电器动作与否取决于流过保护安装处电流的方向:功率方向继电器装于送电侧,功率方向为"母线指向线路",功率方向继电器动作;功率方向继电器装于受电侧则不动作。功率方向继电器反应于功率方向,正常运行时反应于潮流方向,故障时反应于故障方向。

不对称故障时非故障相仍有电流,称为非故障相电流。小电流接地系统中非故障相电流为负荷电流,大电流接地系统中还应考虑接地故障时由于零序电流分布系数与正负序电流分布系数不同造成的非故障电流。如图 3-26 所示,保护反向发生 BC 相短路时,A 相功率方向继电器流过非故障电流,动作与否取决于故障前潮流的方向,不取决于故障方向,这就是前文中不讨论两相短路时非故障相功率方向继电器行为的原因。

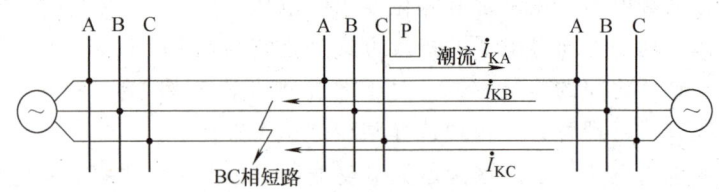

图 3-26 非故障相电流的影响

由于电流继电器触点与功率方向继电器触点之间接线时必须考虑非故障相电流的影响,应该满足"按相启动"原则,如图 3-27 所示。采用按相启动后,发生图 3-26 示意的故障时,由于 A 相电流继电器按躲过非故障相电流整定不动作,KW_A 的行为就无关紧要了,避免了不反应故障方向的 KW_A 与故障相电流继电器沟通回路而在反向故障时误动跳闸。

因为电流保护主要用于 10~35kV 线路,属于中性点不直接接地系统,下面只分析三相短路及两相短路时功率方向继电器的行为。

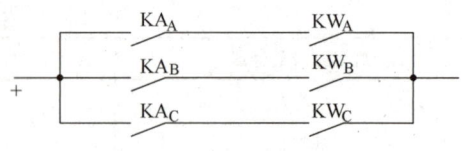

图 3-27 按相启动接线

【例 3-4】 已知功率方向继电器的内角为 30°,线路正序阻抗角 $\varphi_1 = 70°$,试分析:①正方向三相短路,功率方向继电器的动作行为;②反方向三相短路时,功率方向继电器的动作行为。

【解】

1) 画出动作区图。三相短路是对称性故障,三个功率方向继电器的行为一样,以 A 相功率方向继电器为例进行分析。将内角 30°代入功率方向继电器的动作方程可得

$$-120° = -90° - 30° \leq \arg\frac{\dot{U}_K}{\dot{I}_K} \leq 90° - 30° = 60°$$

此方程可理解为:以输入电压为参考相量。当输入电流滞后于输入电压的角度小于等于 60°且大于 0°时,或者输入电流超前于输入电压的角度小于 120°且大于等于 0°时,则功率方向继电器处于动作状态。根据动作方程,在图 3-28、图 3-29 中画出相应的动作区。

2) 问题①分析。同样以 A 相功率方向继电器为例进行分析。当正方向发生三相短路时,A 相功率方向继电器的输入电压为 $\dot{U}_{BC}$,输入电流 $\dot{I}_A$,此时 A 相电流滞后于 A 相电压的角度应为线路正序阻抗角 70°,工作在最灵敏线附近,如图 3-28 所示,电流处在动作区内,功率方向继电器可靠动作。

3) 问题②分析。反向三相短路时,此时 A 相电流滞后于 A 相电压的角度应为线路正序阻抗角 70°+180°=250°,由图 3-29 可见,电流不在动作区内,功率方向继电器不会动作。

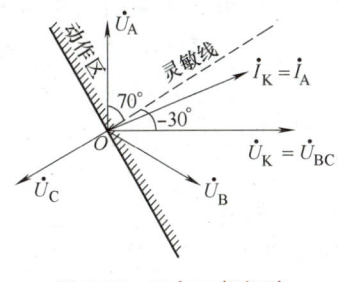
图 3-28 正向三相短路

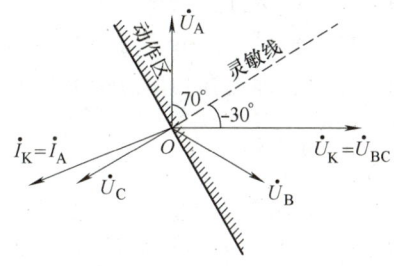
图 3-29 反向三相短路

【例 3-5】 已知功率方向继电器的内角为 30°。试回答下列问题：

① 如果保护正方向近处线路上发生 BC 两相短路，保护装置测得 $\dot{U}_{AB} = 86.6\angle -90°$（V），$\dot{I}_C = 20\angle -70°$（A），试在 KW_C 功率方向继电器的动作区内标出电压、电流相量，并说明动作行为；

② 如果保护正方向远处线路上发生 BC 两相短路，保护装置测得 $\dot{U}_{AB} = 86.6\angle -90°$（V），$\dot{I}_C = 10\angle -50°$（A），试做同样分析。

【解】

1）问题①分析。根据功率方向继电器的内角为 30°条件，画出 C 相功率方向继电器动作区，如图 3-30a 所示。注意以 $\dot{U}_{AB}$ 为参考相量，相角为 0°，最灵敏线对应灵敏角为 -30°。由于只分析电流电压相位关系，故障相量的长度粗略表示。

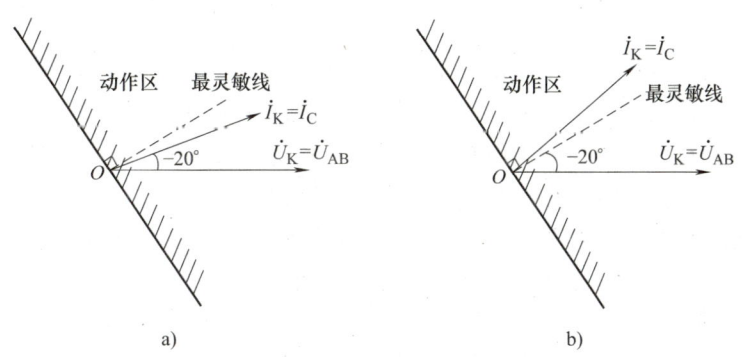

图 3-30 功率方向继电器动作示意图

a) 近处 BC 两相短路时 KW_C 动作特性示意 b) 远处 BC 两相短路时 KW_C 动作特性示意

由题意算得 $\arg(\dot{U}_{AB}/\dot{I}_C) = -90° - (-70°) = -20°$。即 C 相电流 $\dot{I}_C$ 超前 AB 相电压 $\dot{U}_{AB}$ 的角度为 20°。图中，目前以 $\dot{U}_{AB}$ 为参考相量，其相角设为 0°，因此 $\dot{I}_C$ 的相角相应变为 20°。由图可见，$\dot{I}_C$ 位于灵敏线附近（相角差为 10°），因此能够动作。

2）问题②分析。动作区不变。同理，由题意算得 $\arg(\dot{U}_{AB}/\dot{I}_C) = -40°$。即 C 相电流 $\dot{I}_C$ 超前 AB 相电压 $\dot{U}_{AB}$ 的角度为 40°。图中，目前以 $\dot{U}_{AB}$ 为参考相量，其相角设为 0°，因此 $\dot{I}_C$ 的相角相应变为 40°。由图 3-30b 可见，$\dot{I}_C$ 位于灵敏线附近（相角差为 10°），因此能够动作。

通过以上两例分析可见,采用90°接线的功率方向元件,能够正确判断出相间短路的方向,其灵敏角的设计充分考虑了线路的阻抗角及故障点的远近,在实际应用时,可根据线路阻抗角的变化合理选择功率方向元件的内角。

3.2.4 应用实例

(1) 方向电流保护整定 方向电流保护的整定有两个方面的内容:一是电流部分的整定,即动作电流、动作时间与灵敏度的校验;二是方向元件是否需要装设(投入)。对于其中电流部分的整定,其原则与前述的三段式电流保护整定原则基本相同。不同的是与相邻保护的定值配合时,只需要与相邻的同方向保护的定值进行配合。

方向元件并非所有保护都需要装设,只有当反方向故障可能造成保护无选择性动作时,才需要装设方向元件。例如,在图3-31中,若保护P_3的Ⅰ段动作电流大于其反方向母线N处短路时流过保护P_3的电流,则该Ⅰ段不需经方向元件闭锁,反之则应当经方向元件闭锁;同理保护P_3的Ⅱ段动作电流大于其反方向保护P_2的Ⅱ段动作电流,则该Ⅱ段不需经方向元件闭锁,反之则应当经方向元件闭锁。对于母线N处保护P_3与P_2,如$t_3^{Ⅲ}>t_2^{Ⅲ}$,当线路MN上发生故障时,保护P_2先于P_3动作,将故障线路切除,即动作时间的配合已能保证保护P_3不会非选择性动作,故保护P_3的Ⅲ段可以不装设方向元件。

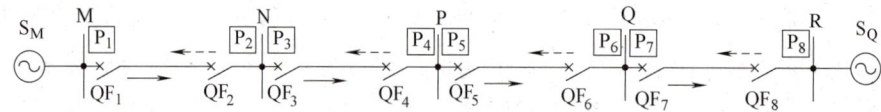

图3-31 方向电流保护整定示例

根据上述讨论可以得出如下结论:Ⅰ段动作电流大于其反方向母线短路时的电流,不需要装设方向元件;Ⅱ段动作电流大于其同一母线反方向保护的Ⅱ段动作电流时,不需要装设方向元件;对装设在同一母线两侧的Ⅲ段来说,动作时间最长的,不需要装设方向元件;除此以外反方向故障时有故障电流流过的保护必须装设方向元件。

(2) 方向电流保护逻辑框图 微机保护中没有具体的电流继电器和功率方向继电器,电流元件和方向元件均以程序实现,其逻辑关系常用原理框图形式表示,方向电流保护原理框图如图3-32所示。

图3-32中,方向电流保护中方向元件是否投入由整定开关决定,整定开关的接通与断开既可以由外部连接片(压板)的投退实现,也可以由装置整定值中的控制字(0或1)设定。

3.2.5 评价与小结

电流保护用于双电源线路时不能保证灵敏性和选择性,增加方向元件就构成了方向电流保护,可以用于双电源线路,两个元件构成"与"逻辑。方向元件利用电流、电压相位关系判别故障方向,为了消除死区一般采用"记忆"的方法。

功率方向继电器接线采用90°接线,接线时应重视极性问题,电流参考方向为从标记端流入,电压参考方向由标记端指向非标记端,极性接反将导致方向电流保护正向故障时拒动而反向故障时误动。

第3章　35kV及以下电压等级线路保护

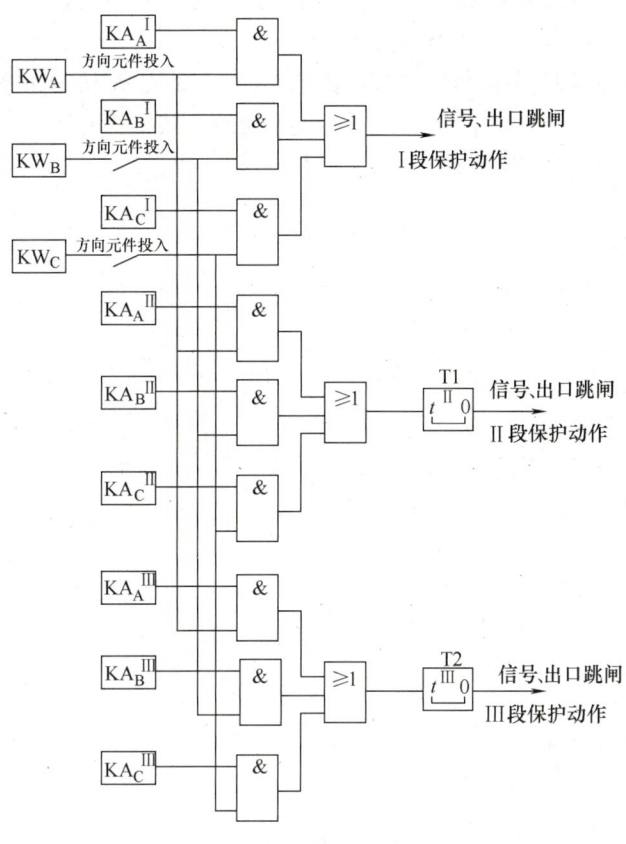

图 3-32　方向电流保护原理框图

电流继电器与功率方向继电器之间的接线满足"按相启动"原则，可以消除非故障相电流的影响。

方向电流保护除了可以用于单电源环网与双电源辐射线路，方向电流保护的性能与电流保护一样，保护区仍受系统运行方式及故障类型影响，主要应用于 10kV 和 35kV 线路。

3.3　单相接地保护

在我国，35kV 及以下配电网也称为小电流接地电网，或称小电流接地系统、中性点非有效接地系统等。小电流接地电网通常指的是中性点不接地电网、中性点经消弧线圈接地的电网和中性点经高电阻接地的电网。在电缆供电的城市配电网中，由于电容电流较大，一般采用中性点经小电阻接地的运行方式，这种运行方式已属于中性点有效接地方式。本节分别介绍中性点不接地或经消弧线圈接地和中性点经小电阻接地配电网的接地保护。

3.3.1　中性点不接地配电网故障分析

中性点不接地配电网中发生单相接地故障时，由于中性点不接地，只能依靠对地电容构成回路，因此电流很小。由于线路阻抗相对于对地容抗很小，分析时可以忽略线路阻抗。简化系统如图 3-33 所示。图中 S 代表中性点不接地系统的电源，其中性点不接地，C_{0M} 为其等值分布电容；$L_1 \sim L_n$ 为配电线路，$C_{01} \sim C_{0n}$ 为线路等值分布电容；其中 L_n 为故障线路，K 点为故障点，R_g 为过渡电阻，P 为该线路保护。

设在图 3-33 中 L_n 线 K 点 A 相经过渡电阻 R_g 接地，K 点 A 相的正序、负序、零序网络串联后短接就构成了复合序网。因为电网中性点不接地，接地电流不大，故系统和线路的正序、负序和零序阻抗均可忽略不计，于是 K 点的 $Z_{\Sigma1} = 0$、$Z_{\Sigma2} = 0$，作出复合序网络图如图 3-34 所示。

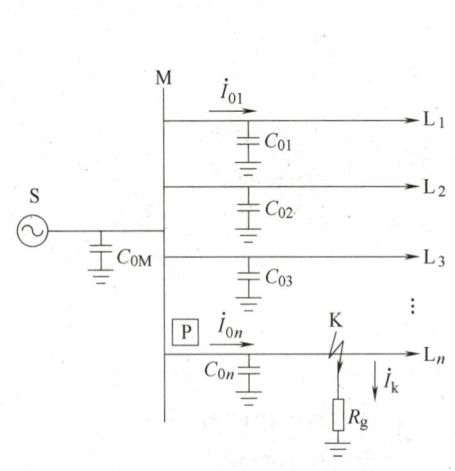
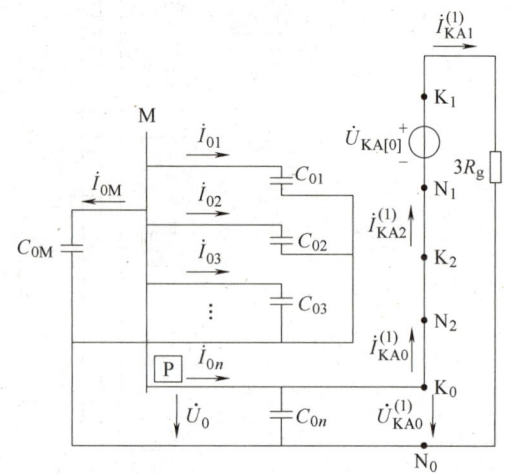

图 3-33　中性点不接地配电网单相接地故障示意图

图 3-34　K 点 A 相接地时的复合序网络图

A 相经 R_g 接地时零序电流/电压分析

有关 A 相经 R_g 接地时的零序电压与零序电流分析过程，请扫描二维码查看。以下主要介绍线路发生金属性接地即过渡电阻 $R_g = 0$ 时的相关计算公式，并简要总结相关分析结论。

(1) 零序电压 当 $R_g = 0$，M 母线处三倍零序电压一次值 $3\dot{U}_0$ 为

$$3\dot{U}_0 = -3\dot{U}_{KA[0]} \tag{3-19}$$

式中　$\dot{U}_{KA[0]}$——故障前 A 相电压。

经推导可知，三相电压 $\dot{U}_A^{(1)}$、$\dot{U}_B^{(1)}$、$\dot{U}_C^{(1)}$ 仍对称，对负荷供电没有影响，因此在一般情况下，该配电网可以允许再运行 1~2 小时。此时运行人员应及时查找接地线路，采取措施切除故障，防止故障进一步扩大为多点接地或相间短路，造成线路被迫停运。

(2) 故障点零序电流 当 $R_g = 0$，故障点三倍零序电流 $3\dot{I}_{K.0}^{(1)}$ 一次值为

$$3\dot{I}_{K.0}^{(1)} = j3\omega C_{0\Sigma}\dot{U}_{KA[0]} \tag{3-20}$$

式中　$\dot{U}_{KA[0]}$——故障前 A 相电压；

$C_{0\Sigma}$——本系统分布电容之和；

ω——工频角频率，即 100π。

因此，故障点发生金属性单相接地时，流入地中的接地电流等于电网一相对地总电容电流的 3 倍，电流呈容性，因此故障点三倍零序电流 $3\dot{I}_{K.0}^{(1)}$ 的幅值也可以用电容电流 I_C 表示。

$C_{0\Sigma}$ 越大，单相接地时的电流也越大。如发生的是经过渡电阻接地，则过渡电阻越大，接地电流越小。

当电网的电容电流不大时，单相接地时接地点电弧可自行熄灭，故障点可自行消除。如电容电流较大，接地故障点电弧便不会自动熄灭，并且产生间歇性电弧，引起过电压使非故障相电压大大升高，可能导致绝缘损坏，造成两点或多点接地短路，使事故扩大。为此，当电网电容电流超过一定数值时，中性点要装设消弧线圈。

（3）**线路零序电流及其与零序电压间的相位关系**　规定线路零序电流的正方向由母线指向被保护线路，母线上零序电压正方向为母线对地。当 $R_g = 0$，由图 3-34 可得非故障线路三倍零序电流为

$$\begin{cases} 3\dot{I}_{01} = j3\omega C_{01} \dot{U}_0 \\ 3\dot{I}_{02} = j3\omega C_{02} \dot{U}_0 \\ 3\dot{I}_{03} = j3\omega C_{03} \dot{U}_0 \\ \vdots \\ 3\dot{I}_{0(n-1)} = j3\omega C_{0(n-1)} \dot{U}_0 \end{cases} \quad (3-21)$$

式中　C_{01}、C_{02}、C_{03}、$\cdots$、$C_{0(n-1)}$——非故障线路分布电容；

　　　　ω——工频角频率，即 100π；

　　　　$\dot{U}_0$——M 母线处三倍零序电压一次值。

故障线路的三倍零序电流为

$$3\dot{I}_{0n} = -3(\dot{I}_{0M} + \dot{I}_{01} + \dot{I}_{02} + \cdots + \dot{I}_{0(n-1)})$$
$$= -j3\omega(C_{0M} + C_{01} + C_{02} + \cdots + C_{0(n-1)})\dot{U}_0$$
$$= -j3\omega(C_{0\Sigma} - C_{0n})\dot{U}_0 \quad (3-22)$$

式中　$\dot{I}_{01}$、$\dot{I}_{02}$、$\dot{I}_{03}$、$\cdots$、$\dot{I}_{0(n-1)}$——非故障线路零序电流；

　　　　$C_{0\Sigma}$——本系统分布电容之和；

　　　　C_{0n}——故障线路分布电容；

　　　　ω——工频角频率，即 100π。

$C_{0\Sigma}$ 与 ω 定义同式（3-22）。可见，**故障线的零序电流由全网其他非故障设备对地电容形成**。当 M 母线上的出线较多时，故障线的零序电流比非故障线路的要大得多；出线不多时，两者的差别不大。

观察式（3-21）和式（3-22）可知，对于非故障线路，**三倍零序电流与三倍零序电压的相位关系式为**

$$\arg \frac{3\dot{I}_{0j}}{3\dot{U}_0} = 90° \text{（非故障线路}, j = 1, 2, \cdots, n-1） \quad (3-23)$$

即非故障线路的零序电流超前零序电压的相角是 90°。 对于故障线，有

$$\arg \frac{3\dot{I}_{0n}}{3\dot{U}_0} = -90°（故障线路） \qquad (3-24)$$

即故障线路的零序电流滞后零序电压的相角是 90°。虽然 R_g 变化时，非故障线路和故障线的零序电流与 $\dot{U}_{KA[0]}$ 间的相位关系发生变化，但上述相位关系不变。即该相位关系与 R_g 大小无关。相量关系如图 3-35 所示。由图 3-35 可见，中性点不接地系统发生单相接地时，故障线的零序电流与非故障线路的零序电流相差 180°。

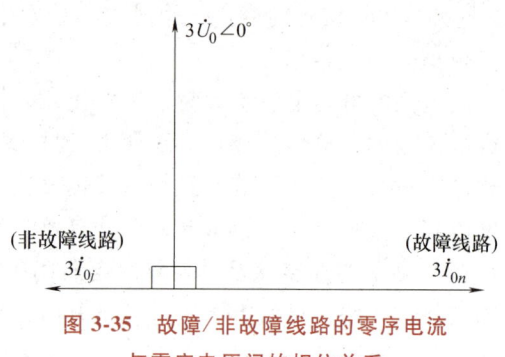

图 3-35 故障/非故障线路的零序电流与零序电压间的相位关系

3.3.2 中性点经消弧线圈接地配电网故障分析

根据以上分析，当中性点不接地电网发生单相故障并且接地电流超过规定数值时，会导致断续接地电弧，引起线路谐振过电压，造成停电事故。为此，通常在中性点接入一个电感线圈，故障时会产生一个电感电流抵消原系统的电容电流，我们称之为消弧线圈，此系统称为中性点经消弧线圈接地系统。

设 K 点 A 相金属性接地，此时接地电流由两部分组成。一部分为全网 $C_{0\Sigma}$ 形成的电容电流 $\dot{I}_C$，另外部分是消弧线圈 L 形成的电感电流 $\dot{I}_L$，$\dot{I}_C$ 与 $\dot{I}_L$ 反相。接入消弧线圈后，消弧线圈中电流起到补偿电网电容电流的作用，调节消弧线圈电感大小，可得到不同程度对电容电流的补偿。经消弧线圈接地的电力系统一般采用过补偿的补偿方式，一方面可使故障点电流减小，另一方面还可使故障点电流呈感性，避免谐振回路的产生。考虑过补偿，同时消弧线圈 L 上并接电阻 R 情况，作出 $3\dot{U}_0$ 与 $3\dot{I}_{0n}$ 间的相位关系如图 3-36 所示。可以看出，$3\dot{I}_{0n}$ 超前 $3\dot{U}_0$ 的相角 φ 大于 90°。此时，非故障线路的三倍零序电流仍由本线路对地电容形成，仍然超前 $3\dot{U}_0$ 90°。

综上所述，中性点经消弧线圈接地的电力系统发生单相接地短路故障时，电感电流将削弱电容电流，达到熄灭故障点电弧的目的（消弧），对于配电网是有利的。但是，中性点经消弧线圈接地系统中电感电流的存在同时也将明显减弱流过保护 P 的零序电流值。如采用过补偿，则故障线路的零序电流与零序电压间的相位关系与非故障线路变成一样，从而造成保护无法区别。从这一点看，对保护是不利的。

3.3.3 中性点经小电阻接地配电网故障分析

中性点经电阻接地时，该电阻与系统对地电容构成并联回路，如图 3-37 所示。由于电阻是耗能元件，可以作为电容电荷的释放元件，同时也是系统振荡的阻尼元件，所以中性点经电阻接地方式可以将弧光接地过电压限制到较低的水平，同时可以从根本上抑制系统谐振过电压。然后对于 10kV、

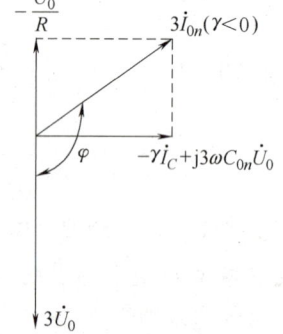

图 3-36 过补偿情况下零序电流及零序电压的相位关系

20kV 配电网，由于其上级主变压器低压侧绕组多为三角形联结，无法接入中性点电阻。因此在工程中，多采用在母线上接入 Z 型变压器的方案。

Z 型变压器是一种中低压配电系统常用的接地变压器，简称接地变，可兼起电压互感器的作用。由图 3-38 可见，Z 型变压器采用曲折形的绕组连接法，并在中性点处引出中性点套管，以便加装消弧线圈或接地电阻。一次侧 A、B、C 相的每个铁心柱上，都绕有 2 个相别的绕组，分别为 AB、BC、CA 相绕组，二次侧 a、b、c 输入二次电压。从一次侧 A、B、C 相输入零序电压（大小相等，方向相同），同一铁心柱上绕组所产生的磁势将大小相等方向相反。因此，接地变压器绕组对正序、负序电流都呈现高阻抗，而对零序电流则呈现较低阻抗。在 Z 型变压器中性点处接电阻并接地，即可构成配电网中性点经小电阻接地的运行方式。

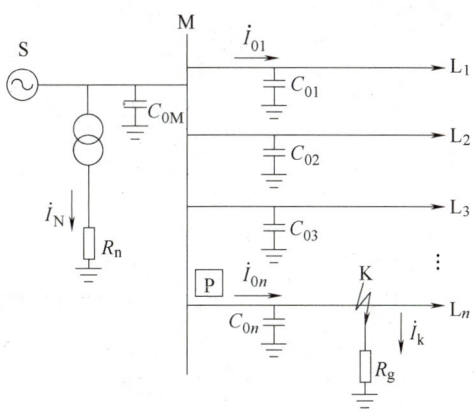

图 3-37 中性点经小电阻接地配电网示意图

形成小电阻接地方式后，零序网络中的等值阻抗将明显降低，对于图 3-34 复合序网络，系统和线路的正序、负序和零序阻抗不能忽略不计，必须纳入计算。仍以 A 相经过渡电阻接地为例说明，其复合序网络图如图 3-39a 所示。

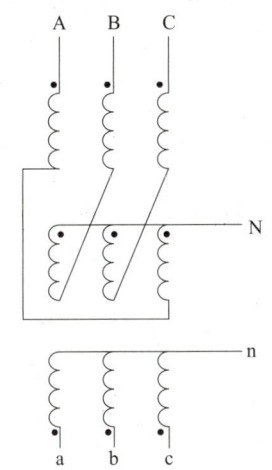

图 3-38 Z 型变压器绕组结构示意

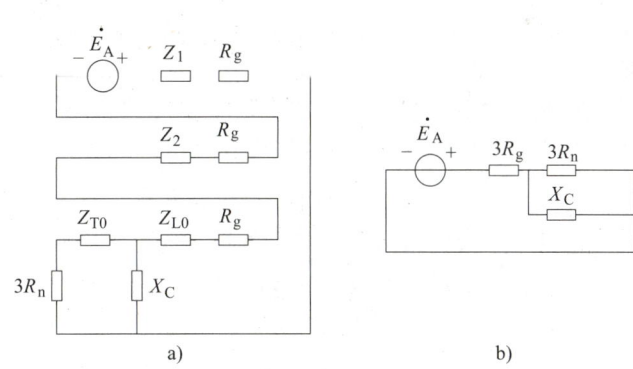

图 3-39 小电阻接地系统接地故障时等效电路及简化等效电路
a) 等效电路　b) 简化等效电路

图 3-39a 中 $\dot{E}_A$ 为系统电源 A 相额定电压，Z_1、Z_2 为故障点到系统等效电源的正序和负序阻抗，Z_{L0} 为接地故障点到母线的线路零序阻抗，R_g 为接地故障点的过渡电阻，Z_{T0} 为主变低压绕组的零序阻抗，R_n 为在中性点接地小电阻（一般 5~20Ω），X_C 为整个配电网系统对地容抗，它由各线路对地容抗、母线对地容抗和变压器低压绕组对地容抗组成。当接地故障线路为电缆时，考虑到电缆线路的阻抗远小于配电网系统对地容抗和电阻，故可以忽略正序、负序阻抗 Z_1、Z_2，如果忽略主变低压绕组的零序阻抗 Z_{T0}，系统复合等效电路可简化成

如图 3-39b 所示。因此接地点的三倍零序电流为

$$3\dot{I}_0 = \frac{3\dot{E}_A}{3R_g + \frac{-3R_n jX_C}{3R_n - jX_C}} \tag{3-25}$$

如配电网系统对地容抗远小于小电阻 R_n 值，可以忽略对地电容 X_C，则接地点的零序电流为

$$3\dot{I}_0 = \frac{3\dot{E}_A}{3R_g + 3R_n} \tag{3-26}$$

以 10kV 采用 $R_n = 10\Omega$ 为例，假设配电线路发生金属性接地，将 $E_A = 10500/\sqrt{3}$ V，$R_g = 0$ 代入式（3-26），可算得 $3I_0 = 606.2$A。对此结果可以理解为，中性点经小电阻接地时，流过保护 P 的三倍零序电流最大值为 600A 左右。实际上，即使是金属性接地，故障线路的零序电流应比该电流略小，因为有一部分电流通过本线路流向大地。如果再考虑系统及线路正序阻抗及过渡电阻，该电流将更小。

通过以上分析可知，中性点经小电阻接地，相当于给配电网注射了一针疫苗。配电网发生单相接地后，既能够在电源与故障点之间流过电阻性电流，有效抑制接地过电压，又能够有效控制零序电流的大小，使其与线路正常负荷电流相当，对配电网不构成危害。此时保护装置将能灵敏地感知到该电流，及时动作以切除故障。

小电阻 R_n 一般在 5～20Ω 之间取值。取值过小，将造成接地电流过大，超过配电网中用于切断电路的负荷开关或熔断器的开断能力。通常 10kV 配电网中 R_n 取 10Ω，20kV 则取 20Ω。

3.3.4 中性点不接地配电网或经消弧线圈接地配电网单相接地检测

（1）绝缘监视 对于中性点不接地或经消弧线圈接地系统，保护所用零序电压一般取自于变电站中低压母线（如 10kV 母线）电压互感器二次绕组，数字式保护可根据数据采集系统得到的三相电压值再用软件进行矢量相加得到三倍零序电压 $3\dot{U}_0$。在中性点非直接接地系统中，只要本级电压网络中发生单相接地故障，则在同一电压等级的所有发电厂和变电所的母线上，都将出现数值较高的零序电压。利用这一特点，在配电网母线上，一般装设单相接地监视装置，也称绝缘监察装置。如图 3-40 所示为传统的单相接地监视装置原理图，KVZ 为零序过电压继电器，接于电压互感器二次侧的开口三角形绕组上；KT 为时间继电器；KS 为信号继电器。接地发生后，KVZ 取得三倍零序电压 $3\dot{U}_0$，经 KT 延时，KS 动作，发出信号，表明本级电压网络中出现了单相接地，提醒运行人员注意。

这种方法给出的信号是没有选择性的，要想发现故障是在哪条线路上，还需要由运行人员依次短时断开每条线路，并继之将断开线路投入。当断开某条线路时，零序电压的信号消失，即表明故障是

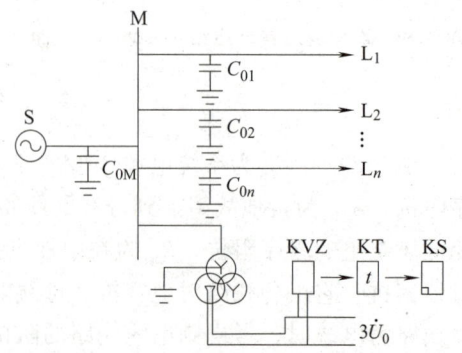

图 3-40 单相接地监视装置原理图

在该线路上。很显然，该方法效率低下，已不适用于新型配电网。

（2）小电流接地选线　小电流接地故障选线装置，又称小电流接地保护，它的任务是选出带有接地故障的线路，给出指示信号。小电流接地系统在发生单相接地故障时，接地故障电流往往很小，因此有效获取零序电流是小电流接地故障选线的关键。在三相电力电缆上可装设零序电流互感器（CT）用于取得零序电流，如图3-41所示。零序CT一次绕组即电缆的三相导线，因此，与零序CT匝链（即磁通匝链、穿过的意思）的是该电缆的三相一次电流相量和，即三倍零序电流。

小电流接地选线装置的设计思路是："分散采集、集中判别"。在单相接地出现零序电压时，首先检测各线路零序电流大小，利用故障线路零序电流较大的特征，选出故障线路；其次检测零序电流与零序电压间的相位关系，根据故障线路零序电流滞后于零序电压的特点，选出故障线路。小电流接地选线装置一般设置为经延时动作于信号，当条件允许时，也可设置为经延时动作于跳闸。

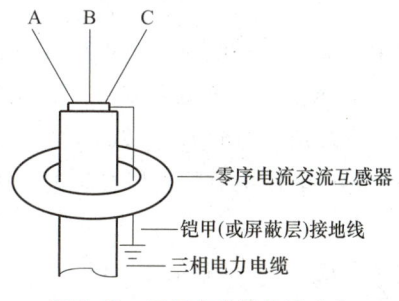

图3-41　三相电缆装设零序电流互感器示器图

在实际工程中，这种小电流接地选线装置的应用效果并不理想，由本节前部分中的故障分析可知，通过零序电流选出故障线路的方法容易受到不平衡电流、线路长短、中性点接地方式的影响。如在中性点经消弧线圈接地系统中，故障线路的电容电流已被电感电流所补偿，保护装置将无法测得明显的零序电流；对于经过较大过渡电阻的接地故障，接地电流将很微弱，保护也将无法判别；由于零序电流的大小、相位难以控制，基于零序电流与零序电压间的相位关系的判别结果也将不够准确。

针对上述问题，保护工作者曾尝试基于零序电流补偿、零序功率的方法进行故障线路选择，取得一定成效。随着快速数值采集与处理技术的发展，在已有研究基础上，通过分析暂态电气量实现故障选线，是近年来正在研究和推广应用的课题。

3.3.5　中性点经小电阻接地配电网零序电流保护

在中性点经小电阻接地系统中，发生接地时故障电流较大，因此可以采用零序电流保护快速而准确地查找、切除及修复接地线。

配电线路零序电流保护，其获得零序电流的方式有三种：①对输入保护装置的三相电流进行软件计算，得到三倍零序电流，称为"自产零序"；②电流互感器采用完全星形联结方式，将其中性线电流引入保护装置得到三倍零序电流，称为"外接零序"；③在电缆上加装独立的零序电流互感器以获得三倍零序电流，也属于"外接零序"。

单侧电源单回线路零序电流保护一般设置为两段，第一段为零序电流速断保护，时限宜与相间速断保护相同；第二段为零序过电流保护，时限宜与相间过电流保护相同。

下面以典型配电线路说明小电阻接地系统零序电流保护的配置与整定原则。系统的接线图如图3-42所示，S_M、S_N为配电线路上级电源，形成"手拉手"环网结构，图示状态为S_M向配电线路供电。MN、NP为主干线，NQ线路为分支线路，T_n为接地变压器，中性点接有接地电阻R_n。P_1为接地变压器处保护，P_2为馈线出线断路器处保护，P_3为馈线分段断路器处保护，P_4 为分支线路断路器处保护。

(1) 末端线路　如图 3-42 中的 NQ 线路即为末端线路，其不存在下级线路。一般设置零序 Ⅰ 段、零序 Ⅱ 段两段过电流保护。其中，零序 Ⅰ 段电流整定值应保证本线路单相接地短路时有足够灵敏度。其整定值为

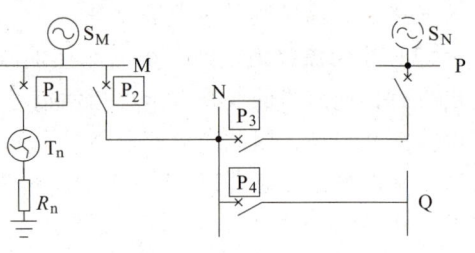

图 3-42　系统接线简图

$$3I_{0.\,set4}^{I} = \frac{3I_{0.\,min}}{K_{sen}} \qquad (3-27)$$

式中　$I_{0.\,min}$——线路最小单相接地故障电流；

K_{sen}——灵敏系数，一般取 4~5。

Ⅰ 段动作时间 $t_{0.\,set4}^{I}$ 取 0s。

零序 Ⅱ 段电流整定值按躲过本线路电容电流 I_C 整定，为

$$3I_{0.\,set4}^{II} = K_{rel}I_C \qquad (3-28)$$

式中　K_{rel}——可靠系数，取 1.5。

Ⅱ 段动作时间 $t_{0.\,set4}^{II}$ 取 0.2s。

(2) 主干线路　主干线路为末端线路的上级线路，如图 3-42 中 MN、NP 段线路。同样设置两段零序过电流保护，其中零序 Ⅰ 段电流整定值应保证本线路单相接地短路时有规定灵敏度。整定公式与式（3-27）类似。在此基础上，需考虑与下级线路之间的配合，如 P_2 的零序 Ⅰ 段整定值应与 P_3 的零序 Ⅰ 段整定值相配合，为

$$3I_{0.\,set2}^{I} = 3K_{co}I_{0.\,set3}^{I} \qquad (3-29)$$

式中　K_{co}——配合系数，取 1.1~1.2。

为满足配合关系，P_2 按式（3-27）整定时，灵敏系数一般取 2~3、P_3 按式（3-27）整定时灵敏系数一般取 3~4，这样式（3-29）的配合关系将自然满足。

Ⅰ 段动作时间应比相邻线路 Ⅰ 段多一个时间级差，如对于 P_2，为

$$t_{0.\,set2}^{I} = t_{0.\,set3}^{I} + \Delta t \qquad (3-30)$$

式中　Δt——为时间级差，一般取 0.2~0.5s。

P_2、P_3 处的零序 Ⅱ 段保护整定值按躲过主干线路电容电流整定，其公式与式（3-28）类似，同时 P_2、P_3 处的零序 Ⅱ 段在动作电流与动作时间上也应实现配合，相应配合原则与零序 Ⅰ 段类似。

(3) 接地变压器　接地变压器的零序保护对应图 3-42 保护 P_1。接地变压器接于母线上，所在系统是指图 3-42 所示线路处于同一母线上的所有线路（图中未画出），各线路长短不一。设置一段零序过电流保护，保护 P_1 的动作电流应保证本系统单相接地短路时有规定灵敏度。整定公式与式 3-28 类似，但应取各线路中最小的单相接地短路电流值。灵敏系数取值应不小于 2。同时该保护整定值应与下级零序电流保护的 Ⅱ 段中最大整定值相配合。为

$$3I_{0.\,set1} = 3K_{co}I_{0.\,set.\,max}^{II} \qquad (3-31)$$

式中　K_{co}——配合系数，取 1.1~1.2；

$I_{0.\,set.\,max}^{II}$——下级零序电流保护的 Ⅱ 段中最大定值。

Ⅰ段动作时间按配合关系整定，应大于线路Ⅰ段保护时间的两倍。以与 P_2 配合为例，有

$$t_{0.\,\text{set}1}^{\text{I}} = 2t_{0.\,\text{set}2}^{\text{I}} + \Delta t \tag{3-32}$$

式中 Δt——为时间级差，一般取 $0.2\sim 0.5\text{s}$。

【例 3-6】 某 10kV 配电线路如图 3-42 所示，MN、NP 主干线长度为 3km，最大电容电流为 60A。NQ 线路为分支线路，长度为 2km，最大电容电流为 40A。系统采用中性点接小电阻接地方式，中性点接地电阻 $R_n = 10\Omega$。当由 S_M 向输电线路供电，P、Q 点末端发生单相接地短路时，短路电流大小如表 3-2 所示，试计算保护 P_2、P_3、P_4 的零序电流保护整定值。P_2、P_3、P_4 的Ⅰ段灵敏系数分别为 3、3.75、5。按电容电流整定时，可靠系数 K_{rel} 取 1.5，保护配合系数 K_{co} 取 1.1。整定时差 Δt 取 0.2s。

表 3-2 例 3-6 短路电流表

名称	定义	电流/A
$I_{0.\,\text{P.\,min}}$	P 点最小单相接地短路电流	451
$I_{0.\,\text{Q.\,min}}$	Q 点最小单相接地短路电流	460

【解】

1) 保护 P_4 整定。保护 P_4 处于分支线路 NQ，其最小单相接地短路电流为 460A。零序Ⅰ段整定值按对此电流有足够灵敏度整定，灵敏系数取 5，为

$$3I_{0.\,\text{set}4}^{\text{I}} = 3 \times \frac{I_{0.\,\text{Q.\,min}}}{K_{\text{sen}}} = \frac{460}{5}\text{A} = 92\text{A}$$

取为 90A，动作时间设为 0s。

零序Ⅱ段电流整定值按躲过 NQ 线路电容电流 40A 整定，可靠系数取 1.5。整定值为

$$3I_{0.\,\text{set}4}^{\text{II}} = K_{\text{rel}} I_{C.\,\text{NQ}} = 1.5 \times 40\text{A} = 60\text{A}$$

动作时间设为 0.2s。

2) P_3 处保护整定。保护 P_3 处于 NP 线路，最小单相接地短路电流为 451A。灵敏系数取 3.75，整定值为

$$3I_{0.\,\text{set}3}^{\text{I}} = \frac{I_{0.\,\text{P.\,min}}}{K_{\text{sen}}} = \frac{451}{3.75}\text{A} = 120.2\text{A}$$

取为 120A，Ⅰ段动作时间应比相邻线路Ⅰ段多一个时间级差 Δt，$t_{0.\,\text{set}3}^{\text{I}} = 0\text{s} + \Delta t = 0.2\text{s}$。

保护 P_3 处零序Ⅱ段按躲过 NP 线路最大电容电流 60A 整定，可靠系数取 1.5。整定值为

$$3I_{0.\,\text{set}3}^{\text{II}} = K_{\text{rel}} I_{C.\,\text{NP}} = 1.5 \times 60\text{A} = 90\text{A}$$

动作时间比相邻线路Ⅰ段多一个时间级差 Δt，$t_{0.\,\text{set}3}^{\text{II}} = 0.2\text{s} + \Delta t = 0.4\text{s}$。

3) P_2 处保护整定。MN 线路是 NP 线路及 NQ 线路的上级线路。保护 P_2 应保证本线路单相接地短路时有规定灵敏度，有

$$3I_{0.\,\text{set}2}^{\text{I}} = 3\frac{I_{0.\,\text{P.\,min}}}{K_{\text{sen}}} = \frac{451}{3}\text{A} = 150.3\text{A}$$

应与 P_3、P_4 中整定值较大者配合，配合系数取 1.1。整定值为

$$3I_{0.\,\text{set}2}^{\text{I}} = 3K_{\text{co}} I_{0.\,\text{set}3}^{\text{I}} = 1.1 \times 120.2\text{A} = 132\text{A}$$

取两者较大值为 150A。动作时间 $t_{0.\,\text{set}2}^{\text{I}} = t_{0.\,\text{set}3}^{\text{I}} + \Delta t = 0.2\text{s} + \Delta t = 0.4\text{s}$。

零序Ⅱ段电流整定值按躲过线路电容电流整定，在此基础上考虑与下级线路配合，配合系数取 1.1，整定值为

$$3I_{0.\,set2}^{\mathrm{II}} = 3K_{co}I_{0.\,set3}^{\mathrm{II}} = 1.1 \times 90\mathrm{A} = 99\mathrm{A}$$

动作时间比 P_3 的Ⅱ段多一个时间级差 Δt，$t_{0.\,set2}^{\mathrm{II}} = t_{0.\,set3}^{\mathrm{II}} + \Delta t = 0.4\mathrm{s} + 0.2\mathrm{s} = 0.6\mathrm{s}$。

本 章 小 结

本章主要知识点如图 3-43 所示。本章的核心主题是：35kV 及以下电压等级线路电流保护的基本原理。围绕这一主题，本章主要介绍了阶段式电流保护的整定原则和方向电流保护的实现，同时简要介绍了单相接地保护。

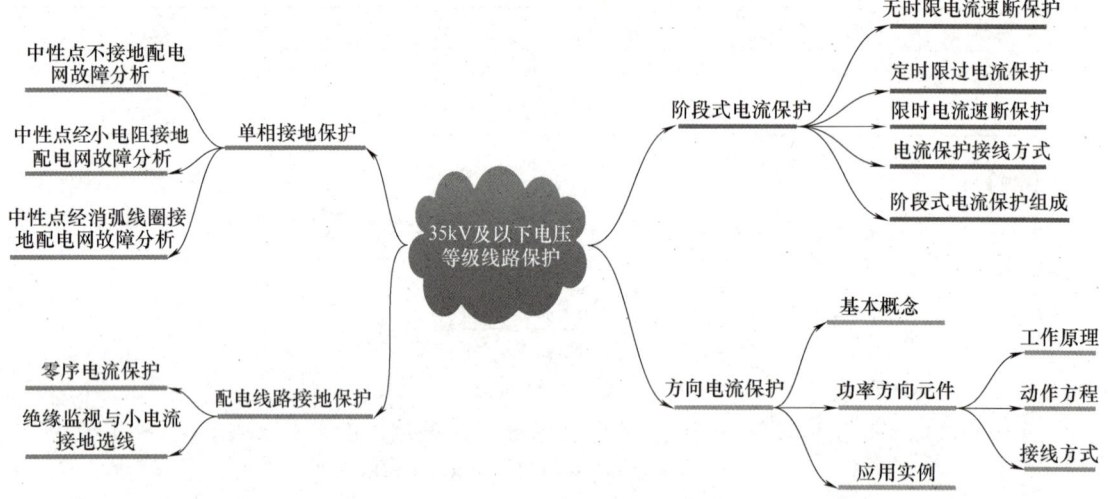

图 3-43　第 3 章主要知识点

在单侧电源配电线路相间短路电流保护部分，应重点掌握阶段式电流保护中的各"段"保护的动作机理、特性区别、配合原理、整定方法等。应了解电流保护接线方式。结合保护"四性"要求，深刻领会"过电流"（Over Current）的含义。

在方向电流保护部分，应了解电流保护用于双电源线路时所遇到的问题，掌握方向性保护的概念，理解功率方向元件的工作原理，了解传统功率方向继电器、微机保护方向元件。重点掌握 90°接线方式，理解相位关系，掌握相量图的画法。

目前配电网接地保护日益受到重视。本章详细分析了不同接地方式的配电网发生接地短路时的电气量特征，简要介绍了部分保护原理及整定方法。应理解绝缘监视装置、小电流选线装置基本原理及存在的问题。基本掌握经小电阻接地的配电网零序电流保护原理与配置整定原则。

本章学习应在重点掌握基本原理的基础上，结合继电保护发展过程和趋势，理解传统概念与现场新技术的过渡与发展。

本章主要复习内容如下：

1) 低压单侧电源线路上反应电网相间短路的电流保护工作原理。
2) 阶段式电流保护的配合原则、整定计算方法。

3）三相完全星形联结与两相不完全星形联结方式。
4）对于阶段式电流保护各段的评价。
5）方向电流保护构成、动作区、动作边界、灵敏角、接线方式等概念。
6）绝缘监视与小电流接地选线装置基本原理。
7）中性点经小电阻接地系统零序电流保护基本原理。

习题与思考题

1. 什么是系统最大运行方式与最小运行方式，最大运行方式时系统等效阻抗为什么最小？
2. 三段式电流整定计算中如何选择系统运行方式及短路类型？
3. Ⅰ段保护与Ⅲ段保护相比，各有什么优缺点？
4. 三段式电流保护中哪些是主保护，哪些是后备保护？
5. 无时限电流速断保护为什么有时需要带延时的出口跳闸？
6. 电流保护为什么要校验灵敏度，这与保护"四性"中的"灵敏性"有何关系？
7. 三段式电流保护哪一段动作最灵敏？
8. 某 10kV 馈线如图 3-44 所示，系统 S 在最大运行方式下的等值阻抗为 0.4Ω，最小运行方式下的等值阻抗为 0.5Ω，线路所装设 TA 电流比为 600/5。配电线路 L 等值阻抗为 6Ω。试求出电流保护 P_1 的无时限电流保护整定二次值，可靠系数取 1.25。（计算精确到小数点后 1 位）。

图 3-44 习题 8 图

9. 已知 20kV 母线最大三相短路电流为 2000A。在 100MVA 基准容量条件下，所接馈线阻抗标幺值为 2。馈线上无其他负荷，末端为一台 16MV·A 配电变压器，其低压侧为 10kV，短路电压百分数为 6.9%。馈线持续运行载流量为 510A。试计算该馈线的电流保护定值。

10. 某 10kV 馈线如图 3-45 所示，系统 S 在最大运行方式下的等值阻抗为 0.5Ω，最小运行方式下的等值阻抗为 0.7Ω。本线路 L 等值阻抗为 6Ω。线路所装设 TA 电流比为 400/5。相邻线路电流Ⅰ段的一次整定值为 500A。试求本线路电流保护 P_1 的Ⅱ段整定值的二次值（可靠系数取 1.1），并进行灵敏度校验。（要求计算结果精确到小数点后 2 位）。

图 3-45 习题 10 图

11. 如图 3-46 所示，系统中电源视为 110kV 无穷大电源，图中 T、T_1 的容量分别是 40MVA、1MVA，短路电压百分数都是 10%。配电变压器位于配电线路的首端。线路正序阻抗为 4Ω，TA 电流比为 600/5。

① 分别以配电变压器低压侧、线路末端为故障点，计算三相短路电流值；

② 对保护 P 的电流速断保护整定方法进行讨论，选出较优的整定方案；

③ 求出动作电流二次值。

12. 两相三继电器式电流保护中某段电流保护的继电器动作电流为 20A，TA 电流比为 500/5，一次侧发生 CA 相短路，A 相电流为

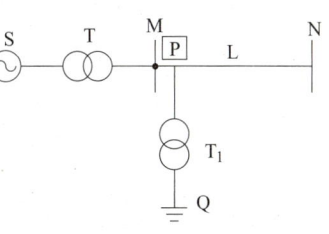

图 3-46 习题 11 图

1500A。流过各继电器的电流为多少？各继电器动作吗？如 A 相继电器的电流互感器极性接反，会带来什么问题？

13. 某 10kV 线路属于相邻线路故障被切除后的电动机自起动状态，电流为最大负荷电流 400A 的三倍。定时限过电流保护整定时，可靠系数取 1.2，返回系数应取 0.9，由于工作失误，返回系数被取为 1.2，说明此时定时限过电流保护的动作行为及相应后果。

14. 如图 3-47 所示，保护 P 的方向电流保护相间功率方向元件灵敏角为 $-45°$，设在 M 母线出口处 K 点发生 CA 两相短路，线路阻抗角约 $70°$。

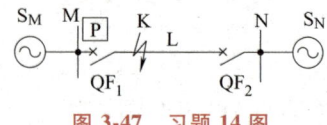

图 3-47 习题 14 图

① 请画出保护 P 的 C 相功率方向元件中 C 相电流与相应相电压的相量关系，标出角度。
② 请画出功率方向元件动作区图，并在图上定性地标出 C 相电流的相量位置。
③ 判断该功率方向元件能否动作。

15. 系统正常运行时功率方向继电器动作是否属于误动？

16. 参照图 3-47，如不慎将保护 P 的方向电流保护中 B 相功率方向继电器的电压极性接反，试分析在保护正方向发生 BC 两相短路故障时，该方向元件的动作行为。

第4章　110kV输电线路保护

目前，我国 110kV 输电线路在电网中的主要作用是连接地区 220kV 变电所与其区域内的 110kV 变电所，或者作为中小容量的发电厂与系统间的联络线。110kV 输电线路发生故障时，在短路容量、电气量分布等方面都与中低压配电网故障有明显的区别，因此其保护配置与动作特性相对于中低压配电网的电流保护有明显差异。本章主要介绍 110kV 线路零序电流保护与距离保护。

4.1　零序电气量分析

以图 4-1 所示系统为例，讨论在中性点直接接地电网中发生接地短路故障时，零序电压、零序电流及其两者间的相位关系特点。图 4-1a 中 MN 为被保护线路，假设两侧系统中性点均接地，在 K 点发生单相接地或两相接地短路故障。零序网络如图 4-1b 所示，零序电流 $\dot{I}_{M.0}$、$\dot{I}_{N.0}$ 可看成是由故障点零序电压 $\dot{U}_{K.0}$ 所产生的，分别经过两侧接地中性点构成零序回路。图中 $Z_{SM.0}$ 和 $Z_{SN.0}$ 为 M、N 母线两侧系统零序阻抗，$Z_{MK.0}$ 和 $Z_{NK.0}$ 分别为故障点两侧线路零序阻抗。

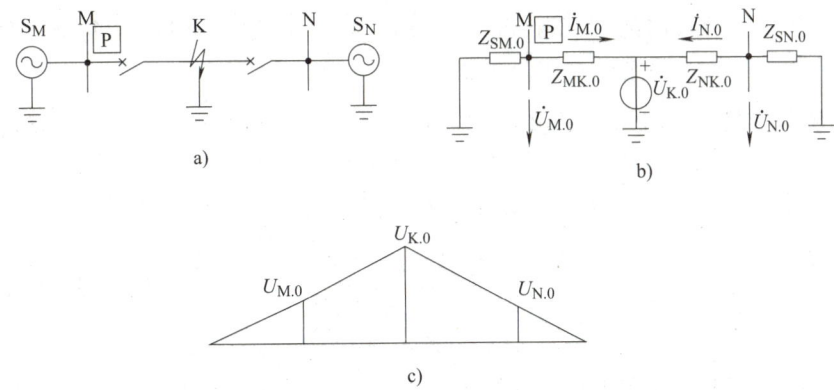

图 4-1　单相接地短路时零序分量特点图
a）网络图　b）零序网络　c）零序电压分布

4.1.1　零序电压

根据图 4-1b 所示零序网络可写出故障点 K 零序电压 $\dot{U}_{K.0}$、母线 M 处零序电压 $\dot{U}_{M.0}$ 及母

线 N 处零序电压 $\dot{U}_{N.0}$ 方程为

$$\begin{cases} \dot{U}_{K.0} = -\dot{I}_{M.0}(Z_{SM.0}+Z_{MK.0}) \\ \dot{U}_{M.0} = -\dot{I}_{M.0}Z_{SM.0} \\ \dot{U}_{N.0} = -\dot{I}_{N.0}Z_{SN.0} \end{cases} \tag{4-1}$$

式中 $\dot{I}_{M.0}$、$\dot{I}_{N.0}$——M、N 母线流向故障点的零序电流；

$Z_{SM.0}$、$Z_{SN.0}$——MN 线路两侧系统零序阻抗；

$Z_{MK.0}$——M 母线到故障点的零序阻抗。

由式（4-1）可见，母线处零序电压为保护背后的等值零序阻抗与零序电流乘积的负值。画出零序电压分布如图 4-1c 所示。由图可见，故障时，故障点处的零序电压值最高，零序电压值由故障点至接地中性点逐渐降低，至系统接地的中性点处，零序电压值降为零。**保护安装处离故障点越近，所测得零序电压越高，反之则越低。**

4.1.2 零序电流

（1）故障点处　故障点处零序电流计算方法可参考第 2 章相关内容，对于单相接地短路与两相接地短路，计算式分别为

$$\begin{cases} 单相接地时：\dot{I}_{K.0} = \dfrac{\dot{E}_{eq}}{2Z_{1\Sigma}+Z_{0\Sigma}} \\ 两相接地短路时：\dot{I}_{K.0} = \dfrac{\dot{E}_{eq}}{Z_{1\Sigma}+2Z_{0\Sigma}} \end{cases} \tag{4-2}$$

式中　$Z_{1\Sigma}$、$Z_{2\Sigma}$、$Z_{0\Sigma}$——系统综合正序、负序和零序阻抗，$Z_{1\Sigma}=Z_{2\Sigma}$；

$\dot{E}_{eq}$——电源等效电动势。

注意两个算式中分母的区别。当 $Z_{0\Sigma}>Z_{1\Sigma}$ 时，单相接地短路时零序电流将大于两相接地短路时零序电流，反之，则两相接地短路时零序电流较大。

（2）本侧保护处　由图 4-1b 可知，此时流过保护 P 处即 M 侧的零序电流 $\dot{I}_{M.0}$ 为

$$\dot{I}_{M.0} = \dot{I}_{K.0}\dfrac{Z_{NK.0}+Z_{SN.0}}{Z_{SM.0}+Z_{MK.0}+Z_{NK.0}+Z_{SN.0}} \tag{4-3}$$

（3）对侧保护处　同理，对侧保护安装处流过零序电流 $\dot{I}_{N.0}$ 为

$$\dot{I}_{N.0} = \dot{I}_{K.0}\dfrac{Z_{SM.0}+Z_{MK.0}}{Z_{SM.0}+Z_{MK.0}+Z_{NK.0}+Z_{SN.0}} \tag{4-4}$$

值得指出，零序电流仅在中性点接地的电网中流通，如保护 P 对侧系统不接地，零序电流将只在故障点与 M 侧流通，则本侧保护处零序电流等于故障点零序电流，而对侧零序电流为零。上述分流关系不再适用。

4.1.3 零序电压电流相量关系

保护安装处的零序电流以母线流向被保护线路为正向，零序电压则以母线指向大地为正向。保护 P 正方向接地短路故障时的零序电压电流相量关系如图 4-2 所示。

根据图 4-1b 分析保护 P 所在 M 母线处三倍零序电压 $3\dot{U}_{\text{M.0}}$ 与三倍零序电流 $3\dot{I}_{\text{M.0}}$ 的关系，可得

$$3\dot{U}_{\text{M.0}} = -3\dot{I}_{\text{M.0}} Z_{\text{SM.0}} \tag{4-5}$$

$$\arg\left(\frac{\dot{U}_{\text{M.0}}}{\dot{I}_{\text{M.0}}}\right) = \arg(-Z_{\text{SM.0}}) = -(180°-\varphi_{\text{SM.0}}) \tag{4-6}$$

式中　$Z_{\text{SM.0}}$——为保护安装处背后 M 侧系统的零序阻抗；

　　　$\varphi_{\text{SM.0}}$——$Z_{\text{SM.0}}$ 的阻抗角，一般取 80°~85°。

由式（4-5）和式（4-6）可见，正方向发生接地短路故障时，零序电压超前零序电流的角度为 260°~265°（或称其滞后于零序电流 100°~95°）。根据此相量关系可见，即使正方向经过渡电阻接地短路，也不会影响零序电压与零序电流之间的相位关系。

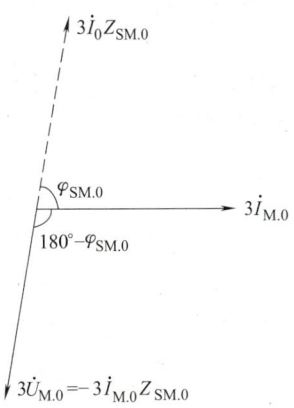

图 4-2　正方向接地短路故障时零序电流电压相量图

结合图 4-1a、图 4-1b 不难发现，保护 P 反方向（即 M 母线至 S_{M} 之间）发生接地短路故障时，M 母线处三倍零序电压与三倍零序电流间的关系，可借助于保护安装处至 N 侧的零序阻抗表示为

$$3\dot{U}'_{\text{M.0}} = 3\dot{I}'_{\text{M.0}}(Z_{\text{MN.0}}+Z_{\text{SN.0}}) \tag{4-7}$$

$$\arg\left(\frac{3\dot{U}'_{\text{M.0}}}{3\dot{I}'_{\text{M.0}}}\right) = \arg(Z_{\text{MN.0}}+Z_{\text{SN.0}}) = \varphi'_0 \tag{4-8}$$

式中　$Z_{\text{MN.0}}$——本线路（MN 母线之间）的零序阻抗；

　　　$Z_{\text{SN.0}}$——对侧母线（N 母线）背后系统零序等效阻抗；

　　　φ'_0——为保护正方向等值零序阻抗角，一般取 70°~80°。

由式（4-7）和式（4-8）可见，反方向接地短路故障时，零序电压超前零序电流 70°~80°，如图 4-3 所示。同样过渡电阻 R_{g} 不影响零序电压与零序电流之间的相位关系。

综上所述，零序电流是由故障点处零序电压所产生，零序电流的大小和分布，主要取决于输电线路的零序阻抗和中性点接地变压器的零序阻抗及其所处位置，即决定于中性点接地变压器的数目和分布。在线路正方向故障时，零序功率由故障线路流向母线（通常以母线流向线路的功率为正），所以正向故障时，保护装置所测得零序功率应为负。在线路反方向故障时，零序功率由母线流向故障线路，所以反向故障时，保护所测得的零序功率应为正。

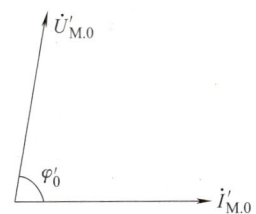

图 4-3　反方向接地短路故障时零序电流电压相量图

4.2　零序电流保护

110kV 输电线路配置反应接地故障的阶段式零序电流保护。单侧电源线路一般配置三段式，终端线路也可以采用两段式。该保护的总体设计思路与阶段式电流保护是类似的，也是用于区分正常运行和短路故障以及短路点的远近，以便在近处故障时以较短的时间切除故

障,满足选择性的要求。但该保护仅反应电流中的零序分量,因此对于两相短路、三相短路等无零序电流的故障发生时是不能起到保护作用的。阶段式零序电流保护中,零序电流Ⅰ段为无时限零序电流速断保护,零序电流Ⅱ段为带时限零序电流速断保护,零序电流Ⅲ段为零序过电流保护。

4.2.1 零序电流Ⅰ段

零序电流Ⅰ段工作原理与反应相间短路故障的无时限电流速断保护相似。如图4-4所示,当在被保护线路MN上发生单相或两相接地短路故障时,随着故障点沿线路MN移动,流过M处保护的最大零序电流变化曲线,如图4-4b所示。为保证保护的动作选择性,零序电流Ⅰ段保护区不能超出本线路。

零序电流Ⅰ段的动作电流应躲过被保护线路末端发生接地短路故障时流过保护安装处的最大三倍零序电流,即

$$I_{0.\,set}^{\mathrm{I}} = K_{rel}^{\mathrm{I}} \cdot 3I_{M.0.\,max} \quad (4-9)$$

式中 $I_{M.0.\,max}$——线路末端发生接地短路故障时流过的最大零序电流;

K_{rel}^{I}——可靠系数,一般取 1.2~1.3。

求取 $3I_{M.0.\,max}$ 的故障点应选取线路末端。如进行图4-1中保护P的零序电流Ⅰ段整定时,故障点应选N母线处。故障类型应选择使得零序电流最大的一种接地短路故障。由式(4-2)可知,当 $Z_{0\Sigma} > Z_{1\Sigma}$ 时,单相接地短路故障零序电流较大,而110kV输电线路

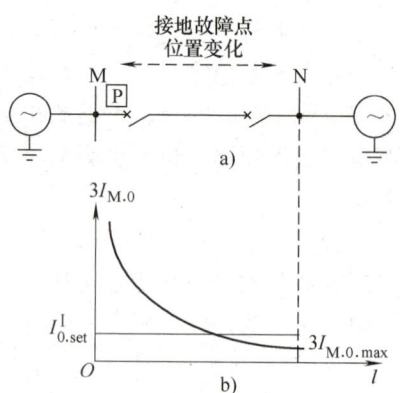

图4-4 零序电流Ⅰ段的动作
电流整定说明
a)系统及故障点位置变化示意图
b)动作电流与短路电流关系

发生接地短路故障时,零序阻抗一般情况下都会大于正序阻抗,因此单相接地短路故障零序电流较大。注意:整定时应按照最大运行方式考虑,此时系统的正序、零序等效阻抗都应为最小值。

值得指出,当Ⅰ段的动作电流躲不过断路器合闸三相不同步所造成的三倍零序电流时,在重合闸过程中零序电流Ⅰ段保护应带0.1s延时或退出运行。

目前110kV输电线路多配置微机阶段式接地距离保护,该保护也能反应接地短路故障,其动作特性优于零序电流保护。因此在本线路接地距离保护投入运行时,零序电流Ⅰ段保护宜退出运行。

4.2.2 零序电流Ⅱ段

设置零序电流Ⅱ段的目的是保护本线路全长,其保护区应不超出相邻线路零序电流Ⅰ段保护区,其动作时限应比下一条线路零序电流Ⅰ段的动作时限大一个时限级差 Δt。这些整定原则都与相间电流保护Ⅱ段类似。在零序电流Ⅱ段整定时,应注意将零序电流的分流因素考虑在内,如图4-5所示,当NP线路上K点发生故障时,由于N母线上存在其他零序电流通路,将造成流过M母线保护安装处的零序电流小于N母线流向故障点的零序电流。

零序电流Ⅱ段动作电流应躲过相邻线路Ⅰ段保护区末端短路时,流过本线路的最大三倍

零序电流，即

$$I_{0.\text{set}}^{II} = K_{\text{rel}}^{II} K_{\text{br}.0} I_{0.\text{set}}^{I'} \quad (4\text{-}10)$$

式中 $I_{0.\text{set}}^{I'}$——相邻线路保护（如图 4-5 中 P_2）零序 I 段整定值，如有多条相邻线路，则取最大值；

K_{rel}^{II}——可靠系数，一般取 1.1；

$K_{\text{br}.0}$——零序分支系数，其值为相邻线路 I 段保护范围末端接地故障时，流过本线路的零序电流与流过相邻线路的零序电流之比，取最大值。

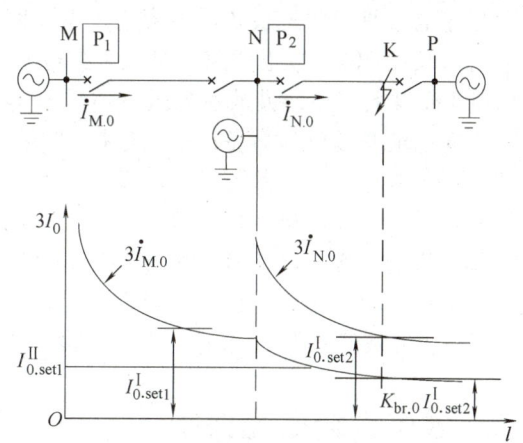

图 4-5 零序电流 II 段动作电流整定说明

零序电流 II 段灵敏度，应按本线路末端发生接地短路时的最小三倍零序电流来校验，即

$$K_{\text{sen}} = \frac{3I_{N.0.\text{max}}}{I_{0.\text{set}.1}^{II}} \quad (4\text{-}11)$$

对于长度 20km 以下线路，灵敏系数应不小于 1.5；20~50km 线路，灵敏系数应不小于 1.4；50km 以上线路，灵敏系数应不小于 1.3。当灵敏度不能满足要求时，可与相邻线路零序电流 II 段配合整定，其动作时限应较相邻线路零序 II 段时限长一个时间级差 Δt。

4.2.3 零序电流 III 段

零序电流 III 段是 110kV 单侧电源输电线路零序电流保护的最末段，作为本线路经地故障的后备保护和相邻线路接地故障的后备保护。

零序电流 III 段的动作电流应躲过本线路末端变压器其他各侧三相短路时流过本保护的最大不平衡电流 $I_{\text{unb.max}}$。即

$$I_{0.\text{set}}^{III} = K_{\text{rel}}^{III} I_{\text{unb.max}} \quad (4\text{-}12)$$

式中 K_{rel}^{III}——可靠系数，一般取 1.2~1.3。

最大不平衡电流按不平衡系数 K_{unb} 乘以该三相短路电流计算

$$I_{\text{unb.max}} = K_{\text{unb}} I_{K.\text{max}}^{(3)} = K_{\text{aper}} K_{\text{ss}} K_{\text{er}} I_{K.\text{max}}^{(3)} \quad (4\text{-}13)$$

式中 K_{aper}——非周期分量系数，$t=0$s 时取 1.5~2，$t=0.5$s 时取 1；

K_{ss}——三相电流互感器同型系数。TA 型号相同时取 0.5，型号不同时取 1；

K_{er}——电流互感器误差系数，取 0.1；

$I_{K.\text{max}}^{(3)}$——本线路末端变压器其他各侧三相短路时流过本保护的最大三相短路电流。

本线路末端变压器为双绕组变压器，则二次侧三相短路即指该变压器低压侧三相短路。

假设某单侧电源 110kV 线路末端接一台 50MV·A 的双绕组变压器，其等值阻抗为 18Ω（已归算至 110kV 侧），该线路及上级系统等值阻抗为 12Ω，则该变压器低压侧三相短路时，流过其高压侧 110kV 线路的电流为 2213A。如不平衡系数 K_{unb} 取 0.1，可得最大不平衡电流 $I_{\text{unb.max}}$ 为 221A。如 K_{rel}^{III} 取 1.3，则根据式（4-12）可算得 III 段整定电流 $I_{0.\text{set}}^{III}$ 为 287A。

零序电流Ⅲ段的近后备灵敏度应按本线路末端接地短路时流过本保护的最小零序电流校验。对于长度 20km 以下线路，灵敏系数应不小于 1.5；20～50km 线路，灵敏系数应不小于 1.4；50km 以上线路，灵敏系数应不小于 1.3。

零序电流Ⅲ段的远后备灵敏度应按相邻线路末端接地短路时流过本保护的最小零序电流校验，力争满足灵敏系数不小于 1.2。此处公式就不再罗列。

动作时间与相间电流保护Ⅲ段的整定原则相同。

规程规定，零序电流Ⅲ段电流整定值不应大于 300A（一次值）。其原因是：设置零序电流Ⅲ段动作电流为较小值，则可以反应经较大过渡电阻接地故障。由此可见，<u>零序电流Ⅲ段相对于其他反应接地故障的保护（如接地距离保护）存在灵敏性优势</u>。

4.3 零序方向电流保护

4.3.1 工作原理

与第 2 章中介绍的方向电流保护类似，当零序电流保护应用于双侧电源输电线路时，也需要考虑方向问题。以图 4-6 中保护 P_2 的零序电流Ⅲ段为例，当 K 点发生接地故障时，对于 P_2 而言是反方向故障，如果 P_2 延时较短，先于 P_3 动作，则属于无选择性切除故障，扩大了事故范围。对于双侧电源电网，如单纯的零序电流保护已不足以准确判断故障位置，则需要增设零序方向元件来构成零序方向电流保护，以提高保护的选择性。

正、反方向接地短路故障时，保护安装处零序电压和零序电流的相位关系见图 4-2 及图 4-3 分析，即有正方向接地短路故障时，零序电压滞后零序电流 95°～100°，反方向接地短路故障时，零序电压超前零序电流 70°～80°。

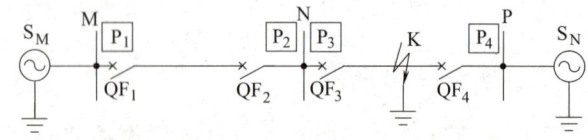

图 4-6 零序电流保护采用方向闭锁的说明图

零序功率方向元件（继电器）与零序电流元件结合，就构成了零序方向电流保护。其简化逻辑关系与图 3-20 所示方向电流保护简化逻辑类似。电流元件的整定原则不变。本节主要介绍零序功率方向元件。

4.3.2 传统零序功率方向继电器

参照相间功率方向继电器，零序功率方向继电器比幅动作方程如下：

$$|-3\dot{U}_0 K_U + 3\dot{I}_0 K_I| \geq |3\dot{U}_0 K_U + 3\dot{I}_0 K_I| \tag{4-14}$$

式中　K_U——电压变换器电压比；

K_I——电抗变换器的转移阻抗。

写成比相动作方程即

$$-90° \leq \arg \frac{-3\dot{U}_0 K_U}{3\dot{I}_0 K_I} \leq 90° \tag{4-15}$$

或者

$$-90° - \alpha \leq \arg \frac{-3\dot{U}_0}{3\dot{I}_0} \leq 90° - \alpha \tag{4-16}$$

式中 α——零序功率方向继电器的内角，$\alpha = \arg\dfrac{\dot{K}_U}{\dot{K}_I}$，一般取 $-80°$。

最灵敏角 $\varphi_{sen} = -\alpha$，即 $80°$。比相动作方程变为

$$-10° \leqslant \arg\dfrac{-3\dot{U}_0}{3\dot{I}_0} \leqslant 170° \tag{4-17}$$

画出动作区如图 4-7 所示。对于传统的零序功率方向继电器，一般以 $-3\dot{U}_0$、$3\dot{I}_0$ 接入，以实现动作条件。

4.3.3 微机型零序功率方向元件

（1）按零序电压、零序电流的相位比较实现　微机保护选用软件自产 $3\dot{I}_0$ 和自产 $3\dot{U}_0$，由软件的算法实现：

$$90° \leqslant \arg\dfrac{\dot{U}_0}{\dot{I}_0 e^{j80°}} \leqslant 270° \tag{4-18}$$

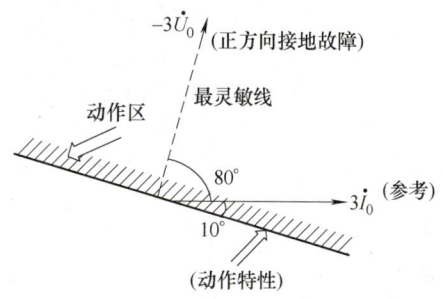

图 4-7　零序功率方向继电器动作特性图

仔细比较式（4-18）和式（4-17）不难发现两式完全一样。

（2）按零序功率的幅值比较实现　零序正反方向元件（F_{0+}、F_{0-}）由零序功率 P_0 决定，P_0 为

$$P_0 = 3u_0(k) \times 3i_0(k) \tag{4-19}$$

式中 $u_0(k)$、$i_0(k)$——零序电压、电流的瞬时采样值。

$P_0 > 0$ 时，方向元件 F_{0-} 动作，判为反方向故障；$P_0 < 0$ 时，方向元件 F_{0+} 动作，判为正方向故障。

值得指出，单侧电源 110kV 输电线路的零序电流 Ⅱ 段、Ⅲ 段一般只采用单纯的零序电流保护，而不采用方向零序电流保护，工程中简称"不带方向"。主要原因是在故障点距离较远或经较大过渡电阻接地短路时，零序功率方向元件由于零序电压较低有可能出现拒动，从而导致保护拒动。零序电流保护不带方向，提高了保护的可靠性。

4.4　距离保护基本原理

电流保护的保护范围将随着运行方式的变化而变化，下面以某线路的电流速断保护为例进行说明。由图 4-8 可见，曲线 1、2、3 为短路电流与故障距离关系曲线，最大运行方式下的三相短路电流变化曲线对应于曲线 1，最小运行方式下的两相短路电流变化曲线对应于曲线 2。电流保护定值与曲线 1 交点对应于最大保护区，与曲线 2 交点对应于最小保护区。如最小运行方式下的两相短路电流变化曲线对应于曲线 3，则将导致电流速断保护在最小运行方式下没有保护区。同样，零序电流保护的保护范围也会受到系统运行方式的影响。总之，电流保护的灵敏度受到运行方式制约，总体较低。

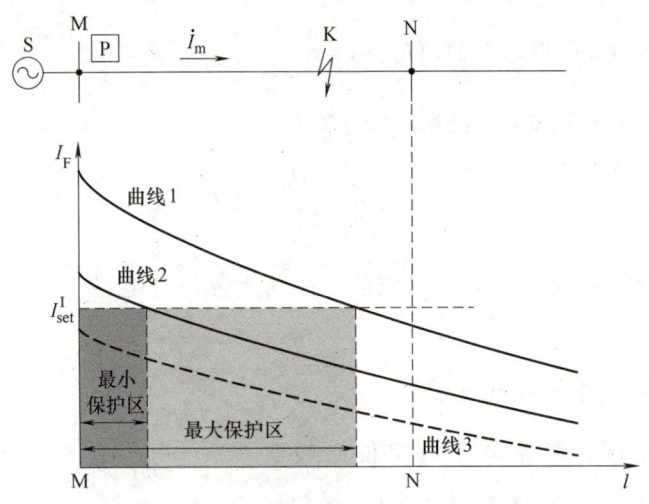

图 4-8 电流保护灵敏度受运行方式的影响

在图 4-8 中，K 点发生三相短路时 M 母线处所测得的电压 $\dot{U}_m$ 与电流 $\dot{I}_m$ 有如下关系：

$$\dot{U}_m = \dot{I}_m z_1 l_K \tag{4-20}$$

式中　l_K——保护安装处到故障点的距离；

　　　z_1——线路每公里正序阻抗。

由式（4-20）可知，保护安装处的电压电流的比值与故障点距离成正比，且与系统的运行方式无关。距离保护就是利用该比值判断故障的一种保护，其不受系统运行方式的影响，可以获得较为稳定的灵敏度。

距离保护是由阻抗元件（阻抗继电器）来完成保护安装处的电压电流的比值测量，根据比值即测量阻抗的大小来判断故障的远近，并利用故障的远近确定动作时间的一种保护装置。

正常运行时，电压为额定电压 $\dot{U}_N$，电流为负荷电流 $\dot{I}_{Lo}$，此时一次测量阻抗为负荷阻抗 $Z_{mN} = Z_{Lo} = \dot{U}_N / \dot{I}_{Lo}$。在图 4-8 中 K 点短路时，电压为母线的残压 $\dot{U}_{mF}$，电流为短路电流 $\dot{I}_K$，阻抗继电器的一次测量阻抗为短路阻抗 $Z_{mF} = z_1 \cdot l_K = \dot{U}_{mF}/\dot{I}_K$。由于 $U_{mF} \ll U_N$，$I_K \gg I_{Lo}$，因此 $Z_{mF} \ll Z_{mN}$。故利用测量阻抗的变化可以区分故障与正常运行，并且能够判断出故障点的远近。

由式（4-20）可知，故障距离越远，测量阻抗越大。因此测量阻抗越大，保护动作时间应当越长，并以此构成三段式距离保护。三段式距离保护的整定原则与电流保护类似。距离保护阶梯时限特性参见图 4-9。

距离 I 段为瞬时动作。为保证选择性，其保护区不能伸出本线路，即测量阻抗小于本线路阻抗时动作。如图 4-9 所示，引入可靠系数 K_{rel}^I（0.8~0.85），保护 P_1 的 I 段整定阻抗为

$$Z_{1.set}^I = K_{rel}^I Z_{MN} \tag{4-21}$$

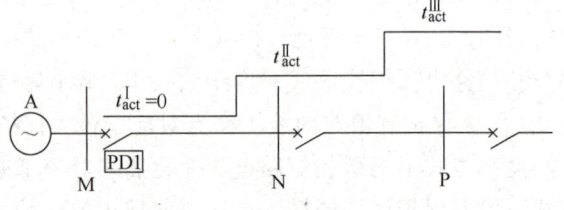

图 4-9 距离保护的阶梯时限特性

距离Ⅱ段延时动作,为保证选择性,保护区不能伸出相邻线路Ⅰ段保护区,即测量阻抗小于本线路阻抗与相邻线路Ⅰ段动作阻抗之和时动作。引入可靠系数 $K_{\text{rel}}^{\text{II}}$(一般取0.8),保护 P_1 的Ⅱ段整定阻抗为

$$Z_{1.\text{set}}^{\text{II}} = K_{\text{rel}}^{\text{II}}(Z_{\text{MN}} + K_{\text{rel}}^{\text{I}} Z_{\text{NP}}) \tag{4-22}$$

距离Ⅲ段除了作为本线路的近后备保护外,还要作为相邻线路的远后备保护。所以除了在本线路故障有足够的灵敏度外,相邻线路故障也要有足够的灵敏度,其测量阻抗小于负荷阻抗时启动,故动作阻抗小于最小的负荷阻抗。动作时间与电流保护Ⅲ段时间有相同的配置原则,即大于相邻线路最长的动作时间。

如图4-10所示,距离保护由启动元件、测量元件与逻辑回路三部分组成。

启动元件的主要作用是在被保护线路发生故障时启动保护装置或进入故障计算程序。启动元件在线路流过最大负荷电流时应当不动作,但能够灵敏可靠地反应各种故障,在保护区内部即使经大过渡电阻短路时也应当可靠快速动作,另外在电压回路故障时阻抗继电器可能误动,因此一般采用电流量而不采用电压量作为启动元件。

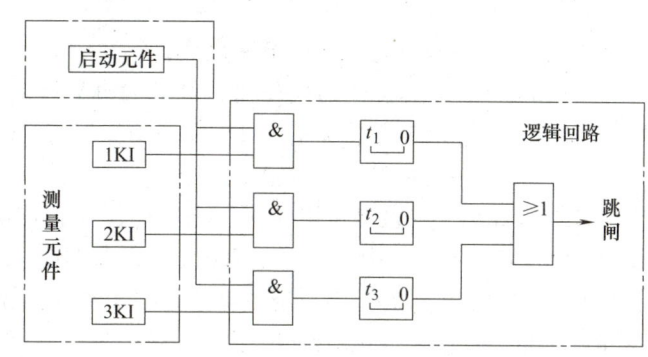

图4-10 三段式距离保护简化原理框图

目前广泛采用负序电流及电流突变量元件作为启动元件。

测量元件完成保护安装处到故障点阻抗或距离的测量,并与事先确定好的整定值进行比较,当保护区内部故障时动作,外部故障时不动作。测量元件由Ⅰ、Ⅱ、Ⅲ段的阻抗继电器1KI、2KI、3KI来完成。

逻辑回路一般由一些逻辑门与时间元件组成,用于判断保护区内部或外部故障,并在不同保护区内部故障时以相应的动作延时控制断路器的跳闸。

4.5 阻抗元件

阻抗元件(继电器)是距离保护的核心元件,它的作用是用来测量保护安装处到故障点的阻抗(距离),并与整定值进行比较,以确定是保护区内部故障还是保护区外故障。

根据阻抗继电器的输入量不同,可以分为单相式阻抗继电器和多相补偿式阻抗继电器两种。本节仅介绍单相式阻抗继电器。根据阻抗继电器的动作特性的形状不同,又可以分为圆特性阻抗继电器和多边形特性阻抗继电器两类。

4.5.1 测量阻抗

如图4-11所示为单相式阻抗继电器接线原理简图,图中 S_1、S_2 代表两侧系统。距离保护 P 安装于 MN 线路左侧,TV、TA 为电压、电流互感器,$\dot{U}_\text{m}$、$\dot{I}_\text{m}$ 为一次电压、电流。$\dot{U}_\text{K}$、$\dot{I}_\text{K}$ 为输入阻抗继电器(元件)KI 的二次电压、电流。

所谓单相式阻抗继电器，是指只输入单一的二次电压（相电压或相间电压）、单一的二次电流（相电流或相电流差）的阻抗继电器。而多相补偿式阻抗继电器是输入不止一个电压或一个电流的阻抗继电器。阻抗继电器中，$\dot{U}_K$ 与 $\dot{I}_K$ 的比值称为阻抗继电器的测量阻抗 Z_K，为测量阻抗二次值，即

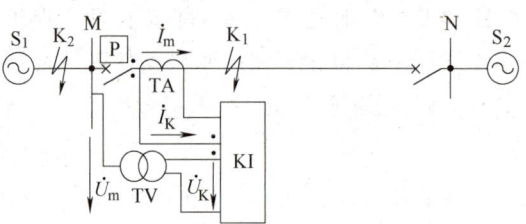

图 4-11 单相式阻抗继电器接线原理简图

$$Z_K = \frac{\dot{U}_K}{\dot{I}_K} = \frac{\dot{U}_m/n_{TV}}{\dot{I}_m/n_{TA}} = \frac{n_{TA}}{n_{TV}} Z_m \tag{4-23}$$

式中 $\dot{U}_m$、$\dot{I}_m$——测量电压、电流一次值；

n_{TV}——电压互感器电压比，对于 110kV 线路，电压比为 1100；

n_{TA}——电流互感器电流比，如 600A/5A = 120；

Z_m——测量阻抗一次值。

如线路故障时，一次测量阻抗为 11Ω。电压互感器电压比为 1100，电流互感器电压比为 120，代入式（4-23）中可得测量阻抗 Z_K 为 1.2Ω。

距离保护功能投入时，阻抗继电器始终在测量。当线路正常运行时，送电侧阻抗继电器的测量阻抗角为负荷阻抗角，约 40°，受电侧阻抗继电器的测量阻抗角约 220°。在线路正方向故障时（如图 4-11 中的 K_1 点），测量阻抗角为线路阻抗角 φ，测量阻抗在第Ⅰ象限；在反方向故障（如图 4-11 中的 K_2 点），流过反方向电流，测量阻抗角为 $\varphi+180°$，测量阻抗在第Ⅲ象限。

测量阻抗为复数，其幅值与其阻抗角都将随故障点位置或故障性质变化，故阻抗元件（继电器）动作判据无法延用电流保护只比较幅值的思路。假设阻抗继电器的整定阻抗为在阻抗复平面上某一点与原点的连线，只有测量阻抗落在该线段上时，阻抗继电器才能动作。那么阻抗继电器动作条件就变得非常苛刻，只要测量阻抗的阻抗角不等于整定阻抗的阻抗角，阻抗继电器就不会动作。因此，在阻抗复平面上，阻抗继电器的动作特性一定表示为一个区域，而不会仅是一条固定角度的线段。阻抗继电器的动作区域主要分为圆形区域及多边形区域两类。

4.5.2 传统圆特性阻抗继电器特性

在传统的模拟式距离保护中，多采用圆特性阻抗继电器作为测量元件，而在如今数字式距离保护中，各种新型阻抗元件的动作特性，无不是从圆特性衍生而来。根据阻抗继电器的比较原理，传统的阻抗继电器可以分为幅值比较式和相位比较式两种，电路结构不同，但本质原理相同。目前数字式保护不再进行幅值比较与相位比较的区分，但在表述阻抗特性时，可根据需要选用幅值比较或相位比较方式。

这里主要介绍三种传统圆特性阻抗继电器，分别是全阻抗继电器、偏移特性阻抗继电器和方向阻抗继电器。

(1) 全阻抗继电器 其动作特性如图 4-12a 所示，它是一个以坐标原点 O 为圆心，以整定阻抗 Z_{set} 大小为半径的圆，圆内为动作区。根据复数知识，继电器的比幅式阻抗动作方

程为

$$|Z_K| \leq |Z_{set}| \tag{4-24}$$

根据比幅方程与比相方程的转换原理，继电器的比相阻抗动作方程为

$$-90° < \arg \frac{Z_{set} - Z_K}{Z_{set} + Z_K} < 90° \tag{4-25}$$

由于继电器的动作区包括四个象限，因此该继电器的动作是无方向性的，同时当 $Z_K = 0$（即 $\dot{U}_K = 0$，相当于保护安装处出口短路）时，继电器仍然能够动作，因此，无电压动作死区。此类继电器一般用作无需判断方向的启动元件等。

（2）**偏移特性阻抗继电器** 其动作特性如图 4-12b 所示，它以整定阻抗 $Z_{set1} + Z_{set2}$（$|Z_{set1}| > |Z_{set2}|$ 阻抗角相位差 $180°$）的中点为圆心，以 $Z_{set1} - Z_{set2}$ 大小的一半为半径的圆，其中圆内为动作区，相当于全阻抗继电器特性向第一象限偏移。继电器的比幅阻抗动作方程为

$$\left| Z_K - \frac{Z_{set1} + Z_{set2}}{2} \right| < \left| \frac{Z_{set1} - Z_{set2}}{2} \right| \tag{4-26}$$

根据比幅与比相方程的相互转换，继电器的比相阻抗动作方程为

$$-90° \leq \arg \frac{Z_K - Z_{set2}}{Z_{set1} - Z_K} \leq 90° \tag{4-27}$$

继电器的动作区包含坐标原点，因此，无电压动作死区。一般在已判别出故障属于正向故障时，才采用此类继电器。

（3）**方向阻抗继电器** 圆特性方向阻抗继电器（图 4-12c）是以整定阻抗为直径的圆。它的圆心对应整定阻抗的中点。其中圆内为动作区，继电器的比幅动作方程为

$$\left| \frac{Z_{set}}{2} \right| \geq \left| Z_K - \frac{Z_{set}}{2} \right| \tag{4-28}$$

根据比幅与比相方程的相互转换，继电器的比相动作方程为

$$-90° \leq \arg \frac{Z_{set} - Z_K}{Z_K} \leq 90° \tag{4-29}$$

方向阻抗继电器的动作区主要包括第一象限，但不包括第三象限。因此该继电器有方向性，即正方向故障才有可能动作，而反方向故障时不会动作。但由图 4-12c 可见，坐标原点

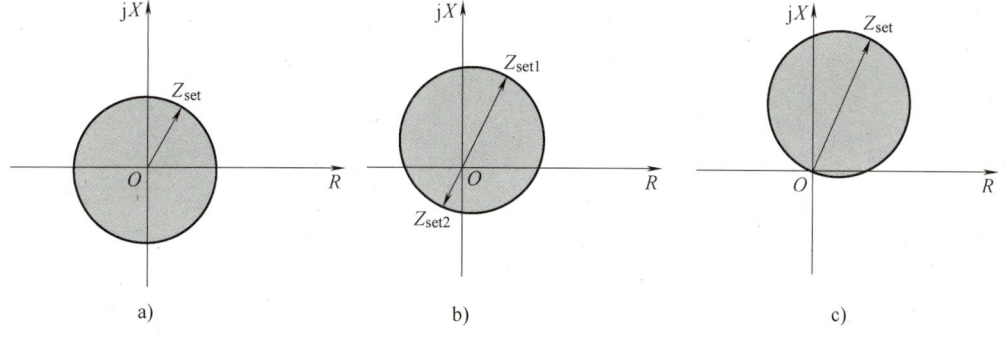

图 4-12 圆特性阻抗继电器动作特性

a）全阻抗继电器　b）偏移特性阻抗继电器　c）方向阻抗继电器

O 位于该继电器动作边界上，相对于前述两种阻抗元件，方向阻抗继电器需要考虑电压死区问题。

图 4-13 所示为其他几种圆特性阻抗继电器。苹果型与橄榄型方向阻抗继电器是圆特性方向阻抗继电器的变形，当两个相交的圆特性方向阻抗继电器动作区取并集（逻辑"或"）时为苹果型方向阻抗继电器（见图 4-13a），当取交集（逻辑"与"）时为橄榄型方向阻抗继电器（见图 4-13b）。

苹果型方向阻抗继电器一般用在传统的发电机失磁保护中，橄榄型方向阻抗继电器一般用在失步解列装置中。

下抛圆特性阻抗继电器（见图 4-13c）用作发电机失磁保护中的测量元件，其动作方程读者可以自行分析。

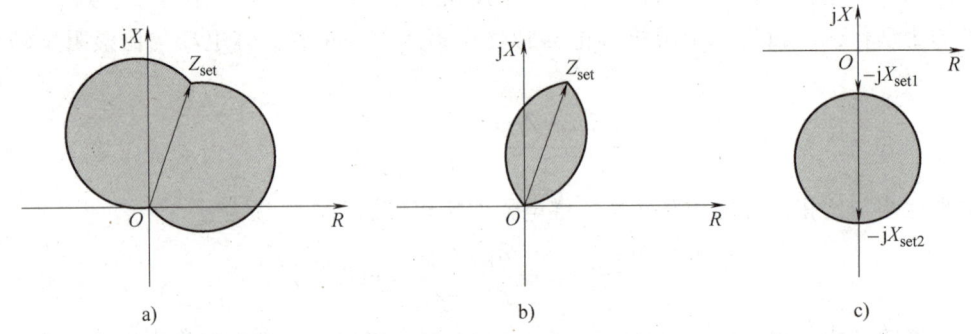

图 4-13 其他圆特性阻抗继电器

a）苹果型阻抗继电器 b）橄榄型阻抗继电器 c）下抛圆特性阻抗继电器

4.5.3 传统直线特性阻抗继电器特性

如同我们对于地平线的认知一样，我们可以将直线特性看成一种特殊的圆特性。如对于方向阻抗继电器，无限扩大其 Z_{set} 值，其边界将变成过圆点的一条直线，因此直线特性的表达式与圆特性是类似的。

限于篇幅，本节仅介绍两种直线特性，如图 4-14 所示。

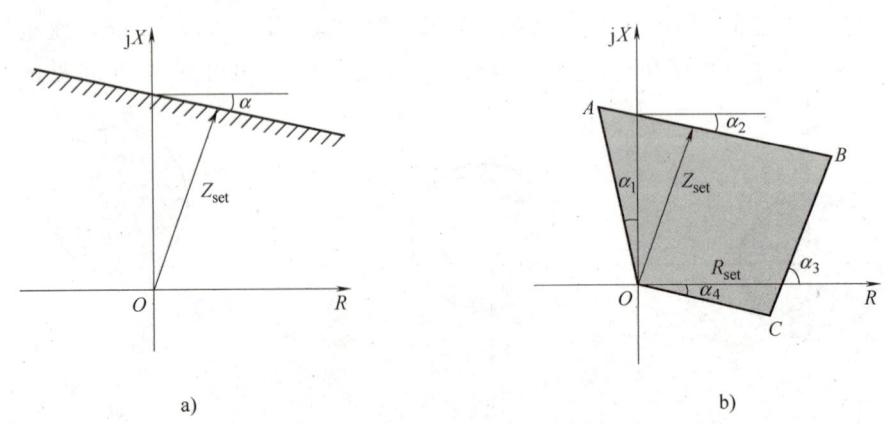

图 4-14 直线与四边形特性阻抗继电器

a）直线特性阻抗继电器 b）四边形阻抗继电器

（1）单一直线特性　动作特性如图 4-14a 所示，图中直线与水平线夹角为 α，其阴影侧为动作区。该继电器阻抗形式比相动作方程为

$$180°-\alpha \leqslant \arg(Z_K-Z_{set}) \leqslant 360°-\alpha \tag{4-30}$$

该类继电器一般与其他阻抗特性配合使用，变化 α 的大小，可得到不同的直线特性。如变为 $0°$，则动作区将与 R 轴平行。

（2）四边形特性　如图 4-14b 所示的四边形阻抗继电器，由折线 AOC、线段 AB、线段 BC 围成一个内部区域。对应的阻抗形式动作方程为

$$\text{折线 } AOC: -\alpha_4 \leqslant \arg Z_K \leqslant 90°+\alpha_1 \tag{4-31a}$$

$$\text{线段 } AB: 180°-\alpha_2 \leqslant \arg(Z_K-Z_{set}) \leqslant 360°-\alpha_2 \tag{4-31b}$$

$$\text{线段 } BC: \alpha_3 \leqslant \arg(Z_K-R_{set}) \leqslant 180°+\alpha_3 \tag{4-31c}$$

式中　α_1——OA 线偏移角度，一般取 $15°\sim 30°$；

α_2——AB 线（也称电抗线）偏移角度，一般取 $7°\sim 15°$；

α_3——BC 线（也称电阻线）偏移角度，一般取 $60°$；

α_4——OC 线偏移角度，一般取 $30°$。

将上面三式进行逻辑"与"，就是四边形阻抗继电器的动作方程。

4.5.4　传统方向阻抗继电器的实现

以圆特性方向阻抗元件为例进行说明。将式（4-28）两边同乘以 $\dot{I}_K$，可得方向阻抗继电器的动作方程

$$\left| \dot{I}_K \frac{Z_{set}}{2} \right| \geqslant \left| \dot{U}_K - \dot{I}_K \frac{Z_{set}}{2} \right| \tag{4-32}$$

变化后即可构成幅值比较型方向阻抗继电器，其中 $\left| \dot{I}_K \dfrac{Z_{set}}{2} \right|$ 称为动作电压，$\left| \dot{U}_K - \dot{I}_K \dfrac{Z_{set}}{2} \right|$ 称为制动电压。当动作电压大于制动电压时，继电器动作。

同理，式（4-29）可变化为

$$-90° \leqslant \arg \frac{\dot{I}_K Z_{set} - \dot{U}_K}{\dot{U}_K} \leqslant 90° \tag{4-33}$$

构成相位比较型方向阻抗继电器，该继电器比较两个电压相量 $\dot{U}_K - \dot{I}_K Z_{set}$ 与 $\dot{U}_K$ 的相位关系是否满足上述条件。其中分子称为工作电压或补偿电压，它是一种差电压，与整定阻抗和测量阻抗的差值成正比；分母称为极化电压，$\dot{U}_K$ 代表了母线电压，它与测量阻抗成正比。

同理根据其他以阻抗形式表达的动作方程，也可以构成相应的幅值比较式或相位比较式阻抗继电器。

值得指出，上述两种比较方法，任选用其中一种即可。以电压比较形式表示的动作特性与以阻抗比较形式表示的动作特性，其核心理念是统一的，因此动作特性圆的形状是一致的。

4.5.5 阻抗继电器的精确工作电流

以上分析传统阻抗继电器的动作特性时，都是从理想的条件出发，即认为比幅元件（或比相元件）的灵敏度很高，或者认为只要电压电流的比值满足要求继电器就会动作。

举例来说明，全阻抗继电器的整定阻抗为 1.1Ω，在电压为 1V，电流为 1A 时，继电器可以动作；但是在电压为 0.1V，电流为 0.1A 时，继电器就可能不会动作。是什么原因造成的呢？将式（4-24）两边同乘以 $\dot{I}_K$，得到以电压比较形式的动作方程为

$$|\dot{I}_K Z_{\text{set}}| - |\dot{U}_K| \geq 0 \tag{4-34}$$

式（4-34）表明只要差值大于 0，继电器就应该动作，但实际上任何比较元件都有最小的动作电压 U_0（比较电路）或最小的分辨率 U_0（微机保护）。因此式（4-34）就变为

$$|\dot{I}_K Z_{\text{set}}| - |\dot{I}_K Z_K| = |\dot{I}_K Z_{\text{set}}| - |\dot{U}_K| \geq U_0 \tag{4-35}$$

从式（4-35）可见，当电流很小时，继电器是无法动作的。为了考核阻抗继电器的性能，引入了精确工作电流的概念。

所谓精确工作电流指的是当 $\arg\dfrac{\dot{U}_K}{\dot{I}_K}=\varphi_{\text{sen}}$（阻抗继电器电压与电流夹角为最灵敏角），且动作阻抗 $Z_{\text{act}}=0.9Z_{\text{set}}$ 时，使得继电器刚好动作的电流。其最小值称为最小精确工作电流 $I_{\text{ac.min}}$；最大值称为最大精确工作电流 $I_{\text{ac.max}}$，最大精确工作电流取决于保护使用的变换器抗饱和能力。

测量阻抗继电器的精确工作电流方法是给继电器加不同的电流，测出使得继电器刚好动作的电压（电压与电流夹角为最灵敏角），电压与电流的比值就是动作阻抗 Z_{act}。做出曲线 $Z_{\text{act}}=f(I_K)$，并取与直线 $Z_{\text{act}}=0.9Z_{\text{set}}$ 的交点，对应的电流值就是精确工作电流（见图 4-15）。

4.5.6 方向阻抗继电器的死区问题

正方向出口短路故障时，母线上故障相电压为零。引入阻抗继电器的电压 $\dot{U}_K=0$ 或是幅值很小、相位不定的不平衡电压。则式（4-33）、式（4-34）所表示的动作条件不一定

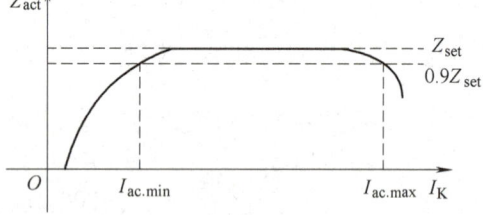

图 4-15 阻抗继电器动作阻抗与测量电流的关系

满足，继电器存在拒动可能，这种问题称为电压死区问题。

对于传统方向阻抗继电器而言，<u>消除方向阻抗继电器死区的方法一般有两种：①靠记忆故障前电压。②引入第三相电压</u>。以下通过实例加以说明。

如图 4-16 所示为某传统方向阻抗继电器中，AB 相阻抗继电器的电压输入回路示意图。图中 UV_1、UV_2 对为电压变换器，A、B、C、N 为电压输入端，$\dot{U}_{AB}$ 为 AB 相为线电压，$\dot{U}_C$ 为 C 相电压。C 相电压右接 RLC 串联谐振电路。如不接入 C 相电压，只将 AB 相电压代入，则由式（4-32）可得动作方程为

$$\left|\dot{I}_{\mathrm{K}}\frac{Z_{\mathrm{set}}}{2}\right| \geqslant \left|\dot{U}_{\mathrm{AB}} - \dot{I}_{\mathrm{K}}\frac{Z_{\mathrm{set}}}{2}\right| \quad (4-36)$$

显然当 $\dot{U}_{\mathrm{AB}}$ 为零时，动作条件不满足。如接入第三相电压即 C 相电压，该电压在 RLC 串联谐振电路中形成的电流与 $\dot{U}_{\mathrm{C}}$ 同相，在电感上取压并经电压变换器 UV₂ 变换后形成两路插入电压 $\dot{U}_{\mathrm{ins}}$，不难推导，$\dot{U}_{\mathrm{ins}}$ 的相位将与故障前的 AB 线电压保持一致！

得到 $\dot{U}_{\mathrm{ins}}$ 后，其一与 $\dot{U}'_{\mathrm{AB}}$（通过抽头调整 UV₁ 二次电压，用于调整定值，此处可假设等于 $\dot{U}_{\mathrm{AB}}$）反

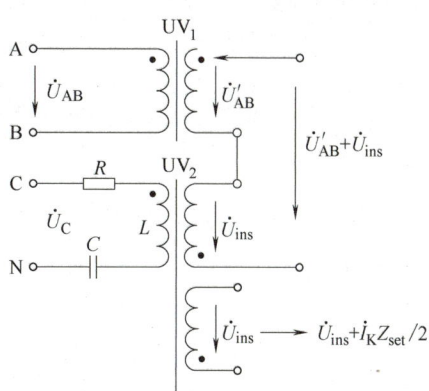

图 4-16　传统方向阻抗继电器的电压输入回路

极性相接，形成 $\dot{U}'_{\mathrm{AB}} + \dot{U}_{\mathrm{ins}}$ 电压。其二与 $\dot{I}_{\mathrm{K}} Z_{\mathrm{set}}/2$ 相连，形成 $\dot{U}_{\mathrm{ins}} + \dot{I}_{\mathrm{K}} \dfrac{Z_{\mathrm{set}}}{2}$ 电压。则式（4-32）变为

$$\left|\dot{U}_{\mathrm{ins}} + \dot{I}_{\mathrm{K}}\frac{Z_{\mathrm{set}}}{2}\right| \geqslant \left|\dot{U}'_{\mathrm{AB}} + \dot{U}_{\mathrm{ins}} - \dot{I}_{\mathrm{K}}\frac{Z_{\mathrm{set}}}{2}\right| \quad (4-37)$$

（1）出口两相短路　由式可见，引入第三相电压后，在 AB 相出口短路时，非故障相 C 电压不为 0，并且其相位也不会随故障位置的变化而变化。$\dot{U}_{\mathrm{ins}}$ 代替了 $\dot{U}'_{\mathrm{AB}}$，使动作条件满足。

（2）出口三相短路　出口三相对称性短路时，三相电压都降为 0，C 相电压降为 0，此时，相当于图 4-16 中 CN 被短接，此时，通过 RLC 串联谐振电路中 L 元件的续流作用，对故障前电压的相位加以"记忆"，保证 $\dot{U}_{\mathrm{ins}}$ 在短时间内不消失，满足动作条件。

从上面的分析可知，无论采用哪种形式构成方向阻抗继电器，需要解决的问题，首先是能够正确测量保护安装处到故障点的距离，然后应当保证没有正方向出口死区，并且在反方向故障时可靠不动作。

以上分析是传统方向阻抗继电器消除死区的方法。目前数字式保护依然采用这两种原理，只是具体实现手段有所不同，如记忆故障前电压，不再采用电容电感元件谐振的方式，而是通过软件记忆故障时刻之前一段时间（如 1～2 个周波）的电气量，其方法更为简便，效果也更好。

4.5.7　阻抗继电器的接线方式

阻抗继电器的接线方式是指接入阻抗继电器的电压与电流的相别组合方式。因为阻抗继电器用于测量保护安装处到故障点的阻抗（距离），因此应当满足如下要求：

① 测量阻抗与保护安装处到故障点的距离成正比，而与系统的运行方式无关；

② 测量阻抗应与短路类型无关，即同一故障点不同类型的短路故障时的测量阻抗应当一样。

（1）测量阻抗分析　结合图 4-8 进行分析，K 点短路时，母线 M 电压可以表示为

$$\begin{cases} \dot{U}_{MA} = \dot{U}_{KA} + \dot{I}_{A1}z_1l_K + \dot{I}_{A2}z_2l_K + \dot{I}_{A0}z_0l_K \\ \dot{U}_{MB} = \dot{U}_{KB} + \dot{I}_{B1}z_1l_K + \dot{I}_{B2}z_2l_K + \dot{I}_{B0}z_0l_K \\ \dot{U}_{MC} = \dot{U}_{KC} + \dot{I}_{C1}z_1l_K + \dot{I}_{C2}z_2l_K + \dot{I}_{C0}z_0l_K \end{cases} \qquad (4-38)$$

式中 $\dot{U}_{KA}$、$\dot{U}_{KB}$、$\dot{U}_{KC}$——故障点 A 相、B 相、C 相电压一次值；

$\dot{I}_{A1}$、$\dot{I}_{B1}$、$\dot{I}_{C1}$——流过保护 P 的 A 相、B 相、C 相电流一次值；

z_1、z_2、z_0——单位长度正序、负序、零序阻抗（Ω/km）；

l_K——保护安装处到故障点 K 的距离（km）。

以 A 相接地故障为例说明，考虑到 $z_1=z_2$，有 $\dot{U}_{KA}=0$，$\dot{I}_{A1}=\dot{I}_{A2}=\dot{I}_{A0}$，则

$$\dot{U}_{MA} = \dot{I}_{A1}z_1l_K + \dot{I}_{A2}z_1l_K + \dot{I}_{A0}z_0l_K = \dot{I}_{A1}z_1l_K + \dot{I}_{A2}z_1l_K + \dot{I}_{A0}z_0l_K + \dot{I}_{A0}z_1l_K - \dot{I}_{A0}z_1l_K$$

$$= (\dot{I}_{A1} + \dot{I}_{A2} + \dot{I}_{A0})z_1l_K + \dot{I}_{A0}(z_0-z_1)l_K = \dot{I}_A z_1 l_K + \dot{I}_{A0}\frac{3(z_0-z_1)}{3z_1}z_1l_K$$

$$= \left(\dot{I}_A + \frac{z_0-z_1}{3z_1}3\dot{I}_0\right)z_1l_K = (\dot{I}_A + 3K\dot{I}_0)z_1l_K$$

其中 $K=\dfrac{z_0-z_1}{3z_1}$ 称为零序补偿系数。

参照式（4-20）可知，对于 A 相接地故障，此时 M 母线处距离保护选择对应相的一次电压 $\dot{U}_m = \dot{U}_{MA}$，对应相经过补偿的一次电流 $\dot{I}_m = \dot{I}_A + 3K\dot{I}_0$，将两者相除即可得一次测量阻抗为 $Z_m = \dot{U}_m/\dot{I}_m = z_1l_K$，测量阻抗与保护安装处到故障点的距离成正比。同理可以得出，在两相接地故障时，故障相阻抗继电器的测量阻抗为短路阻抗 z_1l_K。因此，对应于接地故障应采用此类电压、电流的选择方式（接线方式）。

以 BC 两相相间短路为例说明相间故障时的情况，边界条件为 $\dot{U}_{KB} = \dot{U}_{KC}$，$\dot{I}_B = -\dot{I}_C$。则

$$\dot{U}_{MBC} = \dot{U}_{MB} - \dot{U}_{MC}$$

$$= (\dot{I}_{B1}z_1l_K + \dot{I}_{B2}z_1l_K) - (\dot{I}_{C1}z_1l_K + \dot{I}_{C2}z_1l_K)$$

$$= (\dot{I}_B - \dot{I}_C)z_1l_K$$

同理，参照式（4-20）可知，对于 BC 相短路故障，此时 M 母线处距离保护选择电压 $\dot{U}_m = \dot{U}_{MBC}$，电流 $\dot{I}_m = \dot{I}_B - \dot{I}_C$，一次测量阻抗为 $Z_m = \dot{U}_m/\dot{I}_m = z_1l_K$，实现测量阻抗与保护安装处到故障点的距离成正比。在三相短路故障时，AB、BC、CA 三个相间阻抗继电器的测量阻抗为短路阻抗 z_1l_K。

需要指出的是，只有故障相（相间）的测量阻抗为 z_1l_K，非故障相的测量阻抗更大。根据上述分析，反应相间短路与接地短路的阻抗继电器接线有所不同。

（2）相间距离保护 0°接线 根据以上分析，反应相间故障的阻抗继电器接线应当以相间电压作为继电器电压，以相间电流差为继电器电流。由于在负荷电流下（$\cos\varphi=1$）继电器电压、电流的夹角为 0°，所以这种接线称为相间距离保护 0°接线。接线见表 4-1。

（3）接地距离保护零序补偿接线 在中性点直接接地电网中，当零序电流保护不能满足要求时，一般考虑采用接地距离保护，它的主要任务是反映电网的接地故障。根据上面的

分析，反应接地故障的阻抗继电器接线以相电压作为继电器电压，以相电流加 $\dot{I}_A+3K\dot{I}_0$ 为继电器电流，此接线方式称为零序补偿接线。接线见表 4-2。

表 4-1 0°接线方式接入的电压和电流

阻抗继电器相别	$\dot{U}_K$	$\dot{I}_K$
AB	$\dot{U}_{AB}$	$\dot{I}_A - \dot{I}_B$
BC	$\dot{U}_{BC}$	$\dot{I}_B - \dot{I}_C$
CA	$\dot{U}_{CA}$	$\dot{I}_C - \dot{I}_A$

表 4-2 零序补偿接线方式接入的电压和电流

阻抗继电器相别	$\dot{U}_K$	$\dot{I}_K$
A	$\dot{U}_A$	$\dot{I}_A + 3K\dot{I}_0$
B	$\dot{U}_B$	$\dot{I}_B + 3K\dot{I}_0$
C	$\dot{U}_C$	$\dot{I}_C + 3K\dot{I}_0$

阻抗继电器用于构成相间距离保护时采用 0°接线，用于构成接地距离保护时采用零序补偿接线。在线路发生各种故障时，阻抗继电器的动作情况见表 4-3。

表 4-3 各种故障时阻抗继电器正确测量的分析

	AN	BN	CN	ABN	BCN	CAN	AB	BC	CA	ABC
KI_A	√	×	×	√	×	√	×	×	×	√
KI_B	×	√	×	√	√	×	×	×	×	√
KI_C	×	×	√	×	√	√	×	×	×	√
KI_{AB}	×	×	×	√	×	×	√	×	×	√
KI_{BC}	×	×	×	×	√	×	×	√	×	√
KI_{CA}	×	×	×	×	×	√	×	×	√	√

注：AN 表示 A 相接地，其余以此类推。能够正确测量短路阻抗为√，反之为×。

从表 4-3 可以看出，发生故障时只有与故障相关的阻抗继电器可以正确测量，因此有必要先选出故障相（由选相元件完成），再对对应的可以正确测量的故障相阻抗继电器进行计算，这样可以减少计算的时间，从而加快微机保护的动作速度。比如判断出是 A 相接地故障时，可以只对 A 相阻抗元件是否动作进行计算。

4.6 距离保护整定

距离保护的整定计算包括整定阻抗的大小与角度整定、各段动作时间的确定、保护灵敏度校验等。

4.6.1 助增电流与汲出电流

距离保护Ⅱ段、Ⅲ段都要与相邻线路配合。如图 4-17 所示，在相邻线路存在故障时，如果相邻线路与本线路之间有分支元件，就会影响阻抗继电器的测量阻抗。

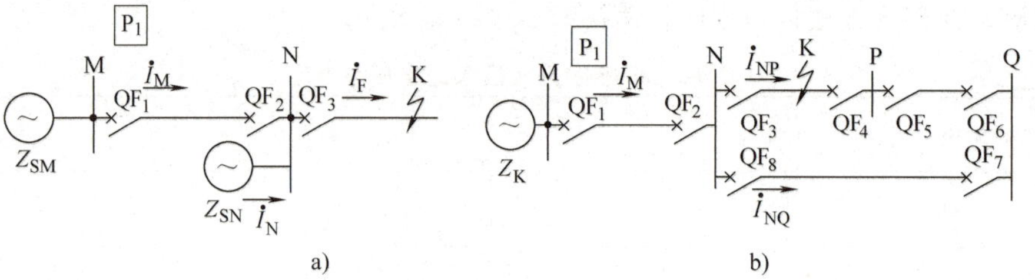

图 4-17 助增电流与汲出电流
a) 助增电流　b) 汲出电流

图 4-17a 中距离保护 P_1 在 K 点故障后的 M 母线电压为

$$\dot{U}_M = \dot{U}_N + \dot{I}_M Z_{MN} = (\dot{I}_M + \dot{I}_N) Z_K + \dot{I}_M Z_{MN}$$

则保护 P_1 的测量阻抗 Z 为

$$Z = Z_{MN} + \frac{\dot{I}_F}{\dot{I}_M} Z_{KN} = Z_{MN} + K_{bra} Z_{KN} \tag{4-39}$$

图 4-17b 中距离保护 P_1 在 K 点故障后的测量阻抗 Z 为

$$Z = Z_{MN} + \frac{\dot{I}_{NP}}{\dot{I}_M} Z_{KN} = Z_{MN} + K_{bra} Z_{KN} \tag{4-40}$$

式（4-39）与式（4-40）中的 K_{bra} 称为分支系数。

$$K_{bra} = \frac{相邻线路电流}{本线路电流} \tag{4-41}$$

在图 4-17a 中 $K_{bra} > 1$，电流 I_N 使故障线路电流大于本线路电流，称为助增电流。在图 4-17b 中 $K_{bra} < 1$，电流 I_{NQ} 使故障线路电流小于本线路电流，称为外汲（汲出）电流。

经过分析可知，助增电流使得距离保护测量阻抗增大，保护区缩短，保护灵敏度降低；汲出电流使得距离保护测量阻抗减小，保护区伸长，可能造成保护的超范围动作。

消除分支电流的影响主要是防止超范围动作，因此在整定距离保护Ⅱ段时按照最小分支系数 $K_{bra.min}$ 整定；为了确保保护的灵敏度，校验Ⅲ段远后备的灵敏系数时按照最大分支系数 $K_{bra.max}$ 校验。

4.6.2 阶段式距离保护整定

距离保护的整定阻抗角为线路阻抗角，动作时间按照阶梯配合，各段原则如下。

(1) Ⅰ段整定　Ⅰ段整定要求其保护区不能伸出本线路，即整定阻抗小于被保护线路阻抗。在图 4-18 中，保护 P_1 的Ⅰ段整定阻抗 Z_{set1}^{I} 为

$$Z_{set1}^{I} = K_{rel}^{I} Z_{MN} \tag{4-42}$$

式中　K_{rel}^{I} ——Ⅰ段可靠系数，一般取 0.8~0.85。

(2) Ⅱ段整定　Ⅱ段延时动作，保护区不能伸出相邻元件或线路瞬时段的保护区，并按照最小分支系数考虑。因此在图 4-18 所示既无助增电流也无外汲电流时，分支系数 $K_{bra.min}$ 取 1。

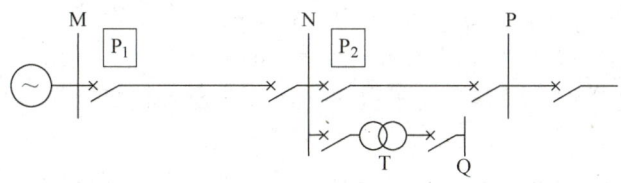

图 4-18 整定计算用系统图

1) 与相邻线路 I 段配合,图 4-18 中保护 P_1 的 II 段整定阻抗为

$$Z_{set1}^{II} = K_{rel}^{II}(Z_{MN} + K_{bra.min}Z_{set2}^{I}) \tag{4-43}$$

式中 K_{rel}^{II}——II 段可靠系数,一般取 0.8。

2) 与相邻变压器配合,图 4-18 中保护 P_1 的 II 段应躲开 Q 母线的短路:

$$Z_{set1}^{II} = K_{rel}^{II}(Z_{MN} + K_{bra.min}Z_{T}) \tag{4-44}$$

式中 K_{rel}^{II}——II 段可靠系数,一般取 0.7~0.75。

取以上两式中较小者作为 II 段整定阻抗,动作时间比相邻线路 I 段长,一般取 0.5s。
按照线路末端发生金属性短路来校验 II 段灵敏度。保护 P_1 的灵敏系数为

$$K_{sen}^{II} = \frac{Z_{set1}^{II}}{Z_{MN}} \geq 1.25 \tag{4-45}$$

若灵敏系数不满足要求,则可以与相邻 II 段配合,时间则比相邻 II 段动作时间长 Δt(一般为 0.5s)。

(3) III 段整定 作为后备保护的 III 段,正常时不启动。因此整定阻抗应躲开最大负荷时的阻抗 $Z_{Lo.min}$,即最小负荷阻抗。

$$Z_{Lo.min} = \frac{0.9\dot{U}_N}{\sqrt{3}\dot{I}_{Lo.max}} \tag{4-46}$$

式中 $\dot{U}_N$——母线额定电压;

$\dot{I}_{Lo.max}$——最大负荷电流。

分子乘为 0.9,代表求最小负荷阻抗时,应用母线最低电压。

考虑到最小负荷阻抗的阻抗角与短路阻抗角存在一定差异。保护 P_1 的 III 段整定阻抗 Z_{set1}^{III} 为

$$Z_{set1}^{III} = \frac{Z_{Lo.min}}{K_{rel}^{III}K_{re}K_{Ms}\cos(\varphi_1-\varphi_{Lo})} \tag{4-47}$$

式中 K_{rel}^{III}——III 段可靠系数,一般取 1.2~1.3;

K_{re}——阻抗继电器的返回系数,一般取 1.1;

K_{Ms}——电动机自起动系数,由负荷性质决定,一般取 1.5~3;

φ_1、φ_{Lo}——线路阻抗角与负荷阻抗角。

如图 4-19 所示,对于方向阻抗圆,整定阻抗对应于圆的直径,其阻抗角为线路阻抗角 φ_1,一般为 70°左右。负荷阻抗对应于圆中过原点的一条弦边,其阻抗角 φ_{Lo} 一般为 30°左

右。式（4-47）中的 cos（$\varphi_1-\varphi_{Lo}$）的作用，就是将对应于阻抗角 φ_{Lo} 的整定值，按弦边与直径的余弦关系，折算出直径的长度，得到最终的整定阻抗。这样，Ⅲ段的整定阻抗角与Ⅰ、Ⅱ段的整定阻抗角即可保持一致。

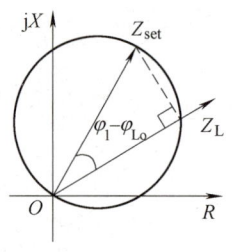

图 4-19 负荷阻抗角对灵敏系数的影响

按照线路末端发生金属性短路来校验Ⅲ段灵敏度。当采用圆特性方向阻抗继电器时，保护 P_1 的灵敏系数为

1) 作为 MN 线路近后备：

$$K_{sen}^{Ⅲ} = \frac{Z_{set1}^{Ⅲ}}{Z_{MN}} > 1.5 \qquad (4-48)$$

2) 作为 NP 线路远后备：

$$K_{sen}^{Ⅲ'} = \frac{Z_{set1}^{Ⅲ}}{(Z_{MN}+K_{bra.min}Z_{NP})} > 1.2 \qquad (4-49)$$

动作时间与电流保护Ⅲ段时间有相同的配置原则，即大于相邻线路最长的动作时间。

【例 4-1】 如图 4-20 所示，断路器 QF_1、QF_2 处均装设三段式相间距离保护（采用圆特性方向阻抗继电器）P_1、P_2，已知线路阻抗为 $Z_{MN} = (4.4+j11.9)\Omega$；$P_1$ 的一次整定阻抗为：$Z_{set1}^{Ⅰ} = 3.6\Omega$，0s；$Z_{set1}^{Ⅱ} = 11\Omega$，0.5s；$Z_{set1}^{Ⅲ} = 114\Omega$，3s；MN 线路输送的最大负荷电流为 500A，最大负荷功率因数角为 $\varphi_{Lo.max} = 40°$；TV 电压比 $n_{TV} = \frac{110}{\sqrt{3}}kV \Big/ \frac{0.1}{\sqrt{3}}kV = 1100$，TA 电流比 $n_{TA} = 600A/5A = 120$。试整定距离保护 P_2 的Ⅰ、Ⅱ段的二次整定阻抗、最灵敏角及动作时间。

【解】

线路阻抗 $Z_{MN} = (4.4+j11.9)\Omega = 12.68\Omega \angle 69.7°$。整定阻抗角取线路阻抗角，即 $\varphi_{sen} = \varphi_1 = 69.7°$。

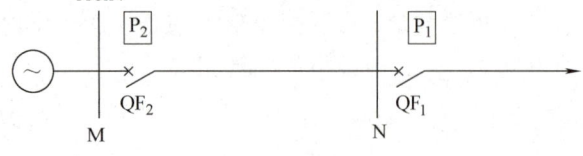

图 4-20 整定算例系统图

1) Ⅰ段整定。Ⅰ段整定阻抗小于线路阻抗，可靠系数取 0.8，一、二次值为

一次：$Z_{set2}^{Ⅰ} = 0.8 \times 12.68\Omega = 10.144\Omega$

二次：$Z_{K.set2}^{Ⅰ} = Z_{set2}^{Ⅰ} \times \frac{n_{TA}}{n_{TV}} = 10.144 \times \frac{120}{1100}\Omega = 1.1\Omega$

2) Ⅱ段整定。Ⅱ段与保护 1 的Ⅰ段配合，整定阻抗一次值为

$$Z_{set2}^{Ⅱ} = K_{rel}^{Ⅱ}(Z_{MN}+K_{b.min}Z_{set1}^{Ⅰ}) = 0.8 \times (12.68+1 \times 3.6)\Omega = 13.024\Omega$$

灵敏系数 $K_{sen} = \frac{Z_{set2}^{Ⅱ}}{Z_{MN}} = \frac{13.024\Omega}{12.68\Omega} < 1.25$，不满足，则与保护 1 的Ⅱ段配合：

一次：$Z_{set2}^{Ⅱ} = K_{rel}^{Ⅱ}(Z_{MN}+K_{b.min}Z_{set1}^{Ⅱ}) = 0.8 \times (12.68+1 \times 11)\Omega = 18.944\Omega$

灵敏系数 $K_{sen} = \frac{Z_{set2}^{Ⅱ}}{Z_{MN}} = \frac{18.944\Omega}{12.68\Omega} > 1.25$，符合要求，则二次整定值为

$$Z_{set2}^{Ⅱ} = Z_{K.set2}^{Ⅱ} \times \frac{n_{TA}}{n_{TV}} = 18.944 \times \frac{120}{1100}\Omega = 2.066\Omega$$

动作时间与保护 P_1 的 Ⅱ 段配合，有 $t_{set2}^{Ⅱ} = t_{set1}^{Ⅱ} + \Delta t = (0.5+0.5)\text{s} = 1.0\text{s}$。

需要指出的是，本例题分支系数为 1，如有助增或外汲电流，则需要先计算分支系数，包括最大分支系数与最小分支系数。本例题没有提供相邻线路的阻抗，如有，则需要校验远后备的灵敏系数。

4.7 电力系统振荡对距离保护的影响及对策

电力系统中的电磁参量（电流、电压等）的振幅和机械参量（功角、转速等）的大小随时间发生等幅、衰减或发散的周期性变化的现象称为振荡。系统发生振荡时，相关节点电压、支路电流将随时间周期性变化，相关距离保护的测量阻抗也会因此变化。因此，电力系统振荡是一种影响距离保护正确动作的因素。

学习电力系统振荡闭锁必须先明确以下两点：

① 电力系统发生振荡时，距离保护应闭锁。振荡是一种非常严重的系统事故现象，如果距离保护动作跳开某段线路，切断两侧电源间的联系，反而可能引发更严重的系统事故。

② 单侧电源系统不会出现振荡，因此也不需要振荡闭锁。只有双侧或多侧电源系统才有可能出现振荡。因此对于距离保护而言，只有其保护线路为双侧电源时，才需要考虑振荡问题。

本章主要介绍 110kV 线路保护。110kV 线路本来不需要讨论振荡闭锁问题，因为 110kV 线路一般是单侧电源线路，110kV 线路即使是双侧电源，由于两侧电源在容量上差别悬殊，理论上也不存在振荡的可能性。但距离保护装置在设计时应体现通用性，必须考虑 220kV 及以上电压等级系统振荡时对距离保护的影响，因此将振荡闭锁相关内容安排在本章加以介绍。

4.7.1 电流电压量分析

现以图 4-21 所示的双侧电源的电力系统为例，分析系统振荡时电压、电流的变化规律。图 4-21a 中 S 侧为基准侧，R 侧为对侧，母线 M 处安装有保护 P，母线电压为 $\dot{U}_M$，流过保护 P 的电流为振荡电流 $\dot{I}_{swi}$，母线 N 处电压为 $\dot{U}_N$。图 4-21b 为等值正序阻抗网络图，图中 $\dot{E}_S$ 为该 S 侧等值电势，为参考相量，$\dot{E}_R$ 为 R 侧等值电势。$\dot{E}_S$ 超前 $\dot{E}_R$ 夹角 δ 在 0°~360°周期性地变化。两侧系统间的阻抗为 Z_{SM}、Z_{MN}、Z_{RN}。

以 $\dot{E}_S$ 为参考相量，设 $\dot{E}_R$ 围绕 $\dot{E}_S$ 转动，则 $\dot{E}_S$ 超前 $\dot{E}_R$ 夹角 δ 在 0°~360°周期性地变化，即为振荡。其相量关系如图 4-22a 所示，为简化分析，可假设两侧电势幅值相等，则振荡电流 $\dot{I}_{swi}$ 为

$$\dot{I}_{swi} = \frac{\dot{E}_S - \dot{E}_R}{Z_{SM} + Z_{MN} + Z_{RN}} = \frac{\dot{E}_S(1-e^{-j\delta})}{Z_\Sigma} \quad (4-50)$$

式中　Z_Σ——两侧电源间联系总阻抗。

由式可知，电流的相位滞后于 $\Delta \dot{E} = \dot{E}_S - \dot{E}_R$ 的角度为 Z_Σ 的阻抗角 φ，其相量的末端随 δ 变化的轨

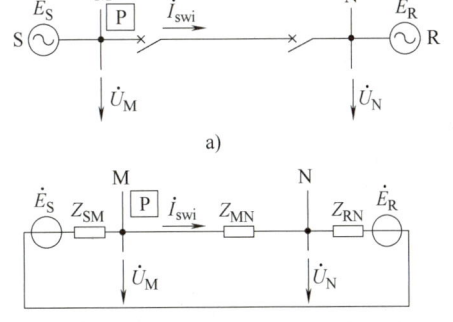

图 4-21 双侧电源的电力系统
a) 双侧电源系统示意图　b) 正序等值阻抗网络图

迹如图 4-22a 的虚线圆周所示。当 $\delta=0°$ 时,振荡电流 $\dot{I}_{swi}$ 为零;当 $\delta=180°$ 时,振荡电流达到最大值 $\dot{I}_{swi.max}$。δ 周期性变化时,其振荡电流波形如图 4-22b 所示。

保护 P 处电压为

$$\dot{U}_M = \dot{E}_S - \dot{I}_{swi} Z_{SM} \tag{4-51}$$

由式(4-51)可知当 $\delta=0°$ 时,由于 $\dot{I}_{swi}=0$,$\dot{U}_M=\dot{E}_S$,P 处电压达到最大值,当 $\delta=180°$ 时,振荡电流达到最大值,此时 $\dot{U}_M$ 最小,δ 周期性变化时,其电压波形如图 4-22b 所示。

在图 4-22a 中,由 O 点向相量 $\Delta\dot{E}$ 作一垂线,交于 C 点,该点电压为

$$\dot{U}_C = \dot{E}_S - \dot{I}_{swi}\frac{Z_\Sigma}{2} \tag{4-52}$$

当 $\delta=180°$ 时,该点电压为零,其电压波形如图 4-22b 所示。在 $\delta=0°$ 以外的任意值时,该点电压都是全系统最低的,特别是当 $\delta=180°$ 时,该电压的有效值变为 0。电力系统振荡时,电压最低的这一点称为振荡中心,在系统各部分的阻抗角都相等的情况下,振荡中心的位置就位于阻抗中心 $Z_\Sigma/2$ 处。

另由式(4-50)可知,$\delta=180°$ 时,振荡电流达到最大值 $\dot{I}_{swi.max}$,该电流与振荡中心(C 点)发生三相短路时短路电流相当。

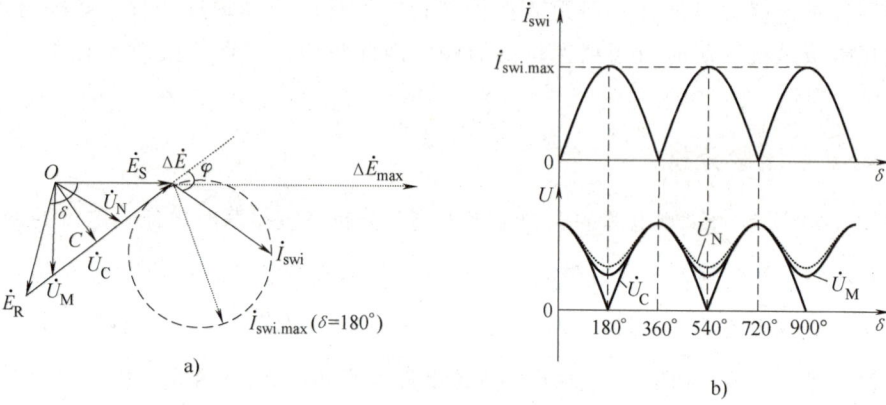

图 4-22 系统振荡时的电流和电压
a)相量图 b)电流、电压有效值变化曲线

4.7.2 保护 P 的测量阻抗

由式(4-51)及式(4-52)推导并整理,保护 P 的测量阻抗一次值可表示为

$$Z_{m.M} = \frac{\dot{U}_M}{\dot{I}_{swi}} = \frac{\dot{E}_S - \dot{I}_{swi}Z_{SM}}{\dot{I}_{swi}} = \frac{1}{2}Z_\Sigma - Z_{SM} - j\frac{Z_\Sigma}{2}\cot\frac{\delta}{2} \tag{4-53}$$

系统振荡时测量阻抗变化的轨迹如图 4-23 所示,在阻抗复平面上,M 点为坐标原点,S 点对应系统阻抗 Z_{SM},R 点对应本线路阻抗加对侧系统阻抗,为 $Z_{MN}+Z_{RN}$。假定系统中元件阻抗角一致,则 SR 为经过原点的一条直线。图中圆代表保护 P 的某一段阻抗元件,Z_{set} 为

其整定阻抗。δ 在 $0°\sim360°$ 周期性地变化时，测量阻抗变化轨迹为直线，共有三条，分别为 $E_S>E_R$、$E_S=E_R$、$E_S<E_R$ 三种情况，图中仅画出部分。为简化分析，本节仅分析两侧电势相等即 $E_S=E_R$ 条件下的直线轨迹（即 ab 线）。

由图 4-23 可以看出，δ 在 $0°\sim360°$ 周期性地变化时，如 M 侧距离保护 P 的方向阻抗圆包含了振荡中心 C，则振荡轨迹将穿越它。根据式（4-53）可知，计算保护 P 的测量阻抗 $Z_{m.M}$ 时，以 M 点为坐标原点，前从 M 点向 MN 方向（即保护 P 的整定阻抗角方向）作向量 $\dfrac{Z_\Sigma}{2}-Z_{SM}$，其终端为振荡中心 C 点，经 C 点再做垂直于 MN 方向的向量 $-j(Z_\Sigma/2)\cot(\delta/2)$，相交于方向阻抗圆上 a 点，即测量阻抗进入距离保护阻抗动作区的位置。将其与原点 M 连线即为 $Z_{m.M}$。

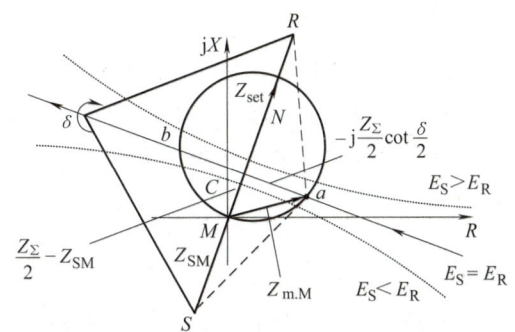

图 4-23 系统振荡测量阻抗变化的轨迹

观察图 4-23 可见，随着 δ 逐渐增大，测量阻抗端点进入点 a，开始向 C 点移动，并经点 b 穿越阻抗圆。注意测量阻抗到达 C 点时，δ 为 $180°$；接着测量阻抗退出阻抗继电器的动作区，定义 a 点对应 t_a 时刻，角度为 δ_a；b 点对应 t_b 时刻，角度为 δ_b。

如已知 δ 从 $0°\sim360°$ 变化一周所需时间为振荡周期 T_{swi}，根据角度为 δ_a、δ_b 即可推算测量阻抗在阻抗圆内穿越时长。根据 a、b 两点相对于 C 点的对称关系，可计算出此时间 t 为

$$t=t_b-t_a=\dfrac{\delta_b-\delta_a}{360°/T_{swi}}=\dfrac{2(180°-\delta_a)}{360°/T_{swi}} \tag{4-54}$$

式中 δ_a、δ_b——测量阻抗出圆时 δ 角；

T_{swi}——振荡周期，δ 从 $0°\sim360°$ 变化一周所需时间，一般在 $1\sim3s$ 之间。

【例 4-2】 已知图 4-24 所示双电源（S、R）系统中发生振荡，两侧电势值相等。两侧系统间的阻抗为 $Z_{SM}=10\Omega$、$Z_{MN}=25\Omega$、$Z_{NR}=15\Omega$，阻抗角均为 $70°$，保护 P 距离保护方向阻抗圆的整定值为 $Z_{set}=20\angle70°$（Ω）。

① 如振荡轨迹进入阻抗圆 a 点时，测量阻抗 $Z_{m.M}$ 的角度为 $40°$。试求此时对应的 δ_a；

② 如振荡周期为 $T_{swi}=1.5s$，求振荡轨迹在阻抗元件中的停留时长。

【解】

1）问题①计算。根据题意作图，如图 4-24 所示，根据题意绘出 S、M、N、R 点，由于阻抗角一致，上述各点构成一条 $SMNR$ 线段。绘出方向阻抗圆经 M 点，M 点位于坐标原点，即保护安装处。

由题意知：$Z_{SM}+Z_{MN}+Z_{NR}=50\angle70°$（$\Omega$），$Z_\Sigma/2=25\angle70°$（$\Omega$）。则圆中 MC 线段对应相量为

$\overrightarrow{MC}=\dfrac{1}{2}Z_\Sigma-Z_{SM}=25\angle70°-10\angle70°=15\angle70°(\Omega)$

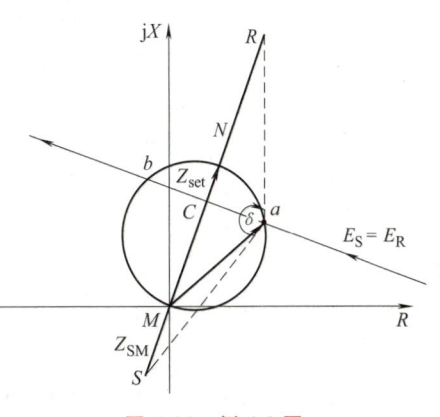

图 4-24 例 4-2 图

因 a 点位于阻抗圆周上，根据圆周角定理有
$$|\overrightarrow{Ma}| = |Z_{m.M}| = |Z_{set}|\cos(70°-40°) = (20\times\sqrt{3}/2)\Omega = 10\sqrt{3}\,\Omega$$
图中，M、C、a 构成直角三角形 $\triangle MCa$，因此得线段 Ca 长度对应阻抗为
$$Ca = \sqrt{Ma^2 - MC^2} = 8.66\,\Omega$$
a 点位于阻抗圆周上时，对应角度 $\angle SaR = \delta$，根据振荡轨迹与 SR 线段垂直，且必经振荡中心 C 的原理，$\triangle RaS$ 为等腰三角形，C 点为其垂足。ab 线为 $\angle SaR$ 的角平分线。因此有 $\angle CaR = \delta/2$。因此对直角三角形 RCa 有
$$\cot\angle CaR = \cot\frac{\delta}{2} = \frac{Ca}{CR} = \frac{8.66\,\Omega}{25\,\Omega} = 0.3464$$
经演算可得 $\delta = 141.79°$

2）问题②计算。由题意知 $T_{swi} = 1.5\,\text{s}$，测量阻抗在圆的停留时间为
$$t = \frac{2(180°-\delta)}{360°/T_{swi}} = \frac{2(180°-141.79°)}{360°/1.5} = 0.32\,\text{s}$$

通过以上分析可知，系统振荡时，阻抗元件是否会误动作，要看测量阻抗 $Z_{m.M}$ 是否落在圆内以及处于圆内的时间长度。主要取决于以下三个因素：

① 保护安装处的位置，离振荡中心越远，越不容易误动。
② 阻抗继电器的动作特性，动作区越小，越不容易误动。
③ 保护的动作延时，动作延时越长，越不容易误动。

如果振荡时测量阻抗有可能进入保护的动作区将导致阻抗继电器动作，从而引起保护误动，就必须制定相应对策。

4.7.3 振荡闭锁原理

为防止距离保护误动，距离保护应当加装振荡闭锁。对距离保护振荡闭锁的要求如下：
① 系统发生短路故障时，应当快速开放保护。
② 系统因静态稳定被破坏引起振荡时，应可靠闭锁保护。
③ 外部故障切除后紧跟着发生振荡，保护不应误动。
④ 振荡过程中发生故障，保护应可靠动作。
⑤ 振荡闭锁在振荡平息后应该自行复归，即振荡不平息则振荡闭锁不复归。

简而言之，振荡时，要可靠闭锁可能误动的距离保护；短路时，要解除闭锁，开放保护出口。

测量阻抗进入阻抗继电器的动作区时间为 $t_b - t_a$（小于 1s），因此对阻抗继电器来说，Ⅲ段最容易动作，但是距离保护Ⅲ段的动作时间最长（超过 1s），若动作时间为 1.5s 以上则距离保护Ⅲ段不受振荡的影响。可能受振荡影响的是距离保护Ⅰ、Ⅱ段，需要加装振荡闭锁。

根据对振荡闭锁的要求，振荡闭锁判据需要区分振荡与短路。振荡与短路的主要区别如下：
① 振荡时，电压、电流及测量阻抗幅值均做周期性的变化，变化缓慢；而短路时电流突然增大，电压突然减小，变化速度快；

② 振荡时，三相完全对称，无负序或零序分量；短路时，总要长期（不对称短路）或瞬间（对称短路）出现负序电流（接地故障时还有零序电流）。

简而言之，短路时电气量突变，振荡时电气量缓变；短路时有负序或零序分量，而振荡时只有正序分量。

振荡闭锁逻辑如图 4-25 所示（其中的时间元件无单位标注时，单位为 ms）。以下结合该框图分四种情况说明其逻辑原理。

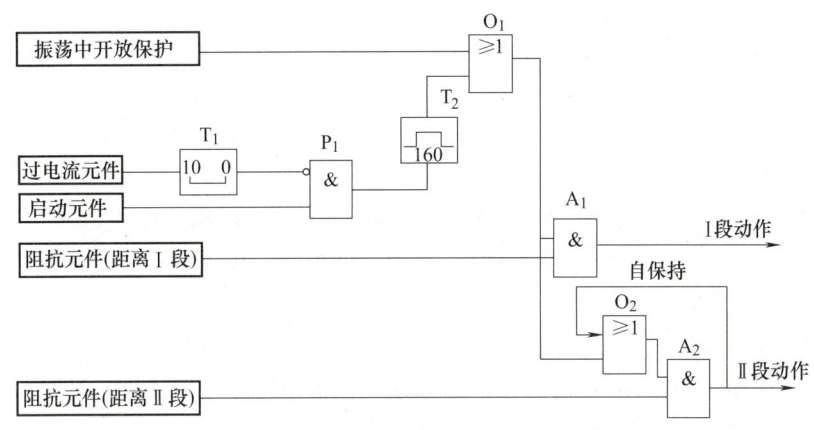

图 4-25　振荡闭锁逻辑图

（1）短路故障，无振荡　此类情况下反应振荡的过电流元件不动作，启动元件动作。距离保护的启动元件在系统振荡时闭锁保护，在故障时开放保护。根据振荡与短路的区别，启动元件一般采用负序电流 I_2 加零序电流 I_0（即 I_2+I_0）启动；也可以采用突变量元件启动，如负序零序增量 $\Delta(I_2+I_0)$，或相电流差突变量 $\Delta I_{\varphi\varphi}$。此时图中的过电流元件也可能动作，但其后有 T_1 延时门，10ms 才能输出 1。因此，此时禁止门 P_1 输出为 1，经延时门 T_2，短时 160ms 开放 O_1，因此 A_1、A_2 将在 160ms 内短时开放，保证距离Ⅰ段、Ⅱ段阻抗元件进行判断，160ms 短时开放之后，O_1 门输出为 0，闭锁距离Ⅰ段、Ⅱ段，直到故障平息，启动元件返回后，经 6s 左右整组复归时间（图中未画出）后解除禁止门 P_1 的自保持。保护整组复归后，做好下一次动作的准备。

值得指出，如故障点在Ⅰ段区内，则保护将立即输出动作信息，向断路器发出跳闸命令。如故障点在Ⅱ段区内，则保护通过 O_2 动作后将自保持，即使 160ms 后 O_1 门输出为 0，A_2 也能保证输出为 1，保证Ⅱ段经整理延时（如 500ms）保护输出动作信息。

（2）单纯振荡，无短路故障　由于静态稳定被破坏而出现的振荡，振荡电流缓慢变化，达到一定条件时，过电流元件输出为 1，经 T_1 延时 10ms 后，P_1 输出为 0 并自保持（自保持逻辑图中未画出）。此时距离Ⅰ段、Ⅱ段阻抗元件被闭锁，直到振荡平息，过电流元件返回后，经 6s 左右整组复归时间（图中未画出）后解除对于禁止门 P_1 的自保持。

（3）先短路，后振荡　如遇保护区外部短路引发振荡的情况，则在短路发生初期，P_1 输出 1 并自保持，O_1 已经历 160ms 短时开放，已处于闭锁状态。此时再发生振荡，由于 P_1 输出为 1 的状态不改变，O_1 输出为 0 的状态也不会改变。因此达到振荡闭锁的目的。这种状态将一直维持到短路或振荡现象完全消失为止。

（4）先振荡，后短路　如遇振荡中出现短路的情况，保护应能再次开放。此时 P_1 输出

0并自保持，O_1 已处于闭锁状态。如此时再发生故障，将通过振荡中开放保护逻辑向 O_1 输出为 1，且不受 160ms 约束。振荡中开放保护的判据请参考相关文献。

综上所述，距离保护振荡闭锁的方案可归纳为：

① 突变量启动。

② 短时开放。

③ 振荡过程中出现短路应能再次启动。

4.8 过渡电阻对距离保护的影响与对策

4.8.1 过渡电阻影响分析

前面分析的短路故障都是金属性故障，而实际的短路故障都不同程度地存在过渡电阻，由于过渡电阻的存在，会导致距离保护的阻抗继电器无法正确测量保护安装处到故障点的短路阻抗，因此可能造成保护的拒动或误动。

短路点的过渡电阻 R_g 是当相间短路或接地短路时，短路电流从一相流到另一相或从一相流入地的途径中所通过的物质的电阻，这包括电弧电阻与接地电阻等。实验证明，当故障电流足够大时，电弧上的电压峰值 $U_{arc.m}$（kV）几乎与电弧电流 I_{arc}（A）无关，而与电弧的长度 l_{arc}（m）的关系为：$U_{arc.m} = 1.5 l_{arc}$。当电弧电流接近正弦时，电弧电阻 R_g（Ω）为

$$R_g = \frac{U_{arc.m}}{\sqrt{2} I_{arc}} = 1050 \times \frac{l_{arc}}{I_{arc}} \tag{4-55}$$

在短路初瞬间，电弧电流很大，电弧较短，电弧电阻较小。几个周期后，随着电弧的逐渐拉长，电弧电阻逐渐增大。

相间短路的过渡电阻主要由电弧电阻组成，过渡电阻的大小可按照式（4-55）计算。接地短路除了电弧电阻外，还有接地电阻。接地电阻随着接地介质、气候、土壤性质的不同，变化范围较大。500kV 线路接地短路的最大过渡电阻按 300Ω 考虑，220kV 线路则按照 100Ω 考虑。

如图 4-26 所示单侧电源系统，阻抗继电器的测量阻抗 Z 为短路阻抗 Z_K 与过渡电阻 R_g 直接相加，即

$$Z = Z_K + R_g = Z_K + \Delta Z \tag{4-56}$$

式中　Z_K——短路阻抗；

　　　ΔZ——附加阻抗。

测量阻抗的附加阻抗 ΔZ 为纯电阻 R_g。由图可见，由于过渡电阻 R_g 的存在，会造成圆特性方向阻抗继电器（图 4-26 中圆 1）拒动。

如图 4-27 所示双侧电源系统 K 点经 R_g 短路时，故障点的电压 $\dot{U}_K = (\dot{I}_M + \dot{I}_N) R_g$，M 侧阻抗继电器的测量阻抗 Z_M 为

$$Z_M = \frac{\dot{U}_M}{\dot{I}_M} = \frac{\dot{I}_M Z_{MK} + (\dot{I}_M + \dot{I}_N) R_g}{\dot{I}_M} = Z_{MK} + \frac{\dot{I}_M + \dot{I}_N}{\dot{I}_M} R_g = Z_{MK} + \Delta Z \tag{4-57}$$

式中　Z_{MK}——M 点到 K 点的短路阻抗；

　　　ΔZ——附加阻抗。

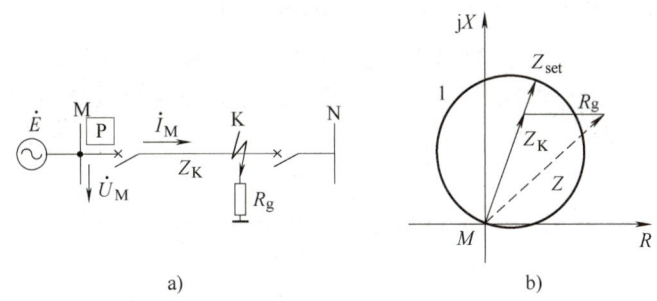

图 4-26 单侧电源过渡电阻的影响
a）系统示意图　b）阻抗继电器动作区示意图

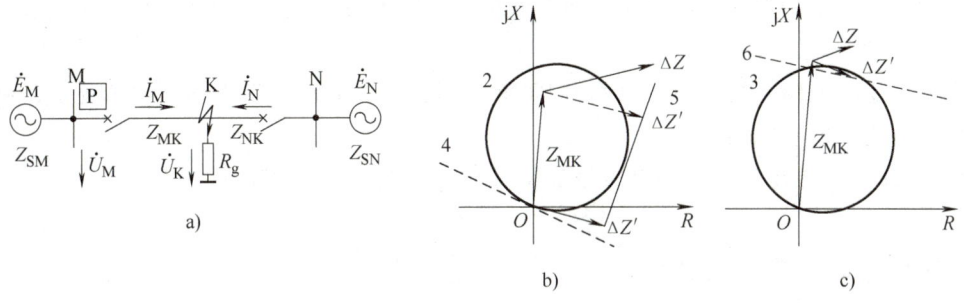

图 4-27 双侧电源过渡电阻的影响
a）系统图　b）拒动示意图　c）误动（超越）示意图
ΔZ—M 侧为受电侧的附加阻抗　$\Delta Z'$—M 侧为送电侧的附加阻抗

由式（4-57）可见，当 M 侧为送电侧（$\dot{I}_M$ 超前）时，测量阻抗的附加阻抗 ΔZ 为容性阻抗（图 4-27b 中的 $\Delta Z'$），可能在出口故障时造成阻抗继电器（图 4-27b 中圆 2）拒动，还可能在保护区末端外部故障时造成阻抗继电器（图 4-27c 中圆 3）误动（超越）。

当 M 侧为受电侧（$\dot{I}_M$ 滞后 $\dot{I}_N$）时，测量阻抗的附加阻抗 ΔZ 为感性阻抗（图 4-27b 中的 ΔZ），可能在保护区末端故障时造成阻抗继电器（图 4-27b 中圆 2）拒动。

需要指出的是，在过渡电阻相同时，越是靠近保护安装处故障，I_M 越大，I_N 越小，则测量阻抗的附加阻抗 ΔZ 模值越小，测量阻抗轨迹如图 4-27b 的直线 5 所示。由图示可知，直线 5 与 R 轴夹角小于短路阻抗角。

4.8.2 过渡电阻对策

通过以上分析可知：送电侧保护为了防止阻抗继电器拒动，继电器应该以虚线 4（图 4-27b 中）为动作边界；为了防止阻抗继电器超越，继电器应该以虚线 6（图 4-27c 中）为动作边界。

过渡电阻具有在短路初瞬间电阻较小，随时间推移不断增大的特点。由于距离Ⅰ段无动作延时，此时过渡电阻较小，因此过渡电阻对Ⅰ段影响较小；距离Ⅱ段有动作延时，延时后过渡电阻较大，因此过渡电阻对Ⅱ段影响大；距离Ⅲ段有动作延时，但是整定阻抗很大，阻抗继电器抗过渡电阻能力强，因此过渡电阻对Ⅲ段影响较小。

目前，数字式距离保护应对过渡电阻的策略可总结为：
① 改进阻抗元件动作特性，防止其出现因过渡电阻而造成的误动或拒动。
② 采用瞬时测定逻辑，即在阻抗元件动作后，立即锁定其动作行为，防止因过渡电阻增大而造成阻抗元件误判。

4.9 电压互感器回路断线对距离保护的影响与对策

电压互感器回路断线故障主要有一次侧断线和二次侧断线两种形式。无论是哪一侧断线，都会使二次回路电压异常，进而会造成保护装置的电压量发生偏差，因此在电压互感器断线时，会造成距离保护无法完成对母线电压的正确测量，进而影响对于阻抗的正确测量，有可能引起距离保护误动。因此，必须采取相应闭锁措施，以防止电压互感器断线故障造成距离保护误动。

电压互感器回路断线闭锁，也称为 PT 断线闭锁。在启动元件未动作的情况下，满足下列条件之一启动断线闭锁：

1) 三倍零序电压值即三相电压相量和幅值大于 8V，对应闭锁条件为

$$3U_0 = |\dot{U}_a + \dot{U}_b + \dot{U}_c| > 8V \tag{4-58}$$

该条件主要对应于不对称断线。

2) 三相电压幅值代数和小于 0.5 倍 PT 二次额定相电压（57.7V），即

$$|\dot{U}_a| + |\dot{U}_b| + |\dot{U}_c| < 28.85V \tag{4-59}$$

或每相电压均小于 8V。该条件主要对应于对称断线，即三相均欠电压的现象。

无论是何种原因造成的断线，保护装置都将在延时 1.25s 后，发出 PT 断线异常信号并闭锁相应的保护。

【例 4-3】 某距离保护装置在运行过程中发生了 A 相断线，保护测得三相二次电压为：$\dot{U}_a = 0$、$\dot{U}_b = 57.7\angle -120°$（V）、$\dot{U}_c = 57.7\angle 120°$（V），请画出相应的电压相量及三倍零序电压相量示意图，并说明是否满足 PT 断线闭锁条件。

【解】

由题意可知三倍零序电压为 $3\dot{U}_0 = \dot{U}_a + \dot{U}_b + \dot{U}_c = -57.7\angle 180°$（V）。画出相应相量如图 4-28 所示。由于三倍零序电压值 $3U_0 = 57.7V > 8V$，因此满足 PT 断线闭锁条件。

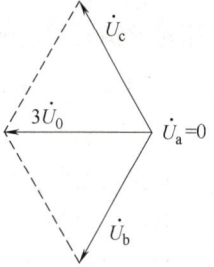

图 4-28 电压相量图

4.10 110kV 输电线路数字式保护原理简介

本章前几节介绍了 110kV 输电线路零序电流保护、距离保护的基本原理，上述原理多是基于传统式继电器加以实现的。目前数字式继电保护已在电网中广泛应用，集成了主、后备保护及重合闸功能（后续章节介绍），还具体有低频减载（按频率自动减负荷）、低电压减载（按电压自动减负荷）、断路器失灵启动（后续章节介绍）、过负荷保护和故障测距等功能。保护装置还自带跳、合闸操作回路及双母线交流电压切换回路。装置还能适应常规变

电站及数字化变电站的不同互感器接入方式、不同跳闸方式、不同通信标准等。因此，在学习 110kV 输电线路保护时，应树立集成观念，较全面地掌握 110kV 输电线路保护原理。本节重点介绍以距离及零序电流保护功能为主体的 110kV 输电线路的保护的启动元件、零序电流保护逻辑、实用距离保护阻抗特性和距离保护动作逻辑。

4.10.1 启动元件

(1) 启动元件的作用与设计要求 启动元件可以理解为唤醒元件。它的作用是：①启动故障处理功能。正常运行时，保护装置运行于正常运行程序，启动元件动作表示系统发生了故障，软件将由正常运行程序转入故障处理程序，判别故障在保护区内还是区外。②开放跳闸出口。启动元件动作后，保护装置才接通保护出口继电器的负电源，只有这样，保护出口继电器才有可能动作于断路器跳闸。正常情况下保护装置发生异常情况，如电压回路断线，保护是不会误动作的。

启动元件的作用简要可归纳为启动故障处理功能及开放跳闸出口。

无论是距离保护还是零序电流保护，其逻辑中都包含启动元件。对启动元件的功能设计要求是：

① 正常运行时，起到闭锁作用，提高装置工作可靠性。
② 在任何运行工况下，输电线路所在系统发生故障时都能可靠启动。
③ 启动元件动作后，系统恢复正常运行后才返回。

(2) 启动元件的动作条件 保护以相间电流突变量启动元件为主，同时有零序电流启动元件、静态稳定被破坏检测启动元件（用于振荡闭锁逻辑）。突变量启动元件动作方程为

$$\begin{cases} \Delta i_{\varphi\varphi} > I_{\text{st}} + 1.25\Delta I_{\text{T}} \\ \Delta 3i_0 > I_{0.\text{st}} + 1.25\Delta I_{0.\text{T}} \end{cases} \quad (4-60)$$

式中　$\Delta i_{\varphi\varphi}$——相间电流突变量，$\varphi\varphi$ 为 AB、BC、CA 三种相别；

I_{st}——相间电流启动值，一般取额定电流的 0.2 倍；

ΔI_{T}——相间电流浮动门槛，为正常运行时相间电流瞬时值的突变量；

$\Delta 3i_0$——三倍零序电流突变量；

$I_{0.\text{st}}$——零序电流启动值，按躲过正常运行不平衡电流整定；

$\Delta I_{0.\text{T}}$——零序电流浮动门槛，为正常运行时零序电流瞬时值的突变量。

相间电流、零序电流突变量浮动门槛，能自适应于正常运行和振荡期间的不平衡分量，因此既有很高的灵敏度而又不会频繁误启动。当任一电流突变量连续三次大于启动门槛时，保护启动。

保护装置还设有零序电流和相电流启动元件，为了防止远距离故障或经大电阻故障时相间电流突变量启动元件灵敏度不够而设置。该元件在零序电流有效值大于零序电流启动定值，或相电流有效值大于相电流最小定值并持续 30ms 后动作。

静态稳定被破坏检测启动元件，为了检测系统正常运行状态下发生静态稳定被破坏而引起的系统振荡而设置。用于振荡闭锁回路中，实质是振荡闭锁过电流元件，当振荡电流超过允许值时动作。

4.10.2 零序电流保护逻辑

图 4-29 为 110kV 线路零序方向保护逻辑框图。主要由启动元件、零序元件、零序方向

元件、阶段式零序电流保护元件、PT断线闭锁装置等组成，其中P_1为禁止门。

（1）电压互感器回路正常条件下 即PT未发生断线时，线路若发生故障，启动元件将动作、向A_2～A_6与门输出"1"；如电压互感器回路正常，PT断线闭锁输出为"0"，此时若零序功率正方向元件动作，则A_1将输出为"1"，此时P_1禁止门开放，向A_2～A_5与门输出"1"。

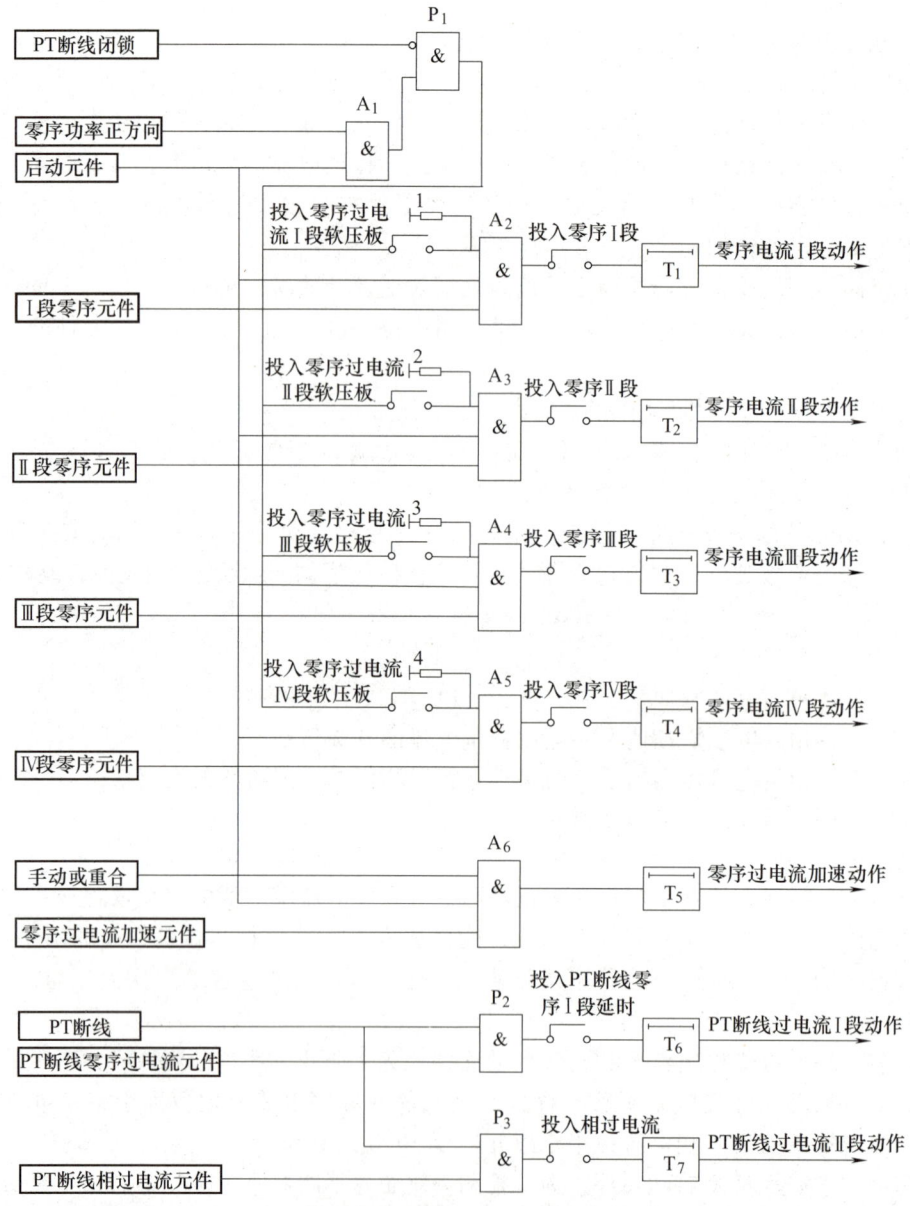

图4-29 零序方向保护逻辑框图

以零序电流Ⅰ段说明零序Ⅰ、Ⅱ段动作逻辑，如故障时，启动元件动作，向A_2与门输出"1"；如此时P_1禁止门也向A_2门输出"1"，经投入零序过电流Ⅰ段的软压板（控制字）设置为"1"，则A_2与门两个输入信号都是"1"；如零序电流也大于零序Ⅰ段定值，Ⅰ

段零序元件动作,则 A_2 与门三个输入信号均为"1"。A_2 与门输出为"1"。A_2 与门输出为"1"后,经投入零序Ⅰ段的软压板(控制字),再经过整定延时 T_1 门,发出跳闸命令,零序电流Ⅰ段动作。其他各段零序电流保护动作逻辑与零序电流Ⅰ段保护动作逻辑类似。

A_6 门的逻辑对应于当手动合上断路器(手动合闸)或者故障后采用自动重合闸时,如零序过电流加速元件动作,则不经 P_1 禁止门闭锁,只要保护启动,即可经过延时 T_5 后发出跳闸命令,称为零序过电流加速动作。

(2) **电压互感器回路异常条件下** 当 PT 发生断线,PT 断线闭锁输出为"1",P_1 门将被禁止,此时 P_1 向 $A_2 \sim A_6$ 与门输出"0"。当零序电流大于断线零序过电流整定值时,PT 断线零序过电流元件将向 P_2 输入"1",则经过 T_6 延时后,PT 断线过电流Ⅰ段动作。装置还可以通过投入 PT 断线零序Ⅰ段延时控制字选择 PT 断线零序Ⅰ段是否在零序Ⅰ段时间定值上再增加 200ms 延时。

同理,若此时任一相电流大于相过电流元件定值,则 PT 断线相过电流元件动作,P_3 输出"1"。如果相过电流软压板投入,则经 T_7 延时后 PT 断线过电流Ⅱ段动作。

设置 PT 断线零序过电流或相过电流逻辑回路的目的是保证在 PT 断线造成零序方向电流保护失效的情况下,仍有反应零序过电流与任一相过电流的保护,经延时动作于跳闸。

4.10.3 常用微机型阻抗元件简介

(1) **正序电压极化量阻抗元件** 以比相式动作条件为例,正序电压极化量阻抗元件的极化电压相对于传统阻抗继电器的极化电压主要区别在于:传统方向阻抗继电器的极化电压 $\dot{U}_P = \dot{U}_K$,即保护安装处实际电压,而正序电压极化量阻抗元件的极化电压 $\dot{U}_P = \dot{U}_{1K}$,动作条件变为

$$-90° < \arg \frac{\dot{U}_{op}}{\dot{U}_P} = \arg \frac{\dot{I}_K Z_{set} - \dot{U}_K}{\dot{U}_{1K}} < 90° \tag{4-61}$$

采用这种改进设计的主要目的是消除出口短路动作死区。线路出口发生不对称故障时(如 BC 两相短路),正序电压不为零;线路出口发生三相短路故障时,装置可靠记忆使极化电压不为零(即低阻抗原理)。

正方向故障时,正序电压极化阻抗继电器的动作特性如图 4-30 所示,其中图 4-30a 为系统示意图,图 4-30b 为正序等值阻抗网络图,图 4-30c 为动作特性。以阻抗形式表示的动作条件为

$$-90° \leq \arg \frac{Z_{set} - Z_K}{Z_K + Z_{SM}} \leq 90° \tag{4-62}$$

由图 4-30c 可见,继电器动作区的直径为 $|Z_{set}-(-Z_{SM})| = |Z_{set}+Z_{SM}|$,$Z_{SM}$ 近似于保护安装处背后阻抗。因此,正方向故障时动作区包括了原点,因此无正方向出口死区。

反方向故障时,正序电压极化阻抗继电器的动作特性如图 4-31 所示,其中图 4-31a 为系统示意图,图 4-31b 为正序等值阻抗网络图,图 4-31c 为动作特性。以阻抗形式表示的动作条件为

$$-90° \leq \arg \frac{Z_{set} - Z_K}{Z_K - Z_N'} = \arg \frac{Z_{set} - Z_K}{Z_K - (Z_{MN} + Z_{SN})} \leq 90° \tag{4-63}$$

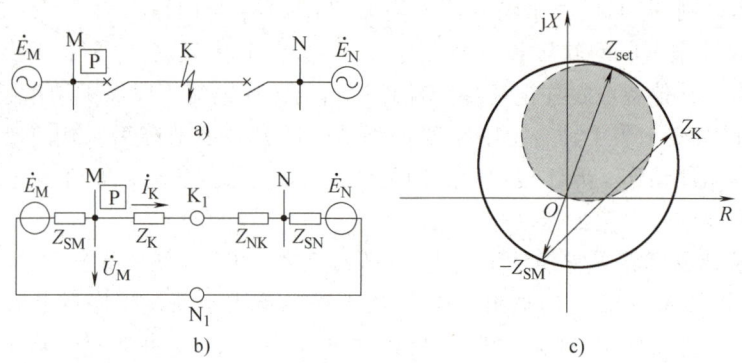

图 4-30 正方向故障时正序电压极化阻抗继电器动作特性
a）双侧电源系统示意图　b）正序等值阻抗网络图　c）正序电压极化阻抗继电器的动作特性

由图 4-31c 可见，动作区在以 $|Z_{set}-Z'_N|$ 为直径的圆内。因此，反向故障时，动作区在第Ⅰ象限，短路测量阻抗在第Ⅲ象限，所以保护不会误动。

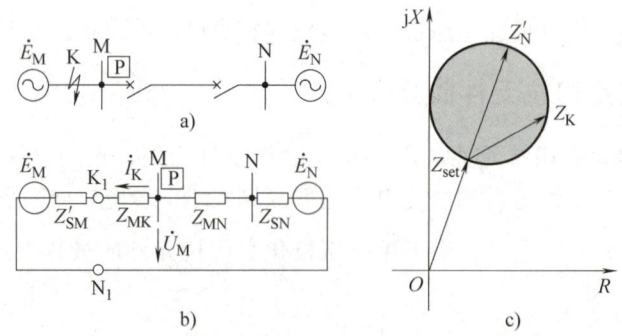

图 4-31 反方向故障时正序电压极化阻抗继电器动作特性
a）双侧电源系统示意图　b）正序等值阻抗网络图　c）正序电压极化阻抗继电器的动作特性

总之，正序电压极化阻抗继电器在线路正方向故障时无死区，反方向故障时不会误动。

（2）带偏移的正序电压极化量阻抗元件　在正序电压极化阻抗继电器的动作特性的基础上，还可以对动作特性阻抗圆进行"偏移"操作，仅以正向故障为例，带偏移的正序电压极化量阻抗元件动作条件为

$$-90°+\theta \leqslant \arg \frac{Z_{set}-Z_K}{Z_K+Z_{SM}} \leqslant 90°+\theta \tag{4-64}$$

若 $\theta=0°$，即代表无偏移，一般 θ 有 0°、15°、30°选项，图 4-32 中画出了 $\theta=30°$ 时的情形，此时 Z_{set} 与 $-Z_{SM}$ 的连线不再是圆的直径，而是变成了它的一个弦，它所对应的右侧圆弧上的圆周角变成了 $90°+\theta$，对应的左侧圆弧上的圆周角变成了 $-90°+\theta$。由于动作特性圆向着 R 轴的正方向偏移，在该方向有更多的保护范围，因此有更强的耐过渡电阻能力（即区内经过渡电阻故障灵敏度更高），θ 角度越大，距离保护耐过渡电阻的能力就越强。但也不是所有场景都适用于带偏移特性，如在双侧电源的送电侧，其正方向经过渡电阻短路时，$-90°+\theta$ 的角度为负值，此时距离保护应缩小动作区以防止故障超越，因此这种情况下不宜使用带偏移特性。

（3）零序阻抗元件 由图 4-32 可见，对正序电压极化阻抗元件进行"偏移"操作后，得到新圆的直径相对增大为 Z'_{set}，因此其正向的保护范围被扩大了，即阻抗元件将出现超越（原有保护区域）现象。零序阻抗元件就是为了防止超越而设计的。其动作方程为

$$-\beta \leq \arg(Z_{set} - Z_K) \leq 180° - \beta \quad (4\text{-}65)$$

动作特性如图 4-32 所示。图中直线 ab 与 R 轴的夹角为 β。由于接地短路时的过渡电阻比相间短路时的过渡电阻大得多，因此，该特性主要用于接地距离保护，保护装置可通过计算，将该零序阻抗元件的 β 设置为与

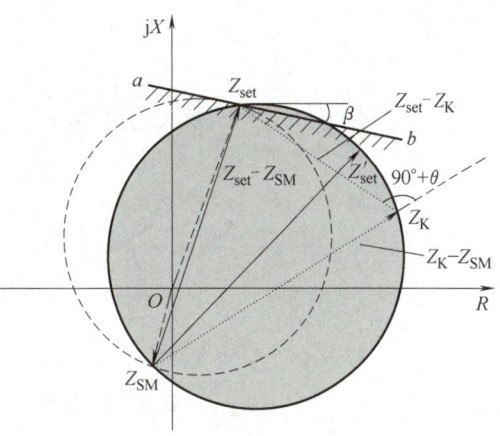

图 4-32 偏移圆及零序阻抗元件动作特性

过渡电阻上的压降 ΔZ 的相角相一致。这样，不论 ΔZ 为多大，在区外故障时，实际的测量阻抗将总是落在阴影线的另一侧，阻抗元件不会误动作。这种直线 ab 与过渡电阻上压降所呈现的阻抗 ΔZ 相平行的自适应性能，是距离保护的保护区稳定的重要保证。

（4）低阻抗元件 当正序电压小于额定电压的 10% 时，低阻抗元件才能发挥作用。因此，低阻抗元件主要是针对正方向出口三相短路故障而设计的。其工作原理与传统阻抗继电器中的记忆回路是相通的，即装置可靠记忆使极化电压不为零。

在记忆作用消失前，低阻抗元件的动作特性为正序电压极化量阻抗特性，因此在记忆作用消失前，保护已能判别故障点的方向是否处于正向。当判断故障点方向处于正向时，如记忆作用消失，则将阻抗特性向第三象限偏移，使其包含坐标原点，如图 4-33a 所示。同理，当故障点处于反向时，阻抗特性将向第一象限偏移，如图 4-33b 所示。

（5）四边形（多边形）特性 实际工程中，某些装置主要采用圆特性阻抗元件实现距离保护功能，同时，也有保护装置采用四边形特性的阻抗元件。该类阻抗元件是在传统阻抗继电器原理上发展而来，复合了上述正序电压极化、偏移、电抗线、低阻抗多种功能，形成一种多边形特性的阻抗继电器，由距离阻抗定值 Z_{set}、距离电阻定值 R_{set} 和线路正序阻抗角 φ_{set} 三个定值构成动作特性图。

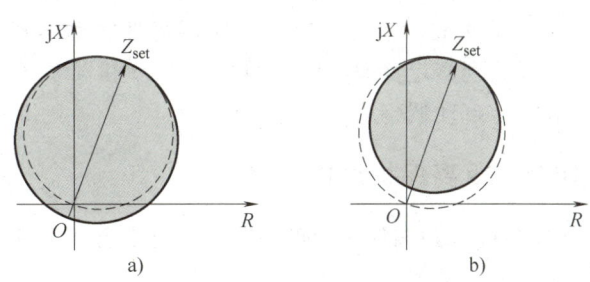

图 4-33 低阻抗继电器动作特性
a）正向故障时 b）反向故障时

以接地距离保护 Ⅰ 段为例，说明阻抗动作特性。阻抗动作特性为偏移阻抗特性（图 4-34 中 $ABCD$ 部分），方向特性（图 4-34 中 EOF 部分），电抗特性（图 4-34 中 X 驱动曲线）三个部分相交而组成的区域。

此时，对于

1）偏移阻抗特性 $ABCD$ 部分主要整定 Z_{set} 和 R_{set}：

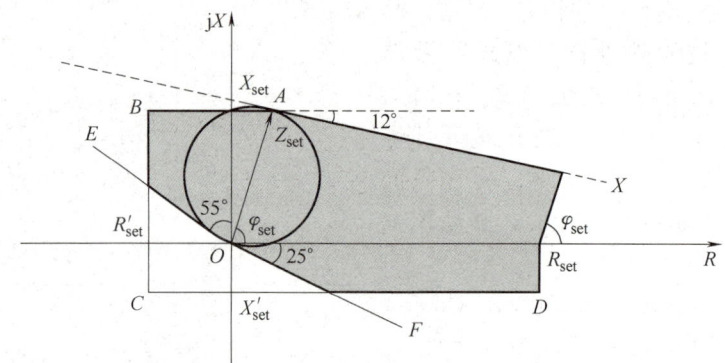

图 4-34 四边形距离继电器的动作特性

$$\begin{cases} X'_{set} \leq X_m \leq X_{set} \\ R'_{set} \leq R_m \leq R_{set} + X_m ctan\varphi_{set} \end{cases} \quad (4\text{-}66)$$

2）方向特性 EOF 部分：

$$-25° \leq \arg \frac{\dot{U}_{\varphi\varphi 1}}{\dot{I}_{\varphi\varphi}} \leq 145° \quad (4\text{-}67)$$

3）电抗特性 X 驱动曲线下倾的角度整定为 $12°$，其动作方程见式（4-65）。

其三者构成的动作特性如图 4-34 所示，当出现正方向出口短路故障时，动作特性需要向 R'_{set} 和 X'_{set} 方向偏移，包含原点，消除死区。此时偏移的程度是由软件自动调整。

相间距离保护的相间Ⅱ段动作特性和接地距离Ⅱ段动作特性与接地距离Ⅰ段动作特性类似。

相间距离Ⅰ、Ⅱ段动作特性与接地距离Ⅰ、Ⅱ段动作特性类似，主要不同在于电抗特性 X 驱动曲线下倾角度由 $12°$ 变为 $24°$。

相间距离Ⅲ段动作特性与接地距离Ⅲ段动作特性除了整定值不同，其他在于阻抗定值 Z_{set} 按段分别整定，而电阻分量定值 R_{set} 和灵敏角 φ_{set} 三段共用一个定值。偏移门槛根据 R_{set} 和 Z_{set} 自动调整。

4.10.4 距离保护动作逻辑

图 4-35 为距离保护原理框图，主要由启动元件、阻抗元件、PT断线闭锁装置、阶段式距离保护元件组成，其中 P_1 为禁止门。

(1) 振荡闭锁逻辑 具体逻辑前已叙述。在系统振荡时 O_1 输出为"0"，可靠闭锁可能误动的距离保护。由图 4-35 可见，O_1 门只能闭锁 A_1、A_2、A_4、A_5，即距离保护的Ⅰ、Ⅱ段，Ⅲ段不经振荡闭锁。

(2) Ⅰ、Ⅱ段动作逻辑 以接地距离Ⅰ段为例说明距离Ⅰ、Ⅱ段动作逻辑，接地距离Ⅰ段阻抗元件动作时，A_1 有一个条件得到满足，此时若振荡闭锁开放且无PT断线闭锁，则 A_1 门输出为"1"。再当投入距离Ⅰ段软压板控制字设置为"1"时，延时门 T_3 输入为"1"，经整定延时后接地距离Ⅰ段动作。其他各段动作逻辑与此类似。注意相间距离Ⅰ段保护与接地距离Ⅰ段共用一个软压板，同时投入或退出。相间距离Ⅱ段保护与接地距离Ⅱ段也是如此。

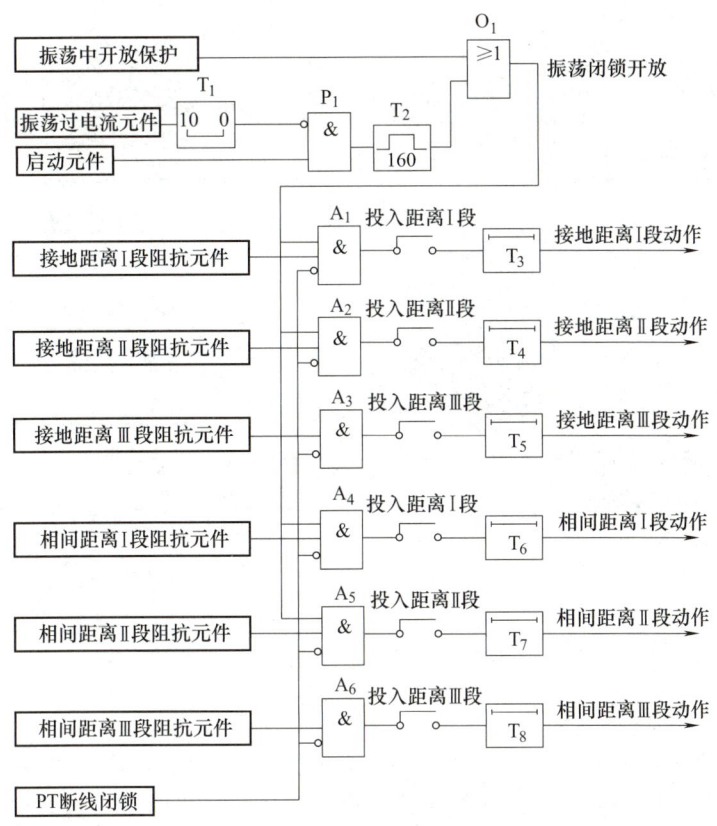

图 4-35　距离保护原理框图

（3）Ⅲ段动作逻辑　以接地距离Ⅲ段为例说明距离Ⅲ段动作逻辑，当阻抗元件动作时，A_3 有一个条件得到满足，此时若无 PT 断线，A_3 门输出即为"1"。当投入距离Ⅲ段软压板控制字为"1"，则延时门 T_5 输入为"1"，经过整定延时后接地距离Ⅲ段动作。相间距离Ⅲ段保护逻辑与接地距离Ⅲ段保护逻辑类似，二者共用一个软压板，同时投入或退出。

本 章 小 结

本章的主要知识点如图 4-36 所示。本章的核心主题是：介绍 110kV 输电线路零序保护与距离保护的基本原理、配置原则、整定方法和影响其正确动作的因素及对策，简要介绍了110kV 输电线路数字式保护的基本原理。

在零序电流保护部分，应重点掌握零序电压、零序电流及两者间的相位特点。掌握零序电流速断保护（零序电流Ⅰ段），零序电流限时速断保护（零序电流Ⅱ段），零序过电流保护（零序电流Ⅲ段）的简要配置原则与整定原则；掌握零序方向电流保护基本概念、功率方向元件动作特性并理解其应用场景。

在距离保护部分，应掌握距离保护定义、组成及测量阻抗的基本概念；掌握三种传统方向阻抗继电器的动作方程及主要特性；掌握相间距离与接地距离的接线方式，理解阻抗元件具有多种阻抗特性；掌握三段式距离保护的整定原则、整定公式，注意助增电流与汲出电流

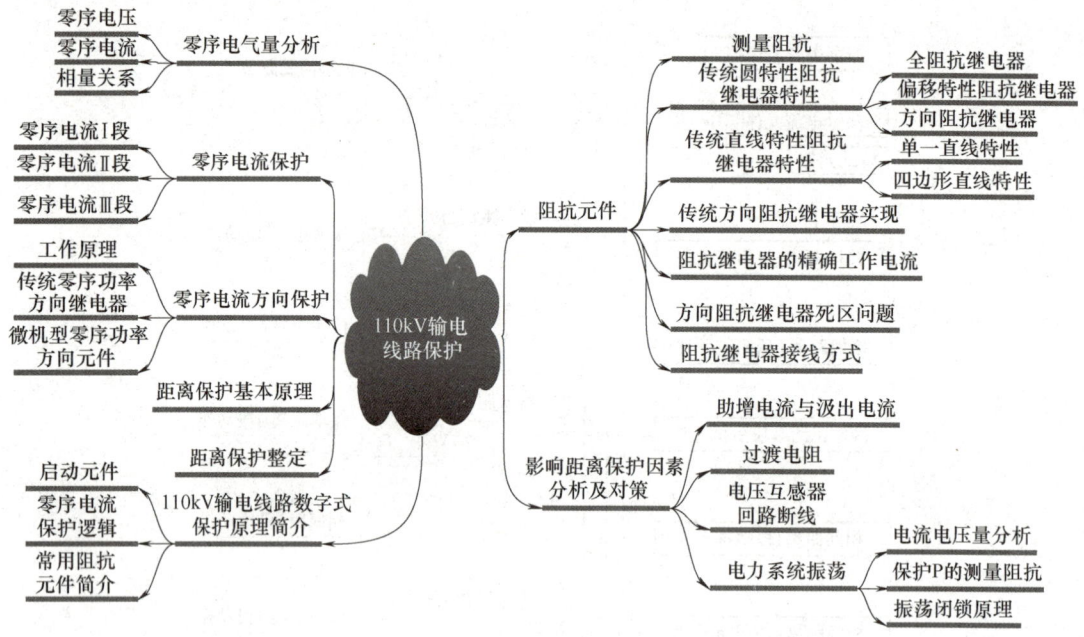

图 4-36　第 4 章主要知识点

对于分支系数的影响。

传统的方向阻抗继电器存在电压死区，应掌握两种消除电压死区的方法，并在学习数字式保护阻抗特性时加深体会。应了解影响距离保护正确动作的因素及相应对策，如电力系统振荡对距离、过渡电阻和电压互感器回路断线、助增电流与汲出电流等保护的影响及对策。对于单侧电源 110kV 输电线路，应理解不投入振荡闭锁的原因，理解过渡电阻有可能造成保护拒动而非误动，理解 PT 断线两种判据的含义等。

目前，数字式继电保护已在电网中广泛应用。因此，在学习 110kV 输电线路的保护时，应树立集成观念，理解 110kV 输电线路继电保护中的启动元件，零序电流保护、距离保护的动作原理与相关逻辑。

主要复习内容如下：

1）掌握电网接地短路时，零序分量的特点。
2）零序功率方向元件的原理。
3）零序电流保护的整定。
4）距离保护的工作原理。
5）单相式方向阻抗继电器的分析方法。
6）相间距离保护与接地距离保护的接线方式。
7）距离保护整定。
8）死区问题与对策。
9）电力系统振荡及对策。
10）过渡电阻及对策。
11）PT 断线及对策。
12）110kV 输电线路数字式保护原理。

习题与思考题

1. 在中性点直接接地电网中发生接地短路时，零序电压和零序电流有何特点？
2. 零序电流保护Ⅰ段为何分为灵敏Ⅰ段与不灵敏Ⅰ段，应用时有何特点？
3. 在中性点直接接地电网中为什么不用三相相间电流保护兼作接地保护，而要单独采用零序电流保护？
4. 距离保护与电流保护相比有哪些优点？
5. 距离保护中为什么要设置启动元件，启动元件应满足哪些要求？
6. 试说明距离保护的测量阻抗、整定阻抗和输电线路故障时的短路阻抗的含义和区别，阻抗继电器的二次阻抗值如何计算？
7. 圆特性方向阻抗继电器 $Z_{set}=4\angle 60°$（Ω），若测量阻抗为 $Z_K=3.6\angle 30°$（Ω），试问该继电器能否动作？为什么？
8. 对于相间阻抗元件与接地阻抗元件，当发生 BC 两相接地故障时，哪些阻抗继电器能够精确测量？
9. 在反应接地短路的阻抗继电器接线方式中，为什么要引入零序补偿系数 K？K 如何计算？
10. 某接地阻抗元件的零序补偿系数 K 值本应为 0.67，被误整定为 2，则其保护范围将如何变化？
11. 方向阻抗继电器为何有死区？又如何克服的？
12. 振荡对距离保护有何影响？振荡中又发生短路如何识别？
13. 如图 4-37 所示，断路器 QF_1、QF_2 均装设三段式相间距离保护（采用圆特性方向阻抗继电器）P_1、P_2，已知 P_1 的一次整定阻抗为：$Z_{1.set}^{I}=2Ω$，0s；$Z_{1.set}^{II}=8Ω$，0.5s；$Z_{1.set}^{III}=80Ω$，2s。M 侧电源系统阻抗 $Z_{SM.min}=1.2Ω$，$Z_{SM.max}=3Ω$；N 侧电源阻抗 $Z_{SN.min}=0.8Ω$，$Z_{SN.max}=2Ω$。MN 线路输送的最大负荷电流为 550A，最大负荷功率因数角为 $\varphi_{L.max}=35°$。试整定距离保护Ⅰ、Ⅱ、Ⅲ段的二次整定阻抗、最灵敏角、动作时间。

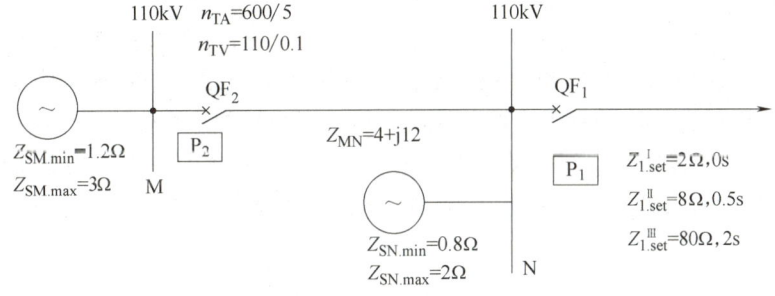

图 4-37　习题 13 图

14. 助增电流与汲出电流对距离保护的测量阻抗及保护范围有何影响？
15. 如图 4-38 所示，断路器 QF_1、QF_2 均装设三段式相间距离保护（采用圆特性方向阻抗继电器）P_1、P_2。已知 P_1 的一次整定阻抗 $Z_{op.1}^{I}=2Ω$，0s；$Z_{op.1}^{II}=8Ω$，0.5s；$Z_{op.1}^{III}=60Ω$，2s。M 侧电源系统的阻抗 $Z_{SM.min}=1.2Ω$，$Z_{SM.max}=3Ω$；N 侧电源系统的阻抗 $Z_{SN.min}=8Ω$，$Z_{SN.max}=20Ω$。MN 线路输送的最大负荷电流为 550A。试整定距离保护 P_2 的段的二次整定阻抗、最灵敏角、动作时间（注：段不用校验灵敏度）

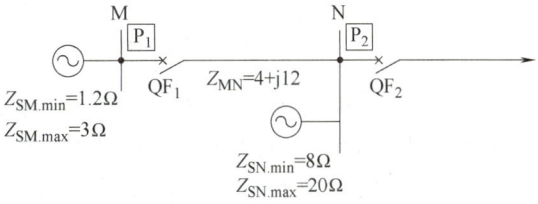

图 4-38　习题 15 图

16. 单侧电源 110kV 线路长度为 15km，装设阶段式零序电流保护，互感器电流比为 600A/5A。已知本线路末端金属性接地故障时最小三倍零序电流为 750A，按本线路末端金属性接地故障的灵敏系数应不小于 1.5 整定原则，请计算零序过电流保护（即零序段）的二次整定值。本线路末端发生故障时流过的单倍零序电流为 540A，请计算相应的灵敏系数。

第5章　220kV及以上电压等级输电线路保护

220kV及以上电压等级输电线路属于电力网的主干线路。快速准确地切除主干线路故障是保障电力系统安全稳定运行的重要技术措施。220kV及以上电压等级输电线路对继电保护的性能提出了更高要求，通常采用能够实现全线速动的纵联保护作为主保护，并要求保护双重化。本章主要介绍纵联保护基本原理，简要介绍工频变化量保护原理、220kV及以上电压等级输电线路保护配置方案，并对电网保护配置进行总结。

5.1 纵联保护概述

5.1.1 全线速动保护与双端测量原理

电流类保护、距离保护均属于单端测量保护。所谓单端测量保护是指保护仅测量线路某一侧的母线电压、线路电流等电气量。由图5-1可以看出，本线路末端 K_1 故障点与下一段线路始端 K_2 故障点相比，保护测量到的电流、电压几乎是相同的。如果为了保证选择性，K_2 故障时保护P不能无时限动作，则本线路末端 K_1 故障时也就无法无时限切除故障线路。可见单端测量保护无法实现全线速动的根本原因是考虑到互感器、保护均存在误差，不能有效地区分本线路末端故障与下一段线路始端故障。简而言之，<u>单端测量保护无法实现全线速动</u>。

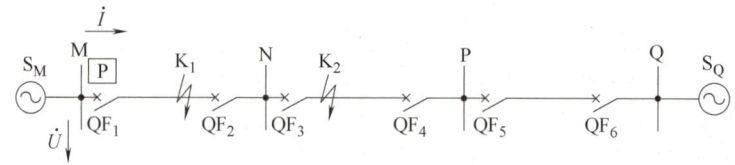

图5-1　单端测量保护无法实现全线带动

为解决上述问题，在高压输电线路上配置全线速动保护，实现无时限（小于100ms）地切除被保护线路上任一点发生的各种类型故障。全线速动保护一般指的是纵联保护。

保护判据由线路两侧的电气量或保护动作行为构成，进行双端测量，从而确定是否跳闸，这样的保护称为纵联保护，它可以实现全线速动。

纵联保护，其中的"纵"字代表"纵向"；"联"代表"互联"，英文为"Pilot Protection"，其中的"Pilot"为导引线的意思。纵联保护的雏形，是被保护线路两侧各有一个继电器，借助于导引线，将本侧互感器所测到的电流送至对侧继电器中，实现对于电流的双端测量，并进行相互比较，从而做出对于故障点是否在保护区内的判断。双端测量时需要相应的通道进行信息交换,这种通道称为纵联通道。

纵联保护按原理可分为:①电流差动保护原理;②纵联方向保护原理;③相位差动保护原理。

图 5-2 为电流差动保护原理示意图。$\dot{I}_M$ 为 M 侧一次电流,$\dot{I}_N$ 为 N 侧一次电流,差动电流 $\dot{I}_d$ 为两侧电流相量之和。根据基尔霍夫电流定律,如将线路看成一广义节点,则流入该节点的总电流为零。

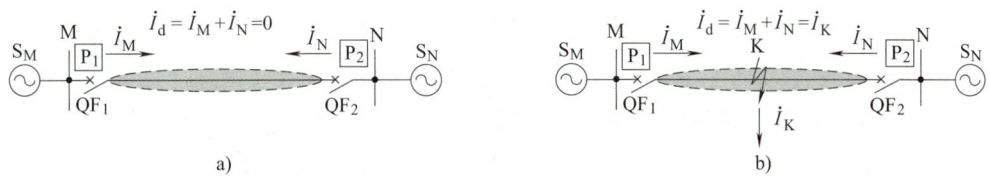

图 5-2 电流差动保护原理

a) 正常运行或外部故障 b) 内部故障

正常运行时或外部故障时,有差动电流 $\dot{I}_d = 0$;线路内部故障时,有 $\dot{I}_M + \dot{I}_N - \dot{I}_K = 0$,差动电流为很大故障电流,即 $\dot{I}_d = \dot{I}_K$。保护 P_1、P_2 测量两侧一次电流,并借助于<u>纵联通道传送电流信息至对侧,达到计算 $\dot{I}_d$</u> 的效果。由于上述两种故障时的 $\dot{I}_d$ 对比明显,因此电流差动保护主要通过 $\dot{I}_d$ 大小来判别区内与区外故障。

目前,纵联保护广泛采用电流差动原理。在变压器、发电机、母线等元件主保护中也采用这种保护原理。

图 5-3 为比较线路两侧保护对故障方向判别结果的纵联方向保护原理示意图。外部故障时远故障侧保护判别为正向故障,而近故障侧保护判别为反向故障。如对于 K_1 点故障,M 侧为近故障点侧,保护 P_1 判为反向,N 侧为远故障点侧,保护 P_2 判为正向;如果两侧保护均判别为正向故障,则故障在本线路上。故障方向的判别既可以采用独立的方向元件(各种方向纵联保护)也可以利用零序电流保护、距离保护中的零序电流方向元件、方向阻抗元件完成(纵联零序、纵联距离保护)。

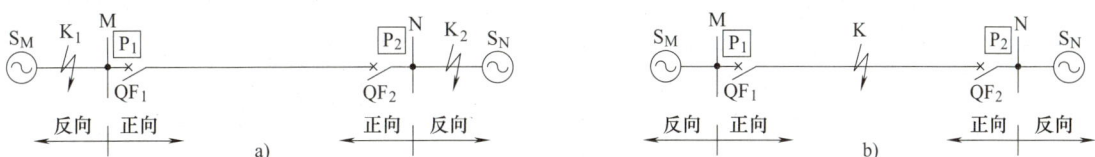

图 5-3 纵联方向保护原理

a) 正常运行或外部故障 b) 内部故障

图 5-4 为相位差动保护(简称"相差保护")原理示意图,保护测量的电气量为线路两侧电流的相位差。

正常运行及外部故障时,流过线路的电流为"穿越性"的,相位差为 180°;内部故障时,线路两侧电流的相位差较小。相位差动保护以线路两侧电流相位差小于整定值作为内部故障的判据。

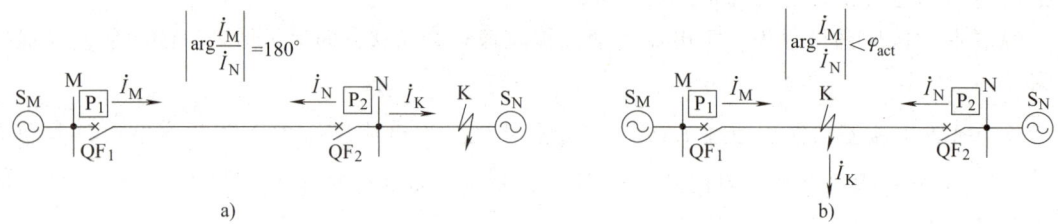

图 5-4 相位差动保护原理
a) 正常运行或外部故障　b) 内部故障

综上所述，电流类保护、距离保护均属于单端测量保护，消息相对"闭塞"。无法实现全线速动。纵联保护为双端测量保护，线路两端保护能够及时交互对于故障的判断信息，消息相对"灵通"。与单端测量保护不同的是：①纵联保护不能反应于本线路以外的故障，不能作为相邻元件的后备保护；②由于纵联保护采用双侧测量原理，因此两侧保护必须同时投入，不能单侧工作。

纵联保护从原理上即可以区分内外故障，而不需要保护整定值的配合，因此又称纵联保护具有"绝对选择性"。

5.1.2 纵联保护通道与信息含义分类

纵联保护按照通道类型、保护原理、信息含义等有多种分类方法。

(1) 纵联通道　不同时期的纵联保护所采用的纵联通道并不相同，总体可分为导引线、载波通道、微波通道、光纤通道四类。

导引线通道是最早的一种通道类型。由于敷设、维护困难，仅用于特殊的 10km 以下短线路上，实际使用较少。微波通道技术复杂，成本昂贵，目前已很少采用。目前大量的线路纵联保护采用光纤或载波通道，以光纤通道为主。本节主要介绍这两种通道。

(2) 保护原理　三种纵联保护原理中的相差高频保护，对于通道设备要求较高，技术相对复杂，微机型线路保护已不采用相差高频保护原理。因此，目前数字式纵联保护原理主要分为电流差动保护原理、纵联方向保护原理两类。

(3) 信息含义　纵联方向保护中通道传送的信息反应于某一侧保护对故障方向的判断，可以有不同的约定，如图 5-5 所示。图 5-5a 约定保护判明故障为反方向时，发出"闭锁信号"闭锁两侧保护，这就称为"闭锁式"纵联保护；图 5-5b 则约定保护判明为正向故障时向对侧发出"允许信号"，保护启动后本侧判别为正向故障且收到对侧保护的允许信号时说明两侧保护均判别故障为正方向，动作于跳闸出口，这种方案为"允许式"纵联保护。目

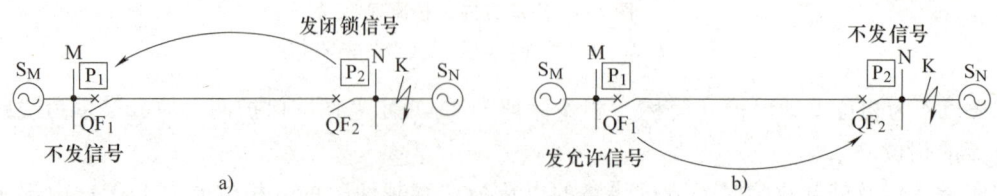

图 5-5 闭锁式与允许式纵联保护
a) 闭锁式　b) 允许式

前的微机保护中常设有整定控制字（软压板）让用户选择采用闭锁式纵联保护还是允许式纵联保护。

除了闭锁信号和允许信号，纵联保护还可以在"跳闸信号"的基础上构成。线路两侧的Ⅰ段保护动作后跳开本侧断路器，同时向对侧保护发出"跳闸信号"，对侧保护收到跳闸信号后立即跳闸。只要线路两侧的Ⅰ段保护的保护区有重叠，就可以构成全线速动保护。采用"跳闸信号"方式的主要问题是通道干扰问题，因为收到对侧信号后不加判断立即跳闸，一旦此信号为干扰信号，保护将误动，因此必须采取措施校验跳闸信号的有效性。实际工作中"跳闸信号"方式一般不用于纵联保护而在一些"远方跳闸装置"中采用。

5.1.3 纵联保护通道

（1）导引线 导引线通道就是用二次电缆将线路两侧保护的电流回路联系起来，主要问题是导引线通道长度与输电线路相当，敷设困难；通道发生断线、短路时会导致保护误动，运行中检测、维护通道困难；导引线较长时电流互感器二次阻抗过大导致误差增大。导引线通道构成的纵联保护仅用于少数特殊的短线路上。

（2）载波通道 载波通道是利用电力线路、加工结合设备、收发信机构成的一种有线通信通道，以载波通道构成的线路纵联保护也称为高频保护。载波信号（又称高频信号）频率为50~400kHz，"相地制"电力线载波高频通道结构如图5-6所示。

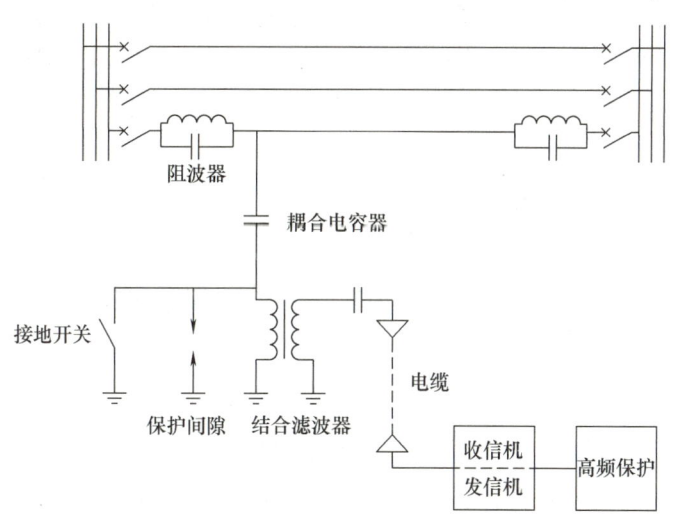

图5-6 相地制电力载波通道示意图

载波信号经调制后送入输电线路，线路除了传送50Hz的工频电流同时还传输高频电流。传送高频信号可以用电力线路之一相与大地作为回路，称为"相地制"；也可用两相电力线路作为回路，称为"相相制"。相地制高频衰耗大，但简单、经济，目前国内多数高频保护采用"相地制"载波通道。

以图5-6为例说明相地制载波通道的组成，图中只画出了一侧的设备，另一侧设备完全相同。阻波器、耦合电容器、结合滤波器、电缆、保护间隙及接地开关设备也统称加工结合设备，通道以A相导线构成时，也称加工A相。

1）阻波器为一个LC并联电路，在载波频率下并联谐振，呈现高阻抗，阻止高频电流流出母线以减小衰耗和防止与相邻线路的纵联保护形成相互干扰。对于50Hz工频，阻波器则呈现低阻抗（0.04Ω），不影响工频电流的传输。

2）耦合电容器为高压小容量电容，与结合滤波器串联，谐振于载波频率，允许高频电流流过，而对工频电流呈现高阻抗，阻止其流过。由于电容容量小，呈现容抗大，工频电压大部分降在耦合电容上，耦合电容后的设备承受的工频电压较低。

3）结合滤波器的作用是电气隔离与阻抗匹配。结合滤波器将高压部分与低压的二次设备隔离，同时与两侧的通道阻抗匹配以减小反射衰耗。结合滤波器线路一侧等效阻抗应与输电线路的波阻抗匹配，220kV线路波阻抗一般为400Ω，330kV及500kV线路波阻抗为300Ω；电缆一侧等效阻抗则与电缆波阻抗匹配，早期电缆波阻抗为100Ω，目前电缆波阻抗为75Ω。

4）高频电缆一般为同轴电缆，电缆芯外有屏蔽层，为减小干扰，屏蔽层应可靠接地。

5）保护间隙的作用是当高压侵入时，保护间隙击穿并限制了结合滤波器上的电压，起到过电压保护的作用。

6）检修时合上接地开关，保证人身安全，检修完毕通道投入运行前必须打开接地开关。

收发信机作为保护与载波通道相连的设备，其原理将影响到保护与其连接的方式。

发信机由信号源、前置放大、功率放大、线路滤波、衰耗器等组成。图5-7为发信机原理框图。信号源产生标准频率的载波信号，多采用石英晶体振荡电路产生基准信号分频后经锁相环（PLL）频率合成输出的方式输出合成频率，锁相环的分频倍率可以根据需要调整。信号源输出的方波信号经滤波送入前置放大电路进行电压放大，前置放大输出送入功率放大。线路滤波抑制发信谐波电平。衰耗器可以根据线路长度等实际情况进行调整，长线路上应保证有足够的发信功率，短线路时适当投入衰耗防止发信功率过大干扰其他高频保护、远动等载波通信设备。

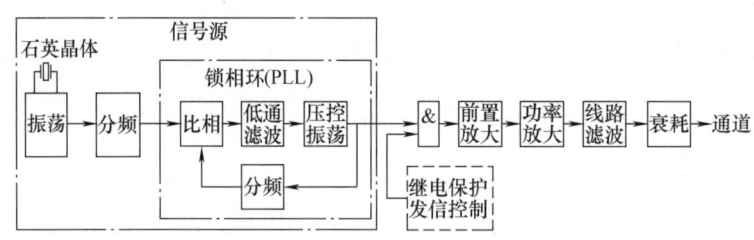

图5-7 发信机原理框图

收信机由混频电路、带通滤波、放大、检波、触发电路等组成，采用超外差方式，如图5-8所示。载波信号在混频电路中与本振频率信号混合，本振频率 $f_1 = f_0 + f_M$，f_0 为收信机标频，f_M 为固定的移频。混频电路输出经带通滤波（中心频率为 f_M）后输出。放大、检波电路将解调后的信号送往高频保护。

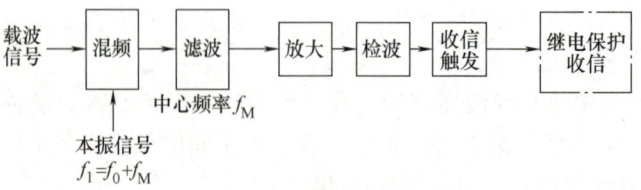

图5-8 收信机原理框图

收发信机的发信分为"短时发信"与"长期发信"方式。短时发信方式下收发信机在电力系统正常情况下不发信,系统有扰动时继电保护启动,发信机投入工作。短时发信方式由于功放为短时工作,相对降低对功放的要求、有利于延长发信机寿命、减少对其他载波设备的干扰,但必须定期手动发信以检查通道及收发信机是否完好。

长期发信方式即发信机始终投入工作,对功放、电源等电路要求较高,优点是通道监视方便、能迅速发现通道缺陷。为了减小长期发信对其他载波设备造成的干扰,系统正常时发信机以较小的功率发信,系统扰动继电保护启动后发信机自动加大发信功率以克服高频信号穿越故障线路带来的衰耗。

根据系统故障时收发信机工作频率是否与正常运行时一致,收发信机分为"单频制"与"双频制"。"单频制"是指两侧发信机和收信机均使用同一个频率,收信机收到的信号为两侧发信机信号的叠加,如图 5-9a 所示。

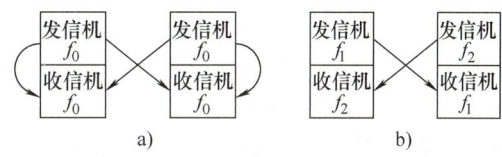

图 5-9　单频制与双频制

a)单频制　b)双频制

"双频制"则是一侧的发信机与收信机使用不同的频率,收信机只能收到对侧发信机的信号而收不到本侧发信机的信号,如图 5-9b 所示。单频制用于"闭锁式"保护,而允许式保护需要采用双频制通道。

收发信机调制方式有调幅与移频键控(FSK)两种。调幅方式以高频电流的"有""无"传送信息;FSK 方式则以不同的频率传送信息,即正常运行时发出功率较小的监频信号 f_G 监视通道,系统故障时改发功率较大的跳频信号 f_T。

高频保护单独使用一台收发信机,称为专用方式,国产设备多为专用方式。高频保护也可以采用音频接口接至通信载波机,与远动通信复用收发信机,称复用方式,进口设备采用复用方式的较多。

(3)微波通道　微波通道为无线通信方式,采用的频率为 2000MHz、6000~8000MHz,主要用于电力系统通信,由定向天线、连接电缆、收发信机组成。微波通道容量大,不存在通道拥挤问题,没有载波通道当线路故障时衰耗加大的问题,但设备昂贵,每隔 40~60km 需加设微波中继站,维护困难,因此微波通道仅在个别载波通道应用确实困难的线路上用于纵联保护。

(4)光纤通道　光纤通道通信容量大,不受电磁干扰,随着光纤通信技术的快速发展,使用光纤通道的纵联保护应用日益广泛。国家电力公司已经明确应积极推广纵联保护使用光纤通道。

光纤通信的原理是将电气量编码后送入光发送机控制发光的强弱,光在光纤中传送,光接收机则将收到的光信号的强弱变化转为电信号,如图 5-10 所示。

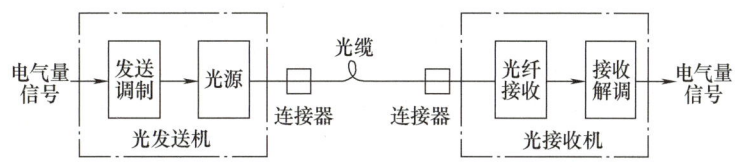

图 5-10　光纤通信原理

光纤通信一般采用脉冲编码调制（PCM）以提高通信容量，信号以编码形式传送，传送率目前一般为 64kbit/s，也有采用 2Mbit/s 的。

光缆由多股光纤制成，光纤结构如图 5-11a 所示。纤芯由高折射率的高纯度二氧化硅材料制成，直径仅 100～200μm，用于传送光信号。包层为掺有杂质的二氧化硅，作用是使光信号能在纤芯中产生全反射传输。涂覆层及套塑用来加强光纤机械强度。

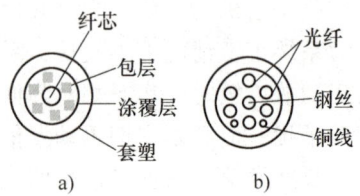

图 5-11　光纤结构与光缆结构
a）光纤结构　b）光缆结构

光缆由多根光纤绞制而成，如图 5-11b 所示。为了提高机械强度，光缆采用多股钢丝起加固作用，光缆中还可以绞制铜线用于电源线或传输电信号。光缆可以埋入地下，也可以固定在杆塔上，或置于空芯的架空地线中（复合地线式光缆 OPGW）。

图 5-12a 及图 5-12b 为两种光纤通道连接方式，采用专用光纤方式时两台纵联保护通过光纤直接相连；采用数字复接方式时在通信机房增加一台数字复接接口设备。

目前不加中继设备情况下，继电保护光纤通道传输距离已经达到 100km（64kbit/s 速率），使用 2Mbit/s 速率时衰耗大些，传输距离为 70km。光纤通道除了逐渐取代载波通道用于纵联保护，更为广泛地用于电力系统通信领域。

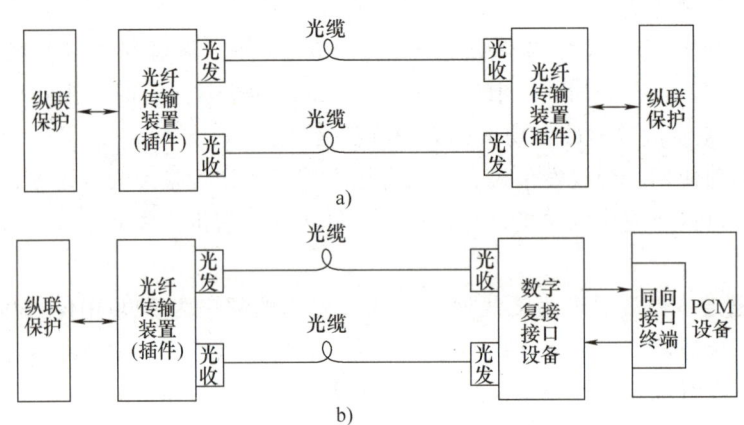

图 5-12　光纤通道连接方式（单侧示意图）
a）专用光纤方式连接　b）数字复接方式连接

5.2　光纤分相电流差动保护

光纤分相电流差动保护采用光纤通道实现电流差动原理，性能优越，目前广泛用于高压输电线路。输电线路两侧保护将本侧电流采样信号通过编码变成码流形式后转换成光信号，经光纤送至对侧保护，同时也将对侧传来的光信号先解调为电流采样信号。两侧保护通过光纤同时获得对侧电流信息，构成差动保护。光纤分相电流差动保护采用分相差动方式，即三相电流各自构成本相的差动保护。

分相电流差动保护中的电流差动元件（或称差动继电器）有变化量相差动继电器、稳态相差动继电器、零序差动继电器等多种。本节主要介绍稳态相差动继电器，该继电器只比较工频相电流值。该保护整定相对简单，整定值的计算方法随原理一同说明。

5.2.1 差动电流、制动电流与不平衡电流

（1）差动电流 如图 5-13 所示双侧电源系统 MN 线路，P_1、P_2 构成电流差动保护，其差动电流（一次值）I_d 定义为

$$I_d = |\dot{I}_M + \dot{I}_N| \quad (5-1)$$

式中 $\dot{I}_M$——本侧（M 侧）一次电流；

$\dot{I}_N$——对侧（N 侧）一次电流。

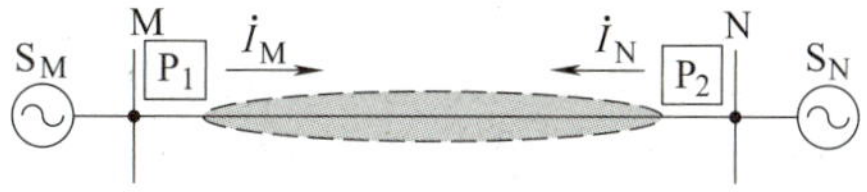

图 5-13 双侧电源系统差动保护

两侧保护均以母线流向被保护线路为正方向，即两侧电流正方向都指向被保护线路。因此，在线路正常运行或外部故障时，实际流过本线路的电流或为左侧进入右侧流出，或为右侧进入左侧流出，都呈"穿越"性质。按式（5-1）计算时，必有一侧电流与穿越电流同向，另一侧为反向，定义为相量和，除去相量符号，实际计算为两侧电流的幅值之差，$I_d = |I_M - I_N|$，因此该电流被习惯称差动电流，而不是"和动电流"。差动电流简称"差流"。线路正常运行或外部故障时，理想的差动电流等于零。

（2）制动电流 制动电流取线路两侧相量差的幅值，通常定义为

$$I_{res} = |\dot{I}_M - \dot{I}_N| \quad (5-2)$$

根据式（5-2）可知，在线路正常运行或外部故障时，流入线路电流 $\dot{I}_M = -\dot{I}_N$，$I_{res} = 2I_M = 2I_N$。注意，这种制动电流的取法是目前国内最常见的一种取法，也有某些保护装置将制动电流取为两侧电流幅值的平均值，或取线路两侧相量差的幅值的一半，或取单侧电流等。无论采用何种取法，制动电流的特点是：当区外故障有电流穿越本线路时，穿越电流越大，制动电流越大。

（3）不平衡电流 不平衡电流的实质仍是差动电流，只是换了一种叫法，所谓不平衡电流是指电流互感器一次侧差动电流严格为零时，二次侧流入保护的差动电流一般不为零。产生不平衡电流的原因有很多，主要包括：①输电线路分布电容、分布电导引起的电容电流和漏电流；②并联电抗器产生的分流；③两侧电流互感器传输变换误差不一致引起的不平衡电流；④两侧数据同步误差产生的不平衡电流。

不平衡电流的大小与穿越电流的大小成正比关系，穿越电流为故障电流时，由于上述因素造成的不平衡电流将比较明显。不平衡电流 I_{unb} 一次值可表示为

$$I_{unb} = K_{unb} I_{cro} \quad (5-3)$$

式中 K_{unb}——不平衡系数，小于 1，变化区间约为 0.2~0.5。

因此对于利用差动电流作为动作判据的纵联保护，在设计时必须考虑如何躲过不平衡电流的问题。

5.2.2 比率制动特性

典型的电流差动元件动作特性如图 5-14 所示。图中横坐标 I_{res} 为制动电流，纵坐标 I_d 为差动电流，I_{unb} 虚线代表随着 I_{res} 增大，不平衡电流也随之增大。图中 ABC 折线代表动作

边界，边界的上方为动作区。ABC 折线对应的动作方程为

$$\begin{cases} I_d \geq K_{res} I_{res} \\ I_d \geq I_{op.min} \end{cases} \quad (5-4)$$

式中　K_{res}——制动系数，取 0.6 或 0.8；
　　　$I_{op.min}$——最小动作电流，取 0.2～0.5 倍额定电流。

注意，只有当上述两项条件同时满足时，差动保护才能动作。以下对照动作方程及动作特性图，说明其动作原理。

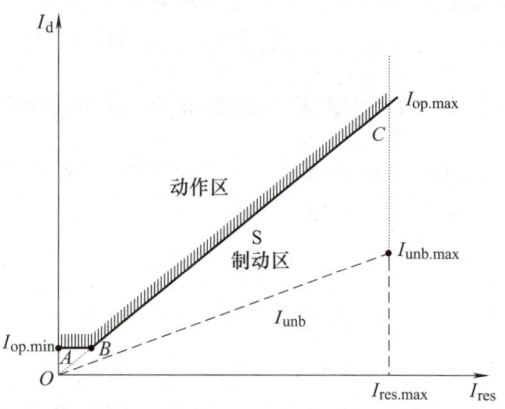

图 5-14　差动电流元件动作特性

(1) 区内故障分析　内部故障时，本线路 MN 两侧电流相量示意如图 5-15 所示，图 5-15a 表示了一种较为常见的两侧电源向故障点供电的情况。

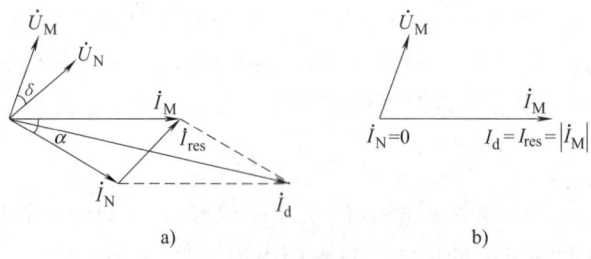

图 5-15　区内故障两侧电流相量示意图

正常运行时，本线路 MN 两侧电源电势夹角为功角 δ，在正常潮流状态下，δ 为锐角。内部故障发生的初始一个工频周期内，MN 两侧电源电势夹角可认为不变，电流 $\dot{I}_M$ 与 $\dot{I}_N$ 分别滞后于对应侧的电源电势一阻抗角，约 70°左右。如故障点两侧阻抗角接近，则有两侧电流 $\dot{I}_M$ 与 $\dot{I}_N$ 的夹角 $\alpha \approx \delta$。因此，对应差动电流及制动电流幅值为

$$\begin{cases} I_d = \sqrt{I_M^2 + I_N^2 + 2I_M I_N \cos\alpha} \\ I_{res} = \sqrt{I_M^2 + I_N^2 - 2I_M I_N \cos\alpha} \end{cases} \quad (5-5)$$

如图 5-15a 所示，当 α 为锐角时，差动电流一定会大于制动电流。最极端的情况下，$\alpha = 0°$，$I_M = I_N$，则差动电流 $I_d = 2I_M$，制动电流 $I_{res} = 0$。一般情况下两侧电流并不相等，但一定有 $I_d > I_{res}$ 的关系。观察图 5-14 中 BC 线段可知，其斜率 $K_{res} < 1$。所以当双侧电源内部故障时，有 $I_d > I_{res}$，满足 $I_d \geq K_{res} I_{res}$ 的动作条件。

工程中，内部故障时一般情况下两侧电源提供的短路电流并不相等，最极端情况下，有一侧无电源，并不提供电流。如图 5-15b 所示，假设此时 N 侧电流 $\dot{I}_N = 0$，此时的差动电流等于制动电流，即 $I_d = I_{res} = |\dot{I}_M|$。同理，单侧电源内部故障时，有 $I_d = I_{res}$，也能满足 $I_d \geq K_{res} I_{res}$ 的动作条件。

(2) 区外故障分析　由前文分析可知，区外故障时，$\alpha = 180°$，由式（5-1）可知，理

想的差动电流为零,制动电流为两倍穿越性电流,即 $I_{res} = 2I_M = 2I_N$。由图 5-14 及式(5-4)可知,比例制动特性折线高于不平衡电流曲线,区外故障时,动作电流将大于不平衡电流,因此保护不会动作。

【例 5-1】 如图 5-13 所示 MN 线路配置电流差动保护。以额定电流为标幺值,其动作特性如图 5-16 所示。动作值均以额定电流为基准,以标幺值形式表示,其中最小动作电流为 0.5,比例制动特性斜率 $K_{res} = 0.8$,不平衡系数 $K_{unb} = 0.6$。试求在下列三种情况下的差动电流 I_d、制动电流 I_{res} 及动作电流 I_{op},在图 5-16 中标出相应坐标,并判断保护是否动作。

① 双侧电源内部故障时,$I_M = 4$,$I_N = 2$,两侧电流夹角 δ 为 $30°$;
② 单侧电源内部故障时,$I_M = 4$;
③ 区外故障时,$I_M = I_N = 3$。

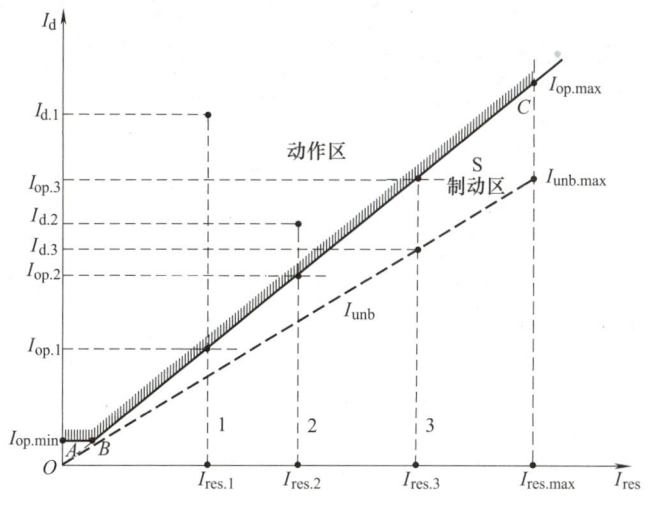

图 5-16 动作特性

【解】

1)问题①分析。根据题意,双侧电源内部故障时,差动电流 $I_{d.1}$、制动电流 $I_{res.1}$ 为

$$\begin{cases} I_{d.1} = \sqrt{I_M^2 + I_N^2 + 2I_M I_N \cos\delta} = \sqrt{4^2 + 2^2 + 2\times 4\times 2\cos 30°} = 5.82 \\ I_{res.1} = \sqrt{I_M^2 + I_N^2 - 2I_M I_N \cos\delta} = \sqrt{4^2 + 2^2 - 2\times 4\times 2\cos 30°} = 2.47 \end{cases}$$

此时动作电流为

$$I_{op.1} = K_{res} I_{res.1} = 0.8 \times 2.47 = 1.98$$

如图 5-16 所示,过 $I_{res.1} = 2.47$ 做垂线 1,与制动特性的交点对应纵坐标为 $I_{op.1} = 1.98$,$I_{d.1}$ 位于 $I_{op.1}$ 上方,其纵坐标为 5.82,因此,差动电流大于动作电流,保护动作。

2)问题②分析。单侧电源内部故障时,有

$$I_{d.2} = I_{res.2} = |\dot{I}_M| = 4$$

此时动作电流为

$$I_{op.2} = 4 \times 0.8 = 3.2$$

如图 5-16 所示,过 $I_{res.2} = 4$ 做垂线 2,与制动特性的交点对应纵坐标为 $I_{op.2} = 3.2$,$I_{d.2}$ 位于 $I_{op.2}$ 上方,其纵坐标为 4。因此,差动电流大于动作电流,保护动作。

3) 问题③分析。外部故障时,制动电流为

$$I_{\text{res.}3} = 2I_M = 2I_N = 6$$

此时差动电流 $I_{d.3}$ 即不平衡电流 I_{unb},为

$$I_{d.3} = I_{\text{unb}} = K_{\text{unb}} I_{\text{res.}3} = 0.6 \times 6 = 3.6$$

此时动作电流为

$$I_{\text{op.}3} = 6 \times 0.8 = 4.8$$

如图 5-16 所示,过 $I_{\text{res.}3} = 6$ 做垂线 3,交于不平衡电流的点对应纵坐标为 $I_{d.3} = 3.6$,与制动特性的交点对应纵坐标为 $I_{\text{op.}3} = 4.8$。差动电流小于动作电流,保护不会动作。

5.2.3 动作逻辑

图 5-17 为分相电流差动保护原理框图,主要由启动元件、电流互感器断线闭锁元件、分相电流差动元件、通道监视、收发信号回路组成。分相电流差动元件可由相电流差动、相电流变化量差动、零序电流差动组成,在此统称某相差动元件,如 A 相差动元件。

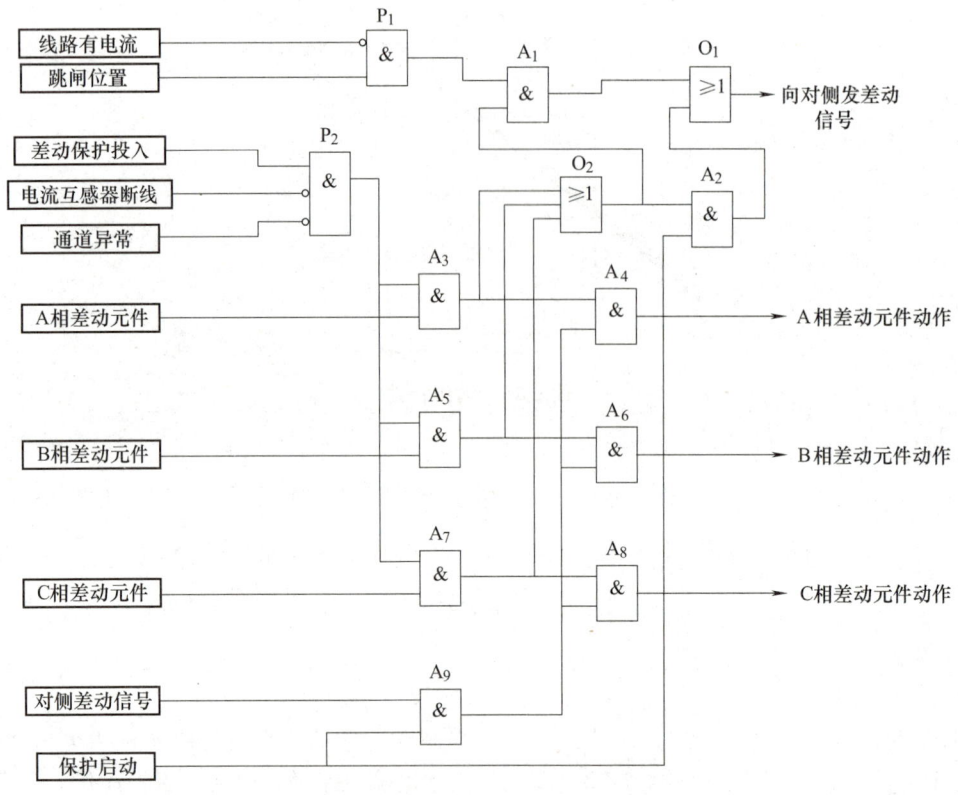

图 5-17 分相电流差动保护原理框图

(1) 内部故障情况 此时,启动元件将动作,图中"保护启动"输入为"1",则与门 A_9、A_2 门各有一个条件得到满足。如此时本侧的分相电流差动保护功能投入,禁止门 P_2 输出"1"。此时,故障相电流差动元件(如"A 相故障元件")动作,则经 O_2、A_1、O_1 门,向对侧保护发出"对侧差动动作"。如对侧保护也正常,则本侧的保护也将收到对侧"差动保护动作"信号。此时 A_9 输出"1"。通过 A_4(对应"A 相故障元件"动作)或 A_6、A_8 向

跳闸逻辑部分发出分相电流差动元件动作信号。

（2）外部故障情况 保护启动元件将会启动，但两侧分相电流差动元件均不会动作，也收不到对侧保护的"差动保护动作"信号，保护不动作。

（3）保护闭锁 系统正常运行时，若发生电流互感器断线，则在断线瞬间，断线侧的启动元件和差动继电器有可能动作。此时，对侧保护装置的启动元件不会动作，也不会向本侧保护装置发"差动保护动作信号"，A_9 输出 "0"，防止了本侧误动。保护感受到电流互感器断线后，延时 10s 使图中 "电流互感器断线" 输入为 "1"，从而使 P_2 门输出 "0"。同理，通道异常时，也将使 P_2 门输出 "0"，防止了本侧误动。

（4）远方跳闸 如本侧断路器已跳开，则"跳闸位置"输入为"1"，"线路有电流"输入为"0"，禁止门 P_1 输出 "1"。此时，本侧保护将向对侧保护发"差动保护动作信号"，而与本侧"保护启动"条件是否满足无关！如本侧保护装置的故障相电流差动元件（如"A 相故障元件"）动作，则经 A_3、O_2、A_1、O_1，即可发出信号。这样做的目的是：防止线路内部故障而本侧断路器先跳开后，由于电流消失使得"保护启动"输入为"0"，造成对侧保护无法收到"差动保护动作信号"而拒动。

5.3 方向比较式纵联保护

5.3.1 纵联方向保护工作原理

（1）闭锁式工作原理 纵联方向保护的原理是通过通道判明两侧保护均启动且判为正向故障时，判定故障为线路内部故障，立即动作于跳闸。纵联方向保护通道传输的信号反映两侧保护方向元件的动作情况，为逻辑量，信号的"有""无"对应于"正向故障""反向故障"。纵联方向保护有独立的方向元件；既可以使用载波通道也可以使用光纤通道；既能构成闭锁式保护也能构成允许式保护。

闭锁式纵联方向保护启动后若判明故障为反向故障，发出闭锁信号；反之则停止发信号（称为保护停信）。保护区外部故障时，近故障侧保护判明故障为反向故障，发出闭锁信号，由于采用单频制，两侧均收到闭锁信号，保护不动作。闭锁式保护原理如图 5-18 所示。保护区外部故障时，靠近故障一侧（简称近故障侧）持续发闭锁信号，两侧保护均不动作，如图 5-18a 所示。保护区内部故障时两侧均不发闭锁信号，保护动作，如图 5-18b 所示。

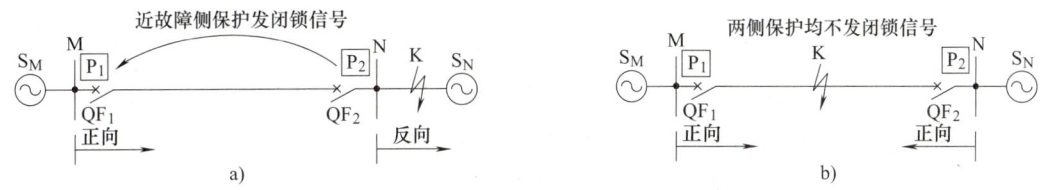

图 5-18 闭锁式纵联方向保护原理示意图
a）外部故障 b）内部故障

（2）允许式工作原理 与闭锁式相反，允许式纵联方向保护启动后若判明故障为正向故障，发出允许信号；反之则停止发信号。内部故障时两侧均发允许信号，保护动作条件为本侧判为正向故障且收到对侧允许信号,两侧保护动作条件均满足,动作跳闸。外部故障时,近故障侧保护判明故障为反向故障,不发允许信号,两侧保护动作条件均不满足,保护不动作。允许式保护原理如图 5-19 所示。采用允许式保护时,通道应为双频制,保证只能收到对侧的允许信号而不会收到本侧发出的允许信号。

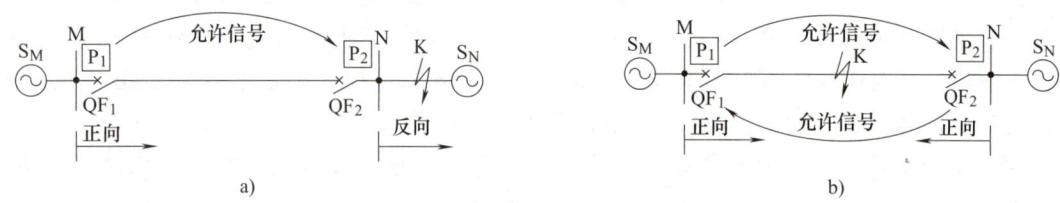

图 5-19 允许式纵联方向保护原理示意图
a) 外部故障 b) 内部故障

由于载波通道特别是"相—地"式的载波通道存在线路内部故障时高频信号可能在故障点大量衰耗的问题,采用载波通道时一般选择闭锁式。因为线路内部故障时闭锁式纵联保护不传送闭锁信号,而允许式纵联保护则需要考虑允许信号在故障点衰耗影响保护动作的情况;另外允许式纵联保护需要收发信机以双频制方式工作,收发信机较为复杂。如果采用光纤通道,因为线路内部故障不会导致通道信号衰减,同时构成双频制通信方式也较容易,纵联保护可以采用允许式方式。

5.3.2 纵联距离、零序方向保护动作逻辑

目前,数字式纵联方向保护多采用纵联距离、零序方向保护原理。输电线路两侧的保护通过本侧距离保护中的带有方向性的阻抗元件(如距离Ⅲ段)、零序电流方向保护元件来判别故障的方向,继而通过保护通道交互信息,完成保护功能。

纵联距离、零序方向保护构成原理简单,对保护通道要求相对较低,既可以采用光纤通道,也可以采用载波通道。当保护采用光纤通道时,推荐采用允许式逻辑;采用载波通道时,推荐采用闭锁式逻辑。

数字式纵联方向保护无论采用允许式还是闭锁式逻辑,其软件逻辑都可分为启动元件动作、保护进入故障测量程序和启动元件未动作、保护进入正常运行程序两种情况,同时还有一些辅助逻辑,如通道检查、其他保护动作等,两种逻辑设计理念基本相同,只是在保护停信(发信)设计上对立。以下以某厂纵联距离、零序方向保护的闭锁式逻辑为例进行讨论。

(1) 启动元件 输电线路数字式保护装置都设置有启动元件,其目的是区分故障与正常运行状态,以防止保护误动作。<u>纵联保护设两套启动元件分别启动发信以及开放跳闸逻辑回路(简称回路),即低定值元件启动发信回路、高定值元件开放跳闸回路。</u>

假设只有一个启动元件启动发信及开放跳闸回路,两侧启动定值一致,由于 TA 误差、保护误差等因素,两侧保护实际启动值略有差异,外部故障时电流正好介于两侧保护实际启动值之间,如图 5-20 所示,M 侧保护启动而 N 侧保护未启动。N 侧保护由于未启动发信,未发出闭锁信号,M 侧保护启动后因收不到对侧闭锁信

图 5-20 单套启动元件存在的问题

号而误跳。

由此可见，无论是内部还是外部故障，保护都要先启动发信。低定值元件启动发信回路起到唤醒两侧保护的作用，设置两套启动元件的目的是为了防止外部故障时仅一侧纵联保护启动导致误动。

高、低定值启动元件判据为

$$\begin{cases} 高定值元件：\Delta I_{\varphi\varphi} > 1.25\Delta I_{\mathrm{T}} + \Delta I_{\mathrm{set}} \\ 低定值元件：\Delta I_{\varphi\varphi} > 1.125\Delta I_{\mathrm{T}} + 0.5\Delta I_{\mathrm{set}} \end{cases} \quad (5\text{-}6)$$

式中 $\Delta I_{\varphi\varphi}$——相间电流变化量，$\varphi\varphi$ 代表 AB 相、BC 相、CA 相；

ΔI_{set}——可整定的固定门槛；

ΔI_{T}——浮动门坎，随着 $\Delta I_{\varphi\varphi}$ 的变化而自动调整。

采用该判据后，启动元件的高定值一般为低定值的 1.5~2 倍。当启动跳闸的高定值条件满足时，启动发信的低定值条件也一定会满足，这样就保证纵联方向保护准备跳闸时是在两侧保护均已启动的状态下。

当外部故障切除后，低定值元件将返回，此时发信元件不能立即停止发信，而应延时返回，继续发信一段时间。如图 5-21 所示，假设 N 侧保护先返回并立即停止发信，后返回的 M 侧保护将失去闭锁信号而误动，所以 N 侧保护应继续发信至 M 侧保护返回后才能停止发信。

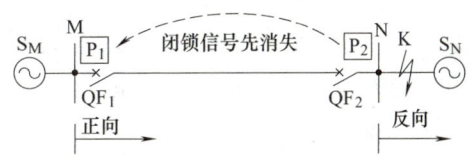

图 5-21 外部故障切除情况

（2）远方启动 远方启动是指收到对侧保护信号而本侧保护启动发信元件未启动时由收信元件启动本侧发信回路。收到对侧信号而启动发信，称远方启动。远方启动有如下作用：

1）更加可靠地防止纵联保护单侧工作，即当一侧纵联保护低定值元件损坏时仍能依靠远方启动回路启动发信。

2）方便手动检查通道。由于发信机短时发信，平时不启动发信，必须定期手动启动发信以检查通道及两侧收发信机。如没有远方启动回路，检查通道时，线路两侧变电所运行人员必须同时在保护柜前，相互配合工作。采用远方启动后，可以由线路任一侧变电所运行人员单独进行通道检查。

（3）延时保护停信 保护正方向元件动作时，停止发出闭锁信号，这称为保护停信。纵联方向保护要求收到信号 8ms 后才开放保护停信回路，即保护启动后无论方向元件判别为正向故障还是反向故障首先连续发信，收信 8ms 后是否继续发信取决于方向元件（距离、零序方向元件）的动作行为。如正方向元件动作，则停信；如反方向元件动作，才继续发闭锁信号）。内部、外部故障时收信情况如图 5-22 所示。

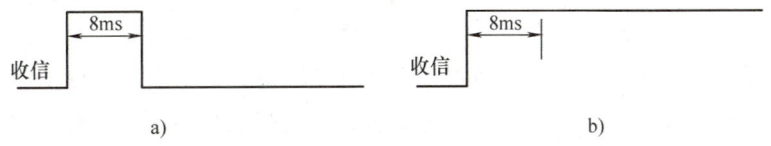

图 5-22 闭锁式纵联保护收信示意图

a）内部故障 b）外部故障

保护要求收到信号8ms后才开放保护停信回路的目的,并不是用于传输方向元件的动作情况,而是用于可靠地实现远方启动,防止误动作。当然采用该逻辑后,保护也将延时8ms才能出口跳闸。

(4) 其他保护停信 本线路以纵联保护为主保护外,还配有距离保护、零序电流方向保护等后备保护。除此之外,本线路所在母线也配置有母线保护、失灵保护等。当其他保护动作出口,向本线路断路器发出跳闸命令时,纵联保护应停止发信,保证对侧纵联保护也能跳闸。

(5) 断路器位置停信 本侧断路器跳开时,应该由断路器位置停信回路停止发信,称为断路器位置停信。如图5-23所示,设MN线路两侧断路器均断开,线路K点存在故障隐患。如N侧断路器QF_2先合闸,N侧电源向MN线路充电,此时内部故障发生。由于此时M侧断路器QF_1本来已经处于断

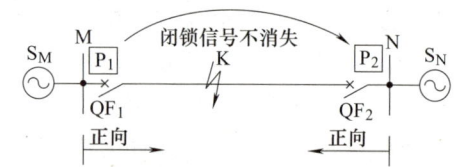

图5-23 内部故障时无法闭锁对侧保护示意

开状态,保护正方向元件也不会动作。此时M侧保护将无法停止发信,从而错误地闭锁了N侧保护。如MN线路两侧断路器均闭合时,线路内部发生故障。一侧保护(如保护P1)跳开断路器QF_1后,其正方向元件返回,若无断路器位置停信回路,也会发闭锁信号闭锁对侧纵联保护。

因此,纵联方向保护应设置断路器位置停信功能,当线路任一侧断路器处于断开状态时,能够做到及时停止发信。

(6) 功率倒向 设置功率倒向回路的目的是防止区外故障切除时功率倒向引起保护的误动。在反向元件动作10ms后,投入功率倒向延时回路,在反向转正向故障时,近故障侧纵联保护延时40ms停信,此时远故障侧纵联保护按常规逻辑执行。这种功率倒向判断方法的优点是在非全相运行、扰动导致启动等没有功率倒向的情况下发生线路故障时,不会增加纵联保护的动作延时。

(7) 弱馈保护 在电力系统中,当线路的一侧是大电源端,而另一侧是弱电源端或无电源端时,如果在线路上发生故障,弱电源端可能因为无法启动保护装置而导致保护拒动。为了解决这个问题,通常在弱电源端设置弱馈保护,不再依赖正反方向元件进行故障判别,并通过相应逻辑辅助对侧保护完成纵联保护功能。

当弱馈端的正方向、反方向元件均不动作,而欠电压元件(任一相或相间电压降低)动作时,若此时启动元件动作且收信达到5ms,则保护停信;若启动元件动作但连续30ms收不到对侧的闭锁信号,则保护跳闸;若启动元件未动作,且收到高频信号达到10ms,则保护停信120ms,以辅助对侧保护完成保护功能。

(8) 短时退出 当纵联距离、零序方向保护在线路处于非全相(某一相或两相断开)运行过程中可能由于方向阻抗元件、零序方向元件不正确动作而误动。220kV及以上电压等级线路采用单相重合闸方式时,若线路发生单相接地故障,继电保护实施单相跳闸、跳开故障相,等待一定时间进行单相重合。在等待重合的非全相运行期间,需要短时退出可能误动的纵联距离、零序方向保护,此时线路将失去主保护功能。

为了保证线路不失去主保护,一般要求220kV及以上电压等级线路配置两套原理不同

的纵联保护。由于纵联电流差动保护不受系统非全相运行影响，也可以配置两套不同厂家的纵联电流差动保护。

5.4 工频变化量原理在高压线路保护中的应用

目前高压线路微机保护广泛采用基于变化量原理的方向与阻抗元件，以电压、电流的变化量（突变量）构成方向元件判据，动作速度快，不受负荷电流、故障类型影响。

5.4.1 电压电流分析

由故障分析的知识可知，当发生短路故障时，故障点相对地电压或相间电压将会大幅降低，甚至降为零。但从另一角度来看，故障点电压降落得越低，其相对于故障前电压的变化量值越大，工频变化量即抓住这一典型特征进行保护原理的改进。如图 5-24 所示为两侧电源系统的输电线路发生故障示意图，$\dot{E}_M$、$\dot{E}_N$ 代表 M、N 两侧电源电动势，当在 MN 线路上 K 点发生三相短路时，Z_{SM} 为保护安装处背后系统等效阻抗，Z_{MK} 为保护安装处到故障点 K 处的阻抗，Z_{KN} 为对侧 N 母线至故障点 K 处的阻抗，Z_{SN} 为对侧保护所在 N 母线背后系统的等效阻抗，如图 5-24b 所示；规定保护安装处（P 处）的母线电压参考方向为"母线指向大地"，电流参考方向为"母线指向线路"。图 5-24a 表示线路上发生故障后的实际状态，此时保护 P 感受到故障电压与电流 $\dot{U}_M$、$\dot{I}_M$，该状态可看作在正常运行状态上叠加故障附加状态。正常运行状态如图 5-24b 所示，$\dot{U}_{M[0]}$

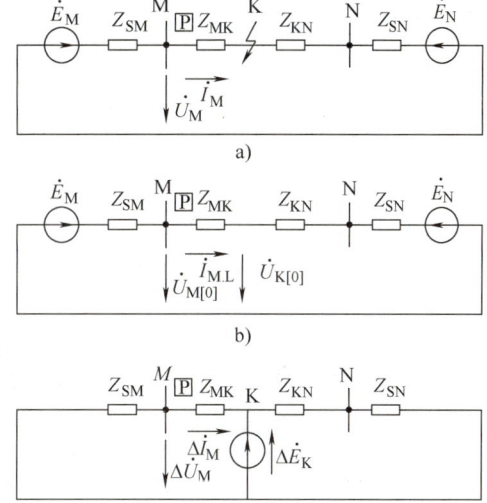

图 5-24 故障状态的分解
a) 故障后状态　b) 正常运行状态　c) 故障附加状态

为 M 母线正常运行电压，$\dot{I}_{M.L}$ 为流过 M 母线的负荷电流，在故障点，故障前的电压为 $\dot{U}_{K[0]}$。根据叠加原理进行计算，将故障后实际状态（见图 5-24a）减去正常运行状态（见图 5-24b），可得出故障附加状态，为了便于区别，故障附加状态下的各电气量前加符号 Δ。如图 5-24c 所示，该状态中，两侧电动势已不存在，只在故障点处存在一个电动势 $\Delta\dot{E}_K = -\dot{U}_{K[0]}$。该状态中，所有电气量均为变化量。由于目前保护只分析工频（50Hz）电气量的变化，故称该变化量为工频变化量或工频突变量。工频变化量反映了故障给原系统所带来的电气量值的改变，同时由于工频变化量中并不包含故障前运行状态信息，从而有效地消除了正常运行状态的相关电气分量的变化给保护判断所造成的不利影响。以电压为例，保护安装处的工频变化量电压 $\Delta\dot{U}_M$ 为

$$\Delta\dot{U}_M = \dot{U}_M - \dot{U}_{M[0]} \tag{5-7}$$

式中 $\dot{U}_M$ ——K 点故障时，M 母线所测得电压；

$\dot{U}_{M[0]}$ ——故障前（正常运行状态）M 母线所测得电压。

再使用对称分量法，故障附加状态又可分解出正序故障附加状态，如图 5-25 所示，图中变量下标中的"1"表示为正序量，由于只分析一侧保护的工频变化量，故以下分析中电气量略去"M"下标。

由图 5-25a 可见，正向故障时

$$\Delta \dot{U}_1 = -\Delta \dot{I}_1 Z_{SM1} \tag{5-8}$$

若系统正序阻抗角为 φ（约 80°），则

$$\arg \frac{\Delta \dot{U}_1}{\Delta \dot{I}_1} = -(180° - \varphi) \tag{5-9}$$

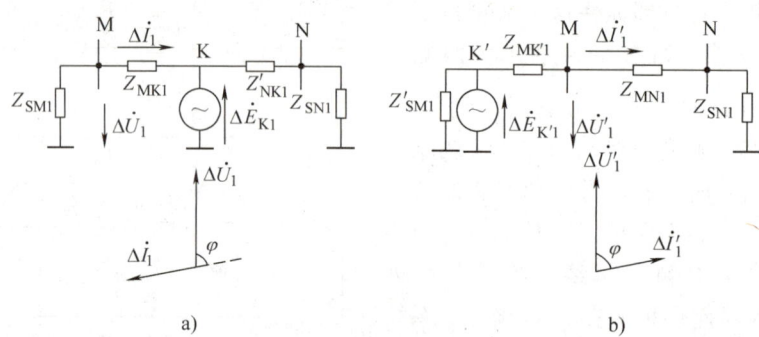

图 5-25 正序故障附加状态

a）正向故障附加状态 b）反向故障附加状态

可见，正方向故障时，工频变化量电压滞后工频变化量电流的角度约为 100°。

由图 5-25b 可见，反向故障时

$$\Delta \dot{U}_1' = \Delta \dot{I}_1'(Z_{MN1} + Z_{SN1}) \tag{5-10}$$

若系统正序阻抗角与线路阻抗角相同，都为 φ（约 80°），则

$$\arg \frac{\Delta \dot{U}_1'}{\Delta \dot{I}_1'} = \varphi \tag{5-11}$$

可见，反方向故障时，工频变化量电压超前工频变化量电流的角度约为 80°。

5.4.2 方向元件原理

（1）工频变化量方向元件 根据上述分析，可得正序方向元件动作方程为

$$-190° \leq \arg \frac{\Delta \dot{U}_1}{\Delta \dot{I}_1} \leq -10° \tag{5-12}$$

由图 5-25a 可见正向故障时若 Z_{SM1} 较小，式（5-8）中 $\Delta \dot{U}_1$ 也较小，影响方向元件动作灵敏度，应当加以补偿；另外系统、线路负序阻抗与正序阻抗近似相等，负序变化量也可利用。考虑以上因素，实际的工频变化量方向元件构成如下：

正方向元件 ΔF_+ 的测量相角为

$$\Phi_+ = \arg\left(\frac{\Delta \dot{U}_{12} - \Delta \dot{I}_{12} Z_{COM}}{\Delta \dot{I}_{12} Z_D}\right) \tag{5-13}$$

反方向元件 ΔF_- 的测量相角为

$$\Phi_- = \arg\left(\frac{-\Delta \dot{U}_{12}}{\Delta \dot{I}_{12} Z_D}\right) \tag{5-14}$$

式中　$\Delta \dot{U}_{12}$、$\Delta \dot{I}_{12}$——电压、电流变化量的正负序综合分量，无零序分量；

Z_D——模拟阻抗，模值为 1，角度为系统阻抗角；

Z_{COM}——补偿阻抗，当最大运行方式下系统线路阻抗比 $Z_S/Z_L > 0.5$ 时，$Z_{COM} = 0$；否则 Z_{COM} 取为工频变化量阻抗整定值的一半。

正向故障时，若系统阻抗角与 Z_D 的阻抗角一致，则正方向元件的测量相角为

$$\Phi_+ = \arg\left(\frac{-\Delta \dot{I}_{12} Z_S - \Delta \dot{I}_{12} Z_{COM}}{\Delta \dot{I}_{12} Z_D}\right) = \arg\left(\frac{-Z_S - Z_{COM}}{Z_D}\right) = 180°$$

反方向元件的测量相角为

$$\Phi_- = \arg\left(\frac{Z_S}{Z_D}\right) = 0°$$

反方向故障时，若系统阻抗角与 Z_D 的阻抗角一致，则正方向元件的测量相角 $\Phi_+ = \arg\left(\frac{Z'_S - Z_{COM}}{Z_D}\right) = 0°$；反方向元件的测量相角 $\Phi_- = \arg\left(\frac{-Z'_S}{Z_D}\right) = 180°$。

由上可见，发生正方向故障时，Φ_+ 接近于 180°，正方向元件可靠动作，而 Φ_- 接近于 0°，反方向元件不可能动作；发生反方向故障时，Φ_+ 接近于 0°，正方向元件不可能动作，而 Φ_- 接近于 180°，反方向元件可靠动作。

以上分析中未规定故障类型，因此对各种故障，方向继电器都有同样优越的方向性，且过渡电阻不影响方向元件的测量相位角，另外，由于方向元件不受负荷电流影响，因而该方向元件有很高的灵敏度。而且，方向元件不受串补电容的影响。

（2）基于暂态分量能量积分的方向元件　能量积分方向元件是根据故障附加网络的能量来判别故障方向，将电压、电流的暂态分量（变化量）相乘进行积分后得到暂态能量，由暂态能量的增加、减少判断故障方向。能量函数 $S_m(t)$ 为

$$S_m(t) = \int_{-\infty}^{t} \Delta u \Delta i\, dt \tag{5-15}$$

不难看出，能量函数有如下性质：

$$S_m(t) \begin{cases} = 0 & \text{无故障} \\ < 0 & \text{正方向故障} \\ > 0 & \text{反方向故障} \end{cases}$$

在上面的理论推导中，只是要求系统满足叠加原理，而对于系统电源和其他各元件的特性没有作任何限制。因此，采用故障能量函数实现方向继电器功能时具有以下优越特性：

①能量函数不受故障暂态过程的影响,因此不需要滤波,从故障一开始能量函数就有明确的方向性,并且在故障持续期间,其方向性不会改变。②能量函数在故障后一直保持明确的方向性,但其大小一般是按两倍额定频率周期性波动的,在电流过零时数值比较小,保护的灵敏度和信噪比都下降,为此可以将能量函数进一步积分构成能量积分函数,即

$$SS(t) = \int_0^t \int_0^t \Delta u \Delta i \mathrm{d}t \mathrm{d}t \tag{5-16}$$

反向故障时由于能量函数 $S(t)$ 始终大于 0,因此将 $S(t)$ 积分后越积越大,也就是说能量积分函数在反向故障时是单调上升的。同理,在正向故障时是单调下降的(绝对值则单调上升),因此不存在能量函数灵敏度下降的问题。显然,能量函数的其他优点,能量积分函数仍然具备。

将 $SS(t)$ 离散化,可得能量积分函数的算法为

$$SS(j) = \frac{T^2}{N^2} \sum_0^j \sum_0^j \left[\Delta u_{bc}(k) \Delta i_{bc}(k) + \Delta u_{ca}(k) \Delta i_{ca}(k) + \Delta u_{ab}(k) \Delta i_{ab}(k) \right] \tag{5-17}$$

其中,N 为每周采样点数,T 为工频周期。

5.4.3 阻抗继电器原理

工频变化量阻抗继电器首先将 $\Delta \dot{U}$ 与 $\Delta \dot{I}$ 中的工频分量滤出,然后根据方程判断故障是否在保护区内。

(1) 动作方程 相间阻抗继电器工作电压为

$$\dot{U}_{op} = \Delta \dot{U}_{\varphi\varphi} - \Delta \dot{I}_{\varphi\varphi} Z_{set} \tag{5-18}$$

式中 $\Delta \dot{U}_{\varphi\varphi}$——母线相间电压突变量,$\varphi\varphi$ 为 AB、BC 或 CA。

相间阻抗继电器极化电压为

$$\dot{U}_P = \dot{U}_{\varphi\varphi|0|} \tag{5-19}$$

式中 $\dot{U}_{\varphi\varphi|0|}$——故障前母线相间电压。

接地阻抗继电器工作电压为

$$\dot{U}_{op} = \Delta \dot{U}_\varphi - (\Delta \dot{I}_\varphi + 3K\dot{I}_0) Z_{set} \tag{5-20}$$

式中 $\Delta \dot{U}_\varphi$——母线相(A、B 或 C)电压突变量;
K——零序补偿系数。

接地阻抗继电器极化电压为

$$\dot{U}_P = \dot{U}_{\varphi|0|} \tag{5-21}$$

式中 $\dot{U}_{\varphi|0|}$——故障前母线相电压。

阻抗继电器的动作方程为

$$U_{op} > U_P \tag{5-22}$$

(2) 正方向动作特性 由于相间阻抗继电器与接地阻抗继电器的分析方法相同,因此以下的分析以相间阻抗继电器为例,在公式中不再出现 φ。

在正方向故障时,将式 (5-8) 代入式 (5-18) 有

$$\dot{U}_{\text{op}} = -\Delta \dot{I} Z_{\text{SM1}} - \Delta \dot{I} Z_{\text{set}} = -\Delta \dot{I}(Z_{\text{SM1}} + Z_{\text{set}}) \tag{5-23}$$

故障前母线电压 $\dot{U}_{|0|}$ 与故障点变化量电压 $\Delta \dot{E}_{\text{K}}$ 在数值上相等（空载情况下或不考虑负荷电流），由图 5-25a 可知

$$\dot{U}_{|0|} = -\Delta \dot{E}_{\text{K}} = \Delta \dot{I}(Z_{\text{SM1}} + Z_{\text{K}}) \tag{5-24}$$

将式（5-23）与式（5-24）代入式（5-22），有

$$|Z_{\text{K}} - (-Z_{\text{SM1}})| < |Z_{\text{SM1}} + Z_{\text{set}}| \tag{5-25}$$

式（5-25）表明，短路阻抗 Z_{K} 的动作区是以 $-Z_{\text{SM1}}$ 为圆心，以 $|Z_{\text{SM1}} + Z_{\text{set}}|$ 为半径的圆内，作出继电器的特性如图 5-26a 所示。从图中可见，短路阻抗 Z_{K} 小于整定阻抗 Z_{set} 时，继电器动作，满足了测量的要求。并且动作区包括原点，因此无正方向出口死区。

（3）**反方向动作特性** 在反方向故障时，将式（5-10）代入式（5-18）有

$$\dot{U}_{\text{op}} = \Delta \dot{I}(Z_{\text{SN1}} + Z_{\text{MN1}}) - \Delta \dot{I} Z_{\text{set}} = \Delta \dot{I}(Z_{\text{SN1}} + Z_{\text{MN1}} - Z_{\text{set}}) \tag{5-26}$$

故障前母线电压 $\dot{U}_{|0|}$ 与故障点变化量电压 $\Delta \dot{E}_{\text{K}}$ 在数值上基本相等，由图 5-25b 可知

$$\dot{U}_{|0|} = -\Delta \dot{E}_{\text{K}} = \Delta \dot{I}(Z_{\text{K}} + Z_{\text{SN1}} + Z_{\text{MN1}}) \tag{5-27}$$

将式（5-26）与式（5-27）代入式（5-22），有

$$|-Z_{\text{K}} - (Z_{\text{SN1}} + Z_{\text{MN1}})| < |Z_{\text{SN1}} + Z_{\text{MN1}} - Z_{\text{set}}| \tag{5-28}$$

式（5-28）表明，短路阻抗 $-Z_{\text{K}}$ 的动作区是以 $Z_{\text{SN1}} + Z_{\text{MN1}}$ 为圆心，以 $|Z_{\text{SN1}} + Z_{\text{MN1}} - Z_{\text{set}}|$ 为半径的圆内，作出继电器的特性如图 5-26b 所示。从图中可见，测量阻抗 $-Z_{\text{K}}$ 在第Ⅲ象限，而动作区在第Ⅰ象限，因此阻抗继电器不可能误动。

（4）**特点** 该继电器的特点是正方向故障无死区，反方向故障肯定不会误动，还具有如下特点：

① 理论分析和构成原理简单。
② 动作速度快。
③ 不需要振荡闭锁，振荡时又发生区内故障时一般仍能正确动作。
④ 可以用作纵联方向保护的方向元件。
⑤ 故障时，非故障相的继电器保护不动作，有较好的选相能力。

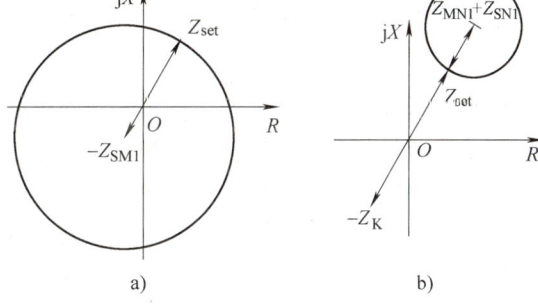

图 5-26 工频变化量阻抗继电器的动作特性
a) 正方向动作特性 b) 反方向动作特性

5.5 220kV 及以上电压等级线路保护配置

220kV 及以上电压等级线路保护应按"加强主保护、简化后备保护"的基本原则配置和整定。

所谓"加强主保护"是指全线速动保护的双重化配置，同时，要求每一套全线速动保

护的功能完整，对全线路内发生的各种类型故障，均能快速动作切除故障。对于要求实现单相重合闸的线路，每套全线速动保护应具有选相功能。当线路在正常运行中发生不大于100Ω电阻的单相接地故障时，全线速动保护应正确动作跳闸。

所谓"简化后备保护"是指主保护双重化配置，同时，在每一套全线速动保护的功能完整的条件下，带延时的相间和接地Ⅱ、Ⅲ段保护（包括相间和接地距离保护、零序电流保护）允许与相邻线路和变压器的主保护配合，从而简化动作时间的配合整定。如双重化配置的主保护均有完善的距离后备保护，则可以不使用零序电流Ⅰ、Ⅱ段保护，仅保留用于切除经不大于100Ω电阻接地故障的一段定时限和/或反时限零序电流保护。

220kV线路的后备保护采用近后备方式，两套全线速动保护可以互为近后备保护。线路的Ⅱ段保护是全线速动保护的近后备保护。通常情况下，在线路保护Ⅰ段范围外发生故障时，如其中一套全线速动保护拒动，应由另一套全线速动保护切除故障，特殊情况下，当两套全线速动保护均拒动时，如果可能，则由线路Ⅱ段保护切除故障，此时，允许相邻线路保护Ⅱ段失去选择性。线路Ⅲ段保护是本线路的延时近后备保护，同时尽可能作为相邻线路的远后备保护。一般情况下，220kV线路应装设两套全线速动保护，在旁路断路器代替线路断路器运行时，至少应保留一套全线速动保护运行。

330~500kV线路与220kV线路保护配置基本相同，但面临一些特殊问题，诸如输送功率大，稳定问题严重；采用大截面分裂导线、不完全换位；长线路、重负荷，电流互感器变比大；线路分布电容电流明显增大；交直流混合电网等，因此对继电保护的要求更高。

220kV及以上电压等级线路，应设置两套完整、独立的全线速动主保护，两套全线速动保护的交流电流、电压回路，直流电源互相独立（对双母线接线，两套保护可合用交流电压回路），每一套全线速动保护对全线路内发生的各种类型故障，均能快速动作切除故障，每套全线速动保护应分别动作于断路器的一组跳闸线圈。全线速动保护动作时间应为：对近端故障：≤20ms；对远端故障：≤30ms（不包括通道传输时间）。

330~500kV线路采用近后备保护方式。接地后备保护应保证在接地电阻不大于规定数值（330kV线路：150Ω；500kV线路：300Ω）时，有尽可能强的选相能力，并能正确动作跳闸。

根据纵联保护的原理，在线路外部故障时，无论是纵联差动保护还是纵联方向保护都不会动作，因此纵联保护只能反映本线路故障，不能作为相邻线路的远后备保护。

根据规程，220kV线路的后备保护采用近后备方式，但对某些线路，如能实现远后备，则可以采用远后备，或同时采用远、近结合的后备保护方式。因此220kV线路除了采用纵联保护作为主保护外，还需要采用阶段式距离保护和零序电流保护作为本线路的近后备保护、相邻线路的远后备保护。

对接地短路，可以装设阶段式接地距离保护并辅之用于切除经过渡电阻接地故障的一段定时限和/或反时限零序电流保护。这主要是考虑到距离保护受过渡电阻的影响比较大，当过渡电阻较大（对220kV线路，当接地电阻不大于100Ω时）时，接地距离保护可能会拒动，因此，配置零序电流保护就是为了反应高阻抗接地。对相间短路，可以装设阶段式相间距离保护。

5.6 电网保护配置总结

5.6.1 主保护与后备保护

电力系统中的电力设备和线路，应装设短路故障和异常运行保护装置。电力设备和线路短路故障的保护应有主保护和后备保护，必要时可再增设辅助保护。

主保护是满足系统稳定和设备安全要求，能以最快速度有选择地切除被保护设备和线路故障的保护。后备保护是主保护或断路器拒动时，用以切除故障的保护。后备保护可分为远后备和近后备两种方式。

远后备保护方式是当主保护或断路器拒动时，由相邻电力设备或线路的保护来实现的后备保护。三段式电流保护中，Ⅰ段与Ⅱ段构成了线路的主保护，Ⅱ段对于本线路的部分区域（Ⅰ段动作区）有近后备保护作用，对相邻线路也有一些远后备作用，Ⅱ段的后备保护作用并不完备。Ⅲ段保护则具有对本线路保护的近后备作用以及对于相邻线路、元件的远后备作用。采用远后备方式时，一旦主保护或断路器故障，依靠后备保护切除故障，但动作时间延长、切除范围可能扩大。由于远后备方式保护配置相对简单、成本低，主要用于110kV及以下电压等级线路。

近后备保护方式是当主保护拒动时，由本电力设备或线路的另一套保护实现的后备保护；当断路器拒动时，由断路器失灵保护来实现后备保护。近后备保护方式要求当主保护故障时，后备保护切除故障且切除的范围不变，实际工作中往往通过配置双重化保护实现近后备保护。近后备保护配置较复杂，成本高但有利于系统运行，主要用于220kV及以上电压等级的线路，具体的措施有：220kV线路断路器设两个跳闸线圈，主保护双重化，分别接于两个跳闸线圈；500kV线路更要求两套保护的交流电压、直流电源、控制电源双重化，配置完全独立等。

5.6.2 电网保护的配置

继电保护和安全自动装置应符合可靠性、选择性、灵敏性和速动性的要求。确定电力网结构、厂（站）主接线和运行方式时，必须与继电保护和安全自动装置的配置统筹考虑，合理安排。

（1）小接地电流电网（10~35kV）　对于相间短路，一般配置反应相间故障的电流保护，保护采用远后备方式。对于单侧电源线路，可装设两段过电流保护，第一段为不带时限的电流速断保护，第二段为带时限的过电流保护。对于双侧电源线路，可装设带方向或不带方向的电流速断保护和过电流保护。

对于中性点不接地系统或经消弧线圈接地系统的接地短路，在发电厂或变电站母线上，应配置单相接地监视装置，监视装置反应零序电压，动作于信号。对于有条件安装零序电流互感器的线路，在单相接地电流能满足保护的选择性与灵敏性要求时，应装设动作于信号的单相接地保护（如小电流接地选线装置）。

对于中性点经小电阻接地系统的接地短路，应为各配电线路配置零序电流保护。单侧电源单回线路零序电流保护一般设置为两段，第一段为零序电流速断保护，时限宜与相间速断保护相同，第二段为零序过电流保护，时限宜与相间过电流保护相同。

（2）110kV 线路　一般配置相间距离保护作为反应相间故障的保护，配置接地距离保护、零序电流保护作为反应接地故障的保护，采用远后备保护方式。单侧电源距离保护一般装设三段，对于已配置接地距离保护的线路，零序电流保护可适当简化，如仅保留 Ⅱ～Ⅳ 段，而将Ⅰ段退出。当距离保护及零序电流保护灵敏度不能满足要求或 110kV 线路涉及系统稳定运行问题或对发电厂、重要负荷影响较大时，应装设全线路快速动作的纵联保护作为主保护，距离保护及零序电流（接地距离）保护作为后备保护。

（3）220kV 线路　一般配置双套纵联保护为主保护，实现保护双重化、近后备方式。同时配有相间距离、接地距离、零序电流保护为后备保护。单端馈电线路也可采用距离保护及零序电流（接地距离）保护。

（4）220kV 以上电压等级线路　配置与 220kV 线路保护基本相同，但对保护装置可靠性要求更高。

本 章 小 结

本章主要知识点如图 5-27 所示。本章重点介绍了线路纵联保护基本原理及工频变化量保护分析方法以及电网保护的配置。设置该保护的主要目的是能够快速地切除被保护线路上发生的所有类型的故障，以保障电力系统的安全稳定运行。相对于电流保护、零序电流保护及距离保护等不能快速切除本线路上所有故障的单侧测量保护，线路纵联保护属于全线速动保护，但并不具有后备保护作用。

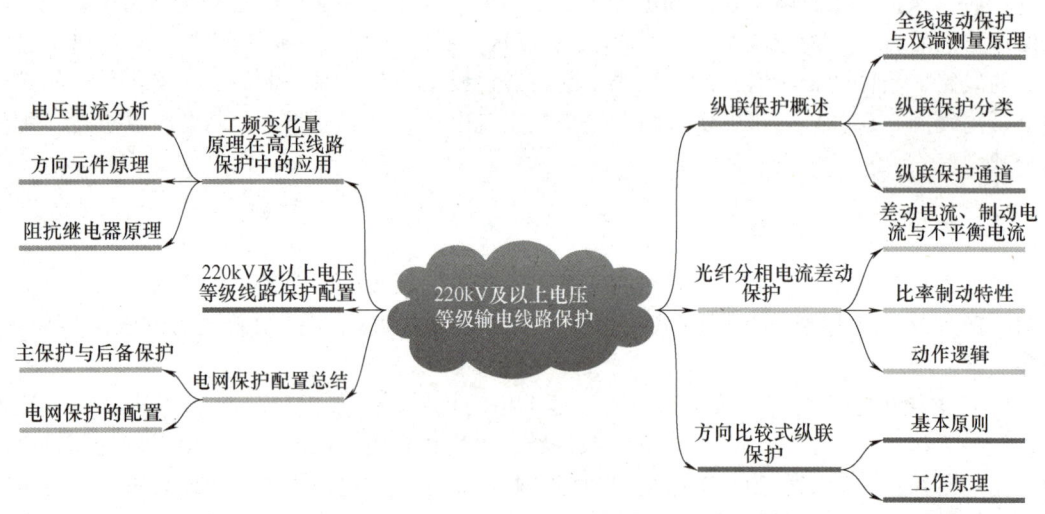

图 5-27　第 5 章主要知识点

纵联保护采用双端测量方式，且需要借助线路两端的保护信息的实时交互，实现全线速动的继电保护功能。纵联保护体现了在电力系统中信息交互的重要性，继电保护相关信息的交互对于传输信息的通道提出了很高的要求。信息通道上所传输的信息类型也从传统的"有"或"无"信息发展到详细地反映模拟量特征的数字量信息。信息的传输速率及容量也得到很大的提升。目前保护通道以光纤通道为主。

220kV 及以上电压等级线路主保护为纵联保护，分为分相电流差动和纵联方向（纵联距离、零序方向）保护两类。其中分相电流差动保护采用比率制动特性，学习时应掌握其差动电流、制动电流、不平衡电流、比率制动系数等概念，理解内部与外部故障时，差动保护的动作机理。纵联方向（纵联距离、零序方向）保护在逻辑上分为闭锁式或允许式，在学习时应掌握保护启动、发信、停信、跳闸条件等基本概念。本章还介绍了工频变化量保护的基本原理，可做一般了解。在220kV及以上电压等级线路中阶段式距离保护、阶段式零序电流保护属于后备保护，其主要原理与第4章中所述原理基本相同，本章不再重复。

本章最后对220kV及以上电压等级输电线路进行了小结，学习时要理解强化主保护的含义。本章最后的电网保护的配置部分内部需重点掌握。

学习时应先学习基本原理，多收集查阅资料，加深对本章内容的理解。主要复习内容如下：

1) 全线速动的概念。
2) 纵联保护通道。
3) 光纤分相电流差动保护原理。
4) 方向比较式纵联保护原理。
5) 主保护与后备保护。
6) 各电压等级保护配置原则。

习题与思考题

1. 什么是"全线速动"保护？
2. 纵联电流差动的不平衡电流形成原因是什么？
3. 以纵联方向保护为例，闭锁式保护、允许式保护的停信条件、跳闸条件有什么区别？
4. 分析闭锁式保护与允许式保护的优缺点。
5. 纵联方向保护采用两套定值分别启动发信、跳闸，哪个启动元件灵敏度高？
6. 什么是"远方启动"，远方启动回路有什么作用？
7. 纵联差动保护如何保证两侧数据同步？
8. 纵联保护能否作为相邻线路的后备保护？
9. 如图5-13所示MN线路配置电流差动保护。以额定电流为标幺值，其动作特性如图5-16所示。动作值均以额定电流为基准，以标幺值形式表示，其中最小动作电流为0.5，比率制动特性斜率$K_{res}=0.6$，不平衡系数$K_{unb}=0.3$。试求在下列三种情况下的差动电流I_d、制动电流I_{res}及动作电流I_{op}，在图中标出相应坐标，并判断保护是否动作。

① 双侧电源内部故障时，$I_M=4$，$I_N=2$，两侧电流夹角δ为40°；
② 单侧电源内部故障时，$I_M=3$；
③ 区外故障时，$I_M=I_N=3$。

第6章 输电线路自动重合闸

在电力系统中,架空输电线路最易遭受自然灾害而引起单相接地甚至相间短路故障。采用自动重合闸装置有助于提高输电线路的工作可靠性,对于电力系统安全运行具有重要意义。本章将在介绍自动重合闸的作用、分类以及对重合闸要求等知识的基础上,对于我国典型的输电线路所配置重合闸装置的基本原理、功能逻辑及参数整定方法加以说明,同时对重合闸应用过程中的相关问题加以分析讨论。

6.1 重合闸的作用、分类及基本要求

输电线路故障有瞬时性故障和永久性故障两种。运行经验表明,架空线路大多数故障是瞬时性的。对于瞬时性故障,继电保护动作断开相应断路器使故障点与电源隔离后,电弧熄灭、故障点去游离、绝缘强度恢复,故障自行消除。对于瞬时性故障,如在线路故障被断开以后,把断开的断路器再次合上,就能恢复供电,从而减少停电时间,提高供电可靠性。由运行人员手动合闸,固然也能实现上述目的,但停电时间过长,用户电动机多数已经停转,效果很差。为此,在输电线路中广泛采用了自动重合闸装置(Auto Re-Closer,ARC)。

由于 ARC 装置不能判断故障是瞬时性的还是永久性的,如果故障是瞬时性的,则重合闸成功;如果故障是永久性的,重合闸装置使断路器合上后,继电保护将动作再次使断路器断开,称为重合闸不成功。用重合成功的次数与总动作次数之比来表示重合闸的成功率,根据运行资料统计,重合闸成功率在 60%~90%之间。

输电线路配置 ARC 后,不但提高了供电可靠性,而且可提高系统并列运行的稳定性,还可以纠正断路器本身机构不良、继电保护误动以及人为误碰所引起的误跳闸。因此 ARC 不仅在输电线路上被采用,必要时在电力变压器和母线上也可采用。必须指出,随着微机保护在电力系统中的推广应用,一般线路保护装置中都包含有自动重合闸装置的功能,因此,不再需要单独设立 ARC 装置。

然而采用了 ARC 以后,对系统也带来一些不利影响,如重合于永久性故障时系统再次受到短路电流的冲击,可能引起电力系统的振荡;同时使断路器工作条件恶化,因为在很短的时间内断路器要连续两次切断短路电流。

为了避免自动重合闸带来的不利影响,应该判别出故障是瞬时性的还是永久性的,如果是瞬时性故障,ARC 动作;如果是永久性故障,ARC 不应动作,即自适应自动重合闸。实现自适应重合闸的实质是,在作出是否重合的决策以前即能正确识别瞬时性与永久性故障。目前,国外的研究方法主要有三种:一是基于人工神经网络(Artificial Neural Network,

ANN）技术识别永久性故障与瞬时性故障，以实现自适应单相重合闸；二是利用电弧的一些特性识别永久性与瞬时性故障；三是利用故障暂态产生的高频信号来判别永久性与瞬时性故障。然而目前还没有较为成熟的自适应重合闸装置问世。

输电线路的自动重合闸，常分为三相重合闸、单相重合闸和综合重合闸三种，根据重合闸的次数又可分为一次动作的重合闸和多次（二次及以上）动作的重合闸。另外还可分为单侧电源重合闸和双侧电源重合闸。

1）三相重合闸就是当输电线路上发生单相、两相或三相短路故障时，继电保护动作，使得三相断路器同时跳闸，并经预定的时间将三相断路器同时合上。如重合不成功，断路器第二次三相跳闸，之后不再重合，称为三相一次重合闸。如果第一次重合不成功，经一定的时间再进行第二次三相重合闸，不论重合成功与否，不再重合，则称为三相二次重合闸。

2）单相重合闸就是线路上发生单相故障时，继电保护动作，使故障相断路器跳闸，其前提是断路器可分相操作。当重合闸到永久性故障时，一般是断开三相并不再进行重合；线路上发生相间故障时，则断开三相不再进行自动重合。

3）综合重合闸就是线路上发生单相故障时，实行单相自动重合。当重合到永久性故障时，一般是断开三相不再进行重合；线路上发生相间故障时，实行三相自动重合，当重合到永久性故障上时，断开三相不再进行自动重合。

在我国，110kV 及以下线路，断路器不能分相操作，一般采用三相一次重合闸方式。对于 220kV 及以上线路，断路器可以进行分相操作，根据电力网结构和线路的特点，可以采用三相重合闸、单相重合闸、综合重合闸三种方式中的一种，且均为动作一次的重合闸，目前单相重合闸的使用较为普遍。

ARC 装置应满足下列基本要求：

① 自动重合闸装置可按控制开关位置与断路器位置不对应的原理启动，对综合重合闸装置，宜实现由保护同时启动的方式。

② 用控制开关或通过遥控装置将断路器断开，或将断路器投于故障线路上，而随即由保护将其断开时，自动重合闸装置均不应动作。

③ 在任何情况下（包括装置本身的元件损坏，以及继电器触点粘住或拒动），自动重合闸装置的动作次数应符合预先的规定（如一次重合闸只应动作一次）。

④ 自动重合闸装置动作后，应自动复归。

⑤ 自动重合闸装置应能在重合闸后，加速继电保护的动作。必要时，可在重合闸前加速其动作。

⑥ 自动重合闸装置应具有接收外来闭锁信号的功能。特别是当断路器处于不允许实现重合闸的不正常状态（如断路器未储能）时，或当系统频率降低到按频率自动减负荷装置动作将断路器跳开时，能自动地将 ARC 闭锁。

6.2　110kV 及以下电压等级线路三相自动重合闸

本节主要介绍 110kV 及以下电压等级的输电线路 ARC 基本工作原理及实现逻辑。

6.2.1　检无压、检同步重合闸基本原理

110kV 及以下电压等级的输电线路，其断路器不能进行分相操作，所以只能实行三相重

合闸。**三相重合闸一般统一设计成检无压、检同步重合。**

检无压和检同步重合闸包括检无压元件和检同步元件。图 6-1 中 MN 为双侧电源线路，所谓双侧电源线路是指两个或两个以上电源间的联络线。图中 TV1、TV4 用来测量 M、N 侧母线电压，TV2、TV3 用来测量线路侧电压。"V<" 表示欠电压元件，用来检测线路是否无电压；"V-V" 表示检同步元件，用来判别线路侧电压与母线电压是否同步。

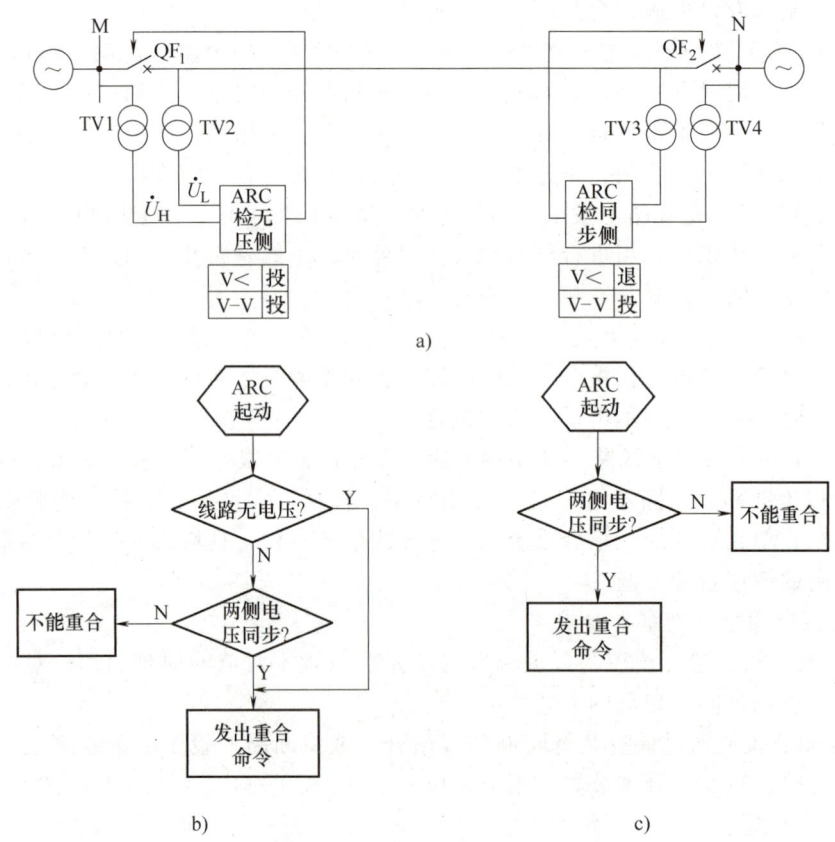

图 6-1 三相自动重合闸基本原理图

检无压和检同步三相自动重合闸，就是当线路两侧断路器跳闸后，先重合侧检定线路无电压而重合，后重合侧检定同步再进行重合。如采用这种重合方式，将不会产生危及电气设备安全的冲击电流，也不会引起系统振荡。设 M 侧为检无压侧，N 侧为检同步侧。

如 MN 线路上发生瞬时性故障，则线路两侧继电保护动作，QF_1、QF_2 跳闸，故障点断电，电弧熄灭。因 M 侧欠电压元件检测到线路无电压，将 QF_1 断路器合上。QF_1 合上后，N 侧检测到线路有电压，N 侧检定同步元件开始工作，当满足同步条件时，将 QF_2 合上恢复线路正常供电。

如 MN 线路上发生永久性故障，则两侧断路器 QF_1、QF_2 跳闸后，M 侧检定线路无电压先重合，由于是永久性故障，立即由无电压侧的后加速保护动作，使 QF_1 再次跳闸，而同步侧断路器 QF_2 始终不能重合闸。可以看出，M 侧断路器 QF_1 连续两次切断短路电流，N 侧断路器 QF_2 只切断一次短路电流。

如由于误碰或保护装置误动作造成断路器跳闸，则当误跳闸发生在 N 侧时，借助检定同步元件的工作，将 QF$_2$ 合上，恢复同步运行。当这种情况发生在 M 侧（无电压侧）时，若该侧不设定检同步的元件，则 QF$_1$ 不会自动合上，所以该侧必须设检定同步的元件，使 QF$_1$ 能自动合闸。线路两侧的检定同步元件是一直投入工作的；而检定无电压的元件只能在线路一侧（即检无压侧）投入。若两侧均投入检定线路无电压元件，则线路两侧断路器跳闸后，两侧均检测到线路无电压，两侧断路器合上，势必造成不检同步合闸，容易产生冲击电流，甚至引起系统振荡。

6.2.2 检无压、检同步重合闸动作逻辑

110kV 及以下输电线路数字式 ARC 逻辑图如图 6-2 所示，主要包括重合闸充电部分、三相重合闸部分和重合闸闭锁部分。其中重合闸启动包括控制开关与断路器位置不对应启动以及保护启动两种方式。

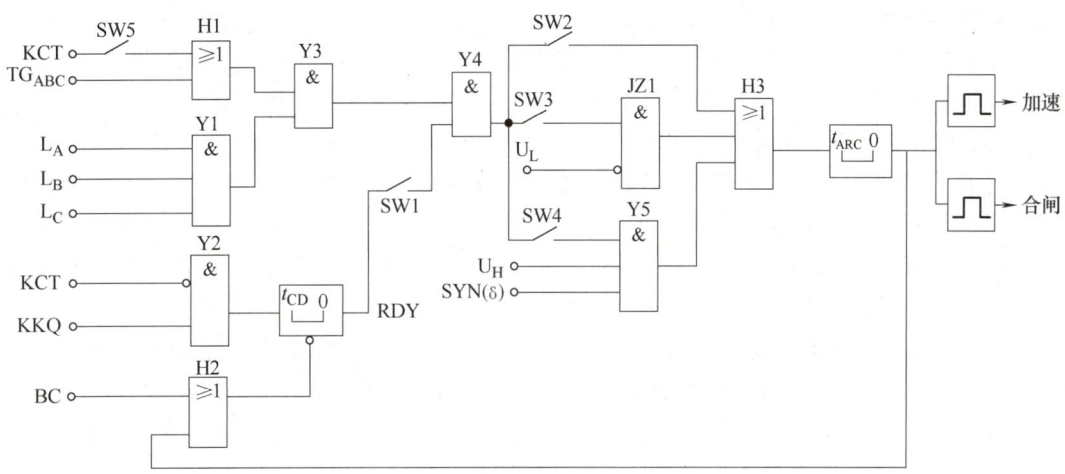

图 6-2　检无压、检同步重合闸动作逻辑

输入重合闸的各量为：

KCT：跳闸位置继电器，任一相断路器的跳闸位置继电器动作时，KCT 动作。

TG$_{ABC}$：三相跳闸固定动作。

L$_A$、L$_B$、L$_C$：分别为 A 相、B 相、C 相低定值（$6\%I_N$，I_N 为电流互感器二次额定电流）过电流元件。该元件在电流低于定值时，置"1"。

KKQ：控制开关处"合闸后"位置时动作的双位置继电器（注：该输入量对应于控制开关的命令，与断路器的位置无关，只有手动跳闸后，才置为"0"）。

BC：闭锁重合闸，由保护装置内部判别或外部输入。

U$_L$、U$_H$：分别为线路低电压启动和高电压启动元件。

SYN（δ）：检同步元件。

SW1：重合闸投入与退出选择控制字，置"1"，表示投入，逻辑图上显示为导通。置"0"表示退出。

SW2：重合闸方式选择"不检"控制字，置"1"表示 ARC 不检无压、不检同步，即不检定重合；置"0"表示不检定功能退出。

SW3：重合闸方式选择"检无压"控制字，置"1"表示 ARC 检查线路无电压重合，

置"0"表示检查线路无电压功能退出。

SW4：重合闸方式选择开关之"检同期"控制字，置"1"表示 ARC 检同步重合，置"0"表示检同步功能退出。

SW5：重合闸启动方式软压板，置"1"时，断路器和控制开关不对应，启动重合闸投入。

（1）充电准备 线路发生故障，ARC 动作一次，表示断路器进行了一次"跳闸—合闸"过程或者"跳闸—合闸—跳闸"过程。为保证断路器切断能力的恢复，断路器进入第二次"跳闸—合闸"过程须有足够的时间，否则切断能力会下降。为此，ARC 动作后需经过一定时间（也可称 ARC 复归时间）才能投入，一般这一间隔时间取 10~15s。另外，线路上发生永久性故障时，ARC 动作后，也应经过一定时间后 ARC 才能动作，以免 ARC 的多次动作。为满足上述两方面要求，重合闸"准备好（Ready）"时间常被称为"充电时间"，一般取 15~25s。

在数字式重合闸中，为模拟传统电磁型重合闸继电器中的"充电"电容器充电，采用了一个计数器。计数器计数相当于电容器充电，计数器清零相当于电容器放电。

重合闸充电条件应满足：

1) 重合闸投入且处于正常工作状态，图 6-2 中 KCT 未动作为"0"；

2) 线路正常运行，断路器处于合闸状态，控制开关为"合闸后"状态，即 KKQ = "1"。

此时若没有其他闭锁信号，计数器达到充满电值（即图 6-2 中，t_{CD} 为 15~25s）时，RDY 为"1"，代表重合闸"准备好（Ready）"，为重合闸动作准备好了条件。

（2）位置不对应启动方式 重合闸的位置不对应启动就是断路器控制开关 SA（KK）处于"合闸后"状态、断路器主触头处于断开状态，两者位置不对应的启动重合闸。图 6-2 中，SW5 = "1"（位置不对应，启动重合闸功能投入），KCT = "1"（跳闸位置继电器动作），L_A、L_B、L_C 电流元件检查线路无电流，确认断路器主触点已断开，而 KKQ = "1"表示控制开关处于"合后位"（与断路器实际位置不对应）且 RDY 为"1"，为重合闸动作准备好了条件。此时，SW1 = "1"（重合闸投入），重合闸启动，按下面三种情况合闸：

1) 若 SW2 = "1"，则重合闸"不检"功能投入，ARC 不检无压、不检同步，直接经 t_{ARC} 延时合闸。

2) 若 SW3 = "1"，SW4 = "1"，则该侧重合闸方式选择为"检无压"。当线路无电压时，U_L = "0"，经 t_{ARC} 延时合闸；若线路有电压，U_L = "1"，U_H = "1"，当检同步完成 SYN(δ) = "1"，经 t_{ARC} 延时合闸。

3) 若 SW3 = "0"，SW4 = "1"，则该侧重合闸方式选择为"检同步"。当线路有电压，U_L = "1"，U_H = "1"，检同步完成 SYN(δ) = "1"后，经 t_{ARC} 延时合闸。

用位置不对应启动重合闸的方式，线路发生故障保护将断路器跳开后，出现控制开关与断路器位置不对应，从而启动重合闸。位置不对应启动重合闸可以纠正各种原因引起的断路器"偷跳"。断路器"偷跳"时，保护因线路没有故障处于不动作状态，保护不能启动重合闸。

当发生断路器辅助触点接触不良、跳闸位置继电器异常以及触点粘牢等情况时，位置不对应起动重合闸失效，这是这一启动方式的缺点。为克服位置不对应不能启动重合闸这一缺点，在不对应启动环节中还增加了线路无电流条件检查，进一步地确认，提高了启动重合闸的可靠性。

（3）**保护启动方式** 目前大多数线路自动重合闸装置，在保护动作发出跳闸命令后，重合闸才发合闸命令，因此自动重合闸应支持保护跳闸命令的启动方式。保护启动重合闸，就是用线路保护跳闸出口触点来启动重合闸。因为是采用跳闸出口触点来启动重合闸，因此只要固定跳闸命令，无须固定选相结果，从而简化了重合闸回路。

保护启动重合闸可纠正继电保护误动作引起的误跳闸，但不能纠正断路器的"偷跳"。

图 6-2 中，当 TG_{ABC} = "1" 时表示三相跳闸固定动作，启动 ARC，其他动作过程与不对应启动相同。

（4）**重合闸闭锁** 重合闸闭锁就是将重合闸充电计数器瞬间清零，即图 6-2 中 t_{CD} 瞬间放电。

闭锁重合闸信号 BC 有以下功能：①手动跳闸或通过遥控装置跳闸；②按频率自动减负荷动作跳闸、欠电压保护动作跳闸、过负荷保护动作跳闸、母线保护动作跳闸；③当选择检无压或检同步工作时，检测到母线 TV、线路侧 TV 二次回路断线失电压；④检无压或检同步不成功时；⑤弹簧未储能；⑥断路器控制回路发生断线。

6.2.3 同步检定原理

在图 6-1 中，线路 M 侧为检无压侧，N 侧为检同步侧，两侧的重合闸功能控制字见表 6-1。

表 6-1 线路两侧 ARC 控制字

控制字名称	SW1	SW2	SW3	SW4
M 侧（检无压）	1	0	1	1
N 侧（检同步）	1	0	0	1

检同步 ARC，是在 ARC 动作合上断路器后，两侧系统很快进入同步运行状态。其同步条件为两侧频率差值、两侧电压差值、两侧电压间相位差 δ 均小于整定值。

当 MN 为单回线路时，在线路有电压的情况下，断路器须检查同步后才能合闸。在检定同步的过程中，$\dot{U}_M$（由 TV3 检测）、$\dot{U}_N$（由 TV4 检测）有不同的角频率 ω_M（$\omega_M = 2\pi f_M$）、ω_N（$\omega_N = 2\pi f_N$）。若以 $\dot{U}_N$ 为基准，则 $\dot{U}_M$ 以相对角频率 $\omega_M - \omega_N$ 转动，如图 6-3 所示。当 $\omega_M > \omega_N$ 时，$\dot{U}_M$ 以角速度 $\omega_M - \omega_N$ 逆时针转动；当 $\omega_M < \omega_N$ 时，$\dot{U}_M$ 以角速度 $\omega_M - \omega_N$ 顺时针转动。如果设定相位差的整定值 δ_{set} 符合下式：

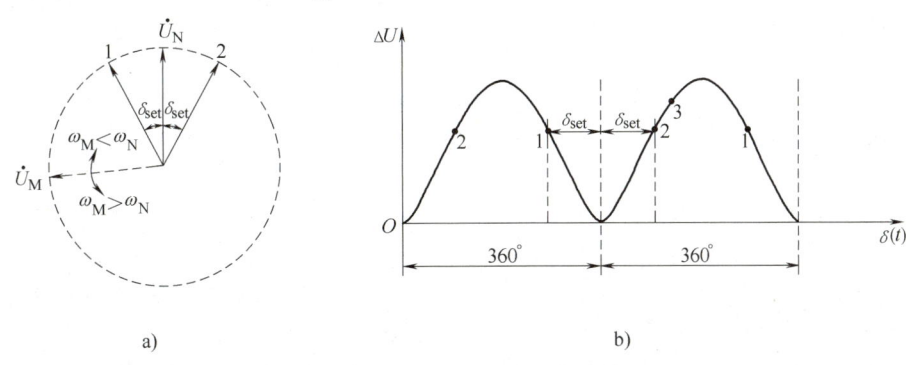

图 6-3 同步检定原理及整定角度

$$\left|\arg\frac{\dot{U}_\mathrm{M}}{\dot{U}_\mathrm{N}}\right|\leq\delta_\mathrm{set} \tag{6-1}$$

则满足条件时，SYN(δ) 为 "1"。即 $\dot{U}_\mathrm{M}$ 在 1→2（$\omega_\mathrm{M}<\omega_\mathrm{N}$ 时）或 2→1（$\omega_\mathrm{M}>\omega_\mathrm{N}$ 时）区间 SYN(δ) 为 "1"。若 $\dot{U}_\mathrm{M}$ 在 1→2 或 2→1 区间内频差不发生变化，则 SYN(δ) 为 "1" 的时间 t_ARC 有如下关系：

$$|\omega_\mathrm{M}-\omega_\mathrm{N}|t_\mathrm{set}=2\delta_\mathrm{set} \tag{6-2}$$

即

$$t_\mathrm{set}=\frac{\delta_\mathrm{set}}{180°}\frac{1}{|f_\mathrm{M}-f_\mathrm{N}|} \tag{6-3}$$

根据图 6-2 所示的逻辑原理图，当 $t_\mathrm{set}\geq t_\mathrm{ARC}$ 时，与门 Y5 的输出 "1" 信号经或门 H3 可以使时间元件 t_ARC 动作，即 ARC 动作。于是有

$$\frac{\delta_\mathrm{set}}{180°}\frac{1}{|f_\mathrm{M}-f_\mathrm{N}|}\geq t_\mathrm{ARC} \tag{6-4}$$

即

$$|f_\mathrm{M}-f_\mathrm{N}|\leq\frac{\delta_\mathrm{set}}{180°}\times\frac{1}{t_\mathrm{ARC}} \tag{6-5}$$

式中　δ_set——ARC 装置设定的动作角度，如 30°；

　　　t_ARC——整定的重合闸动作时间。

由式（6-5）可以看出，t_ARC 确定后，δ_set 增大时，整定频差相应增大；δ_set 确定后，t_ARC 增大时，相应整定频差减小。实际上，先确定 t_ARC，而后再确定 δ_set。

合闸时频差和相位差都被控制在设定值内，满足了在同步侧检定同步的条件。

在临界情况下，即在图 6-3b 中 $\dot{U}_\mathrm{M}$ 在 1 位置（或 2 位置），ARC 发出动作脉冲。考虑到断路器的合闸时间 $t_\mathrm{QF.C}$，最大合闸相位差 δ_max 为

$$\delta_\mathrm{max}=\delta_\mathrm{set}+2\pi|f_\mathrm{M}-f_\mathrm{N}|_\mathrm{set}t_\mathrm{QF.C} \tag{6-6}$$

在 δ_max 时合闸产生的冲击电流，必在电气设备的允许范围内。

在非同期三相自动重合闸中，当线路两侧均设在"不检"工作方式时，线路发生永久性故障，两侧断路器均要重合于永久性故障一次。若线路侧有 TV，则可以一侧检定线路无电压先重合，另一侧检定线路有电压重合，或检测频差重合。这样发生永久性故障时，后重合侧的 ARC 就不动作，不会对系统造成再次冲击，断路器也不会再次切断故障电流。

6.2.4　参数整定

1. 单侧电源线路三相自动重合闸

对于单侧电源线路，不需要考虑同步问题，图 6-2 所示的重合闸逻辑中，其 SW2（"不检"方式软压板）投入，SW3、SW4 退出，只需考虑重合闸准备时间和故障点去游离时间。

（1）重合闸充电时间　重合闸充电时间，就是重合闸复归时间，根据前面分析，取

t_{RDY}（即图 6-2 中 t_{CD}）为 $15\sim25s$。

（2）重合闸动作时间 对于单侧电源线路，为了尽可能缩短电源中断的时间，其动作时限越短越好，只有这样，才能保证不中断对用户的供电及感应电动机的迅速自起动。但必须考虑故障点断电去游离时间以及断路器及操动机构复归原状准备好再次动作的时间。同时为可靠起见，重合闸动作时间增加一个裕度时间 Δt。由于从合闸命令发出到主触点闭合还存在一个合闸时间 $t_{QF.C}$，此期间，主触点未闭合，去游离仍在进行中，所以在重合闸最小动作时间整定中应扣除这一时间。因此重合闸最小动作时间 $t_{ARC.min}$ 为

$$t_{ARC.min} = t_{dead} + \Delta t - t_{QF.C} \tag{6-7}$$

式中 t_{dead}——故障点周围介质去游离时间，对于 $6\sim10kV$ 线路应大于 $0.1s$，对 $35\sim66kV$ 线路应大于 $0.2s$，对 $110\sim220kV$ 线路应大于 $0.3s$，对 $330\sim500kV$ 线路应大于 $0.4s$；

Δt——时间裕度，可取 $0.3\sim0.4s$；

$t_{QF.C}$——断路器的固有合闸时间。

根据我国电力系统的运行经验，单电源线路的三相重合闸动作时限一般取 $1s$ 左右。

2. 双侧电源线路三相自动重合闸

双电源线路采用自动重合闸装置时，除了满足本章第一节提出的各项要求外，还必须考虑如下特点：

第一，故障点的断电时间问题。当线路上发生故障时，两侧的继电保护装置可能以不同的时限动作于两侧断路器跳闸。例如，一侧断路器以较短时限动作跳闸，另一侧的断路器以较长时限动作跳闸。因此，只有当后跳闸的断路器断开后，故障点才能完全断电。为了保证故障点电弧的熄灭和足够的去游离时间，提高重合闸成功的可能性，线路两侧的重合闸，必须在两侧断路器都已跳闸，而且保证故障点有足够的去游离时间以后才能进行重合。

第二，同步问题。当线路发生故障，两侧断路器跳闸后，线路两侧电源之间电动势夹角摆开，甚至有可能失去同步。因此后重合侧重合闸时应考虑是否允许非同步合闸和进行同步检定的问题。

因此，双电源电路上的三相自动重合闸，应根据电网的接线方式和运行情况，采用不同的重合闸方式。在我国 110kV 及以下电力系统中，采用的有非同步重合闸、检无压和检同步重合闸、检定平行线路电流的重合闸、解列重合闸以及自同步重合闸等。其中应用最为广泛的为检无压和检同步三相自动重合闸，其主要参数包括：

（1）重合闸充电时间 t_{RDY} 与单侧电源线路三相重合闸相同，充电时间 t_{RDY} 取 $15\sim25s$。

（2）检查线路侧无电压的动作电压 U_{opL} 检无压侧"V<"元件检查线路无电压后进行三相重合。其动作电压为

$$U_{opL} = 50\% U_N \tag{6-8}$$

式中 U_N——线路额定电压二次值。

（3）检查线路侧有电压的动作电压 U_{opH} 检同步侧重合闸中，检查线路有电压的电压元件动作电压 U_{opH} 为

$$U_{opH} = 80\%U_N \tag{6-9}$$

当检无压侧重合闸检查线路无电压重合成功后，检同步侧线路电压高于 U_{opH} 值，即判断检无压侧已重合成功，该侧进入检同步程序。

（4）检同步动作角 δ_{set}　　δ_{set} 应满足可能出现的最不利运行方式下，小电源侧发电机的冲击电流不超过允许值。一般取 $\delta_{set}=30°$ 左右。

（5）重合闸动作时间 t_{ARC}　　不同于单侧电源线路重合闸，在双侧电源线路上，重合闸动作时限必须考虑两侧保护不同时切除故障的时间差 Δt_{op}，因为只有两侧断路器都跳闸后，故障点才完全断电，周围介质才开始去游离。因此重合闸最小动作时间除要考虑单侧电源线路重合闸动作时间的要求外，还要考虑 Δt_{op}，动作时间 $t_{ARC.min}$ 为

$$t_{ARC.min} = \Delta t_{op} + t_{dead} + \Delta t - t_{QF.C} \tag{6-10}$$

式中　Δt_{op}——两侧保护动作时间差，一般情况下按线路某一侧保护的Ⅱ段动作时间减去另一侧保护的Ⅰ段动作时间来计算。

6.3　220kV 及以上电压等级线路综合自动重合闸

在输电线路数字式重合闸中，将三相重合闸方式、单相重合闸方式、综合重合闸方式、重合闸停用方式四种工作方式集成在一个装置（或逻辑）中，通过切换开关或控制字获得不同的重合闸方式和重合闸功能，通常称为综合自动重合闸。由于我国 220kV 及以上线路断路器可以进行分相操作，所以一般采用这种类型重合闸。

6.3.1　功能逻辑

综合重合闸功能逻辑框图如图 6-4 所示，全图分成重合闸充电准备、重合闸方式选择、三相重合闸、单相重合闸、重合闸闭锁等几大部分，各部分的逻辑功能如下：

A 为重合闸方式选择部分；

B 为重合闸不对应方式启动部分；

C 为三相重合闸部分；

D 为单相重合闸部分；

E 为重合闸充电部分；

F 为重合闸闭锁部分；

G 为重合闸输出（合闸脉冲，加速脉冲）

输入重合闸的各量说明如下：

CH1：三重方式控制（由屏上压板控制）。

CH2：综重方式控制（由屏上压板控制）。

KCT：跳闸位置继电器，任一相断路器的跳闸位置继电器动作时，KCT 动作。

L_A、L_B、L_C：分别为 A 相、B 相、C 相低定值（$6\%I_N$，I_N 为电流互感器二次额定电流）过电流元件，低于定值时置"0"，高于定值时置"1"。

P_L：低功率运行标志，正常运行电流小于 $10\%I_N$ 时，置 P_L 标志。

TG_{ABC}：三相跳闸固定动作。

TG_φ：任意一相跳闸固定动作。

KKQ：控制开关处于"合闸后"位置时动作的双位置继电器。

KP（HYJ）：合闸压力继电器。

KCT_{ABC}：A 相、B 相、C 相跳闸位置继电器同时动作。

BC：闭锁重合闸，由保护装置内部判别或外部输入。

BCST：由外部输入的闭锁重合闸的三跳压板。

$L_{\Sigma Q}$：保护装置的启动元件。

U_L、U_H：分别为线路低电压启动和高电压启动元件。

SYN（δ）：检同步元件。

SW1~SW5：ARC 的功能选择开关，其含义如图 6-2 所示。

ST：置保护三跳。

1. 方式选择

重合闸方式选择见图 6-4，借助 CH1、CH2 不同状态的组合可获得不同的重合闸方式。CH1 用来控制三重方式（压板接通时，CH1 被置"1"），CH2 用来控制综重方式（压板接通时，CH2 被置"1"），组合成的重合闸方式见表 6-2。通过 CH1、CH2 的组合，可实现单相重合闸、三相重合闸、综合重合闸和重合闸停用四种方式。单相重合闸时，CH1 = "0"、CH2 = "0"，所以 H4 = "0"、Y5 = "0"；三相重合闸时，CH1 = "1"、CH2 = "0"，所以 H4 = "1"、Y5 = "0"，H4 输出的"1"为 Y4 动作准备了条件，同时 JZ2 输出的"1"置保护为三相跳闸方式；综合重合闸时，CH1 = "0"、CH2 = "1"，此时 H4 = "1"、Y5 = "1"；重合闸停用时，CH1 = "1"、CH2 = "1"，此时 H4 = "1"、Y5 = "1"，通过 H11 瞬间使 t_{CD} 放电，闭锁重合闸（通过 SW1 置"0"也可以停用重合闸），Y1、Y9 不可能动作。

表 6-2　CH1、CH2 组合成的重合闸方式

重合闸方式	单重	三重	综重	停用
CH1	0	1	0	1
CH2	0	0	1	1

2. 充电准备

重合闸充电应满足以下条件：

1）重合闸投入后处于正常工作状态，SW1 = "1"。

2）线路正常运行，断路器处于合闸位置，KTC = "0"，控制开关处于"合闸后"位置，KKQ = "1"，JZ7 = "1"。线路没有故障，保护未动作，$L_{\Sigma Q}$ = "0"，JZ8 = "1"。

在满足上述条件，且没有 H11 输出的闭锁信号时，t_{CD} 开始计时，当达到定值时间（15~25s）时，RDY 为"1"，为 Y1、Y9 动作准备好了条件。

3. 位置不对应启动方式

单相故障时，假设单相跳闸，图 6-4 中的 L_A、L_B、L_C 有一个元件不动作（表示已跳闸），所以 Y6 = "0"、H5 = "1"，JZ3 = "1"，因此 H6 = "1"表示单相已经跳闸成功。当 SW5 = "1"（表示位置不对应启动重合闸投入）时，KCT 动作信号经 Y7、H7 可使 Y9 动作（KKQ 的动作信号已使重合闸充满电，RDY = "1"）启动单相重合闸的时间元件 t_D，实现单相重合闸，可见，跳开相无电流是位置不对应重合闸的必要条件。

当线路负荷电流很小时，单相故障跳闸后，另两相的低定值过电流元件可能不动作。此

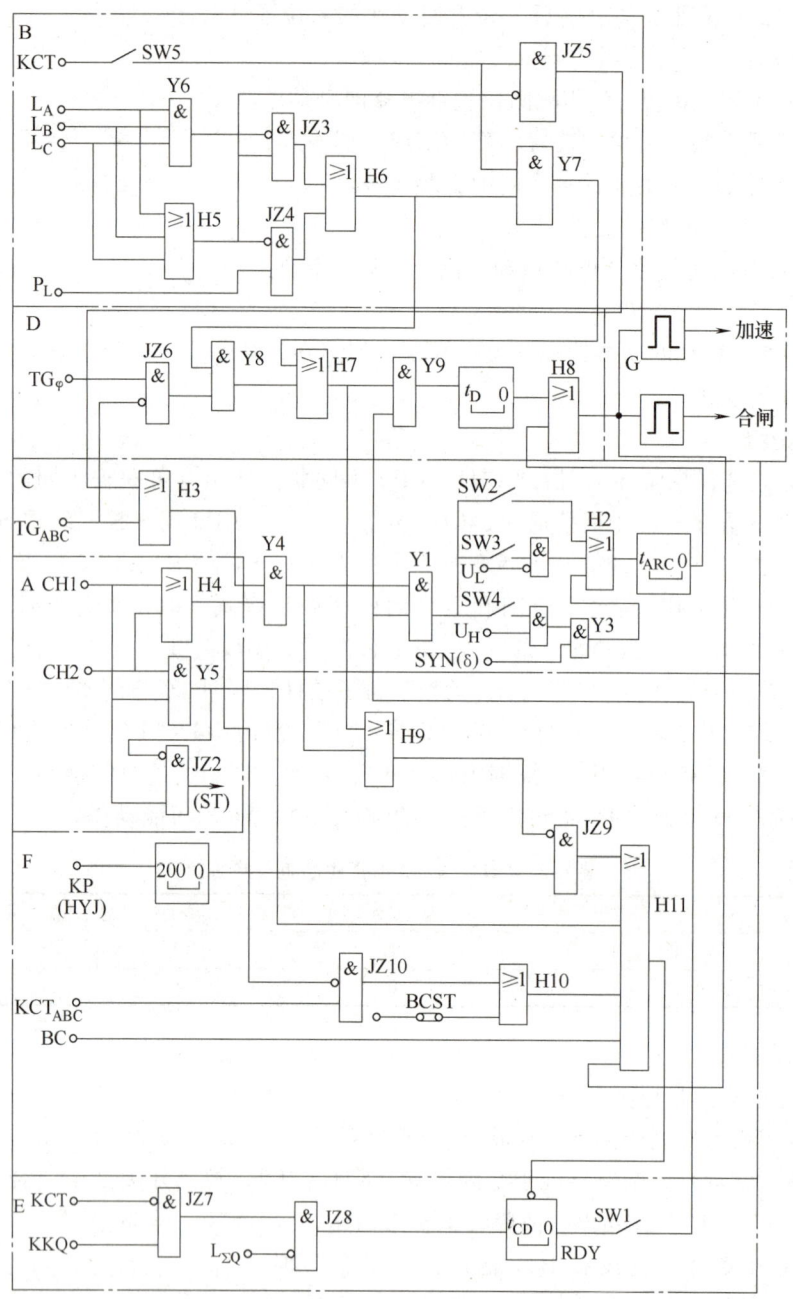

图 6-4 220kV 及以上输电线路 ARC 的功能逻辑框图

时 H5 = "0",低功率标志 P_L 为 "1"(P_L 整定 $10\%I_N$),所以 JZ4 = "1",H6 = "1",同样能使位置不对应起动重合闸实现。

多相故障时,线路三相跳闸(或单相故障实行三相跳闸),图 6-4 中的 L_A、L_B、L_C 均返回(表示三相已跳闸),所以 Y6 = "0"、H5 = "0"。KCT 动作信号经 SW5、JZ5、H3、Y4(三相重合闸或综合重合闸方式时,H4 = "1")可使 Y1 动作,实现三相重合闸。同样,位置不对应启动重合闸方式是经三相无电流确认后才启动重合闸的。

4. 保护启动方式

单相故障断路器单相跳闸后，一相无电流时图 6-4 中 H6＝"1"；单相跳闸固定信号 TGφ（此时无三跳固定信号）经 JZ6、Y8、H7 可使 Y9 动作，实现单相重合闸。

发生相间故障保护使断路器三相跳闸，三相跳闸固定信号 TG$_{ABC}$ 经 H3 可使 Y4 动作（置三相重合或综合重合方式时），实现三相重合闸。这种实现没有经三相无电流确认。

5. 重合闸计时

在图 6-4 中，单相故障单相跳闸时，重合闸以单相重合闸方式计时，重合闸动作时间为 t_D，即重合闸启动后经 t_D 后发出重合闸脉冲。

多相故障三相跳闸时，重合闸以三相重合闸方式计时，重合闸动作时间为 t_{ARC}，即重合闸启动以后经 t_{ARC} 后发出重合闸脉冲。

为保证断路器的安全，在选择综合重合闸工作方式的线路上，重合闸的计时必须保证是由最后一次故障跳闸算起，即非全相运行期间健全相发生故障而跳闸，重合闸必须重新计时。

在图 6-4 中，线路单相故障跳闸后，在非全相运行过程中健全相发生故障时，继电保护动作实行三相跳闸，于是 H5 的输入由 "1" 变为 "0"，H6 的输出由 "1" 变 "0"、Y7 的输出由 "1" 变 "0"，因此 t_D 时间元件瞬时返回，停止单相重合闸的计时。与此同时，位置不对应和三相跳闸固定同时启动三相重合闸，以第二次故障保护动作重新开始计时，以三相重合闸动作时间 t_{ARC} 进行三相重合闸。

6. 重合闸的闭锁

重合闸闭锁就是将重合闸充电计数器瞬间清零，图 6-4 中 t_{CD} 瞬间放电。其闭锁条件如下：

1）由保护定值控制字设定闭锁重合闸的故障出现时：如相间距离Ⅱ段、Ⅲ段；接地距离Ⅱ段、Ⅲ段；零序电流保护Ⅱ段、Ⅲ段；选相无效、非全相运行期间健全相发生故障引起的三相跳闸等。

2）不经保护定值控制字闭锁重合闸的故障发生时：如手动或自动合闸于故障线路（此时认为是永久性故障）；保护动作，但单相或三相跳闸失败（此时为断路器本身故障，闭锁重合闸）。

3）手动跳闸或通过遥控装置将断路器跳闸时：闭锁重合闸；断路器失灵保护动作跳闸，闭锁重合闸；母线保护动作跳闸不使用母线重合闸时，闭锁重合闸。

4）断路器操作气（液）压下降到允许重合闸值以下时：闭锁重合闸，由图 6-4 中的 H9、JZ9、H11 实现。对于气（液）压瞬时性降低，因引入了 200ms 延时，所以不闭锁重合闸；考虑到断路器在跳闸过程中会造成气（液）压的降低，为保证重合闸顺利进行，只要重合闸启动，就解除低气（液）压的闭锁。在图 6-4 中，只要 H9 一动作，JZ9 输出为 "0"，就解除了低气（液）压闭锁。

5）使用单相重合闸方式，而保护动作三相跳闸。此时，图 6-4 中的 H4＝"0"，三相跳闸位置继电器 KCT$_{ABC}$ 的动作信号经 JZ10、H10、H11 闭锁重合闸。

6）重合闸停用断路器跳闸。此时，图 6-4 中 Y5＝"1"，通过 H11 闭锁重合闸。

7）重合闸发出重合脉冲的同时，闭锁重合闸。此时，图 6-4 中 H8 输出的 "1" 信号经

H11 闭锁重合闸。

8) 当线路配置双重化保护时，若两套保护的重合闸同时投入运行，则重合闸也实现了双重化。为避免两套装置的重合闸出现不允许的两次重合情况，每套装置的重合闸检测到另一套重合闸已将断路器合上后，应立即闭锁本装置的重合闸。如果不采取这一闭锁措施，则不允许两套装置中的重合闸同时投入运行，只能一套投入运行。

9) 检测到 TV 二次回路断线欠电压，因检无压、检同步失去了正确性，在这种情况下应闭锁重合闸。

6.3.2 参数整定

对于 220kV 及以上线路综合自动重合闸，其充电时间 t_{RDY}、检查线路无电压元件动作电压 U_{opL}、检查线路有电压元件动作电压 U_{opH}、检查同步元件整定角度 δ_{set}、三相重合闸最小动作时间 $t_{ARC.min}$，均与双侧电源线路检无压、检同步三相自动重合闸的整定方法相同，不再赘述。

这里主要介绍单相重合闸动作时间。单相重合闸动作后，线路出现非全相运行。在非全相运行期间，因潜供电流［线路上发生单相接地故障，继电保护通过选相元件只将故障相自线路两侧断开，非故障相仍然继续运行，这时非故障相与断开的故障相之间存在静电（通过相间电容）和电磁（通过相间互感）的联系，使故障点弧光通道中仍有一定数值的电流通过，此电流称为潜供电流。它的大小与线路的参数有关，线路电压越高、越长，负荷电流越大，潜供电流越大］的影响，与三相重合闸相比，故障点具有熄弧慢的特点，因此单相重合闸最小动作时间 $t_{D.min}$ 为

$$t_{D.min} = \Delta t_{op} + t_{dead} + t'_{dead} + \Delta t - t_{QF.C} \tag{6-11}$$

式中　　t'_{dead}——潜供电流消弧时间。

6.4　重合闸相关问题

6.4.1　自动重合闸与继电保护的配合

自动重合闸与继电保护配合，可加快切除故障，提高供电可靠性，对保持系统暂态稳定有利。主要有重合闸前加速和重合闸后加速保护。

1. 重合闸前加速保护

重合闸前加速保护一般用于单侧电源辐射形电网中，重合闸仅装在靠近电源线路的电源一侧。重合闸前加速就是当线路上（包括邻线及以外的线路）发生故障时，靠近电源侧的保护首先瞬时无选择性动作跳闸，而后借 ARC 来纠正这种非选择性动作。当重合于故障时，无选择性的保护自动解除，保护按原有选择性要求动作。

图 6-5 为单电源供电的辐射形网络重合闸前加速保护动作原理图。

断路器 QF_1、QF_2、QF_3 上的配置有 P_1、P_2、P_3 阶段式电流保护，$t_1 > t_2 > t_3$ 为其阶梯形时限特性示意。P_1 装置包含自动重合闸功能（ARC），为实现前加速保护，P_1 加装了一种保护到线路 PQ 的电流速断保护，称为无选择性的电流速断保护。若在 MN 或 NP、PQ 上发生

故障（如图 6-5 中 K_1 点），该电流速断保护首先动作将 QF_1 断开（即 ARC 动作前加速了保护），而后 ARC 动作将 QF_1 合上。如果故障为瞬时性，则重合闸成功，恢复供电；如果故障为永久性，P_1 中无选择性的电流速断保护退出，通过保护 P_1、P_2、P_3 按原有选择性要求与配合关系动作，切除故障，即 K_1 点故障，跳开 QF_3；若是 NP 线故障，跳开 QF_2；若是 MN 线故障，跳开 QF_1。为使无选择性的电流速断保护范围不致延伸太长，

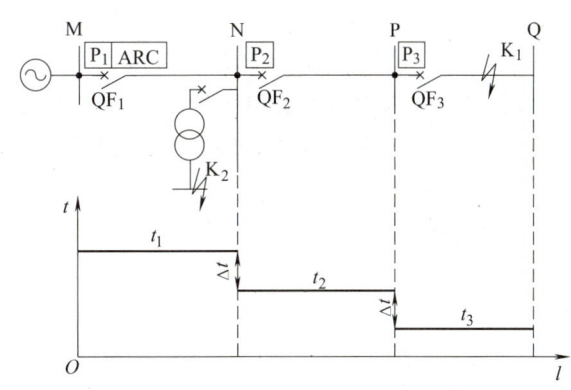

图 6-5 重合闸前加速保护动作原理图

动作电流要躲过配电变压器低压侧短路故障（如图 6-5 中 K_2 点）流过 QF_1 的短路电流。

（1）采用重合闸前加速保护的优点

1）能快速切除线路上的瞬时性故障。

2）由于能快速切除瞬时性故障，故障点发展成永久性故障的可能性小，从而提高重合闸的成功率。

3）由于能快速切除故障，可保证发电厂和重要变电所的负荷少受影响。

4）使用设备少，简单经济（在数字保护中该优点不存在）。

（2）采用重合闸前加速保护的缺点

1）靠近电源一侧断路器工作条件恶化，切除故障次数与合闸次数多。

2）当 ARC 拒动或 QF_1 拒合时，将扩大停电范围，甚至在最末一级线路上的故障，也能造成除 M 母线用户外其他所有用户的停电。

3）重合于永久性故障时，故障切除的时间可能较长。

4）在重合闸过程中除 M 母线负荷外，其他用户都要暂时停电。

重合闸前加速保护主要用于 35kV 以下由发电厂或重要变电所引出的不太重要的直配线上。

2. 重合闸后加速保护

重合闸后加速保护就是当线路上发生故障时，保护首先按有选择性的方式动作跳闸。当 ARC 动作重合于永久性故障上时，保护得到加速，快速切除故障，与第一次切除故障是否带有时限无关。

被加速的保护对线路末端故障应有足够的灵敏度，一般加速第Ⅱ段，有时也可加速第Ⅲ段，这样对全线的永久性短路故障，ARC 动作后均可快速切除。加速的保护可以是电流保护的第Ⅱ段、零序电流保护第Ⅱ段（或第Ⅲ段）、接地距离保护第Ⅱ段（或第Ⅲ段）、相间距离保护第Ⅱ段（或第Ⅲ段），或者在数字式保护中加速定值单独整定的零序电流加速段、电流加速段。加速距离保护时，如重合闸后（单相重合闸或三相重合闸）不会发生系统振荡，则加速段可不经振荡闭锁控制；当三相重合闸后，有可能发生系统振荡，则加速段需经振荡闭锁控制。

（1）采用重合闸后加速保护的优点

1）故障首次切除是有选择性的，不会扩大停电范围。

2）重合于永久性故障，仍能快速、有选择性地将故障切除。

3）应用不受网络结构和负荷条件限制。

（2）采用重合闸后加速保护的缺点

1）首次故障的切除可能带有时限，但对装有纵联保护的线路上发生的故障，两侧保护均可瞬时动作跳闸，该缺点并不存在。

2）每条线路的断路器上都应设 ARC，这对数字式保护来说并不增加多大的复杂性。

根据以上分析，重合闸后加速保护的优点是明显的，广泛应用在各级电网，特别是高压电网中。

6.4.2 分相跳闸逻辑

在选用单相重合闸方式或综合重合闸方式的线路上，单相接地故障时实行单相跳闸，因此要求单相重合闸和综合重合闸具有选相功能，即线路发生单相接地时，能够正确选出故障相。虽然数字式线路保护大多具有选相功能（不增加硬件），但双重选相更为可靠。

（1）对选相元件的要求 选相元件只负责选出故障相，不起判断故障点是否在保护区内的作用，对选相元件的要求如下：

1）在保护区内部发生任何形式的短路故障时，均能判断出故障相别，或判断出是单相故障还是多相故障。

2）单相故障时，非故障相选相元件可靠不动作。

3）在正常运行时，选相元件不动作。

4）动作速度要快，不影响继电保护快速切除故障。

选相元件构成原理比较多，如序电流选相原理、相电流差突变量选相原理、电流电压序分量选相原理等，不同选相原理特点不同，但必须满足上述要求。

（2）分相跳闸功能逻辑框图 在装设单相重合闸或综合重合闸的线路上，单相接地时经选相元件控制实行单相跳闸（多相故障时实行三相跳闸），这由分相跳闸回路实现。图 6-6 示出了某保护（如方向纵联保护）的分相跳闸功能逻辑图（其他保护的分相跳闸功能逻辑图与此框图很相似），其中：

S_A、S_B、S_C：分别为该保护的 A 相、B 相、C 相选相元件。

S_{ABC}：该保护中多相故障选相元件。

L_A、L_B、L_C：分别为 A 相、B 相、C 相低定值（$6\% I_N$）过电流元件。

T_A、T_B、T_C：该保护跳 A 相、B 相、C 相。

保护 Ⅰ：一般为快速保护，如方向纵联保护、快速距离 Ⅰ 段保护，有时也可接入零序方向过电流 Ⅱ 段保护。

A：两个选相元件动作的故障发生时 A 值为"1"（A 的功能逻辑框图中未画）。

SW1：该保护三相跳闸功能选择的控制字，置"1"时为三相跳闸方式。

保护 Ⅱ：不经选相元件控制要求三相跳闸的保护，如零序电流 Ⅲ 段保护等。

由图 6-6 可见，发生单相故障时，保护动作信号（保护 Ⅰ）经选相元件控制，再由低定值过电流元件 L_ϕ 按相保持，发出分相跳闸脉冲。故障相一跳开，该相的低定值过电流元件返回，按相保持解除，收回跳闸脉冲。

如果发生的是多相故障，保护 Ⅰ 动作信号经 S_{ABC} 控制经 H4、Y8、H6、H8、H9、H10

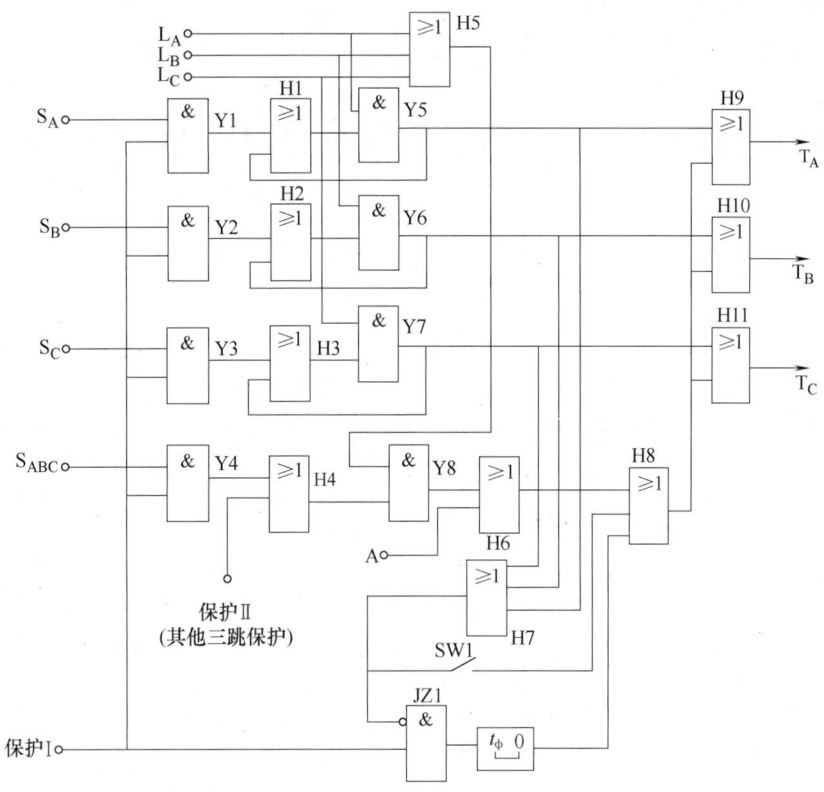

图 6-6 分相跳闸功能逻辑图

H11 进行三相跳闸。保护Ⅱ动作信号或 A 的动作信号均实行三相跳闸。

SW1 置"1"时，不论故障形式，实行三相跳闸。

若单相故障时选相元件拒动，则 Y5、Y6、Y7 无输出，H7 无输出，保护Ⅰ动作信号经 JZ1、选相拒动延时 t_ϕ，通过 H8、H9、H10、H11 进行三相跳闸。t_ϕ 是选相元件拒动后备三跳的延时时间。t_ϕ 的考虑原则如下：

1) 单相故障时应跳故障相不应误跳三相，所以 t_ϕ 应大于选相元件动作时间、低定值电流元件动作时间之和。

2) 选相元件拒动时不应引起上一级保护误动，所以 t_ϕ 应与上一级Ⅱ段保护动作时间配合。

因此，可取 $t_\phi = 200 \text{ms}$。

6.4.3 非全相运行对零序方向电流保护的影响

非全相运行是断路器在合闸、跳闸过程中，由于某种原因造成一相或两相开关未合好或未跳开的一种异常现象。当实施单相重合闸时，必定会短时出现非全相运行状态，该状态对于保护的动作行为将产生一定的影响，严重时，有可能引起继电保护的误动作。本节重点讨论非全相运行对于输电线路典型保护的影响。

（1）非全相运行时的零序电流 零序方向电流保护出口跳闸必须满足两个条件，一是零序电流元件 $3I_0$ 动作，二是零序方向元件动作，若单相重合闸过程中，两个条件都满足，则将导致零序方向电流保护误动。

当不计输电线路分布电容时,一个断相口和两个断相口的非全相运行,线路中的零序电流是相同的。

非全相运行时,若断相口两侧等效电动势间的夹角不摆开,则非全相运行线路中的零序电流为

$$|3\dot{I}_0| = \frac{\frac{1}{Z_{00}}}{\frac{1}{Z_{11}}+\frac{1}{Z_{22}}+\frac{1}{Z_{00}}}|3\dot{I}_{loa}| \tag{6-12}$$

零序电流随负荷电流大小而发生变化。

非全相运行时,当断相口两侧等效电动势间夹角 δ 发生变化时,计及

$$|\dot{I}_{loa}| = \left|\frac{\dot{E}_{MA}-\dot{E}_{NA}}{Z_{11}}\right| = \frac{2E_\varphi}{|Z_{11}|}\sin\frac{\delta}{2} \tag{6-13}$$

其中 E_φ 是 $\dot{E}_{MA}$、$\dot{E}_{NA}$ 的相电动势值。代入式(6-12),化简得到

$$|3\dot{I}_0| = \frac{6Z_{22}}{Z_{11}Z_{22}+Z_{11}Z_{00}+Z_{22}Z_{00}}E_\varphi\sin\frac{\delta}{2} \tag{6-14}$$

式(6-14)说明,非全相运行 δ 较大时,零序电流可达到较大数值;当 δ 角为 180° 时,零序电流有最大值。当 $\delta=0°$ 时(线路空载),非全相运行不会产生零序电流。

非全相运行伴随系统振荡时,零序电流随 δ 角的变大可达到很大的数值。当超过零序电流元件定值时,该元件动作。

(2)非全相运行时零序方向元件的行为 在断相口两侧分别有接地中性点的条件下,非全相运行时线路中就有零序电流($\delta\neq0°$);因零序电压、零序电流仅存在于零序网络中,所以讨论零序方向元件的行为,只需在零序网络中求出 $3\dot{I}_0$、$3\dot{U}_0$ 间的相位关系。

在图6-7零序网络中,断相口在保护1、保护2的正方向上,若零序电压取自母线侧,此时有如下关系式:

保护1

$$3\dot{U}_{M0} = -(3\dot{I}_{M0})Z_{M0} \tag{6-15}$$

保护2

$$3\dot{U}_{N0} = -(3\dot{I}_{N0})Z_{N0} \tag{6-16}$$

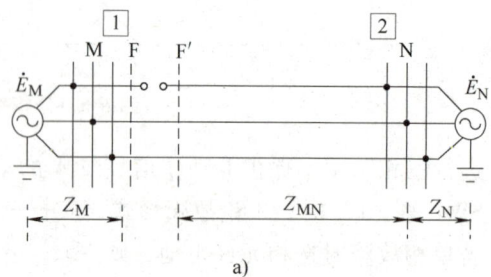

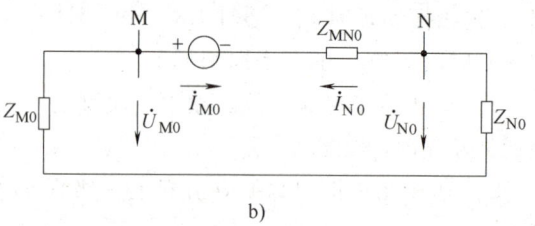

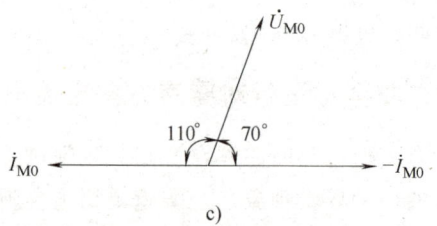

图 6-7 线路非全相运行时零序电流、电压相位关系分析
a)非全相运行线路图 b)零序等效网络图
c)M 侧零序电压、零序电流相位关系

式（6-15）与式（6-16）比较，$3\dot{U}_0$ 与 $3\dot{I}_0$ 间的相位关系与保护正方向上发生接地故障时的相位关系相同，故零序方向元件处于动作状态。若零序电压取自线路侧，则零序方向元件不会动作。

由以上分析可见，非全相运行时，不仅在非全相运行线路中产生零序电流，而且在全相运行线路中同样产生零序电流（线路两侧存在接地中性点）。对于零序方向元件，非全相运行时均有发生动作的可能，零序方向电流保护会发生不正确的动作，需采取相应对策防止其误动。

（3）非全相运行线路对策 线路零序方向电流保护通常设有四段，一般有以下两种情况。

1）零序方向电流保护设置为不灵敏Ⅰ段，灵敏Ⅰ段、Ⅱ段、Ⅲ段时，不灵敏Ⅰ段因定值大于非全相运行时的最大零序电流，所以非全相运行时不退出，作非全相运行时健全相接地故障保护用；Ⅲ段零序方向电流保护的动作时限大于第一次故障算起的单相重合闸周期，非全相运行时不退出；灵敏Ⅰ段和Ⅱ段零序方向电流因整定值小于非全相运行时的零序电流，非全相运行期间退出工作。

2）零序方向电流保护设置为Ⅰ段、Ⅱ段、Ⅲ段、Ⅳ段时，其中第Ⅳ段的动作时限已大于第一次故障算起的单相重合闸周期，非全相运行时不退出；Ⅰ段、Ⅱ段、Ⅲ段零序方向电流保护在非全相运行期间退出工作。

在复杂网络中，上述Ⅲ段或Ⅳ段，一般采用相同动作时限。当系统发生接地故障时，为与其他线路零序方向电流保护的Ⅲ段或Ⅳ段动作时限相配合，出现非全相运行时，已能判定故障发生于本线路，因此可将本线的零序方向电流保护的Ⅲ段或Ⅳ段时限自动缩短一个时间级差（如 0.5s）。

对于非全相运行期间保留工作的零序方向电流保护的相应段，为保证健全相发生故障时发挥作用，零序方向元件应正确可靠工作。为此，当采用母线侧零序电压时，零序方向元件不退出。当采用线路侧零序电压时，健全相发生接地故障，零序方向元件有可能处于制动状态，所以应退出工作，即此时的零序方向元件的动作状态不构成保护的动作条件。

（4）全相运行线路对策 电力系统非全相运行时，相邻全相运行的线路中同样有零序电流（线路两侧存在接地中性点），全相运行线路保护安装处的零序方向元件有动作的可能，因此全相运行线路上的零序方向电流保护同样有不正确动作的可能。

对于零序方向电流保护的第Ⅰ段，定值一般都大于邻线非全相运行在本线产生的零序电流，故不会发生误动作，无需采取措施；对于零序方向电流保护的第Ⅲ段或第Ⅳ段，动作时限大于单相重合闸周期，同时非全相运行线路上的零序方向电流保护相应段的动作时限自动缩短了一个时间级差，故不会发生误动作，无需采取措施。对于零序方向电流保护其他段（如Ⅱ段），为防止发生误动作，必须经过选相元件闭锁。因为邻线非全相运行时，全相运行线路上保护的选相元件是不会动作的。

6.4.4 非全相运行对距离保护的影响

在距离保护中，Ⅰ段、Ⅱ段一般经振荡闭锁控制，Ⅲ段距离保护的动作时限因为大于系统振荡周期，Ⅲ段不经振荡闭锁控制。

非全相运行期间，当两侧等效电动势夹角达到一定程度时，健全相上的阻抗元件有发生误动作的可能。实际上，短路故障发生时振荡闭锁开放距离保护只有 160ms，非全相运行期间即使发生振荡，振荡闭锁已将Ⅰ段、Ⅱ段距离保护关闭，并且振荡闭锁不会再开放保护。因此，非全相运行系统发生振荡时，距离保护不会发生误动作。

非全相运行期间或非全相运行系统发生振荡，健全相发生接地故障或相间故障时，由健全相上的Ⅱ段接地距离或Ⅱ段相间距离加速动作，实行三相跳闸。

1) 线路转入非全相运行，序电流选相选出的是跳开相。分析表明，当选出的不是跳开相时，可判定出健全相发生了接地故障，加速接地距离Ⅱ段保护实行三相跳闸。

2) 线路转入非全相运行，接在健全相上的相电流突变量元件动作时，开放相间距离保护，当Ⅱ断相间距离元件动作时，加速实行三相跳闸。

3) 线路转入非全相运行，健全相发生短路故障，振荡闭锁开放，保证了上述Ⅱ段距离保护的正确动作。

可见，非全相运行期间或非全相运行系统发生振荡，健全相上的距离保护不开放，但当健全相发生短路故障时，保护可靠开放，加速切除健全相上的短路故障。

总之，非全相运行期间，接在健全相的接地、相间工频变化量阻抗继电器，不受非全相运行的影响。

6.4.5 非全相运行对线路纵联保护的影响

无论是光纤分相电流纵联差动保护，还是微波分相电流纵联差动保护，在原理上不受非全相运行及系统振荡的影响。因此，非全相运行期间分相电流纵联差动保护是投入工作的。

输电线路方向纵联保护中，其中方向元件通常有零序方向元件、阻抗方向元件、突变量方向元件（工频变化量方向元件、正序突变量方向元件、相间电压突变量和相电流突变量构成的方向元件等）、能量积分方向元件。

线路转入非全相运行后，当采用母线侧 TV 时，线路两侧的零序方向元件处于动作状态，相当于健全相上发生接地故障；当采用线路侧 TV 时，虽然两侧的零序方向元件不可能同时动作，但当健全相上再发生接地故障时，并不能保证线路两侧的零序方向元件一定动作，即在这种情况下零序方向纵联保护有发生拒动的可能。基于上述原因，在非全相运行期间，零序方向纵联保护退出工作。

在非全相运行期间，健全相上的Ⅱ段距离（接地、相间）保护得到了加速。因此在非全相运行期间，距离方向纵联保护没有投入必要，同样是退出工作。

线路转入非全相运行，即使系统发生振荡，健全相上的工频变化量方向元件、健全相上的相间电压突变量和相电流突变量构成的方向元件、能量积分方向元件不会误动作；同时健全相上发生短路故障时，能正确判断故障方向。因此，健全相上的工频变化量纵联方向、健全相上的故障分量纵联保护、能量积分方向纵联保护，在非全相运行期间是投入工作的。

6.4.6 自适应重合闸概述

电力系统中发生的故障大多是瞬时性故障，为了缩短停电时间，减少经济损失，电力系统广泛采用了自动重合闸。根据现有系统运行情况统计，自动重合闸的成功率一般为 60%～90%。采用自动重合闸在提高瞬时性故障时供电的连续性、系统运行的稳定性，以及纠正由于断路器或继电保护误动作引起的误跳闸方面起到了很大作用。

但是，自动重合闸不能判别永久性故障的盲目重合性也给电力系统带来了不利影响，主要表现为：①重合于永久性故障，将会对电力系统造成再次冲击，有可能使电力系统失去稳定性；使断路器工作条件变得恶劣。②汽轮发电机送出端重合，有可能对发电机轴系造成严重损伤。

长期以来，为了避免自动重合闸重合于永久性故障，国内外学者做了大量的研究工作，提出了基于瞬时性与永久性故障判定的自适应自动重合闸。

判别瞬时性故障和永久性故障的方法有多种，但在实际应用中，多相瞬时性与永久性故障的判定尚不能投入实用阶段，而且分相重合由于可以避免多相重合的冲击具有明显的优点，由此，我们可以对今后自适应重合闸方式做出初步构想。其重合策略为：

1）单相故障，瞬时性故障时重合；永久性故障时，不重合。

2）两相相间故障，任意跳开两故障相其中一相，判定瞬时性与永久性故障。

3）两相接地故障，跳开两故障相，判定瞬时性与永久性故障；瞬时性故障，重合两故障相其中一相，判定故障是否转化，决定是否重合另一相。

4）三相故障，三相跳闸后，任意选定一相为首合相，首先重合（小）系统侧，判定机组侧或者大系统侧是否重合。重合成功后，依次判定第二相、第三相是否能够重合。

在故障判定中，由于耦合电压判据较为简单实用，我们可以以此为主要判据，根据实际需要或者各种判据适用情况，利用其他判据作为辅助判据，确保能够正确重合并避免重合于严重永久性故障。

本 章 小 结

本章的主要知识点如图6-8所示。

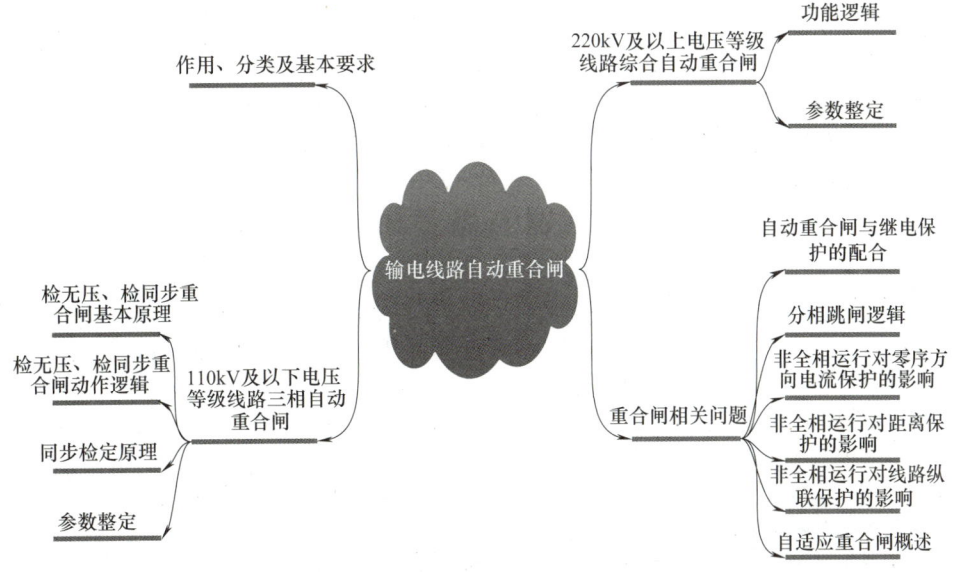

图6-8　第6章主要知识点

本章首先介绍了输电线路装设自动重合闸装置的必要性，解释了几种典型的自动重合闸装置的动作机理，并提出了对于自动重合闸装置的要求。

6.2节主要介绍110kV及以下电压等级的输电线路ARC基本工作原理及实现逻辑，对于单侧电源的输电线路，可采用"不检"方式，即不需要检定线路无电压，也不需要检定是否同期。在数字式继电保护装置中，可通过控制字加以选择。重合闸的"充电"一词来源于传统的电磁型重合闸继电器，相当于"准备好（Ready）"概念，而三相一次重合闸的"一次"也是通过"充电"逻辑加以实现的，在重合闸闭锁时，需要将重合闸"放电"，相当于"闭锁（Lock）"概念。重合闸的启动有两种不同方式，注意必须在重合闸的"准备好（Ready）"的条件下，才能谈重合闸的启动及后续的重合行为。参数整定时，需注意故障点的断电时间问题及同步问题，上述问题与整定值关系十分密切。学习参数整定，有助于加深对于重合闸原理的理解。

6.3节主要介绍220kV及以上电压等级的输电线路ARC的基本工作原理及实现逻辑，需重点掌握单相重合闸的概念，有关充电、启动等原理、参数整定与三相重合闸是比较类似的。

6.4节主要介绍重合闸的相关问题，其中自动重合闸与继电保护的配合最为重要，而分相跳闸逻辑以及非全相运行对于零序方向电流保护、距离保护及线路纵联保护的影响部分内容可做一般性了解，如有困难可复习《电力系统故障分析》课程中有关纵向故障分析的内容，该部分也是对于上述几种保护的延伸讨论。

本章主要复习内容如下：
1) 重合闸的作用。
2) 对于重合闸的要求。
3) 三相重合闸、单相重合闸、综合重合闸基本概念。
4) 重合闸"充电"与"放电"概念。
5) 重合闸的闭锁条件。
6) 检无压与检同步的三相自动重合闸基本工作原理。
7) 参数整定依据。
8) 前加速与后加速保护。
9) 单相重合闸造成的非全相运行对于继电保护的影响。

习题与思考题

1. 试述ARC应满足的基本要求。
2. 在检无压和检同步三相自动重合闸中，当处于下列情况时会出现什么问题？
1) 线路两侧检无压均投入；
2) 线路两侧仅一侧检同步投入。
3. 试述重合闸两种启动方式的优缺点。
4. 试述检定同步的工作原理。
5. 重合闸有哪些闭锁条件？
6. 为何重合闸需要"充电"？"充电"代表什么？重合闸的充电时间为何需在15s以上？
7. 在单相重合闸时，为何重合闸的计时要从最后一次故障跳闸算起？

8. 什么是重合闸的前加速保护，什么是重合闸的后加速保护，各具有什么优点？
9. 在综合重合闸中，对选相元件的要求是什么？
10. 非全相运行过程中，为何要将零序方向纵联保护、距离方向纵联保护退出？
11. 为什么单相重合闸的动作时间一般要比三相重合闸的动作时间长？
12. 试比较单相重合闸与三相重合闸的优缺点。
13. 双侧电源线路上故障点的断电时间与哪些因素有关？试说明。
14. 为何在检定同步重合闸的一侧不设后加速保护？

第7章 变压器保护

变压器承担着改变电压、分配与传输电能等任务，属于电力系统中的重要元件。变压器继电保护的主要任务就是及时、灵敏地反应变压器内部故障，降低故障对变压器造成的损害。电力系统中变压器的容量、型号及接线组别存在多种变化，相应的继电保护配置及性能也存在多种变化。本章重点围绕发电厂及变电所的电力主变压器，重点介绍纵联差动保护、气体保护两种主保护以及相间短路后备、接地短路后备等后备保护。

7.1 变压器继电保护配置

7.1.1 变压器的故障及不正常工作状态

电力变压器是电力系统中十分重要的设备，它的故障将对供电可靠性和系统的正常运行带来严重的影响，同时大容量的电力变压器也十分昂贵，维修也相对困难。

变压器的故障可以分为油箱内和油箱外故障两种。油箱内的故障包括绕组的相间短路、接地短路、匝间短路等；对变压器来讲，这些故障都是十分危险的，因为油箱内故障时产生的巨大热量，将引起绝缘物质的剧烈汽化，可能引起爆炸。油箱外的故障，主要是套管和引出线上发生相间短路和接地短路。针对上述故障，变压器的主保护需要快速地做出反应。

电力系统中的各种异常运行状态也将对变压器的正常运行造成间接的影响，有可能威胁到变压器"健康"。如变压器所带的负载超过其额定容量时，将引起绕组的温度超过限定值，引起绕组的绝缘损坏。总体而言，变压器不正常运行状态主要有：由于变压器外部相间短路引起的过电流和外部接地短路引起的中性点过电流、过电压；由于负荷超过额定容量引起的过负荷；过负荷或冷却系统损坏造成的变压器油温升高；由于漏油等原因而引起的油面降低等。此外，对高电压等级的大容量变压器，由于其额定工作时的磁通密度相当接近于铁心的饱和磁通密度，因此在过电压或低频率等异常运行方式下，还会发生变压器的过励磁故障。针对上述故障，需要配置各种不同的变压器后备保护。

变压器所配置的继电保护应能非常灵敏地检测出变压器内部的故障，并实现快速地切除，同时，还要具备躲过变压器电力系统所发生故障的能力。换句话说，变压器所配置的主要保护的服务对象就是变压器本身，而对于变压器以外的故障，变压器的主要保护并不需要反应，这也是变压器本身的重要性所决定的。因为在变压器发生内部故障时，如果变压器本身的主保护不能快速切除，则需要靠其他远后备保护来切除它，则故障切除时间势必加长，对变压器的损坏也将加重。因此，电力主变压器保护的配置多采用近后备方式。值得指出的是，一般情况下，用于切除电力变压器内部故障的断路器或其他切断装置都安装于变压器本体的附近，便于近后备保护的实现。

7.1.2 主保护配置

（1）**瓦斯保护** 也称气体保护。对变压器油箱内的各种故障以及油面的降低，应装设气体保护，它反应油箱内部所产生的气体或油流而动作。其中轻瓦斯保护动作于信号，重瓦斯保护动作于跳开变压器各侧的断路器。800kV·A 及以上的油浸式变压器和 400kV·A 及以上的车间内油浸式变压器，对带负荷调压的油浸式变压器的调压装置，也应装设瓦斯保护。

（2）**纵联差动保护或电流速断保护** 对于变压器绕组、套管及引出线上的故障，应根据容量的不同，装设纵联差动保护或电流速断保护。纵联差动保护适用于：并列运行的变压器，容量为 6300kV·A 以上时；单独运行的变压器，容量为 10000kV·A 以上时；发电厂厂用工作变压器和工业企业中的重要变压器，容量为 6300kV·A 以上时。电流速断保护用于 10000kV·A 以下的变压器，且其过电流保护的时限大于 0.5s 时。对 2000kV·A 以上的变压器，当电流速断保护的灵敏性不能满足要求时，也应装设纵联差动保护。

主保护动作后，均应跳开变压器各侧的断路器。

7.1.3 后备保护配置

（1）**相间短路后备保护** 相间短路后备保护的首要任务是反应变压器保护范围内部的相间短路时引起的过电流，其动作带有延时，作为变压器主保护的后备。目前，对于需要装设专门保护的配电变压器而言，当保护无法取得变压器所连接母线的电压时，一般配置普通的相间过电流保护。对于 35 kV 以上电压等级的变电所的主变，由于保护已能方便地取得变压器各侧的母线电压，一般配置复合电压闭锁的过电流保护。对于升压变压器和系统联络变压器，当采用上述保护不能满足灵敏性和选择性要求时，可采用阻抗保护。主变压器的各侧一般都配置有相间短路后备保护，且都设有功率方向元件，其保护方向应指向变压器。

在条件允许的情况下，相间短路后备保护还兼做变压器保护区外其他保护，如升压变压器高压侧的线路保护的后备保护，该类保护的延时相对较长。当通过延时仍然无法满足选择性要求时，还可增设相间功率方向元件，但其方向就不一定指向变压器了。

（2）**接地短路后备保护** 如变压器某侧与中性点直接接地电力网相连（如 110kV 及以上电压等级电网），则在该侧变压器绕组发生单相接地或所接外部电网发生接地故障时，变压器中性点对地有可能存在零序电压，变压器的中性线在变压器中性点接地运行情况下将流过三倍零序电流，故变压器应装设零序电流电压保护。对自耦变压器和高、中压侧中性点都直接接地的三绕组变压器，当有选择性要求时，增设零序方向元件。

（3）**过负荷保护** 主变压器需要配置过负荷保护以反应变压器的过负荷状态。变压器所传变的能量值超过其额定容量时，就认为变压器处于过负荷状态，或称为对称过负荷状态。过负荷保护的动作机理与相间短路过电流一样，都是反应电流量的升高，但过负荷保护只需取一相电流即可反应过负荷状态。该保护一般经较长延时动作于告警信号以提醒运行人员加以适当处置。对于无人值守的变电站,必要时也可将过负荷保护设置成动作于自动减负荷甚至跳闸,但一般不这样做。

(4) 过励磁保护 一次电压为 500kV 的变压器,在系统频率降低和电压升高情况下,有可能引起变压器工作磁密度过高,造成绕组中的涡流超过额定值,绕组产生过热等现象,有可能对变压器构成损坏,因此,应装设专门的过励磁保护来反应这种不正常工作状态。保护由两段组成,低定值段动作于信号,高定值段动作于跳闸。

(5) 其他保护 对于变压器温度及油箱内压力升高和冷却系统故障,装设作用于信号或动作于跳闸的装置。

7.2 瓦斯保护

7.2.1 瓦斯保护简介

在变压器油箱内部发生故障(包括轻微的匝间短路和绝缘破坏引起的经电弧电阻的接地短路)时,由于故障点电流和电弧的作用,将使变压器油及其他绝缘材料因局部受热而分解产生气体,因气体比较轻,它们将从油箱流向储油柜的上部。当产生严重故障时,油会迅速膨胀并产生大量的气体,此时将有剧烈的气体夹杂着油流冲向储油柜的上部。利用油箱内部故障的上述特点,可以构成反应于上述气体而动作的保护装置,称为瓦斯保护,也称气体保护。

气体继电器是构成瓦斯保护的主要元件,它安装在储油柜之间的连接管道上,如图 7-1 所示,图中 1 为气体继电器,2 为储油柜,油箱的气体必须通过气体继电器才能流向储油柜。为了不妨碍气体的流通,变压器安装时应使顶盖沿气体继电器的水平面具有 1%~1.5% 的升高坡度,通往继电器的一侧具有 2%~4% 的升高坡度。

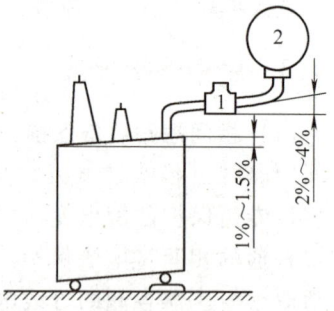

图 7-1 气体继电器安装示意图

7.2.2 气体继电器的工作原理

气体继电器输出两类接点:**变压器油箱内轻微故障时,轻瓦斯动作于信号回路;油箱内发生严重故障时,重瓦斯动作于跳闸回路**,当大容量变压器设有消防系统时重瓦斯接点会同时启动消防系统。

FJ3-80 型开口杯挡板式气体继电器内部结构如图 7-2 所示,正常运行时,上、下开口杯 2 和 1 都浸在油中,开口杯和附件在油内的重力所产生的力矩小于平衡锤 4 所产生的力矩,因此开口杯向上倾斜,干簧触点 3 断开。当油箱内部发生轻微故障时,少量的气体上升后逐渐聚集在继电器的上部,迫使油面下降。而使上开口杯露出油面,此时由于浮力的减小,开口杯和附件在空气中的重力加上杯内油重所产生的力矩大于平衡锤 4 所产生的力矩,于是上开口杯 2 顺时针方向转动,带动永久磁铁 10 靠近干簧触点 3,使触点闭合,发出"轻瓦斯"保护动作信号。当变压器油箱内部发生严重故障时,大量气体和油流直接冲击挡板 8,使下开口杯 1 顺时针方向旋转,带动永久磁铁靠近下部干簧触点 3 使之闭合,启动保护跳闸回路。

当变压器出现严重漏油而使油面逐渐降低时，首先是上开口杯露出油面，发出报警信号，继之下开口杯露出油面后亦能动作，重瓦斯接点闭合，启动保护跳闸回路。

图 7-3 为 QJ1-80 型气体继电器的结构示意图。轻瓦斯部分与 FJ3-80 型气体继电器相同，重瓦斯部分由挡板 10、弹簧 9、双干簧触点 13 等组成，正常情况下，在弹簧 9 作用下，双干簧触点 13（串联使用）处于断开状态。油箱内部严重故障时，油、气流冲击挡板 10，克服弹簧的反作用力而使其倾斜，这时挡板 10 带动磁铁 11 使触点闭合，发出跳闸命令。

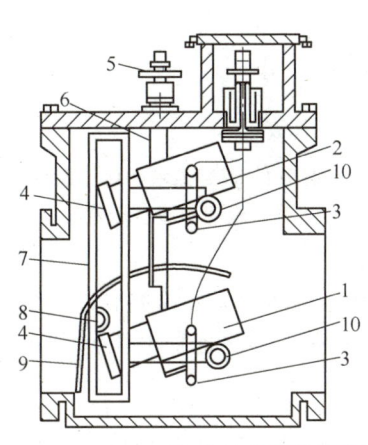

图 7-2 FJ3-80 型气体继电器的结构图
1—下开口杯 2—上开口杯 3—干簧触点
4—平衡锤 5—放气阀 6—探针
7—支架 8—挡板 9—进油挡板
10—永久磁铁

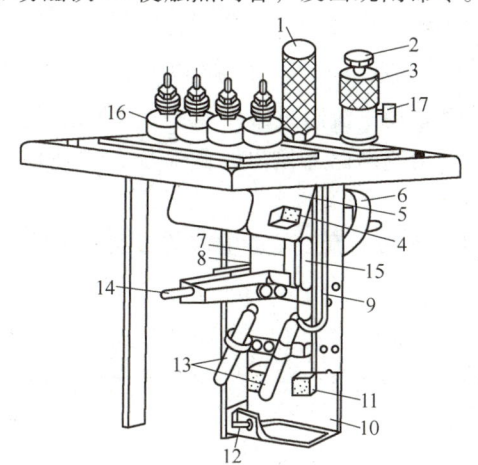

图 7-3 QJ1-80 型气体继电器的结构图
1—罩 2—顶针 3—气塞 4、11—磁铁
5—开口杯 6—重锤 7—探针 8—开口销
9—弹簧 10—挡板 12—螺杆 13—双干簧触点 14—调节螺杆 15—干簧触点
16—套管 17—排气口

轻瓦斯保护的动作值采用气体容积表示。通常气体容积的整定范围为 $250\sim300\text{cm}^3$。对于容量在 10MVA 以上变压器多采用 250cm^3。气体容积的调整可以通过改变重锤位置来实现。

重瓦斯保护的动作值采用油流流速表示。一般整定范围在 $0.6\sim1.5\text{m/s}$，该流速指的是导油管中油流的速度。QJ1-80 型气体继电器进行油流流速的调整时，可先松动调节螺杆 14，再改变弹簧 9 的长度即可，一般整定在 1m/s 左右。

轻瓦斯保护动作后，应从气体继电器上部排气口收集气体，进行分析。根据气体的数量、颜色、化学成分、可燃性等，判断保护动作的原因和故障的性质。

气体保护能反应油箱内各种故障，且动作迅速、灵敏性高、接线简单，但不能反应油箱外的引出线和套管上的故障。

如果变压器为有载调压变压器，则会有本体油箱和有载调压油箱，应分别装设瓦斯保护，即设有本体轻、重瓦斯和有载调压轻、重瓦斯保护。

7.3 纵联差动保护基本原理

变压器纵联差动保护，也可称为变压器差动保护或变压器纵差保护，其基本原理与线路纵差保护的原理类似，即通过比较变压器各侧电流的相位和数值的大小以判别变压器是否发生了内部故障。

双绕组单相变压器纵联差动保护接线示意图如图7-4所示，图中H、L代表变压器高压侧、低压侧母线。I'_d为差动电流（二次值）相量。高压侧一次电流$\dot{I}_h$经电流互感器TA_h变为二次电流$\dot{I}'_h$，同理，低压侧一次电流$\dot{I}_l$经TA_l变为$\dot{I}'_l$。流入差动继电器KD的差动电流$\dot{I}'_d=\dot{I}'_h+\dot{I}'_l$，当变压器发生内部故障且差动电流超过整定值时，KD触点将闭合，向变压器两侧断路器发出跳闸命令，实现切除故障的目的。

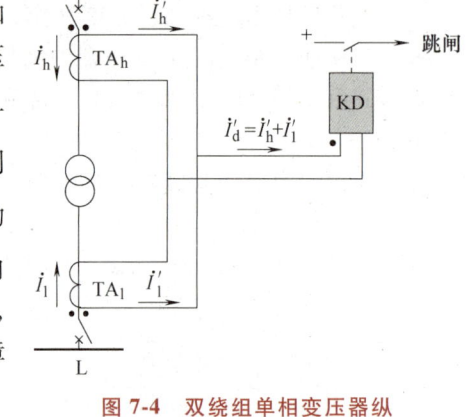

图7-4 双绕组单相变压器纵联差动保护接线示意图

（1）差动电流 差动电流的二次值I'_d为

$$I'_d = |\dot{I}'_h + \dot{I}'_l| \tag{7-1}$$

不难发现，差动电流的计算公式与输电线路纵联差动保护的计算公式类似，都是取两侧电流相量和的幅值。注意尽管电流计算公式为"求和"，仍按习惯将保护电流称为"差动电流"，简称差流。

当变压器正常运行时，理想状态下，有$\dot{I}'_h=\dot{I}'_l$，则差动电流应为零。因此，只要流入KD的差动电流I'_d大于零，即可认为是变压器内部发生故障。而实际上，变压器各侧通过电磁感应相互联系，除自耦变外，各侧并没有直接的电气连接，变压器只能从广义上被认为是一个电气节点。正常运行时，差动电流受到变压器联结组别、TA变比、变压器有载调压引起的电压比变化、励磁涌流及和应涌流等诸多因素的影响，I'_d一般不可能为零，在变压器差动保护中，同样需要考虑不平衡电流问题。

早期主变差动保护由电磁型差动继电器组成，如图7-4中的KD，限于篇幅，本教材不做详细介绍。目前数字式变压器保护仍继承传统差动继电器获得差动电流的方法，因此，图7-4中KD也可理解为数字式变压器纵联差动保护的电流测量元件。但数字式保护变压器保护与线路纵联差动保护一样，也需要计算制动电流，但计算方法有所区别。

（2）制动电流 目前数字式变压器差动保护也采用比率制动原理，最常见的一种制动电流I'_{res}二次值的求法为

$$I'_{res}=(|\dot{I}'_h|+|\dot{I}'_l|)/2 \tag{7-2}$$

即制动电流取两侧电流标量（幅值）的平均值。当然也有其他制动电流的计算方法，本章不做介绍。

三绕组变压器的差动电流与制动电流求法与双绕组有所不同，三绕组变压器差动保护配置示意图如图7-5所示，图中以虚线框表征差动保护的保护区，注意保护区位于各侧电流互感器安装位置以内！图7-5a为高压侧采用非内桥接线，只有一路电流引入差动保护，则差动电流及制动电流的常用求法为

$$\begin{cases} I'_d = |\dot{I}'_h + \dot{I}'_m + \dot{I}'_l| \\ I'_{res} = (|\dot{I}'_h| + |\dot{I}'_m| + |\dot{I}'_l|)/2 \end{cases} \tag{7-3}$$

图 7-5b 为高压侧采用内桥接线时，有 2 个高压侧电流需要引入差动保护，则差动电流及制动电流的常用求法为

$$\begin{cases} I'_{\mathrm{d}} = |\dot{I}'_{\mathrm{h1}} + \dot{I}'_{\mathrm{h2}} + \dot{I}'_{\mathrm{m}} + \dot{I}'_{\mathrm{l}}| \\ I'_{\mathrm{res}} = (|\dot{I}'_{\mathrm{h1}} + \dot{I}'_{\mathrm{h2}}| + |\dot{I}'_{\mathrm{m}}| + |\dot{I}'_{\mathrm{l}}|)/2 \end{cases} \quad (7\text{-}4)$$

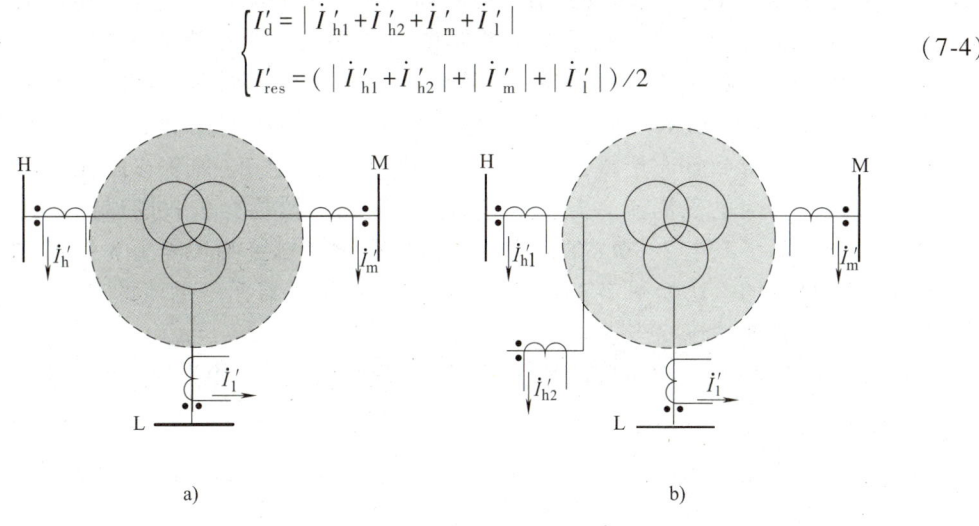

图 7-5 三绕组变压器差动保护配置示意图
a) 高压侧非内桥接线情况　b) 高压侧采用内桥接线情况

注意，即便是三绕组变压器，求取制动电流时采用的分母仍为 2，而不是 3。这是因为无论是升压还是降压型三绕组变压器，制动电流计算值并不是三侧电流平均值，而是"穿越"电流的平均值。如对于某降压三绕组变压器，正常运行时，流入变压器高压侧的能量为 100MVA，其中中压侧流出 80MVA，低压侧流出 20MVA，因此，"穿越"变压器的能量为 100MVA，制动电流应按 100MVA（200MVA/2）而不是 66.6MVA（200MVA/3）计算。

为更好地理解该问题，也可假设变压器的任意一侧（如中压侧）空载，没有电流引入差动保护，此时，变压器等同于双绕组变压器，制动电流的计算公式分母应为 2，如取为 3，则与双绕组制动电流计算公式出现冲突。

7.4　励磁涌流分析与对策

变压器差动保护还将面临励磁涌流的影响。下面分别介绍变压器差动保护不平衡电流产生的原因以及防止其影响的措施。

7.4.1　励磁电流与励磁涌流

励磁电流属于不平衡电流，由变压器的工作原理可知，变压器的励磁电流只流过变压器一次绕组，反映到差动电流中就形成了不平衡电流。正常情况下，变压器的励磁电流很小，通常只有变压器额定电流的 2%~10% 或更小，故差动保护回路的不平衡电流也很小，可忽略不计。在外部短路时，由于系统电压下降，励磁电流也将减小。因此，在稳态情况下，励磁电流对差动保护的影响常常可略去不计。

以单相式降压变压器为例分析产生励磁涌流（Magnetizing Inrush Current）的原因。在电压突然变化的情况下，例如在空载投入变压器或外部故障切除后电压回升等情况下，

就可能产生很大的励磁电流,称为励磁涌流。稳态的情况下铁心中的磁通应滞后于外加电压 90°,假如在电压瞬时值 $u=0$ 瞬间合闸,铁心中的磁通应为 $-\Phi_\mathrm{m}$,经过半个周期后铁心中的磁通将达到 Φ_m。由于变压器铁心长期存在较大的磁通,当变压器停电时,其铁心仍有磁场存在,称为剩磁。假设变压器剩磁为 $0.8\Phi_\mathrm{m}$,由于铁心中的磁通不能突变,合闸初瞬变压器铁心磁通必须为 $0.8\Phi_\mathrm{m}$,因此将出现一个非周期分量的暂态磁通,其幅值为 $1.8\Phi_\mathrm{m}$,如图 7-6 所示。半个周波后稳态磁通变化为 Φ_m,与暂态磁通之和达到最大值,接近 $2.8\Phi_\mathrm{m}$,导致铁心严重饱和、产生很大励磁电流,这种暂态过程中出现的变压器励磁电流通常称为励磁涌流。需要指出的是,变压器磁通是依赖励磁电流建立的,铁心饱和状态下,为了产生 $2.8\Phi_\mathrm{m}$ 的磁通,所需要的励磁电流绝不是 2.8 倍正常的励磁电流。励磁电流图解的方法如图 7-7 所示。其数值可达变压器额定电流的 6~8 倍,与变压器内部故障时的短路电流相当。

结合图 7-4 不难看出,当 L 侧空载条件下,H 侧母线突然带电造成励磁涌流,该电流只流过 H 侧电流互感器,由式(7-1)可知,此时的差动电流 i'_d 就是该励磁涌流,其值很大。换句话说,<u>当空载投入变压器时这一正常的操作行为发生时,励磁涌流存在将可能导致差动保护误动作</u>。

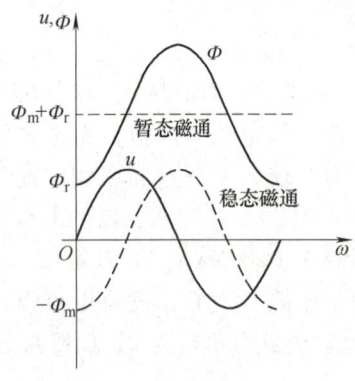

图 7-6 变压器空载投入时的电压和磁通波形

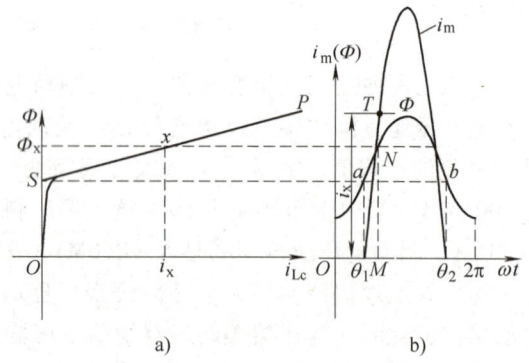

图 7-7 单相变压器励磁电流的图解法
a) 变压器铁心的磁化曲线 b) 励磁涌流

单相变压器的励磁涌流的波形如图 7-8 所示。

变压器励磁涌流的大小与合闸时的电压相位角、铁心剩磁情况有关,上述讨论是针对变压器某一相最严重的情况,实际上励磁涌流可能较小些甚至没有,但是对于三相变压器,无论在任何瞬间合闸,至少有两相会出现程度不等的励磁涌流。

从大量的实验及励磁涌流的波形可得到<u>励磁涌流的特点</u>如下:

(1) 非周期分量 <u>励磁涌流含有明显的非周期分量,使励磁电流波形明显偏于时间轴的一侧</u>。涌流衰减的快慢与变压器的容量有关,一般励磁涌流衰减到变压器额定电流的 25%~50% 所需时间,对中、小型变压器约为 0.5s,对于大型变压器为 2~3s。励磁涌流完全衰减所需时间较长,中小型变压器约几秒,而大型变压器可达几十秒。变

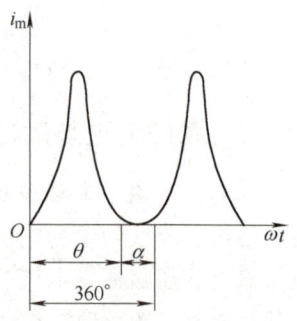

图 7-8 励磁涌流的波形

压器内部故障时短路电流初瞬值也含有非周期分量，但当非周期分量衰减后，短路电流将变成稳态短路电流；而对于励磁涌流，当非周期分量衰减后，将变为稳态的励磁电流，其数值由 6~8 倍额定电流衰减为额定电流的 5%~10%。

（2）二次谐波　励磁涌流中含有明显的谐波。表 7-1 列出了单相变压器励磁涌流和内部短路故障时短路电流的谐波分析结果，其中励磁涌流以 2 次谐波为主，而短路电流中 2 次谐波成分很小。

（3）间断角　励磁涌流的波形存在间断角。如图 7-8 所示，在一个周期中间断角为 α，而短路电流波形没有间断。

表 7-1　励磁涌流实验数据举例

条件		谐波分量占基波分量的百分数（%）					
		直流分量	基波	二次谐波	三次谐波	四次谐波	五次谐波
励磁涌流	第一个周期	58	100	62	25	4	2
	第二个周期	58	100	63	28	5	3
	第八个周期	58	100	65	30	7	3
内部短路故障电流	电流互感器饱和	38	100	4	32	9	2
	电流互感器不饱和	0	100	9	4	7	4

7.4.2　相应对策

由于励磁涌流的数值大小与变压器内部的短路电流相当，如果一味地通过调整差动保护的动作电流整定值来躲过这一巨大的电流，后果将是差动保护的灵敏度大大降低。如将差动保护的动作电流整定为额定电流的 8 倍以上，则对于某些变压器内部故障，其短路电流值达不到变压器额定电流的 8 倍，差动保护将发生拒动。

有效地防止励磁涌流导致差动保护误动的方法是分析励磁涌流特征，利用其波形特点区别励磁涌流与内部故障电流，当判明差动电流为励磁涌流时，有效地闭锁差动保护。其判别方法主要有以下几种：

（1）波形对称性判别　传统的电磁型差动继电器，如 BCH、DCD 系列，当差动电流中含有非周期分量（直流分量）时自动提高动作电流，非周期分量越大，动作电流值提高越多，这种动作特性称为"直流助磁特性"；或者采用速饱和变流器的方法，即电流不是直接进入差动电流继电器，而是先流入变流器，这样差动电流中的非周期分量就无法直接流入差动继电器，当非周期分量较大时铁心迅速饱和，变送比下降，提高了整个差动继电器的动作电流。

某些数字式差动保护装置，针对励磁涌流含有较大非周期分量的特点，采用"波形不对称"判据，即在差动电流正负半周严重不对称时，判该电流为励磁涌流，闭锁差动保护。波形对称判据原理为：将差动回路的差流进行微分（及除去直流分量）后，来比较一个工频周期内差流的两个半波的对称性。

设微分后差流前半波上某一点的采样值为 I_i^t，后半波上与前半波上某点相对称点的采样值为 I_{i+180}^t，则认为差流的波形是对称的。则产生差流的原因是故障而不是励磁涌流。其判据为

$$\left|\frac{I'_i + I^t_{i+180}}{I'_i - I^t_{i+180}}\right| \leq K \tag{7-5}$$

式中 K——不对称系数,一般 K 取 2。

(2) 二次谐波制动 励磁涌流中二次谐波含量在一般情况下不低于基波分量的 15%,当差动电流中二次谐波含量较高时,判该电流为励磁涌流,闭锁差动保护;或当差动电流中含有二次谐波时自动提高保护动作电流值,二次谐波含量越大,动作电流提高越多。

衡量变压器纵联差动保护二次谐波制动能力的物理量称为二次谐波制动比。它是指在流过差动回路的差流中,含有基波电流及二次谐波电流,基波电流大于动作电流,而差动保护处于临界制动状态,此时差流中的二次谐波电流与基波电流的百分比,即

$$K_{\text{res}.2} = \frac{I_{2\omega}}{I_{1\omega}} \times 100\% \tag{7-6}$$

式中 $K_{\text{res}.2}$——二次谐波制动比;
$I_{2\omega}$——二次谐波电流;
$I_{1\omega}$——基波电流。

差动保护被制动的条件:二次谐波电流与基波电流之比大于整定的二次谐波制动比。因此,整定的二次谐波制动比越大,单位二次谐波电流所起到的制动作用越差,保护躲涌流的能力越差。

(3) 间断角原理判别 当差动电流波形具有间断角(如大于 60°)时,判为励磁涌流,闭锁差动保护。

变压器涌流波形具有波形间断的特点。因此,可以由波形间断部分(间断角)的大小,来区分励磁涌流及故障电流。结合图 7-8,判别电流间断角识别励磁涌流的判据为

$$\alpha > 65°; \theta < 140° \tag{7-7}$$

只要 $\alpha > 65°$ 就判为励磁涌流,闭锁纵联差动保护;而当 $\alpha \leq 65°$ 且 $\alpha \geq 140°$ 时,则判为故障电流,开放纵联差动保护。可见,对于非对称性励磁涌流,能够可靠闭锁纵联差动保护。

(4) 五次谐波制动 励磁涌流中含有五次谐波分量,同时,为使变压器在过励磁状态下,差动保护不误动,通常采用五次谐波电流制动差动保护。通常采用五次谐波制动比来衡量差动保护躲过励磁涌流的能力。其物理意义是:使差动保护处于临界动作状态(且差流中的基波分量远大于整定值)时差流中的五次谐波电流对其基波电流的百分比,即

$$K_{\text{res}.5} = \frac{I_{5\omega}}{I_{1\omega}} \times 100\% \tag{7-8}$$

式中 $K_{\text{res}.5}$——五次谐波制动比;
$I_{5\omega}$——五次谐波电流;
$I_{1\omega}$——基波电流。

同理,五次谐波制动比越大,单位五次谐波电流的制动作用越弱,差动保护躲过励磁涌流的能力越弱。

差动保护依赖对差动电流的波形进行分析来区分内部故障与励磁涌流情况,当内部故障电流很大导致 TA 或继电保护装置内部的变换器饱和时,电流在变送过程中会产生波形畸变,可能导致保护误判而拒动。因此微机型变压器差动保护一般设有"差动速断保护",当差动电流很大时不经励磁涌流闭锁直接动作于跳闸,初学者应注意"差动保护"与"差动

速断保护"的区别，如图7-9所示。图中，A相差动、B相差动、C相差动分别计算各相的差动电流，A相涌流、B相涌流、C相涌流为各相的涌流判别元件。差动保护本身是不带延时的，差动速断保护并不比差动保护动作快，它只是不经过励磁涌流闭锁。当然，差动速断保护的整定值要比差动保护大得多。

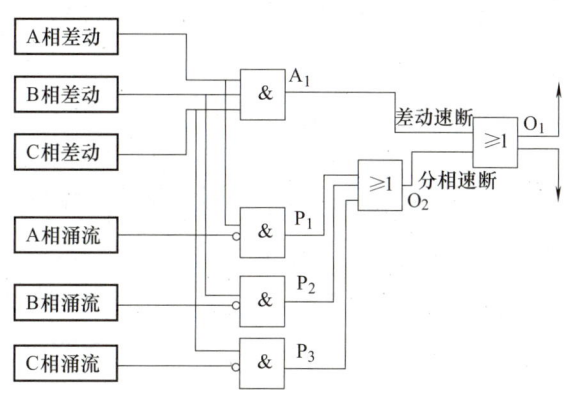

图 7-9　差动保护与差动速断保护逻辑示意

7.5　差动保护的相位补偿与数值补偿

电力系统中变压器的联结组标号有许多变化。如对于双绕组降压型主变压器，常采用Yd11等联结组标号方式，该变压器两侧一次电流的相位差为30°。如果不采取相应的措施，正常运行状态下，因相位差造成的不平衡电流即差动电流 $\dot{I}_d$，有可能导致差动保护误动作。因此，必须消除这种不平衡电流。差动保护应采取"相位补偿"措施，具体方式有通过二次接线及通过保护装置内部两种，称为"外转角"及"内转角"两种方式。

7.5.1　外转角

以Yd11降压变压器为例进行说明，如图7-10所示。图中，$\dot{I}_{A1}$、$\dot{I}_{B1}$、$\dot{I}_{C1}$ 为高压侧的一次电流。$\dot{I}_{a1}$、$\dot{I}_{b1}$、$\dot{I}_{c1}$ 为变压器低压侧流出的各相电流。在正常运行状态下，三相电流保持正序关系。

$\dot{I}_{A2}^{Y}$、$\dot{I}_{B2}^{Y}$、$\dot{I}_{C2}^{Y}$ 为高压侧电流互感器二次绕组电流，$\dot{I}_{A2}$、$\dot{I}_{B2}$、$\dot{I}_{C2}$ 为高压侧流入差动保护的电流，$\dot{I}_{a2}$、$\dot{I}_{b2}$、$\dot{I}_{c2}$ 为低压侧电流互感器流出电流。图中 KDA、KDB、KDC 分别为三相差动电流判别元件。由图可见，正常运行情况下，该差动元件计算出的差动电流 I_d 为

$$\begin{cases} A\text{相}：I_{d.A} = |\dot{I}_{A2} + \dot{I}_{a2}| \\ B\text{相}：I_{d.B} = |\dot{I}_{B2} + \dot{I}_{b2}| \\ C\text{相}：I_{d.C} = |\dot{I}_{C2} + \dot{I}_{c2}| \end{cases} \tag{7-9}$$

变压器两侧装设有电流互感器，两侧的电流互感器的一次极性端都朝向变压器各侧的母线方向。i_{A2}^Y、i_{B2}^Y、i_{C2}^Y 为高压侧电流互感器二次绕组电流，分别与 i_{A1}、i_{B1}、i_{C1} 三相高压侧的一次电流在相位上保持一致。在本例中，"外转角"的实现方法是将变压器星形侧的电流互感器二次绕组首尾连接接成三角形，再分别从各相的极性端引出电流，即 i_{A2}、i_{B2}、i_{C2}。而对于变压器的角形侧，三相电流互感器仍按星形联结，但需注意的是在正常运行状态下，低压侧电流互感器流出电流 i_{a2}、i_{b2}、i_{c2}，分别与 i_{a1}、i_{b1}、i_{c1} 的相位保持相反。

注意首尾连接的具体方法是：A 相电流互感器的极性端与 B 相电流互感器的非极性端相连，B 相电流互感器的极性端与 C 相电流互感器的非极性端相连，C 相电流互感器的极性端与 A 相电流互感器的非极性端相连，从而构成一个三角形联结。再分别从各相的极性端引出电流，即 i_{A2}、i_{B2}、i_{C2}。

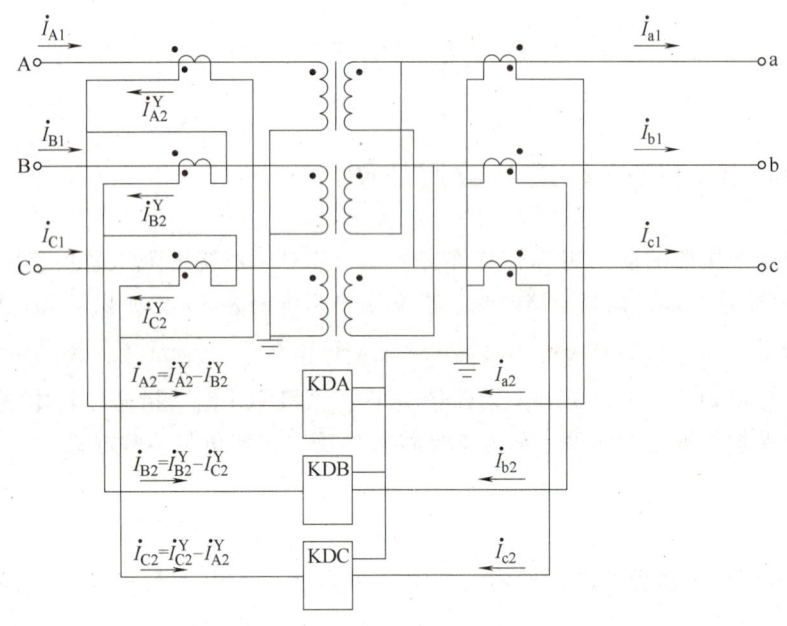

图 7-10　Yd11 型变压器外转角相位补偿接线图

按此外转角方法，变压器两侧一次电流、绕组电流、两侧互感器二次输入电流，经转角接线后流入差动元件的电流相量关系如图 7-11 所示。注意本图只说明相位关系，对于幅值的考量并不严格。以 A 相为例，i_{a1} 超前 i_{A1} 30°相位，相当于 i_{A1} 处于钟表的 12 点钟位置，则 i_{a1} 处于钟表的 11 点钟位置，即构成 Yd11 关系，如图 7-11a 所示。Y 侧的电流互感器二次绕组中的电流 i_{A2}^Y 与 i_{A1} 保持相位一致，处于钟表的 12 点钟位置。采用外转角后，流入差动臂中的电流 i_{A2} 超前 i_{A2}^Y，且幅值上扩大为原值的 $\sqrt{3}$ 倍，处于钟表的 11 点钟位置，如图 7-11b 所示。根据 TA 联结方式及极性，i_{a2} 与 i_{a1} 为反相位关系，处于钟表的 5 点钟位置。这样，处于 11 点钟的 i_{A2} 与其构成相位差为 180°，如图 7-11c 所示。其余两相类似。

需要注意的是，主变保护差动电流中不能含有零序电流成分，因为外部发生接地故障时零序电流经主变高压侧绕组由主变中性点入地，而主变低压侧如果不是 y0 接线则没有零序电流流过，这样就会形成差电流，导致主变差动保护误动。采用外补偿接线可以保证差动二次电流回路中无零序电流。

这种外转角方法广泛应用于传统的变压器差动保护中，流入差动继电器的电流是经过相位处理的，两侧差动电流已处于一条直线上。在传统的差动继电器中，无法对变压器各侧的电流进行相位转移处理，因此需要外转角处理。该方法对应二次接线相对复杂，连接点多，互感器二次侧的角形连接需要在室外的端子箱中完成。

随着数字式保护的不断推广，对于输入电流的相位进行调整是易于实现的。因此，外补偿接线在现场已很少能见到。但其补偿的机理是数字式保护算法补偿的基础。

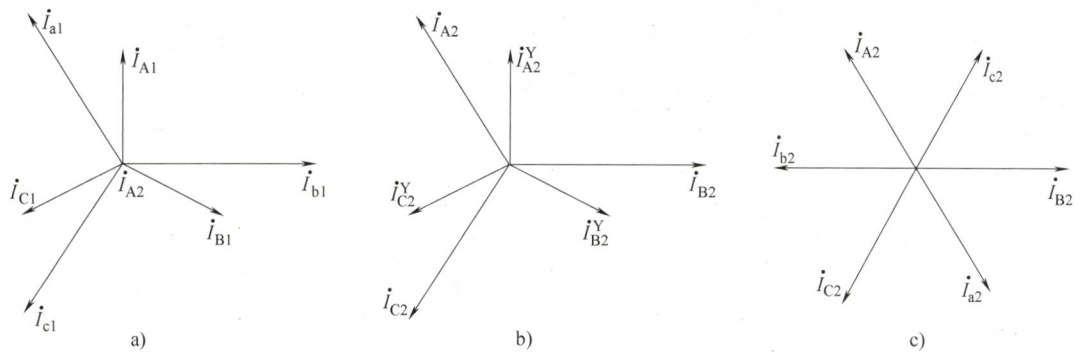

图 7-11　Yd11 变压器外转角相位关系示意图
a) 两侧一次电流　b) Y 侧 TA 绕组二次电流及转角后电流
c) 流入差动继电器的两侧差动电流

7.5.2　内转角

仍以 Yd11 变压器为例说明，其内转角相位补偿接线图如图 7-12 所示。当变压器各侧电流互感器二次侧均采用星形联结时，可简化 TA 二次接线，增加了电流回路的可靠性。

采用这种接法后，Y 侧的电流互感器二次绕组中的电流 i_{A2}^{Y} 与差动臂中的电流 i_{A2} 保持相位一致，处于钟表的 12 点钟位置。i_{a2} 仍处于钟表的 5 点钟位置。变压器两侧的电流并不在一条直线上，且相位相差非 180°，如图 7-13 所示。在数字式保护中，可由继电保护软件通过算法进行调整，称为"内转角"，主要有由星形侧向角形侧调整以及角形侧向星形侧调整整两种方式。

(1) 星形侧向角形侧调整的算法　因为这种转角方式与外转角方式基本类似，故大部分保护装置采用星形侧向角形侧（称 Y→△ 变化）调整差流平衡，其校正方法如下：

星形侧：

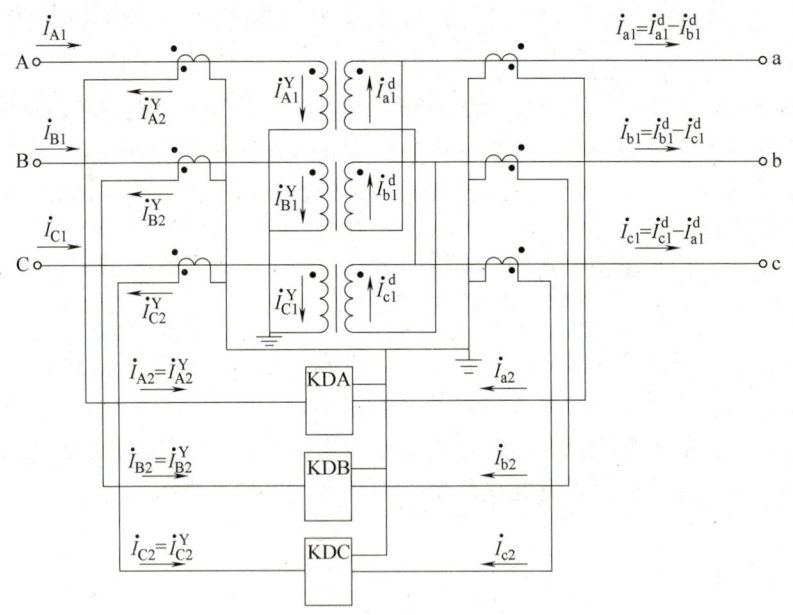

图 7-12 Yd11 型变压器内转角相位补偿接线图

$$\begin{cases} \dot{I}'_{A2} = (\dot{I}_{A2} - \dot{I}_{B2})/\sqrt{3} \\ \dot{I}'_{B2} = (\dot{I}_{B2} - \dot{I}_{C2})/\sqrt{3} \\ \dot{I}'_{C2} = (\dot{I}_{C2} - \dot{I}_{A2})/\sqrt{3} \end{cases} \quad (7\text{-}10)$$

角形侧：

$$\begin{cases} \dot{I}'_{a2} = \dot{I}_{a2} \\ \dot{I}'_{b2} = \dot{I}_{b2} \\ \dot{I}'_{c2} = \dot{I}_{c2} \end{cases} \quad (7\text{-}11)$$

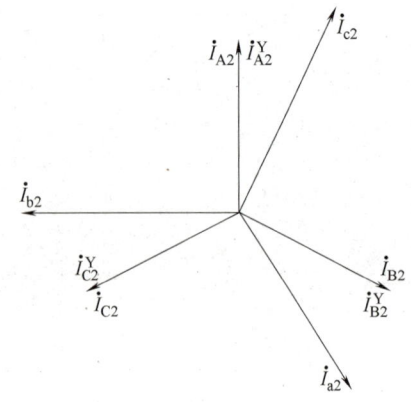

图 7-13 Yd11 型变压器内转角时流入差动臂的电流相位关系示意图

式中 $\dot{I}_{A2}$、$\dot{I}_{B2}$、$\dot{I}_{C2}$——星形侧 TA 二次电流；

$\dot{I}'_{A2}$、$\dot{I}'_{B2}$、$\dot{I}'_{C2}$——星形侧校正后的各相电流；

$\dot{I}_{a2}$、$\dot{I}_{b2}$、$\dot{I}_{c2}$——角形侧 TA 二次电流；

$\dot{I}'_{a2}$、$\dot{I}'_{b2}$、$\dot{I}'_{c2}$——角形侧校正后的各相电流。

在进行二次电流相位补偿的同时，也需要考虑滤除二次电流中的零序电流，按式（7-10）、式（7-11）计算后，既补偿了二次电流相位又消除了零序电流。

经过软件校正后，差动回路两侧电流处于同一条直线上，相位相反，如图 7-14 所示。

（2）角形侧向星形侧调整的算法 其校正方法如下：

星形侧：

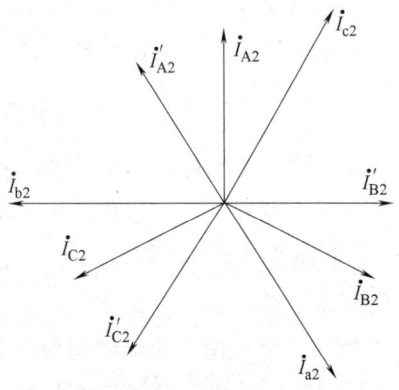

图 7-14 星形侧向角形侧相位转角后电流示意图

$$\begin{cases} \dot{I}'_{A2} = (\dot{I}_{A2} - \dot{I}_0) \\ \dot{I}'_{B2} = (\dot{I}_{B2} - \dot{I}_0) \\ \dot{I}'_{C2} = (\dot{I}_{C2} - \dot{I}_0) \end{cases} \quad (7\text{-}12)$$

角形侧：

$$\begin{cases} \dot{I}'_{a2} = (\dot{I}_{a2} - \dot{I}_{c2})/\sqrt{3} \\ \dot{I}'_{b2} = (\dot{I}_{b2} - \dot{I}_{a2})/\sqrt{3} \\ \dot{I}'_{c2} = (\dot{I}_{c2} - \dot{I}_{b2})/\sqrt{3} \end{cases} \quad (7\text{-}13)$$

式中　$\dot{I}_{A2}$、$\dot{I}_{B2}$、$\dot{I}_{C2}$——星形侧 TA 二次电流；

$\dot{I}'_{A2}$、$\dot{I}'_{B2}$、$\dot{I}'_{C2}$——星形侧校正后的各相电流；

$\dot{I}_{a2}$、$\dot{I}_{b2}$、$\dot{I}_{c2}$——角形侧 TA 二次电流；

$\dot{I}'_{a2}$、$\dot{I}'_{b2}$、$\dot{I}'_{c2}$——角形侧校正后的各相电流；

$\dot{I}_0$——星形侧零序二次电流。在进行二次电流相位补偿的同时，也需要考虑滤除二次电流中的零序电流，按式（7-12）计算后，消除了高压侧的零序电流。

经过软件校正后，差动回路两侧电流处于同一条直线上，相位相反，如图 7-15 所示。

经过软件校正后，差动回路两侧电流之间的相位一致，如图 7-11c 所示。同理，对于三绕组变压器，若采用 Yd11 联结组标号，星形侧的软件算法都是相同的，角形侧同样进行相位校正。

7.5.3　数值补偿方法

以双绕组变压器为例说明。观察图 7-4 可知，在正常运行时，由于变压器存在电压比的原因，两侧一次电流值并不相等。但此时两侧二次的差动电流 $I'_d = |\dot{I}'_h + \dot{I}'_l|$ 应为零。即使经过相位补偿，变压器两侧二次电流 $\dot{I}'_h$ 与 $\dot{I}'_l$ 呈反相位，并且也不能保证其幅值一定相等。数值补偿的目

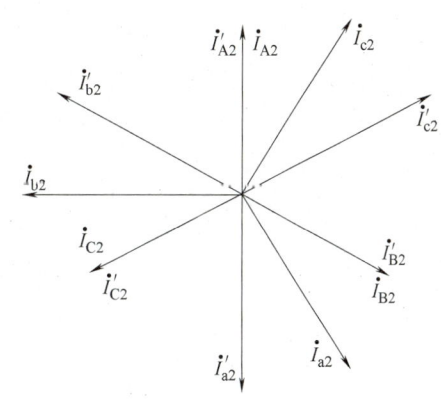

图 7-15　角形侧向星形侧相位转角后电流示意图

的就是解决这一问题。以下介绍一种三相双绕组变压器差动保护采用的数值补偿方法，假设变压器两侧电流互感器均采用星形联结，相位补偿采用"内补偿"方式，即转角后并不改变二次电流的大小。

（1）第一步　求取变压器高压侧额定电流 $I'_{N.h}$ 为

$$I'_{N.h} = \frac{S_N}{\sqrt{3}\,U_{N.h}\,n_{TA.h}} \quad (7\text{-}14)$$

式中　S_N——变压器容量（kVA）；

$U_{N.h}$——高压侧额定电压（kV）；

$n_{\text{TA.h}}$——高压侧电流互感器变比。

(2) 第二步 求取变压器低压侧额定电流 $I'_{\text{N.1}}$

$$I'_{\text{N.1}} = \frac{S_N}{\sqrt{3}\, U_{\text{N.1}} n_{\text{TA.1}}} \tag{7-15}$$

式中 S_N——变压器容量（kVA）;

$U_{\text{N.1}}$——低压侧额定电压（kV）;

$n_{\text{TA.1}}$——低压侧电流互感器变比。

(3) 第三步 求取平衡系数，使上述两电流相等。为避免混淆，工程中一般以变压器高压侧为基准侧，设立 K_b，使

$$(K_b I'_{\text{N.1}}) / I'_{\text{N.h}} = 1 \tag{7-16}$$

即使得二次电流真正相等，实现差动电流 $I'_d = |\dot{I}'_h + K_b \dot{I}'_1| = 0$。

系数 K_b 被称为平衡（balance）系数，引入 K_b 的目的是实现在变压器正常运行时，二次侧的差动电流为零。代入式（7-14）及式（7-15）可得

$$K_b = \frac{I'_{\text{N.h}}}{I'_{\text{N.1}}} = \frac{S_N}{\sqrt{3}\, U_{\text{N.h}} n_{\text{TA.h}}} \div \frac{S_N}{\sqrt{3}\, U_{\text{N.1}} n_{\text{TA.1}}} = \frac{U_{\text{N.1}} n_{\text{TA.1}}}{U_{\text{N.h}} n_{\text{TA.h}}} \tag{7-17}$$

由式（7-17）可见，平衡系数 K_b 由变压器两侧额定电压之比（即变压器变比）和电流互感器变比确定。

对于三绕组变压器，其计算平衡系数的思路与双绕组类似。计算时，可以假设中压或低压侧绕组空载，分别计算高压侧对低压侧、高压侧对中压侧的平衡系数。对于电流互感器未按星形联结方式接入的情况，计算平衡系数还要考虑电流互感器的接线系数。总体指导思想未变，即当变压器两侧一次差动电流为零时，对变压器两侧二次差动电流进行平衡调整，达到差动电流也为零的目的。

先进的数字式变压器差动保护中，平衡系数是自动计算得出的，不需要整定计算。用户只要如实准确地输入变压器的容量、额定电压、电流互感器的变比，电流互感器接入方式等信息。装置将自动进行二次电流的平衡调整，保证正常运行时差动电流接近零。

【例 7-1】 有一台容量为 31.5MVA、电压比为 110kV/10kV 的 Yd11 型变压器，采用内转角接线，请计算两侧额定电流，计算电流比、实际选择电流比、流入差动元件的电流值、不平衡系数。

【解】

计算结果如表 7-2 所示。由表可见，根据电流互感器计算变比，选择与其相近且较大标准电流比的电流互感器。根据实际变比求得两侧流入差动保护的电流，其值并不相等。根据式（7-17）可求得平衡系数。

表 7-2 计算变压器差动保护平衡系数示例

电压侧	110kV	10kV
主变一次额定电流	$\dfrac{31.5 \times 10^3 \text{kVA}}{\sqrt{3} \times 110 \text{kV}} = 165.3\text{A}$	$\dfrac{31.5 \times 10^3 \text{kVA}}{\sqrt{3} \times 10 \text{kV}} = 1818.7\text{A}$
电流互感器联结方式	星形	星形

(续)

电流互感器计算变比	$\dfrac{165.3}{5}$	$\dfrac{1818.7}{5}$
电流互感器实际变比	200/5	2000/5
流入差动保护电流	$\dfrac{165.3\text{A}}{40}=4.133\text{A}$	$\dfrac{1818.7\text{A}}{400}=4.547\text{A}$
平衡系数	\multicolumn{2}{c}{$K_b=\dfrac{10\text{kV}\times 2000/5}{110\text{kV}\times 200/5}=0.909$}

以高压侧电流为基准，将低压侧电流乘以平衡系数 K_b，即可消除由于电流互感器实际变比与计算变比不一致所造成的误差。

7.6 比率制动特性分析

7.6.1 其他不平衡电流分析

励磁涌流及变压器两侧一次电流的相位差所产生的不平衡电流，可以通过相应的技术手段加以躲过或者消除。除此之外，在变压器正常运行或外部故障时，差动回路中仍将有不平衡电流出现。主要有以下三种因素。

(1) 各侧电流互感器励磁特性不一致　与线路纵联差动保护类似，各侧电流互感器励磁电流之间的不一致，形成变压器差动回路不平衡电流。由电流互感器的等效电路可知，形成电流互感器误差的根本原因是励磁电流。而变压器各侧电流互感器之间的励磁特性差异则导致了变压器差动回路的不平衡电流，由于变压器各侧电流互感器型号不同，计算不平衡电流时 TA 同型系数取 1。外部故障时有较大电流"穿越"变压器，不平衡电流也较大，与线路纵联差动保护类似，通常采用比率制动技术配合动作值整定躲过不平衡电流影响，当制动电流增大时自动提高动作电流。

(2) 电流互感器计算电流比与实际电流比不同　变压器高、低压两侧电流的大小是不相等的。理论上，在正常运行或外部短路时，差动电流二次值应为零。但实际上由于电流互感器在制造上的标准化，往往选出的是与计算电流比较接近且较大的标准电流比的电流互感器。这样，由于电流比的标准化使得其实际变比与计算变比不一致，从而产生不平衡电流。

(3) 变压器带负荷调节分接头　变压器带负荷调节分接头，是电力系统中调整电压的一种方法，改变分接头就是改变变压器的电压比。整定计算中，差动保护只能按照某一电压比整定，分接头改变时就会出现新的不平衡电流，不平衡电流的大小与调压范围有关。例如将例 7-1 中主变的电压比 110kV/10kV 改为（110±4×2.5%）kV/10kV，则当高压侧分接头改变时，高压侧额定电流随之改变而低压侧额定电流不变，必然产生新的不平衡电流。整定时按中间档位的分接头计算变比［如（110±4×2.5%）kV 对应的中间档位即是 110kV］，则由于调节分接头改变产生的不平衡电流为调压范围的一半（如 4×2.5%＝10%）乘以穿越电流。

综合上述分析，在稳态情况下，不平衡电流二次值 $I'_{\text{unb.max}}$ 为

$$I'_{\text{unb.max}} = K_{\text{unb}} I'_{\text{cro.max}} = (K_{\text{aper}} \times K_{\text{ss}} \times 10\% + \Delta U + \Delta f) \frac{I_{\text{cro.max}}}{n_{\text{TA}}} \quad (7\text{-}18)$$

式中　K_{unb}——不平衡系数；

　　　$I'_{\text{cro.max}}$——穿越电流二次值的最大值；

　　　K_{aper}——非周期分量系数，取值在 1.5～3；

　　　K_{ss}——电流互感器的同型系数，取为 1；

　　　10%——电流互感器容许的最大相对误差；

　　　ΔU——由变压器带负荷调压所引起的相对误差，取电压调整范围的一半，一般取为 0.1；

　　　Δf——补偿电流互感器变比标准化时的误差，可取 0.05；

　　　$I_{\text{cro.max}}$——穿越电流一次值的最大值，即保护范围外部最大短路电流；

　　　n_{TA}——电流互感器的变比。

需要指出，Δf 源自于电磁型差动继电器，电磁型差动继电器设有平衡线圈来补偿电流互感器电流比标准化导致的各侧二次电流的差别，由于线圈的匝数只能是整数，不能完全补偿二次电流，补偿时还剩余的误差考虑不超过 0.05，现代微机保护采用了电流平衡系数来解决这个问题，从原理上已经不存在此项误差，所以计算不平衡电流时可以不考虑 Δf，也有制造厂家建议沿用习惯保留 Δf。

对于数字式保护，$I_{\text{cro.max}}$ 为外部故障时的"穿越电流"一次值的最大值，将该电流除以电流互感器的变比 n_{TA}，可得"穿越电流"二次值的最大值 $I'_{\text{cro.max}}$。在差动保护动作行为分析中，为方便起见，常将经相位补偿及数值补偿后 $I'_{\text{cro.max}}$ 值表示为变压器额定电流的倍数的方式，相当于标幺值的概念。如算得 $I'_{\text{cro.max}}$ 为额定电流的 8 倍，K_{unb} 取 0.45，则此时不平衡电流为额定电流的 3.6 倍，对于差动保护而言，不平衡电流实际上就是差动电流，这个值已相当可观，必须通过相应技术手段加以躲过。

7.6.2　比率制动原理

目前，数字式变压器纵联差动保护也采用比率制动特性，与第 5 章所介绍的光纤电流差动保护中比率制动原理基本类似。下面仍以两绕组变压器为例，介绍目前数字式保护常用的比率制动特性。观察差动电流 I_d 计算式（7-1）和制动电流 I_{res} 计算式（7-2）可知，**变压器差动保护与线路电流差动保护的差动电流取法一致，但变压器差动保护中制动电流 I_{res} 取两侧电流幅值的平均值，与线路电流差动保护的取法不同。**

在比率制动特性方面，也有一定区别。典型的单折线式比率制动特性如图 7-16 所示，图中电流均以一次值表示，横坐标 I_{res} 为制动电流，纵坐标为差动电流 I_d，I_{unb} 虚线代表随着 I_{res} 增大，不平衡电流也随之增大。图中 ABC 折线代表动作边界，边界的上方为动作区。ABC 折线对应的动作方程为

$$I_d \geq I_{\text{op.min}} \quad (I_{\text{res}} < I_{\text{res.min}}) \quad (7\text{-}19\text{a})$$

$$I_d \geq I_{\text{op.min}} + K_S(I_{\text{res}} - I_{\text{res.min}}) \quad (I_{\text{res}} \geq I_{\text{res.min}}) \quad (7\text{-}19\text{b})$$

式中　K_S——制动特性斜率；

　　　$I_{\text{op.min}}$——最小动作电流值；

　　　$I_{\text{res.min}}$——最小制动电流值。

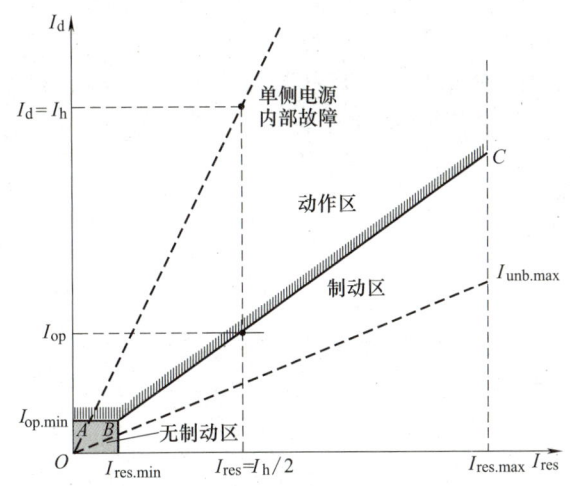

图 7-16 比率制动特性曲线及内部故障动作特性

图中，起始无制动段对应 AB 线段，对应式（7-19a）；BC 线段对应制动段，对应式（7-19b）。注意，与线路电流差动保护不同，在变压器差动保护中，BC 斜线并不一定通过坐标原点。

(1) 变压器内部故障保护可能动作 当变压器空载或轻载，且故障点处于变压器内部近绕组中性点位置，变压器两侧电流变化不明显时，此时制动电流很小，处于图 7-16 中 AB 线段下方阴影区域。此时，只要差动电流值 I_d 大于最小动作电流值 $I_{op.min}$ 即满足动作条件，最小动作电流值不受制动电流的制约，从而差动保护能够较灵敏地反应变压器内部故障。另一方面，当差动电流小于最小动作电流值时，将不能动作，因此，差动保护对于变压器内部故障也存在动作死区。

(2) 双侧电源内部故障保护动作 与线路电流差动保护分析过程类似，仍设双侧电源运行的变压器在正常运行时，两侧电源电势夹角为功角 δ，在变压器内部故障发生的初始一个工频周期内，变压器两侧电源电势夹角可认为不变，变压器两侧电流的夹角 $\alpha \approx \delta$，为锐角。根据差动电流与制动电流计算式可知，当 α 为锐角时，差动电流一定会大于制动电流。最极端的情况下，设 $\alpha = 0°$，变压器高压侧电流 $\dot{I}_h$ 与低压侧电流 $\dot{I}_l$ 大小相等方向相同，则差动电流 $I_d = 2I_h$，制动电流 $I_{res} = I_h$，差动电流达到制动电流的两倍。由于制动特性斜率 $K_S < 1$，可保证差动电流值大于动作电流值，保护动作。

(3) 单侧电源内部故障保护动作 单侧电源情况下，假设高压侧为电源侧，则有 $I_d = I_h$，制动电流 $I_{res} = I_h/2$。单侧电源内部故障时，差动电流始终为制动电流的两倍。根据此关系在图 7-16 中做相应虚线，过 I_{res} 做垂线与该虚线的交点即为差动电流值 I_d，垂线与动作边界交点的纵坐标即为对应于 I_{res} 的动作电流值 I_{op}，差动电流值大于动作电流值，保护动作。

(4) 外部故障保护不动作 当变压器外部较远处发生故障或发生较轻微故障时，将有较小的短路电流 I_{cro} "穿过" 变压器，制动电流 $I'_{res} = I'_{cro}$，此时差动电流即为不平衡电流二次值 I_{unb}。如图 7-16 中 AB 线段下方虚线所示。由于此时制动电流较小，因此，只要合理设计保护的最小动作电流 $I_{op.min}$，使其大于不平衡电流，就可以做到区外故障保护不动作。

同理，当变压器外部较近处发生故障或发生较严重故障时，将有较大的短路电流 I_{cro} "穿过" 变压器，假设高压侧为电源侧，差动电流即为不平衡电流二次值，即 $I_d = I_{unb}$，制动电流 $I_{res} = I_h = I_1 = I_{cro}$。根据此关系在图 7-17 中做相应虚线，过 I_{res} 做垂线与不平衡曲线的交点即为差动电流值 I_d，垂线与动作边界交点的纵坐标即为对应于 I_{res} 的动作电流值 I_{op}，差动电流值小于动作电流值，保护不动作。

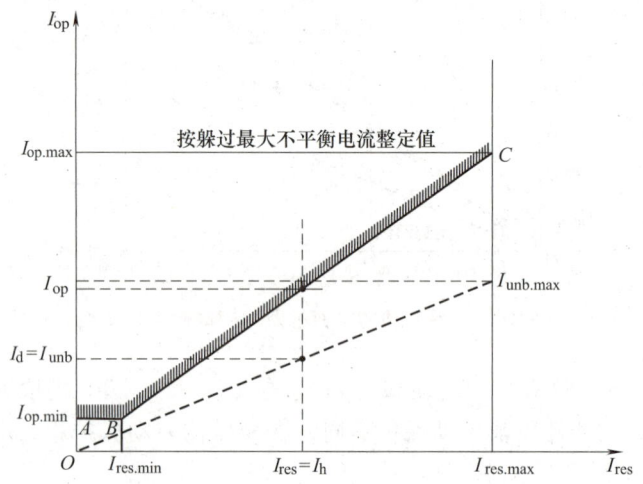

图 7-17 制动特性及外部故障动作特性

只要 BC 线段斜率 K_S 高于不平衡曲线的斜率 K_{unb}，即可保证区外故障时差动电流都位于 BC 折线下方，差动保护不动作。因此，合理地选择制动系数，是保证外部故障时差动保护不动作的前提。

综上所述，比率制动，可以理解为利用差动电流与制动电流的比值区分外部故障与内部故障，而不是单纯根据差动电流的大小区分外部故障还是内部故障。当外部发生故障时，差动电流为不平衡电流，小于制动电流，当变压器内部故障时，差动电流为故障点的总电流，大于制动电流。

图 7-17 还标出了外部故障最大短路电流，不采用比率制动技术时，为了保证外部故障时差动保护不误动，动作电流应大于最大短路电流所形成的不平衡电流，因此差动保护对于内部故障的灵敏度不足。差动保护采用比率制动特性的优势在于，既保证了区外故障不误动，又提高了反应内部故障的灵敏度。

【例 7-2】 某双绕组双电源变压器两侧设有纵联差动保护，以额定电流为标幺值，其动作特性如图 7-18 所示。动作值均以额定电流为基准，以标幺值形式表示，其中最小动作电流 $I_{op.min}$ 取 0.5，最小制动电流

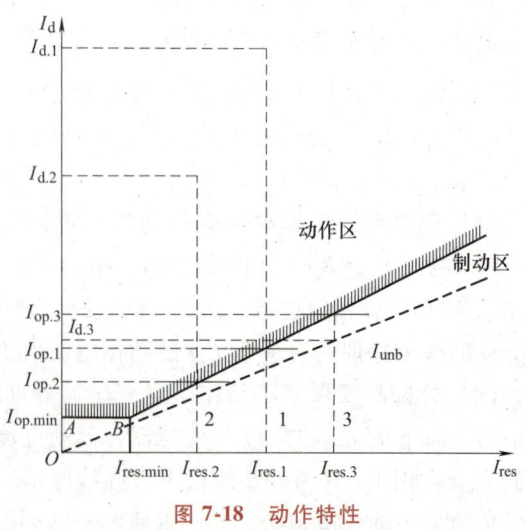

图 7-18 动作特性

为 $I_{\text{res.min}}$ 取 1,比率制动特性斜率 K_S 取 0.5,不平衡系数 K_{unb} 为 0.4。试求在下列三种情况下的差动电流 I_d、制动电流 I_{res},以及动作电流 I_{op},在图中标出相应坐标,并判断保护是否动作。

① 双侧电源内部故障时,$I_h = 4$,$I_l = 2$,两侧电流夹角 δ 为 $30°$;
② 单侧电源内部故障时,$I_h = 4$;
③ 区外故障时,$I_h = I_l = 4$。

【解】
1)问题①分析。根据题意,双侧电源内部故障时,差动电流 $I_{d.1}$、制动电流 $I_{\text{res}.1}$ 为

$$I_{d.1} = \sqrt{I_h^2 + I_l^2 + 2I_h I_l \cos\alpha} = \sqrt{4^2 + 2^2 + 2 \times 4 \times 2 \cos 30°} = 5.82$$

$$I_{\text{res}.1} = \frac{(|\dot{I}_h| + |\dot{I}_l|)}{2} = 3$$

此时动作电流为

$$I_{\text{op}.1} = I_{\text{op.min}} + K_S(I_{\text{res}.1} - I_{\text{res.min}}) = 0.5 + 0.5(3-1) = 1.5$$

如图 7-18 所示,过 $I_{\text{res}.1} = 3$ 做垂线 1,与制动特性线的交点对应纵坐标为 $I_{\text{op}.1} = 1.5$,$I_{d.1}$ 位于 $I_{\text{op}.1}$ 上方,其纵坐标为 5.82,因此,差动电流大于动作电流,保护动作。

2)问题②分析。单侧电源内部故障时,有

$$I_{d.2} = |\dot{I}_h| = 4$$

$$I_{\text{res}.2} = \frac{|\dot{I}_h|}{2} = 2$$

此时动作电流为

$$I_{\text{op}.2} = I_{\text{op.min}} + K_S(I_{\text{res}.2} - I_{\text{res.min}}) = 0.5 + 0.5(2-1) = 1$$

如图 7-18 所示,过 $I_{\text{res}.2} = 2$ 做垂线 2,与制动特性线的交点对应纵坐标为 $I_{\text{op}.2} = 1$,$I_{d.2}$ 位于 $I_{\text{op}.2}$ 上方,其纵坐标为 4。因此,差动电流大于动作电流,保护动作。

3)问题③分析。外部故障时,制动电流为

$$I_{\text{res}.3} = |\dot{I}_h| = |\dot{I}_l| = 4$$

此时差动电流 $I_{d.3}$ 即不平衡电流 I_{unb},为

$$I_{d.3} = I_{\text{unb}} = K_{\text{unb}} I_{\text{res}.3} = 0.4 \times 4 = 1.6$$

此时动作电流为

$$I_{\text{op}.3} = I_{\text{op.min}} + K_S(I_{\text{res}.3} - I_{\text{res.min}}) = 0.5 + 0.5(4-1) = 2$$

如图 7-18 所示,过 $I_{\text{res}.3} = 4$ 做垂线 3,交于不平衡电流的点对应纵坐标为 $I_{d.3} = 1.6$,与制动特性的交点对应纵坐标为 $I_{\text{op}.3} = 2$。差动电流小于动作电流,保护不动作。

7.6.3 比率制动特性的改进

(1)双折线式比率制动特性 制动特性如图 7-19 所示,图中制动特性为双折线。

短路情况下产生的大故障电流并且(或者)长系统时间常数引起的电流互感器饱和,对保护范围内的故障并无影响,因为差动电流和制动电流出现相同程度的波形失真。

当外部故障产生的穿越性大故障电流引起 TA 饱和时,尤其是在变压器两侧 TA 的饱和

程度不一致的情况下，回路中就会有相当可观的差动电流。一旦该电流进入差动保护的动作区，如果不采取某些特别手段的话就会引起保护装置跳闸。

外部故障情况下一侧 TA 饱和时，差动电流和制动电流的瞬时值发展轨迹如图 7-19 中的虚线所示。故障发生后，很快地短路电流显著增大，产生相应的较大不平衡电流，如图 7-19 中 S 点所示。当一侧 TA 饱和时，将会导致差动电流增加，制动电流减小，向图 7-19 的 T 点运动。如果设置不当，则有可能会进入差动保护的动作区。图 7-19 中，T 点位于单折线的上方，说明饱和将引起误动作，采用双折线特性，通过提高 CD 段的斜率，T 点位于该线下方，不会误动作。而与此相反的是，发生内部故障

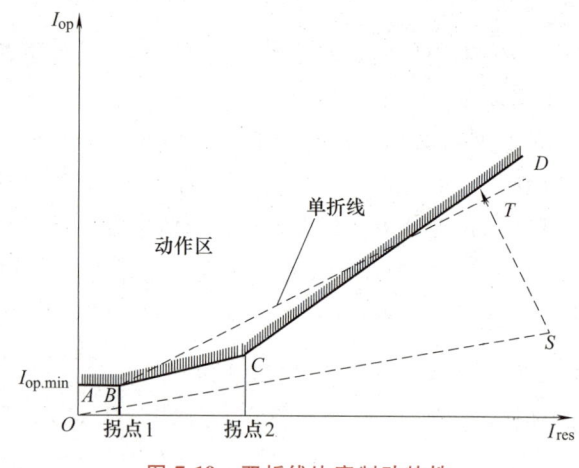

图 7-19 双折线比率制动特性

时制动电流几乎不可能大于差动电流。因而，一旦差动电流与制动电流的比值超过了内部门槛值，那么就可判为内部故障。

外部大电流穿越性故障导致的 TA 饱和有一个重要特征，那就是在开始阶段会产生很大的制动电流，这个区域一般位于图 7-19 中 CD 线段下方。该段的制动电流一般在额定电流的 3 倍以上，只有这一段加大制动系数，使制动特性更加上翘。

（2）变斜率比率制动特性　目前在一些数字式保护中已推广采用变斜率比率制动特性，该特性是由一段弧线和直线共同组成，如图 7-20 所示。变斜率式制动特性既能保证在区内故障电流小时，具有较高的动作灵敏度；又能保证区外故障时，具有更强的躲过暂态不平衡差流的能力。

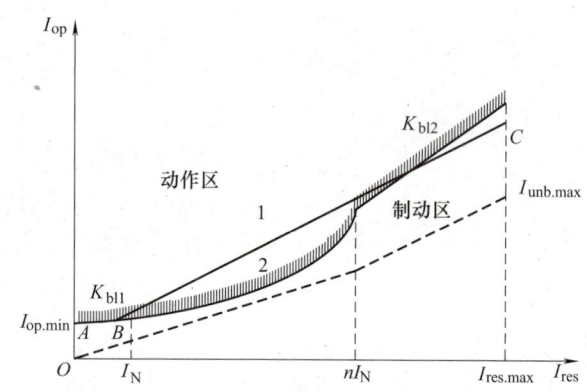

图 7-20 变斜率比率差动保护的动作特性

比率差动保护的动作方程为

$$\begin{cases} I_d > K_{bl} \times I_{res} + I_{op.min} \cdots\cdots\cdots\cdots\cdots (I_{res} < nI_N) \\ K_{bl} = K_{bl1} + K_{blr} \times (I_{res}/I_N) \\ I_d > K_{bl2} \times (I_{res} - nI_N) + b + I_{op.min} \cdots\cdots (I_{res} \geq nI_N) \\ K_{blr} = (K_{bl2} - K_{bl1})/(2 \times n) \\ b = (K_{bl1} + K_{blr} \times n) \times nI_N \end{cases} \quad (7\text{-}20)$$

式中　I_N——被保护对象的额定电流；

K_{bl}——比率制动曲线的斜率，该斜率是一个变量；

K_{blr}——比率制动曲线的斜率的增量；

K_{bl1}——起始比率差动斜率，发变组差动、变压器差动、高厂变差动、励磁变差动一般取 0.10；

K_{bl2}——最大比率差动斜率，发变组差动、变压器差动、高厂变差动、励磁变差动一般取 0.70；

n——最大斜率时的制动电流倍数，发变组差动、变压器差动、高厂变差动、励磁变差动固定取 6；

b——最大斜率时的修正量。

7.7 差动保护整定

差动保护一般由以下几个元件组成：启动元件、差动电流速断保护元件、励磁涌流制动元件、比率制动元件、TA 回路异常判别元件、变压器各侧电流相位补偿元件等。本节摘取相对重要的参数加以简要说明。

7.7.1 比率制动特性相关参数整定

变压器比率制动特性相关参数整定涉及的计算量并不大，一般以变压器额定电流的倍数来表示，但取值时需考虑变压器的实际运行情况，某些参数需要根据运行经验取值。

(1) 最小动作电流 $I_{\text{op.min}}$ 为能使差动保护动作的最小差动电流值，它的整定原则是：

① 躲过变压器最大负荷时的不平衡电流，一般不超过 $0.25I_\text{N}$。

② 躲过区外远处故障时的暂态不平衡电流，参考式（7-18）可知，此时外部短路电流接近变压器的额定电流 I_N，数值并不大，但在某些应用场合，变压器各侧的 TA 暂态特性不一致，会因此产生随机的且数值较大的不平衡差动电流，此附加的不平衡差动电流很难进行准确的理论计算，但其值一般不超过 $0.5I_\text{N}$。

③ 躲过变压器区外故障切除后，电压恢复过程中由于变压器励磁电流变化（不同于励磁涌流）、TA 暂态特性不一致所产生的不平衡电流，但其值一般不超过 $0.5I_\text{N}$。

综上所述，如变压器各侧所装设的电流互感器均采用 P 级电流互感器，或各侧 TA 暂态特性严重不一致时，$I_{\text{op.min}}$ 取值不小于 $0.5I_\text{N}$ 比较合理。如对于降压变压器，$I_{\text{op.min}}$ 一般取值为 $(0.6\sim0.7)I_\text{N}$，对于发电机变压器组，$I_{\text{op.min}}$ 一般取值为 $(0.5\sim0.6)I_\text{N}$。

(2) 最小制动电流 对于单折线式比率制动特性，最小制动电流值 $I_{\text{res.min}}$ 一般取 $(0.8\sim1)I_\text{N}$。对于双折线比率差动特性，第一拐点可取 $(0.8\sim1)I_\text{N}$，第二拐点可取 $3I_\text{N}$。一般数字式保护装置会给出相应的建议值。对于变斜率比率制动特性，实际上其最小制动电流为 0，起始比率差动斜率为 0.1。

(3) 比率制动特性斜率 结合式（7-18），差动保护的比率制动系数 K_{res} 为

$$K_{\text{res}} = K_{\text{rel}} K_{\text{unb}} = K_{\text{rel}}(K_{\text{aper}} \times K_{\text{ss}} \times 10\% + \Delta U + \Delta f) = K_{\text{rel}} \frac{I_{\text{unb.max}}}{I_{\text{F.max}}} \qquad (7\text{-}21)$$

式中 K_{rel}——可靠系数，取 1.5。

对于单折线比率制动特性，根据该值可方便计算出差动保护的最大动作电流值 $I_{\text{op.max}}$，从而可计算比率制动特性斜率 K_S 为

$$K_S = \frac{I_{op.max} - I_{op.min}}{I_{res.max} - I_{res.min}} \tag{7-22}$$

该值与 K_{res} 较为接近，故现场一般只整定比率制动特性斜率，而非比率制动系数，实际上两者在概念上是存在差异的。比率制动特性斜率的取值，存在着与最小动作电流计算方法相同情况的问题，固其取值不宜过小。考虑到短路电流超过额定电流时，即使制动特性斜率取 0.5，其灵敏度也是足够的，所以实际在计算时为可靠起见，一般取 $K_S = 0.5\sim0.7$。

(4) 比率制动特性差动保护灵敏度校验 灵敏度 K_{sen} 取最小运行方式下变压器区内两相短路时最小短路电流的 TA 二次值与此时的差动电流保护动作电流二次值之比，要求大于 1.5。

如某降压变压器区内两相短路时最小短路电流为 $4I_N$，采用单折线比率制动，最小动作电流取 $0.7I_N$，最小制动电流取 I_N，$K_S=0.7$。此时差动电流为 $4I_N$，制动电流为 $2I_N$，对应的动作电流为 $1.4I_N$，算得灵敏度为 2.857。很明显灵敏度满足要求。

7.7.2 其他参数整定

(1) 差动速断元件 为了加速切除变压器严重的内部故障，常常增设差动速断保护，其动作电流按照躲过变压器励磁涌流整定。实际上，变压器励磁涌流是一个很难精确测定的电流，对于大型发电机变压器组，由于不存在出现很大励磁涌流的客观条件，差动速断值可取为 $(3\sim4)I_N$，对于降压变压器，差动速断值可取为 $(6\sim8)I_N$。

(2) 二次谐波制动比 根据式 (7-6)，$K_{res.2}$ 一般取 15%~20%。

(3) 启动元件 保护启动元件用于开放保护跳闸出口继电器的电源及启动该保护故障处理程序。各数字式保护的启动方式较为类似。如某保护的启动元件包括差流突变量启动元件、差流越限启动元件。任一启动元件动作则保护启动。启动门槛可以取 0.5 倍差动保护整定电流。差流越限启动元件是为了防止经大电阻故障时相电流突变量启动元件灵敏度不够而设置的辅助启动元件。差流越限启动门槛可为 0.8 倍差动保护整定电流。

(4) TA 回路异常判别元件 本元件是为了变压器在正常运行时判别 TA 回路状况，发现异常情况发告警信号，并可由控制字投退来决定是否闭锁差动保护。当变压器在正常运行时发生 TA 二次回路断线，会在差动电流中产生不平衡电流，不平衡电流等于断线处的电流互感器二次电流，即变压器负荷电流，可能导致差动保护误动。

本元件 TA 断线判据为同时满足以下条件：①相电流突变量大于 $0.1I_N$ 且相电流下降；②相电流较小而无电流相的差动电流越限（即超过定值）；③TA 接为星形时三相差动电流之和越限（即超过定值）。

7.8 变压器相间短路的后备保护及过负荷保护

为防止外部相间短路引起的变压器过电流及作为变压器主保护的后备，变压器配置相间短路的后备保护。保护动作后，应带时限动作于跳闸。变压器相间短路的后备保护既是变压器主保护的近后备保护，又是相邻母线或线路的相间短路故障的远后备保护。根据变压器容量的大小、变压器的性质、在系统中的地位及系统短路电流的大小，变压器相间短路的后备保护可采用过电流保护、欠电压启动的过电流保护、复合电压启动的过电流保护或负序电流保护、阻抗保护等原理。

目前变压器后备保护的典型配置是在各侧均装设一套后备保护装置，根据需要决定是否投入相间短路后备保护功能，并根据选择性的要求装设方向元件。如对于双绕组降压变压器，该保护应装于高压侧，根据主接线情况，保护可带一段或两段时限，较短的时限用于缩小故障影响范围，较长的时限用于断开变压器各侧断路器，而在低压侧的相间短路后备保护的主要功能是作为外部相间短路的后备保护。

对三绕组变压器和自耦变压器，保护一般装于主电源侧及主负荷侧。主电源侧的保护应带两段时限，以较短的时限断开未装保护侧的断路器。220kV 及以下三相多绕组变压器，除主电源侧外，其他各侧保护可仅作为本侧相邻电力设备和线路的后备保护。

在电厂中，对低压侧有分支，并接至分开运行母线段的降压变压器，除在电源侧装设保护外，还应在每个支路装设相间短路保护，各支路所装保护作为相应母线各出线保护的后备。

对发电机变压器组，在变压器低压侧，不应另设保护，而利用发电机反应外部短路的后备保护。在这种情况下，应在相应厂用分支线上，装设单独的保护，并使发电机的后备保护带两段时限，以便在外部短路时，仍能保证厂用负荷的供电。

500kV 系统联络变压器高、中压侧均应装设阻抗保护。保护可带两段时限，较短的时限用于缩小故障影响范围；较长的时限用于断开变压器各侧断路器。

7.8.1 过电流保护

过电流保护与电网保护的相间过电流保护的工作原理相同，采用完全星形联结，保护可设多段，每段可设多个延时，其特点是无电压闭锁，只检测各相电流的变化。因此，过电流保护的整定除需要考虑变压器的各种运行状态，还需要考虑所带负荷的突然变化。过电流保护可带方向元件闭锁，在无方向闭锁的情况下，还需要考虑保护安装处的正方向区外及反方向发生故障时电流的变化情况。这里以降压变压器为例说明其整定方法。

(1) 躲最大负荷电流 在正常负荷情况下，过电流保护不应动作，故整定值应躲过变压器可能的最大负荷电流，即

$$I_{\text{k.op}} = \frac{K_{\text{rel}}}{K_{\text{re}}} I_{\text{loa.max}} \tag{7-23}$$

式中　K_{rel}——可靠系数，取 1.2~1.3；

K_{re}——返回系数，取 0.85~0.95（数字式保护一般取 0.95）；

$I_{\text{loa.max}}$——变压器最大负荷电流二次值，单台变压器可按变压器的额定电流二次值 I_N 取值。当为 n 台变压器并列运行时，应考虑其中一台大变压器突然断开后，该整定变压器可能增加的负荷电流。当 n 台变压器同容量时，$I_{\text{loa.max}} = \frac{n}{n-1} I_N$

（I_N 为变压器的额定电流二次值）。

(2) 躲最大自起动电流 降压变压器低压侧电动机起动时，将会有很大的自起动电流，过电流保护应躲过该最大自起动电流（二次值），即

$$I_{\text{k.op}} = \frac{K_{\text{rel}}}{K_{\text{re}}} K_{\text{Ms}} I_{\text{loa.max}} \tag{7-24}$$

式中 K_{Ms}——自起动系数,对 35kV 及以上电压等级负荷,取 1.5~2;对 6~10kV 电压级负荷,取 1.5~2.5。其他参数同上。

(3) 躲低压母线自动投入负荷 在降压变压器低压侧接近满负荷情况下,又有一台较大容量的电动机频繁自起动,称为变压器低压母线自动投入负荷。此时过电流保护应按躲过变压器低压母线带有正常负荷同时起动一台较大电动机的起动电流计算。即

$$I_{k.op} = (K_{rel}I_{loa.max} + K_{Ms}I_{loa.a}) \tag{7-25}$$

式中 K_{rel}——可靠系数,取 1.2;

$I_{loa.max}$——正常运行时最大负荷电流(二次值);

$I_{loa.a}$——自动投入部分的负荷电流,如电动机,则为其额定电流(二次值);

K_{Ms}——自动投入负荷的自起动系数,如电动机则为 7~8 倍。

(4) 按与相邻保护相配合

1) 与分段断路器过电流保护配合,有

$$I_{k.op} = 1.1 I_{k.op.Q} + I_{loa} \tag{7-26}$$

式中 $I_{k.op.Q}$——分段断路器过电流保护的动作电流(二次值);

I_{loa}——变压器所在母线分段的正常负荷电流(二次值)。

2) 与变压器低压侧出线保护配合,有

$$I_{k.op} = K_{rel}I_{k.op.n} \tag{7-27}$$

式中 K_{rel}——可靠系数,取 1.2~1.5;

$I_{k.op.n}$——出线保护动作电流二次值,应取各出线中最大者;

选择以上诸 $I_{k.op}$ 中最大者作为变压器过电流保护的动作电流。

(5) 灵敏度校验 按变压器低压母线故障时的最小短路电流二次值 $I_{K.min}^{(2)}$ 计算,即

$$K_{sen} = \frac{I_{K.min}^{(2)}}{I_{k.op}} \tag{7-28}$$

要求 $K_{sen} \geq 2.0$。

值得指出,以上整定对象为降压变压器的高压侧的相间过电流保护,其保护方向指向变压器。如未带方向元件,则还需要与保护安装处背后的线路保护进行配合。另一方面,过电流保护的动作时间整定根据配合对象不同,也有所差异,一般在 0.3~1s 之间。

过电流保护的整定值一般都在变压器的 (2~3) I_N 左右,虽然一般情况下,都能满足灵敏度的要求,但其整定值往往不能满足作为相邻元件后备保护的灵敏度要求。当然过电流保护不经电压闭锁,保护原理相对简单,可靠性得以提高。因此该类保护在变压器保护中也得以保留,与其他带有电压闭锁功能保护的相间短路后备保护配合使用。

7.8.2 复合电压启动过电流保护

过电流保护灵敏度不能满足要求时可以采用欠电压启动的过电流保护或者复合电压启动的过电流保护。本书重点介绍目前数字式保护常采用的复合电压启动过电流保护。该保护由电流元件与电压元件构成"与"逻辑,电压元件由负序过电压元件与欠电压元件组成。只有电流元件和电压元件同时动作后,才能启动时间元件,经预定时间后启动出口中间继电器

动作于跳闸。

不对称故障时，负序过电压元件有很高的灵敏度；对称故障时，依靠欠电压元件启动电流元件，其原理框图如图 7-21 所示。图中 $U_{\varphi\varphi}$ 指 U_{AB}、U_{BC}、U_{CA} 三只过电压元件，三者构成或逻辑；U_2 为负序过电压元件；I_A、I_B、I_C 为过电流元件。

负序过电压元件反应不对称短路，灵敏度不受变压器联结方式的影响，欠电压继电器则主要反应三相短路时的母线残压。因此，复合电压闭锁元件只需装设于变压器一侧。如对于双绕组降压变压器，其电压取自低压侧母线。

该保护应保证在外部故障切除、自启动过程中不动作，而这项功能目前通过欠电压闭锁即可完成，电流元件的动作电流就可以不再考虑躲过自起动电流，通常取

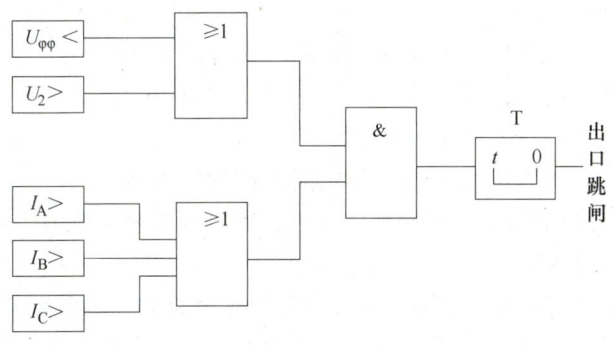

图 7-21 复合电压启动的过电流保护原理框图

$$I_{set} = \frac{K_{rel}}{K_{re}} I_N \tag{7-29}$$

K_{rel} 一般取 1.2~1.3，返回系数 K_{re} 一般取 0.95。因此 I_{set} 一般取 1.3~1.4I_N，该值比过电流保护的动作电流小，从而提高了保护的灵敏性。

电流继电器和欠电压继电器的整定计算与欠电压启动的过电流保护相同，对于负序电压元件的动作电压按躲过正常运行时的最大不平衡电压整定，通常取

$$U_{2.set} = (0.06 \sim 0.12) U_{N.T} \tag{7-30}$$

式中 $U_{N.T}$——变压器的额定线电压二次值，为 100V。$U_{2.op}$ 通常取 6V。

灵敏系数为

$$K_{sen} = \frac{U_{2.min}}{U_{2.op}} \tag{7-31}$$

式中 $U_{2.min}$——相邻元件末端两相金属性短路时保护安装处最小负序电压二次值。要求 $K_{sen} \geq 1.5$。

欠电压元件的启动电压应小于正常运行时的最低工作电压，同时，外部故障切除后，电动机起动的过程中，它必须返回。根据运行经验，通常取

$$U_{set} = 0.6 \sim 0.7 U_{N.T} \tag{7-32}$$

灵敏度计算同过电流保护，欠电压元件的灵敏系数为

$$K_{sen} = \frac{U_{k.op}}{U_{sur.max}} \tag{7-33}$$

式中 $U_{sur.max}$——计算最小运行方式下，保护范围末端三相短路时，保护安装处的最大残余电压二次值。

要求 $K_{sen} \geq 1.2$。

为提高电压元件的灵敏度，可采用两套欠电压元件分别接在变压器高、低压侧的电压互

感器上，即电压元件或门上接 6 个欠电压元件。

【例 7-3】 某降压变压器的电路参数如图 7-22 所示。图中 X_s 代表系统阻抗；X_{MT} 代表主变压器阻抗；X_{AT} 代表该变压器低压侧所接一台较大容量配电变压器阻抗，上述阻抗代表正序阻抗，与负序阻抗相等，且都为标幺值。

① 设 K 点发生两相短路，试计算 B 母线处所能测得的负序电压二次值，负序电压整定值为 6V，试计算灵敏度。

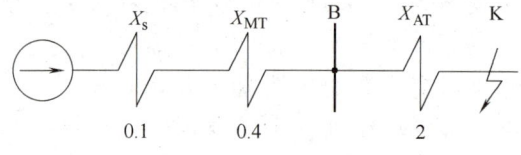

图 7-22　例 7-2 参数图

② 设 K 点发生三相短路，试计算 B 母线处所能测得的线电压二次值，如欠电压整定值为 70V，试计算灵敏度。

【解】

1) 问题①计算。K 点发生两相短路时，故障点的负序电压（线电压）为故障前额定电压的 0.5 倍。对应二次线电压为 50V，B 母线处负序电压按分压比例应为

$$50 \times \frac{X_s + X_{MT}}{X_s + X_{MT} + X_{AT}} = \left(50 \times \frac{0.5}{2.5}\right) \text{V} = 10\text{V}$$

负序电压灵敏度为

$$K_{\text{sen}} = 10/6 = 1.67$$

灵敏度满足要求。

2) 问题②计算。根据正序网络分压关系，K 点发生三相短路时，B 母线的线电压二次值为

$$100 \times \frac{X_{AT}}{X_s + X_{MT} + X_{AT}} = \left(100 \times \frac{2}{2.5}\right) \text{V} = 80\text{V}$$

即线电压为 80V，欠电压元件灵敏度并未满足要求。实际上，即使 B 母线发生三相短路，变压器高压侧残压仍为 80V。这恰恰说明，对于该降压变压器，电压应取自 B 母线的情况下，灵敏度的考验点应为 B 点，而非 K 点。B 母线发生三相短路时，残压为零。如保护范围末端为 B 母线，则灵敏度自然满足要求。

上例说明，对于非对称性故障，该保护的保护范围可达到配电变压器的低压侧。而欠电压元件做不到这一点，欠电压元件的主要任务是防止电动机自起动时保护的误动作，其保护范围未超过配电变压器。

根据这个思路，我们还可以根据欠电压保护定值及灵敏度的要求，计算出欠电压元件的最远保护范围对应的阻抗，其计算公式为

$$X_{LV} = \frac{(X_s + X_{MT}) U_{\text{set}}}{U_{N.T} - U_{\text{set}}} \tag{7-34}$$

如欠电压元件整定值为 70V，则按上例，可计算得 $X_{LV} = 1.67\Omega$，在此范围内故障，B 母线电压将低于 70V，如按灵敏度的要求，X_{LV} 应取得更小一些。

7.8.3　负序过电流保护

变压器负序过电流保护的原理框图如图 7-23 所示。保护逻辑由负序过电流元件及欠电压启动的过电流部分组成，不对称故障时利用负序过电流元件获得较高的灵敏度；三相对称

故障时依靠欠电压启动的过电流保护，显然这里欠电压启动的过电流只需要单相式的。

由于负序过电流保护的整定计算较为复杂，在实际工程中可以粗略选取，即

$$I_{2.\text{set}} = (0.5 \sim 0.6) I_N \quad (7-35)$$

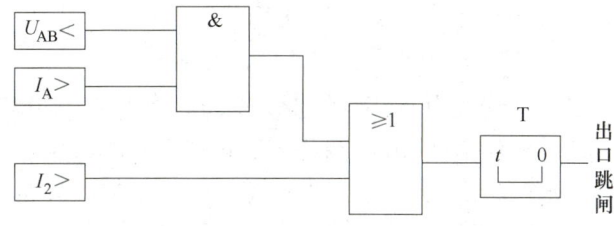

图 7-23　负序过电流保护的原理框图

负序电流保护由两部分组成：①负序电流部分，用以反应不对称短路故障；②欠电压启动过电流（单相）部分，用以反应对称短路故障。

负序过电流保护的灵敏系数为

$$K_{\text{sen}} = \frac{I_{K.2.\min}}{I_{2.\text{op}}} \quad (7-36)$$

式中　$I_{K.2.\min}$——在计算最小运行方式下，后备保护区末端不对称相间短路时，流经保护处的负序电流二次值。

当相邻线路的后备保护对其后备范围末端有足够灵敏度时，则变压器负序电流保护只要与其动作时间配合，保证变压器后备范围内末端有足够灵敏度即可。

7.8.4　过负荷保护

过负荷保护用于变压器过载时发出警告信号，变压器的过负荷电流在大多数情况下都是三相对称的，因此只需装设单相式过负荷保护，带时限动作于信号。在无经常值班人员的变电所，必要时，过负荷保护可动作于跳闸或断开部分负荷。

过负荷保护的动作电流，应按躲开变压器的额定电流整定，即

$$I_{\text{set}} = \frac{K_{\text{rel}}}{K_{\text{re}}} I_{N.T} \quad (7-37)$$

式中　K_{rel}——可靠系数，取 1.05；

　　　K_{re}——返回系数，取 0.85。

为了防止过负荷保护在外部短路时误动作，其时限应比变压器的后备保护动作时限大一个 Δt，一般取 5~10s。

7.8.5　阻抗保护

当电流、电压保护不能满足灵敏度要求或根据电网保护间配合要求，发电机和变压器的相间故障后备保护可采用阻抗保护。阻抗保护通常用于 330~500kV 大型升压及降压变压器，作为变压器引线及母线、相邻线路相间短路后备保护。

须注意，阻抗保护不能作为变压器或发电机内部短路时的后备保护。由于大容量机组及超高压输电线路的主保护都是双重化甚至多重化，因此阻抗保护主要作为变压器引出线及母线的后备保护，只要满足母线短路时有足够的灵敏度就可以了，它的动作特性圆很小，也无需加装振荡闭锁装置（因为后备保护的固有延时可以躲过振荡影响）。

若选用全阻抗继电器，则动作阻抗为

$$Z_{\text{set}} = K_{\text{rel}} K_{\text{inf}} Z_{\text{set.n}}^1 \quad (7-38)$$

式中　K_{rel}——可靠系数，取 0.8；

　　　K_{inf}——助增系数，由实际系统参数决定；

　　　$Z_{set.n}^{I}$——高压引出线中最短线路的第 I 段动作阻抗（二次值）。

若选用偏移特性阻抗继电器，以变压器高压侧 TA 为界，其正向指向高压侧线路（系统侧），动作阻抗仍按式（7-38）整定；反向指向变压器，动作阻抗为正向动作阻抗的 5%~10%，主要对变压器高压侧引出线起保护作用。另一种做法是正向指向变压器 $Z_{set}=0.7Z_T$，反向指向系统，其动作阻抗取为 $0.1Z_{set}$，并检查与系统相邻保护在动作阻抗和动作时间上的配合。

如上整定的低阻抗保护应有三段时限，第一段时限 $t_1=t_0+\Delta t$（t_0 为高压引出线保护配合段的动作时间），动作于缩小故障范围，例如断开母线联络断路器；第二段时限 $t_2=t_1+\Delta t$，动作于断开变压器本侧断路器；第三段时限 $t_3=t_2+\Delta t$，动作于断开变压器各侧断路器。

7.8.6　跳闸方案与方向元件的配置

（1）跳闸方案　变压器后备保护出口跳闸方案与主保护不同，其保护动作的主体思路是先缩小故障切除范围，如果此努力无效，则再经一定延时切除主变压器。以下结合实例说明部分变压器相间后备保护的延时及相应跳闸方案。

单侧电源的双绕组降压变压器，相间故障后备保护通常设一段时限，其值大于配合段保护动作时间一个时间级差（Δt），断开变压器两侧断路器，这也是最易理解的一种方案，即达到延时即切除变压器。当低压侧的母线采用分段接线方式，且无专用的母线保护，分段断路器装有备用电源自动投入装置时，相间故障后备保护可设两段时限，以第一段时限 $t_1=t_0+\Delta t$ 断开低压母线分段断路器，其中 t_0 为低压侧馈线配合段（一般为 I 段）保护动作时间，如跳闸后相间过电流消失，则可保全变压器，如不成功，再以 $t_2=t_1+\Delta t$ 断开变压器两侧断路器。

单侧电源的三绕组降压变压器，相间故障后备保护一般设在低压侧和电源侧。其中低压侧保护设两段时限，以 $t_1=t_0+\Delta t$ 断开低压母线分段断路器（t_0 为低压侧馈线配合段保护动作时间）；以 $t_2=t_1+\Delta t$ 断开变压器低压侧断路器。电源侧保护也设两段时限，以第一段时限 $t_3=t_2+\Delta t$ 断开中压侧断路器；以第二段时限 $t_4=t_3+\Delta t$ 断开变压器各侧断路器。

高压及中压侧均有电源的三绕组降压变压器，当只有一台变压器且高压侧为主电源侧时，相间后备保护设在高压及低压侧，低压侧保护中带一个时限 $t_1=t_0+\Delta t$（t_0 为低压侧馈线配合段保护动作时间），断开本侧断路器。高压侧保护设带方向和不带方向两部分，带方向的指向中压侧并以 $t_2=t_1+\Delta t$ 断开中压侧断路器；不带方向的以 $t_3=t_2+\Delta t$ 断开变压器各侧断路器。

双绕组升压变压器，相间故障后备保护装在变压器的低压侧。设一段时限 $t_1=t_0+\Delta t$（t_0 为高压侧配合段保护动作时间），断开变压器两侧断路器。

（2）方向元件的配置　对于高压及中压侧有电源或三侧均有电源的三绕组降压变压器和联络变压器，相间故障后备保护为了满足选择性要求，在高压或中压侧要加功率方向元件，其方向宜指向变压器。

对于三侧有电源的三绕组升压变压器，相间故障后备保护为了满足选择性要求，在高压侧或中压侧要加功率方向元件，其方向可指向该侧母线，这样的方向元件设置，有利于加速跳开小电源侧的断路器，避免小系统影响大系统。

反应相间故障的功率方向继电器，通常由两只功率方向继电器构成，接入功率方向继电器的电流和电压应符合 90°接线的要求。为了消除三相短路时功率方向继电器的死区，功率方向继电器的电压回路可由另一侧电压互感器供电。

7.9 变压器接地短路的后备保护

在大接地电流系统中，接地故障的概率较高，如果运行中变压器中性点接地，当发生接地故障时零序电流经过变压器高压绕组由中性点入地；若变压器中性点不接地运行，变压器中性点对地电压为高压侧母线上的零序电压，可能损坏变压器高压绕组绝缘。因此大接地电流电网中的变压器，应装设接地故障（零序）保护，作为变压器主保护的后备及相邻元件接地故障的后备保护。注意，该保护的主要保护对象仍然是变压器本身。

变压器中性点是否接地运行取决于变压器结构、中性点绝缘水平。自耦变压器的中性点必须接地运行，500kV 主变压器由于中性点绝缘水平较低（仅 38kV），中性点也必须接地运行。其他类型的主变压器中性点设有接地开关，可以接地运行，也可以不接地运行，应综合电力系统发生接地故障时健全相电压升高、零序电流限制以及零序电流灵敏度等因素安排主变压器的中性点运行方式。

7.9.1 中性点直接接地变压器的零序电流保护

如图 7-24 所示，这种变压器接地短路的后备保护采用零序电流保护，零序电流取自变压器中性点电流互感器。一般配置两段式零序电流保护，为了缩小接地故障的影响范围，每段还各带两级延时，其中较短的延时用于跳开母联断路器或分段断路器。

零序电流保护Ⅰ段与相邻元件接地保护Ⅰ段配合，通常以较短延时 $t_1=0.5\sim1.0\mathrm{s}$ 动作于母线解列，即断开母联断路器或分段断路器，以缩小故障影响范围；以较长的延时 $t_2=t_1+\Delta t$ 断开变压器各侧断路器。而对于 330kV 及以上电压等级变压器，高压侧Ⅰ段零序过电流保护只设一个时限，即 $t_1=t_0+\Delta t$（t_0 为该侧线路零序过电流保护Ⅰ段或Ⅱ段的动作时间），断开变压器高压侧断路器。

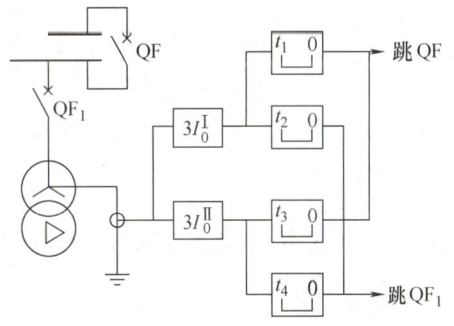

图 7-24 中性点直接接地运行变压器零序电流保护原理示意图

零序电流保护Ⅱ段与相邻元件接地后备段配合，通常 t_3 应比相邻元件零序保护后备段最大延时大一个 Δt，以断开母联断路器或分段断路器，$t_4=t_3+\Delta t$ 动作于断开变压器各侧断路器。对 330kV 及 500kV 变压器，高压侧Ⅱ段零序过电流保护只设一个时限，即 $t_3=t_{1.\max}+\Delta t$（$t_{1.\max}$ 为该侧线路零序过电流保护后备段的动作时间），断开变压器各侧断路器。

变压器的零序电流保护的整定方案简要说明如下：

（1）零序电流Ⅰ段 零序电流Ⅰ段动作电流按与相邻线路零序电流Ⅰ段或Ⅱ段相配合整定，即

$$I_{0.\mathrm{op}}^{\mathrm{I}}=K_{\mathrm{rel}}K_{\mathrm{b.max}}I_{0.\mathrm{op.n}}^{\mathrm{I/II}} \tag{7-39}$$

式中　K_{rel}——可靠系数，取 1.2；

　　　$K_{b.max}$——零序电流分支系数，其值等于出线零序电流保护Ⅰ段保护区末端发生接地短路时，流过本保护的零序电流与流过故障线路零序电流之比，取最大值；

　　　$I_{0.op.n}^{I/II}$——相邻线路零序电流保护Ⅰ段或Ⅱ段的动作电流二次值。

110kV 及 220kV 变压器Ⅰ段零序过电流保护以 $t_1 = t_0 + \Delta t$（t_0 为该侧线路零序过电流保护Ⅰ段或Ⅱ段的动作时间）断开母联或分段断路器；以 $t_2 = t_1 + \Delta t$ 断开变压器各侧断路器。对 330kV 及 500kV 变压器，高压侧Ⅰ段零序过电流保护只设一个时限，即 $t_1 = t_0 + \Delta t$（t_0 为该侧线路零序过电流保护Ⅰ段或Ⅱ段的动作时间），断开变压器高压侧断路器。

（2）零序电流Ⅱ段　Ⅱ段零序过电流继电器的动作电流应与相邻线路零序过电流保护的后备段相配合，即

$$I_{0.op}^{II} = K_{rel} K_{b.max} I_{0.op.n}^{II/III} \tag{7-40}$$

式中　K_{rel}——可靠系数，取 1.2；

　　　$K_{b.max}$——零序电流分支系数，其值等于出线零序电流保护后备段保护区末端发生接地短路时，流过本保护的零序电流与流过故障线路零序电流之比，取最大值；

　　　$I_{0.op.n}^{II/III}$——线路零序过电流保护后备段（Ⅱ或Ⅲ段）的动作电流二次值。

110kV 及 220kV 变压器Ⅱ段零序过电流保护以 $t_3 = t_{1.max} + \Delta t$（$t_{1.max}$ 为该侧线路零序过电流保护后备段的动作时间）断开母联或分段断路器；以 $t_4 = t_3 + \Delta t$ 断开变压器各侧断路器。对 330kV 及 500kV 变压器，高压侧Ⅱ段零序过电流保护只设一个时限，即 $t_3 = t_{1.max} + \Delta t$，断开变压器各侧断路器。

（3）灵敏系数校验

$$K_{sen} = \frac{3I_{0.min}}{I_{0.op}} \tag{7-41}$$

式中　$3I_{0.min}$——对于Ⅰ段为线路出口处接地短路时，对于Ⅱ段为被保护线路末端接地短路时，流过保护的最小三倍零序电流二次值；

　　　$I_{0.op}$——Ⅰ段（或Ⅱ段）零序过电流保护的动作电流。

要求灵敏系数不小于 1.5。

7.9.2　中性点可接地或不接地运行变压器的零序电流电压保护

主变压器中性点接地运行时可以采用前面介绍的两段式零序电流作为接地故障后备保护；对于中性点不接地运行的主变压器，采用零序电压构成接地故障后备保护。考虑变压器中性点运行方式可能变化，中性点可能接地或不接地运行时变压器同时配有零序电流、零序电压保护。

除了注意主变压器接地后备保护动作时首先跳开母联、分段断路器缩小故障范围，还需要考虑多台主变压器在一条母线上运行时的选跳顺序。主变压器高压侧外部发生接地故障对主变压器的危害是零序电流流过中性点接地运行的主变压器高压侧绕组；而零序电压导致中性点不接地运行的主变压器中性点对地产生高压，尤其是当中性点接地的主变压器先跳开、局部失去接地点时，母线零序电压即不接地运行的主变压器中性点对地电压将升高。变压器接地后备保护的选跳顺序与变压器中性点绝缘水平有关，根据中性点绝缘水平，变压器可分

为全绝缘、分级绝缘两大类,下面分别介绍变压器接地后备保护方案。

1. 全绝缘变压器

变压器全绝缘是指变压器绕组各处的绝缘水平相同,中性点不接地运行的主变压器能够耐受接地故障造成的中性点过电压,因此当发生外部接地故障时,首先跳开中性点接地运行的主变压器以减少零序电流对高压绕组的损坏,然后再跳开中性点不接地运行的主变压器。全绝缘变压器零序保护原理如图 7-25 所示。图中零序电流保护部分与前面介绍的两段式零序电流保护相同,用于变压器中性点接地运行情

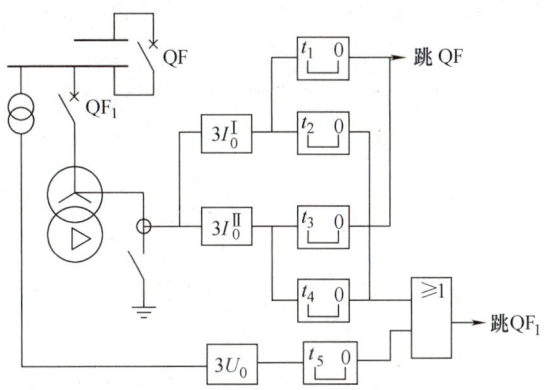

图 7-25 全绝缘变压器接地后备保护示意图

况。零序电压保护作为变压器不接地运行时的保护,零序电压元件的动作电压应按躲过在部分接地的电网中发生接地短路时保护安装处可能出现的最大零序电压整定,其动作电压较高。当中性点接地运行的主变压器未跳开时,零序电压保护不动作;只有当中性点接地运行的主变压器全部切除后,高压侧母线处零序电压升高,零序电压保护才动作,切除中性点不接地运行的主变压器。

在电网发生单相接地,中性点接地的变压器已全部断开的情况下,零序过电压保护不需再与其他接地保护相配合,动作时限 t_5 只是为了避开电网单相接地短路时暂态过程的影响,一般取 $0.3 \sim 0.5 \text{s}$。

过电压保护的动作值按下式整定:

$$U_{0.\max} < U_{0.\text{op}} \leqslant U_{0.\text{sat}} \tag{7-42}$$

式中 $U_{0.\max}$ ——在部分中性点接地的电网中发生单相接地时,保护安装处可能出现的最大零序电压;

$U_{0.\text{sat}}$ ——用于中性点直接接地系统在失去接地中性点又发生单相接地时的电压互感器开口三角绕组可能出现的最低电压(小于互感器饱和电压)。

考虑到中性点直接接地系统具有 $X_{0\Sigma}/X_{1\Sigma} \leqslant 3$,一般取

$$U_{0.\text{op}} = 180\text{V} \tag{7-43}$$

2. 分级绝缘变压器

变压器分级绝缘指变压器绕组各处的绝缘水平不同,中性点绝缘水平低于绕组其他部位。分级绝缘变压器又分为较高绝缘水平与较低绝缘水平,其中较低绝缘水平的变压器(如 500kV 主变压器)中性点必须接地运行,前面已经介绍了其接地后备保护方案。较高绝缘水平的分级绝缘变压器,其中性点可直接接地运行,也可在系统不失去中性点接地的情况下不接地运行。

多数情况下,分级绝缘变压器中性点除配有避雷器,还配有放电间隙保护。不接地运行主变压器的中性点如果不能承受接地运行主变压器跳开后产生的较高零序电压,中性点放电间隙将会被击穿。当零序电压不是太高、放电间隙未击穿时,首先跳开中性点接地运行主变压器,再跳开中性点不接地运行主变压器;若零序电压较高、放电间隙击穿,则立即由放电间隙电流保护切除不接地运行的主变压器。

装在放电间隙的零序过电流保护的动作电流与变压器的零序阻抗、间隙放电的电弧电阻等因素有关，难以准确计算。根据经验，保护的一次动作电流可取100A。零序过电压整定值一般也取180V。

中性点配有放电间隙的变压器接地后备保护原理如图7-26所示，对比图7-25，除了增加一个间隙放电电流保护，其余部分完全相同。

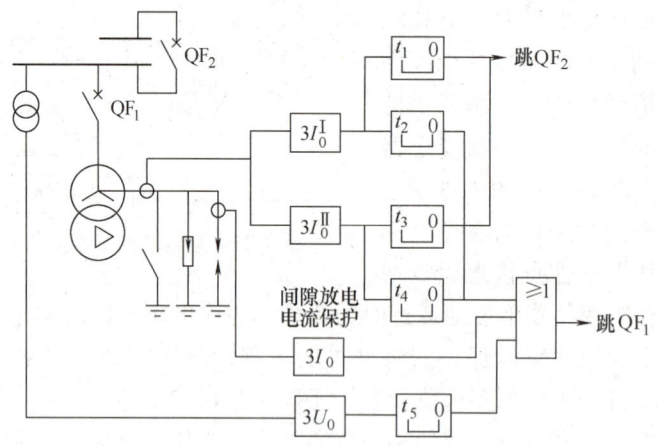

图7-26 分级绝缘变压器接地后备保护示意图

本 章 小 结

本章主要知识点如图7-27所示，本章首先介绍了变压器的油箱内与油箱外匝间短路、相间短路与单相接地等故障以及过负荷、过励磁等不正常工作状态，在此基础上，介绍了不

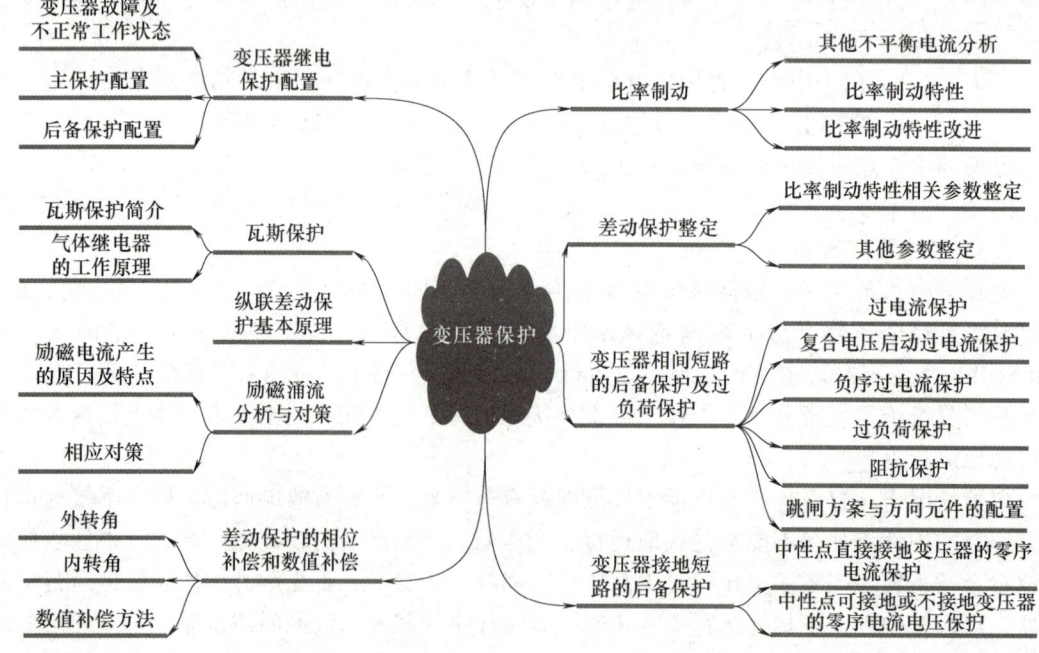

图7-27 第7章主要知识点

同容量变压器的保护配置方案。需注意在容量达到一定量值的变压器上，才装设气体保护或差动保护。学习时应结合相关资料掌握 35kV 变压器一般配置哪些保护；110kV 变压器一般配置哪些保护；220kV 变压器一般配置哪些保护。

变压器瓦斯保护与纵联差动保护共同构成变压器的主保护，互相不可替代。瓦斯保护是一种非电气量保护，反应变压器内部气体或油流的变化。应掌握瓦斯保护的安装位置是在油箱与油枕的连接管道上，应理解瓦斯保护不能反应油箱外的故障。应理解轻瓦斯保护主要反应的是变压器内部的轻微故障，动作于信号，而重瓦斯保护则反应的是变压器内部比较严重的故障，动作于跳闸。

变压器的纵联差动保护是本章的重点与难点。需要掌握差动电流、制动电流、不平衡电流的基本概念、变压器励磁涌流产生的外因及特点、防止变压器导致差动保护误动措施、变压器联结组标号对于纵联差动保护的影响及补偿措施、差动保护比率制动原理、差动保护的整定方法等内容。

变压器的相间短路的后备保护主要有过电流保护及复合电压闭锁过电流保护，对于过电流保护应掌握其整定原则及主要缺点。对于复合电压闭锁过电流保护主要掌握其逻辑原理以及电流元件、欠电压元件、负序电压元件的整定方法，理解其跳闸方案及功率方向元件的指向原则。

变压器的接地短路的后备保护主要以零序电流、电压保护为主。学习时应理解零序电流保护主要用于变压器中性点接地的情形，零序电压保护用于变压器中性点不接地的情形，间隙零序过电流保护主要用于放电间隙被击穿的情形。应掌握零序电流保护、零序电压保护、间隙零序电流保护的配置原则，理解电流保护整定原则，掌握零序电压保护整定值取法，理解间隙零序过电流不设延时的原因。本章主要复习内容如下：

1) 变压器的故障及不正常工作状态、保护配置方案。
2) 变压器的瓦斯保护安装位置、工作原理。
3) 励磁涌流产生的原因、电气性特征及对策。
4) 内转角与外转角相位补偿方法，数值补偿方法。
5) 变压器纵联差动保护整定时所需考虑的三种不平衡因素。
6) 最小动作电流、最小制动电流、比率制动特性斜率的整定方法。
7) 变压器相间短路过电流保护、复合电压启动过电流保护的基本原理与整定方法。
8) 变压器零序电流保护、零序电压、间隙零序电流保护的基本工作原理与整定方法。

习题与思考题

1. 电力变压器可能出现哪些故障和不正常工作状态？应装设哪些保护？
2. 何谓变压器的内部故障和外部故障？变压器差动保护与瓦斯保护的作用有何不同？为什么说二者不可互相取代？
3. 变压器轻、重瓦斯保护的行为有什么区别？
4. 说明变压器励磁涌流产生的原因和主要特征。为减少或消除励磁涌流对变压器保护的影响，应采取的措施有哪些？
5. 联结组标号为 YN，d11 变压器的微机型差动保护采用"内转角"以补偿变压器各侧的电流相位，请写出 Y 侧向 d 侧转角时，对 Y 型绕组二次电流的处理公式并给出相应符号的注释，并画出相应的相量图。

6. 简述变压器差动保护不平衡电流产生的原因及减小不平衡电流影响的措施。

7. 有一台联结组标号为 YN, d11、容量为 31.5MVA、电压比为 115kV/10.5kV 的变压器，在该变压器上装设微机型差动保护，采用内补偿接线，星形侧（Y侧）向角形侧（d侧）转角方式，请根据变压器一次额定电流合理选择电流互感器标准变比（标准变比有 100/5、200/5、300/5、400/5、1500/5、2000/5），并计算正常运行情况下，两侧流入保护装置的电流及经内补偿处理后的电流，不平衡电流及经过平衡系数处理后的不平衡电流分别是多少？

8. 一台容量为 31.5MVA，电压比为 （110±4×2.5%）/11 的降压变压器装设比率制动式纵联差动保护，已知比率制动系数 $K_{res}=0.45$，两侧 TA 的同型系数取 1，电压比标准化误差为 0.05，采用内补偿并已将电流平衡。在低压侧区外发生两相短路，短路相电流值为额定电流的 4 倍。请根据引起差动保护稳态不平衡电流的三种因素计算此时的差动电流 I_d 与额定电流的比值。同时计算对应的制动电流 I_{res}、动作电流整定值 I_{op} 与额定电流的比值。

9. 变压器相间后备保护可采用哪些方案？各有何特点？

10. 变压器复合电压闭锁过电流保护的电流元件的启动电流按什么原则整定？相对于普通过电流保护，该保护的突出优点是什么？

11. 一台 31.5MVA、电压比为 115kV/10.5kV 的降压变压器，在高压侧装有复合电压闭锁过电流保护，其过电流保护元件整定所取的可靠系数为 1.15，返回系数为 0.95。请根据变压器的一次额定电流合理选择电流互感器标准变比（标准变比有 100/5、200/5、300/5、400/5）并计算过电流元件二次整定值、欠电压元件二次（线电压）整定值及负序电压元件二次（线电压）整定值（要求精确到小数点后一位）。

12. 对中性点可能接地或不接地的变压器为何要同时采用零序电流和零序电压保护？它们是如何配合工作的？

13. 联结组标号为 YN, d11 的降压变压器，在角形侧发生单相接地故障时，装于星形侧的零序电流保护可能会误动吗？为什么？

第8章 发电机保护

发电机是发电厂中重要的电力主设备。发电机所配置的保护中,有为定子绕组配置常规的相间、匝间与接地故障保护,还有专门为转子上的励磁回路故障配置的保护,以及为发电机失磁、逆功率等异常运行状态配置的保护。这些专用保护的机理具有一定的特殊性。本章将结合发电机的结构与运行特点,介绍部分保护。

8.1 发电机的故障和不正常工作状态及其保护配置

发电机的正常工作对保证电力系统的安全运行和电能质量起着决定性的作用,同时发电机本身也是一个十分贵重的元件,因此,应该针对发电机的各种不同的故障和不正常运行状态,装设性能完善的继电保护装置。

8.1.1 故障与不正常工作状态

发电机主要由定子与转子两大部分组成,因而发电机故障包括定子与转子故障。其故障类型主要有定子绕组相间短路、定子绕组匝间短路、定子绕组单相接地、转子绕组一点接地或两点接地、转子励磁回路励磁电流急剧下降或消失等。

发电机异常工作情况主要有:由于外部短路引起的定子绕组过电流以及过负荷将造成定子温度升高,绝缘加速老化,机组寿命缩短;由于外部不对称短路或负荷不对称而引起的发电机负序过电流和不对称过负荷;定子绕组负序电流在转子中感应出100Hz的倍频电流,可使转子局部灼伤或使护环受热松脱,引起发电机的振动;由于突然甩负荷引起的发电机过电压;由于励磁回路故障或强励时间过长而引起的转子绕组过负荷;汽轮机主汽门突然关闭引起的发电机逆功率运行等。

8.1.2 保护配置

针对上述故障类型及不正常运行状态,发电机应装设以下继电保护装置:

(1)纵联差动保护 发电机纵联差动保护用于反应发电机定子绕组相间短路和发电机出口至断路器连接导线相间短路。对于容量在1MW以上的发电机,都应装设纵联差动保护。

(2)定子接地保护 发电机定子中性点采用非直接接地运行方式,因此,发电机的定子绕组发生单相接地时,接地电流是非常微小的。对于接于母线的发电机定子绕组单相接地故障,当发电机电压网络的接地电容电流大于或等于表8-1所规定的电流允许值时(不考虑消弧线圈的补偿作用),应装设动作于跳闸的零序电流保护;当接地电容电流小于表 8-1 所规定的电流允许值时,则装设作用于信号的接地保护。

表 8-1 发电机定子绕组单相接地故障电流允许值

发电机额定电压/kV	发电机额定容量/MW		接地电流允许值/A
6.3	≤50		4
7.25	汽轮发电机	50~100	3
	水轮发电机	10~100	
13.8~15.75	汽轮发电机	125~200	2
	水轮发电机	40~225	
18~20	300~600		1

对于发电机变压器组,一般在发电机电压侧装设作用于信号的接地保护;当发电机电压侧接地电容电流大于接地电流允许值时,应该装设消弧线圈。

容量在 100MW 及以上的发电机,应装设保护区为 100% 的定子接地保护。

(3)匝间短路保护 由于发电机差动保护不能保护定子绕组匝间短路故障,在发生匝间短路后,若不能及时处理,则可能发展成为相间故障,造成发电机重大损坏。因此<u>一般发电机中都装设定子匝间短路保护,该保护还可反应定子绕组断线故障</u>。对于定子绕组为星形联结,每相有并联分支且中性点有分支引出端子的发电机,应装设单继电器式横差保护。容量为 50MW 及以上的发电机,当定子绕组为星形联结,中性点只有三个引出端子时,根据用户和制造厂的要求,也可装设专用的匝间短路保护。

(4)相间过电流保护 该保护反应发电机定子绕组的过电流,作为发电机定子绕组的后备保护,并作为相邻元件的后备保护。目前多配置复合电压启动的过电流保护。

(5)负序过负荷保护 对于由不对称负荷或外部不对称短路而引起的负序过电流,一般在 50MW 及以上的发电机上装设负序电流保护。保护反应发电机定子的负序电流大小,是发电机的转子过热保护,也叫转子表层过热保护。该保护多采用反时限特性。

(6)定子对称过负荷保护 发电机过负荷(过电流)保护,反应由对称负荷引起的发电机定子绕组过电流,是发电机的定子过热保护,该保护不同于相间过电流保护,且多采用反时限特性。

(7)过电压保护 当运行的发电机突然甩负荷或者带时限切除发电机较近的外部故障时,机端电压会异常升高。发电机过电压保护是一套防止输出端电压升高而使发电机绝缘受到损害的继电保护。

(8)励磁回路接地保护 发电机励磁回路装设于发电机转子导磁铁心上,在转子高速运转过程中,励磁回路可能发生一点接地故障,这是常见的故障形式之一。励磁回路一点接地故障,对发电机并未造成危害,但相继发生第二点接地,即励磁回路两点接地时,由于故障点流过相当大的故障电流而烧伤转子本体,并使励磁绕组因电流增加产生过热导致绕组烧伤。对于发电机励磁回路的接地故障,应采用以下保护措施:

1)水轮发电机一般装设一点接地保护,小容量机组可采用定期绝缘检测装置。

2)对汽轮发电机励磁回路的一点接地,一般采用定期检测装置;对大容量机组则可以装设一点接地保护;对两点接地故障,应装设两点接地保护,在励磁回路发生一点接地后投入。

（9）失磁保护　发电机失磁保护是指发电机发生失磁故障后，将过渡到异步运行，转子出现转差，定子电流增大，定子电压下降，有功功率下降，无功功率反向并且增大；在转子回路中出现差频电流；电力系统的电压下降及某些电源支路过电流。由此可见发电机失磁故障严重影响大型机组的安全运行，一般发电机都需要配置反应失磁时电气参数变化的专用失磁保护。

（10）逆功率保护　发电机逆功率保护又称功率方向保护。一般而言，发电机的功率方向应该为由发电机流向母线，但是由于发电机失磁或其他某种原因，发电机有可能变为电动机运行，即从系统中吸取有功功率，这就是逆功率。当逆功率达到一定值时，发电机的保护应于发信号或动作于跳闸。并网运行的汽轮发电机，在汽轮机的主汽门关闭之后，便作为同步电动机运行：吸收有功功率而拖着汽轮机转动，可向系统发出无功功率，长期运行对汽轮机的叶片不利，发电机逆功率保护主要保护汽轮机不受损害。对于汽轮发电机主汽门突然关闭，为防止汽轮机遭到损坏，对大容量的发电机组可考虑装设逆功率保护。

（11）轴电流保护　发电机的转子（也称大轴）在非完全对称的磁场中旋转，大轴本身会产生交流电压。轴电压是指在发电机运行时，发电机两轴承端或发电机转轴与轴承间所产生的电压。在正常情况下，轴电压较低时，燃气发电机转轴与轴承间存在的润滑油膜能起到较好的绝缘作用。但是，由于某些原因使得轴电压升高到一定数值时，就会击穿油膜放电，构成轴电流产生的回路。轴电流不但会破坏油膜的稳定性，使润滑冷却的油质逐渐劣化，同时，由于轴电流从轴承和转轴的金属接触点通过，金属接触点很小，电流密度很大，在瞬间会产生高温，使轴承局部烧熔。被烧熔的轴承合金在碾压力的作用下飞溅，将在轴承内表面烧出小凹坑。最终，轴承会因机械磨损加速而破损，严重时会烧坏轴瓦，造成事故被迫停机。发电机轴电流密度超过允许值，发电机转轴轴颈的滑动表面和轴瓦就会被损坏，为此需装设发电机轴电流保护。发电机轴电流保护，一般选择反应基波分量的轴电流保护。

（12）误上电保护　不具备并列条件时，将发电机与系统相连，称为误上电，如发电机盘车或转子静止，未加励磁时；已加励磁，但不满足并列条件。误上电时，逆功率保护、失磁保护、某些后备保护等可能会动作，但这些保护动作时间长，不能起到保护作用。因此需装设专用的误上电保护。

（13）起停机保护　有些情况下，由于操作上的失误或其他原因使发电机在起动或停机过程中有励磁电流，而此时发电机正好存在短路或其他故障，由于此时发电机的频率低，许多保护继电器的动作特性受频率影响较大，在这样低的频率下，不能正确工作，有的灵敏度大大降低，有的则根本不能动作。对大容量的发电机组可考虑装设起停机保护。

（14）其他保护　为防止电力系统振荡影响机组安全运行，在300MW及以上机组上宜装设失步保护；为防止汽轮机频率异常造成机械振动，叶片损伤，可装设频率异常保护；还有过励磁保护、断水或漏水保护等热工保护。

8.1.3　保护的动作行为

发电机的各种保护，根据故障和异常运行方式的性质，应当分别动作于：

（1）停机　断开发电机断路器、灭磁，对汽轮发电机，还要关闭主汽门；对水轮发电机还要半闭导水翼。

（2）解列灭磁　断开发电机断路器，灭磁，汽轮机甩负荷。

（3）**解列** 断开发电机断路器，汽轮机甩负荷。

（4）**减出力** 将原动机出力减到给定值。

（5）**缩小故障影响范围** 例如双母线系统断开母线联络断路器等。

（6）**程序跳闸** 对于汽轮发电机首先关闭主汽门，待逆功率继电器动作后，再跳开发电机断路器并灭磁；对于水轮发电机，首先将导水翼关到空载位置，再跳开发电机断路器并灭磁。

（7）**信号** 发出声光信号。

8.2 发电机的纵差保护

发电机定子绕组相间短路是发电机内部的严重故障，要求装设快速动作的保护装置，装设分相纵联差动保护作为发电机定子绕组及其引出线相间短路的主保护。同为电流差动保护，与线路纵差、变压器纵差保护一样，发电机纵差保护的理论基础仍是基尔霍夫电流定律；同样采用比率制动技术防止外部故障时差动保护误动、提高内部故障时差动保护的动作灵敏度。

发电机纵联差动保护（简称"发电机纵差"）是发电机相间短路的主保护。根据接入发电机中性点电流的份额（即接入全部中性点电流或只取一部分电流接入），可分为完全纵差保护和不完全纵差保护。完全纵联差动保护是发电机内部相间短路故障的主保护，如果不特殊说明，发电机的纵联差动保护一般是指完全纵差保护；不完全纵差保护，适用于每相定子绕组为多分支的大型发电机。它除了能反应发电机相间短路故障，还能反应定子线棒开焊及分支匝间短路。

发电机的纵联差动保护采用的算法原理有发电机比率差动保护原理、发电机不完全纵差保护原理、标积制动式差动保护原理、故障分量纵差保护原理等。

8.2.1 保护构成原理

发电机完全纵差保护采用分相差动方式，即每一相单独构成差动保护接线，三相差动的二次接线原则相同。设两侧一次电流的正方向指向发电机内部，发电机中性点侧一次电流为 $\dot{I}_N$，发电机出口处一次电流为 $\dot{I}_T$。每一相的差动保护比较的是发电机中性点侧的发电机差动保护用电流互感器二次侧同名相电流与发电机差动保护用电流互感器二次同名相电流的大小及相位。某发电机纵差保护接线示意图如图 8-1 所示。发电机两侧差动保护用电流互感器一般采用同型号设备。

差动电流一次值为

$$I_d = |\dot{I}_T + \dot{I}_N| \qquad (8-1)$$

观察图 8-1 不难发现，该发电机纵差保护电流分别取自机端 TA 和中性点 TA，正常

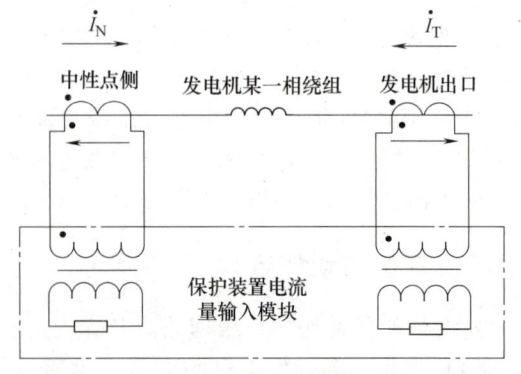

图 8-1 发电机完全纵差保护交流接入回路示意图

运行时，一次电流 $\dot{I}_N$ 与 $\dot{I}_T$ 相位相反，而流入保护装置电流量输入模块极性端的二次电流应是接近于同相的。而第 7 章中，正常运行时，经相位补偿后的变压器两侧二次电流确是接近于反相的。这也是某些发电机纵联差动与变压器差动保护的极性布置的差异所在。因此，在相位补偿已完成的条件下，对于变压器差动保护而言，可取二次电流相量之和的幅值为差动电流；而对于发电机差动保护，可取二次电流相量之差的幅值为差动电流。值得指出，也有发电机纵联差动与变压器差动保护极性布置的规则取为一致的情况。

如果发电机发生定子绕组相间短路，不完全纵差保护动作；若发电机内部发生匝间短路及分支开焊故障，故障相 2 个分支的电流不相等，不完全纵差保护也会动作。不完全纵联差动保护，适用于每相定子绕组为多分支的大型发电机，除了能反应发电机相间短路故障，还能反应定子线棒开焊及分支匝间短路。某发电机不完全纵差保护采用分相差动方式，接线示意图如图 8-2 所示。与完全纵差不同的是，由于中性点侧只取发电机某一相绕组的一分支电流，如发电机两侧差动保护用电流互感器采用同型号设备，正常运行时，中性点侧的一次电流 $\dot{I}_{N.bra}$ 与 $\dot{I}_T$ 大小不相等，约为 $\dot{I}_T$ 的一半。

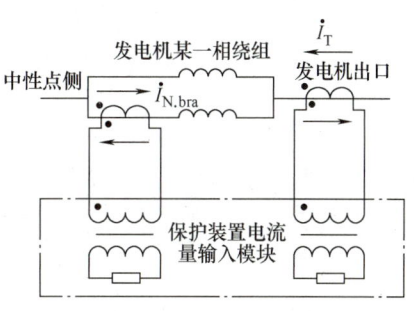

图 8-2 发电机不完全纵差保护交流接入回路示意图

大型发电机由于定子电流很大，往往定子绕组有 2 个或更多的分支。注意，采用不完全纵差保护时，差动电流为

$$I_d = | \dot{I}_T + K_{bra} \dot{I}_{N.bra} | \tag{8-2}$$

式中 K_{bra}——分支系数，图 8-2 所示情况下 $K_{bra} = 2$。

8.2.2 发电机—变压器组差动保护配置

大型发电机常采用"发电机—变压器组"（简称"发变组"）接线，如图 8-3 所示，发变组范围内发生故障时，保护跳开变压器高压侧断路器 QF_2，整个发变组停运，发电机与变压器之间可不装设断路器 QF_1。发变组纵差保护配置如图 8-3 所示，图 8-3a 方案将发电机、变压器纵差保护合并为发变组差动保护，简化了保护配置；图 8-3b 方案同时配有发变组差动以及发电机差动保护，发电机实现了主保护双重化；图 8-3c 方案配置了发变组差动以及发电机差动、变压器差动保护，各元件均实现了主保护双重化。

注意，发电机有高压厂用变压器、励磁变压器分支时，高压厂用变压器、励磁变压器分支的电流也应接入发电机差动保护以及发变组差动保护电流回路，另外高压厂用变压器也可配置高压厂用变压器差动保护。

8.2.3 比率制动式纵联差动保护

发电机比率制动式纵联差动保护原理与变压器比率制动式纵联差动保护原理基本相同，其制动电流的取得方法与线路纵联差动保护的取法类似。相关整定值也有所变化。

(1) 最小动作电流 与变压器纵差保护相比，发电机中性点与机端 TA 励磁特性相近，

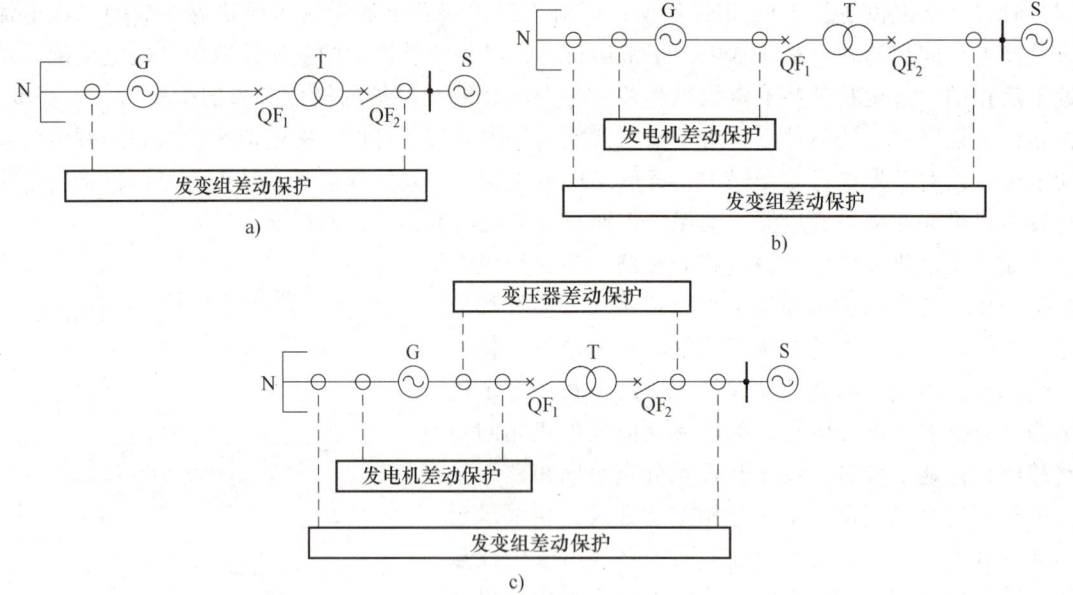

图 8-3 发电机—变压器组纵联差动保护配置
a) 配置一套差动保护　b) 配置两套差动保护　c) 配置三套差动保护

计算不平衡电流时 TA 同型系数取 0.5；两侧 TA 电流比相同，没有 TA 电流比标准化形成的不平衡电流；不存在励磁涌流；没有电压分接头调整形成的不平衡电流。除躲过正常运行时的不平衡电流外，该电流还应躲过区外远处短路电流（接近发电机的额定电流 $I_{G.N}$）时的发电机纵差保护不平衡电流。

$$I_{op.min} = K_{rel} K_{unb} \frac{I_{G.N}}{n_{TA}} = K_{rel} K_{aper} K_{ss} K_{er} \frac{I_{G.N}}{n_{TA}} \tag{8-3}$$

式中　K_{rel}——可靠系数，取为 1.5；

　　　K_{unb}——不平衡系数，取为 1.5；

　　　K_{er}——电流互感器误差，取为 0.1%；

　　　K_{ss}——电流互感器的同型系数，取为 0.5；

　　　K_{aper}——非周期分量系数，取为 1.5~2。

计算结果为 0.1~0.2 倍发电机额定电流。实际上，式（8-3）并未考虑在远区外短路或非短路条件下，由于发电机两侧 P 级 TA 的暂态特性不一致，造成突变量电流增量、波形、相位差等出现的不一致的畸变所产生的较大附加差动电流。故现场的经验公式为 0.2~0.4 倍发电机额定电流。

虽然发电机纵差保护当发生外部故障时不平衡电流小于变压器纵差保护，但是当在发电机中性点附近发生故障时，故障电流很小，发电机纵差保护存在死区。

（2）**其他整定值**　对于单折线比率制动特性而言，最小制动电流一般取 0.8~1 倍发电机额定电流。比率制动的斜率一般取 0.3~0.5。发电机差动保护的灵敏度校验按发电机未并入系统时，发电机出口母线上发生两相短路来进行校验，要求灵敏系数大于 1.5。差动速断值一般取 3~4 倍发电机额定电流。

8.2.4 标积制动式纵联差动保护

标积制动是一种先进的比率制动方式,外部故障时制动电流较大、内部故障时电流较小,可以进一步提高差动保护灵敏度。采用标积制动特性的完全纵差的制动电流为

$$I_{res} = \sqrt{I_N I_T \cos(180°-\theta)} \tag{8-4}$$

式中 I_T、I_N——发电机机端电流互感器、中性点侧电流互感器及中性点分支电流互感器二次电流的有效值;

θ——发电机机端电流 $\dot{I}_T$ 与中性点电流 $\dot{I}_N$ 之间的相位差。

如采用标积制动特性的不完全纵差,则其制动电流为

$$I_{res} = \sqrt{K_b I'_N I_T \cos(180°-\theta)} \tag{8-5}$$

式中 I_T、I'_N——发电机机端电流互感器、中性点侧电流互感器及中性点分支电流互感器二次电流的有效值;

θ——发电机机端电流 $\dot{I}_T$ 与中性点电流 $\dot{I}'_N$ 之间的相位差。

标积制动的"标"是指取两电流有效值(标量),"标积"指两电流乘积再与两电流夹角 θ 的余弦相乘,将此乘积作为制动量,根据 θ 的定义,当正常运行与区外短路时,两电流的夹角为180°,根据式(8-4)、式(8-5)所求得的制动电流 I_{res} 很大,保护可靠制动。而当区内发生短路故障时,两电流的夹角接近于0°。此时根号下的计算值为负值,相当于此时无制动量,从而提高了差动保护的灵敏度。因此,保护装置整定为:当 $|\theta|<90°$ 时,标积制动电流 I_{res} 取0;当 $90°<|\theta|<180°$ 时,I_{res} 取实际值。

8.2.5 逻辑框图

目前,国内生产及应用的发电机保护装置,其差动部分的逻辑框图如图8-4所示。图中 $\dot{i}_{T.A}$、$\dot{i}_{T.B}$、$\dot{i}_{T.C}$ 代表发电机出口侧三相电流互感器二次电流;$\dot{i}_{N.A}$、$\dot{i}_{N.B}$、$\dot{i}_{N.C}$ 代表发电机中性点侧三相电流互感器二次电流;括号中的 $\dot{i}'_{N.A}$、$\dot{i}'_{N.B}$、$\dot{i}'_{N.C}$ 代表不完全纵差保护用发电机中性点侧三相电流互感器二次电流。

图8-4 单相出口方式发电机纵差保护逻辑框图

发电机不完全纵差保护一般使用单相出口方式。如图8-5所示,各电气量的定义与图8-4相同,U_2 代表机端电流互感器二次负序电压。A相差动、B相差动、C相差动元件具

有比率制动特性,在未发生 TA 断线(即电流互感器二次断线)的情况下,任一相差动元件动作,均可动作于跳闸出口并发出信号。发电机完全纵差保护推荐使用循环闭锁出口方式,即 A 相、B 相、C 相差动元件有两个及以上动作时,保护动作于跳闸出口并发出动作信号;如只有一相动作,且二次负序电压大于一定值时,说明确有故障存在,保护动作于跳闸出口;如二次负序电压接近于零,则说明发电机并没有发生故障,某相差动元件动作可能是 TA 断线引起的,因此发出 TA 断线信号。

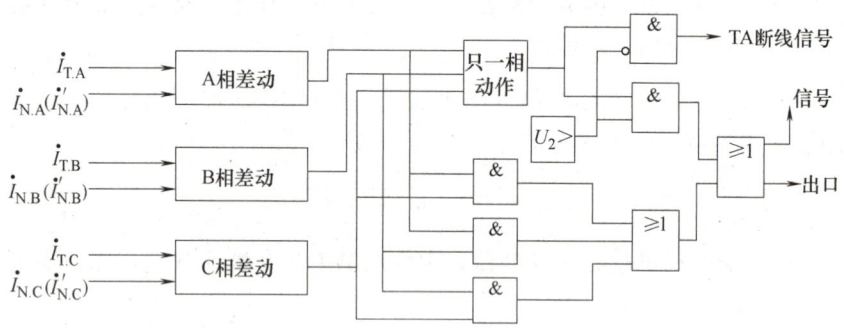

图 8-5 循环闭锁出口方式发电机纵差保护逻辑框图

需要说明的是,发电机纵联差动保护动作于发电机全停,主要动作行为有:跳开发电机出口(如采用单元机组,则跳开变压器出口)断路器,发电机灭磁,跳开高压厂用变低压侧断路器,关主汽门,启动失灵保护等。

8.3 发电机定子绕组匝间短路保护

8.3.1 概述

当发电机定子一个线槽内 2 个线棒属于同一相绕组时,如果绝缘破坏,导致匝间短路;容量较大的发电机每相都有 2 个或 2 个以上的并联支路,如果同槽的 2 个线棒属于同一相不同分支的绕组,也会导致匝间短路。定子绕组的匝间短路包括同相同分支绕组匝间短路、同相不同分支间的短路,如图 8-6 所示,图中 α、α_1、α_2 为相应的绕组匝数占整个绕组匝数的百分比,这个百分比用来表示故障程度或故障位置。

定子绕组发生匝间短路时,短路电流在绕组内部形成环流,纵联差动保护不能反应,应针对定子绕组匝间短路装设专门的定子绕组匝间短路保护。

发电机发生匝间短路时,短路电流会导致故障点、线圈温度升高,进一步破坏绕组绝缘,故障可能发展为相间短路,应当由匝间短路保护动作于停机。定子绕组匝间短路时,有如下电气量特征可构成保护判据:①并联分支路之间电流不平衡;②故障相电动势下降,各相电动势不对称,产

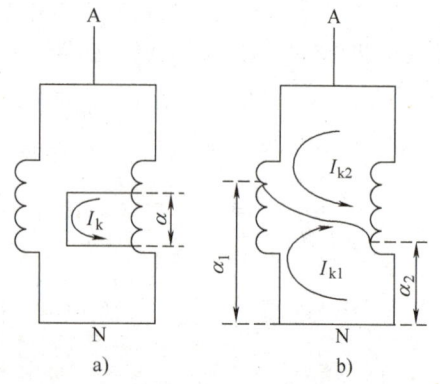

图 8-6 定子绕组匝间短路示意图
a) 同分支匝间短路 b) 不同分支匝间短路

生零序、负序电动势;③定子绕组中流过负序电流。定子绕组发生开焊事故时,分支路之间电流不平衡、相电流不对称,匝间短路也会动作,因此发电机定子绕组匝间短路保护兼作定子绕组开焊事故的保护。有些发电机由于制造的原因,不存在同一个线槽内上、下层线棒属于同一相绕组的情况,不存在匝间短路的可能,此时仍可装设匝间短路保护作为定子绕组开焊事故的保护;也有些发电机因开焊事故概率很小而不装设匝间短路保护。

发电机定子匝间短路保护有多种方案,应根据发电机定子绕组结构、TA 安装的具体情况确定保护方案。

8.3.2 单元件横差式匝间短路保护

发电机横联差动保护简称"横差保护",利用发生匝间短路时分支电流不平衡构成保护判据。单元件横差保护适用于每相定子绕组为多分支,且有两个或两个以上中性点引出的发电机。

(1) 构成原理 发电机单元件横差保护的输入电流,为发电机两个中性点连线上的单个电流互感器二次电流。以定子绕组每相两个分支的发电机为例(又称为双星形绕组),其交流输入回路示意图如图 8-7 所示,保护接线非常简单,正常运行及外部故障时,中性点连接线上只存在不平衡电流,而发电机发生匝间短路时,中性点连接线上将流过短路电流。因此,单元件横差保护与某一相的过电流保护的动作原理很类似,但其重要性却远大于电流保护。

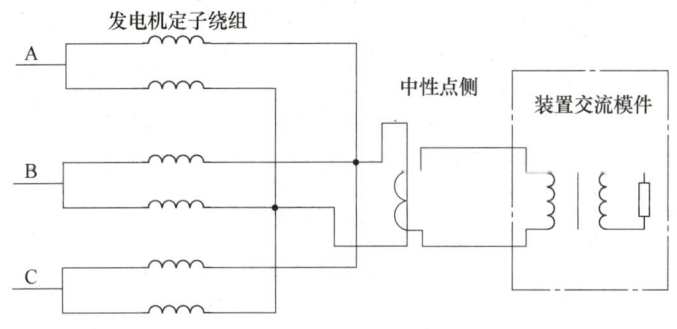

图 8-7 单元件横差保护交流接入回路

衡量单元件横差保护的重要指标是其灵敏性即其反应发电机部分较轻微匝间短路的能力,常规的单元件横差保护的动作电流一般取发电机额定电流二次值的 0.2~0.3 倍。单元件横差保护采用相电流比率制动的高灵敏横差保护,其动作方程为

$$\begin{cases} I_d > I_{set} & I_{max} \leq I_{N.G} \\ I_d > \left(1 + K\dfrac{I_{max} - I_{N.G}}{I_{N.G}}\right) I_{set} & I_{max} > I_{N.G} \end{cases} \quad (8-6)$$

式中　I_d——横差电流;

　　　I_{set}——横差电流定值;

　　　I_{max}——机端或中性点三相电流中最大相电流;

　　　$I_{N.G}$——发电机额定电流;

　　　K——制动系数。

相电流比率制动横差保护能保证外部故障时不误动,内部故障时灵敏动作,由于采用了相电流比率制动,横差保护电流定值只需按躲过正常运行时的不平衡电流整定,比传统单元件横差保护定值大为减小,因而提高了发电机内部匝间短路时的灵敏度。

（2）逻辑框图　横差保护是发电机内部故障的主保护,动作应无延时。但考虑到在发电机转子绕组两点接地短路时发电机气隙磁场畸变可能致使保护误动,故在转子一点接地后,使横差保护带一短延时动作。由于发电机固有的三次谐波电流呈现零序特征,会流过2个中性点之间,发电机单元件横差保护,需要考虑滤除电流中的三次谐波,防止误动。横差保护瞬时动作于停机,但汽轮发电机励磁回路在转子一点接地后,为防止横差保护在励磁回路发生瞬时第二点接地时误动作,可将其切换为带 0.5~1.0s 短时限动作于停机。而如今的大型发电机组,实际所使用的发电机转子两点接地保护未必比发电机横差保护更可靠,转子出现两点金属性接地也属于严重的故障。所以一旦发电机转子一点接地时,继而出现转子两点金属性接地,横差保护以较短时间动作于跳闸停机,未必是坏事。因此可以通过定值设置将动作时间设置为 0s。

单元件横差保护逻辑框图如图 8-8 所示。横差电流互感器断线报警功能未在图中画出,其动作判据为:当发电机负荷电流大于 0.1 倍发电机额定电流并且在横差电流回路三次谐波分量小于 0.1A 的条件下,延时 10s 后发"横差 TA 异常"报警信号,异常消失,延时 10s 自动返回。

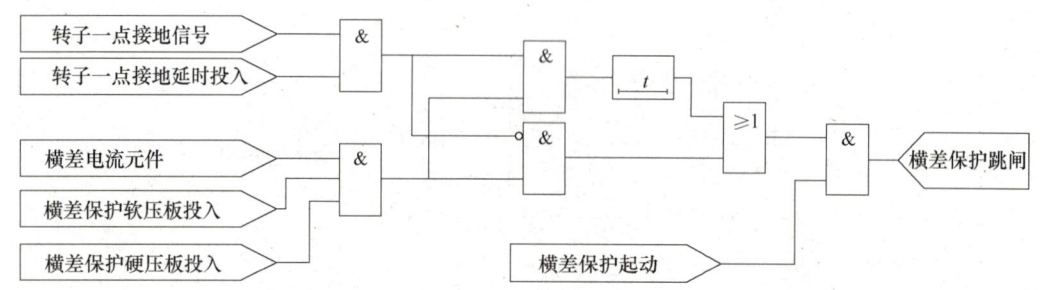

图 8-8　单元件横差保护逻辑框图

8.3.3　裂相横差保护式匝间短路保护

裂相横差保护,又称三元件横差保护,实际上是分相横差保护。以每相定子绕组有二分支回路的发电机为例,发电机裂相横差保护的交流输入回路示意图如图 8-9 所示。裂相横差保护的实质是:将每相定子绕组的分支回路分成两组,并通过两组电流互感器将各组分支电流之和,反极性引到保护装置中计算差流。当差流大于整定值时,保护动作。保护的动作特性,可采用比率制动特性,也可采用标积制动特性,其动作特性可参照发电机纵联差动保护。

如每相定子绕组分支数为奇数时,由于两组电流互感器所匝链的分支数不同,需考虑平衡系数。安装裂相横差保护需要发电机每个分支的机端均装设电流互感器。发电机分支上的 TA 需要安装在发电机内部,大型发电机可能限于内部空间,难以安装 6 个机端分支 TA,这样就无法采用裂相横差保护。

如果同分支匝间短路匝数较少（如图 8-6a 中 α 较小）,或不同分支匝间短路位置接近

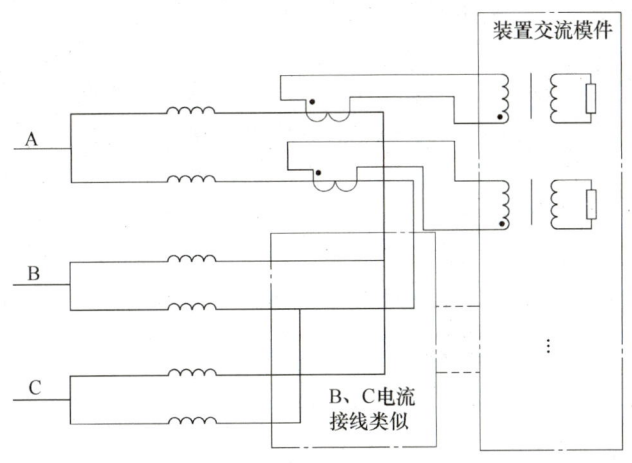

图 8-9　裂相横差保护交流输入回路示意图

（如图 8-6b 中 $\alpha_1 \approx \alpha_2$），短路电流较小，横差保护存在死区。

8.3.4　反应转子回路二次谐波电流的匝间短路保护

当定子绕组为星形联结，中性点只有三个引出端子时，由于没有安装分支 TA 及中性点连线 TA，无法采用横差保护，可以利用发电机定子绕组发生匝间短路或线棒开焊故障时，三相定子电流中将出现负序分量的特征构成匝间短路保护判据。

当发电机定子绕组发生匝间短路或线棒开焊故障时，三相定子电流中出现负序分量，定子负序电流产生的合成旋转磁动势与正序旋转磁动势相反，负序合成旋转磁动势与发电机转子之间的相对运动速度为 2 倍同步速，在发电机励磁绕组中感应出二次谐波电流。因此，可利用转子回路出现二次谐波电流为判据，构成发电机匝间短路保护。

当发电机外部发生不对称短路时，三相定子电流中也有负序分量，转子励磁绕组中也会出现二次谐波电流，为防止这种情况下匝间短路保护误动，采用了负序功率方向元件闭锁保护的出口回路，由负序方向元件区分匝间短路与外部不对称短路，反应转子回路二次谐波电流的匝间

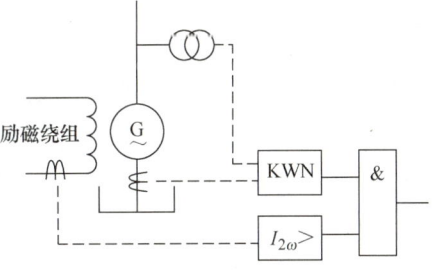

图 8-10　反应转子回路二次谐波电流的匝间短路保护

保护原理如图 8-10 所示，由转子绕组二次谐波电流检测元件与负序方向元件组成。

匝间短路与外部不对称短路，这两种情况下负序功率方向相反。因此，负序功率方向闭锁是和转子二次谐波过电流保护配套使用的。

8.3.5　纵向零序电压式匝间短路保护

纵向零序电压取自机端专用电压互感器（简称"专用 TV"）的开口三角形绕组输出端。专用 TV 应全绝缘，其一次中性点不允许接地，而是通过高压电缆与发电机中性点连接起来。保护的交流接入回路如图 8-11 所示。发生匝间短路时，发电机三相电动势不对称，

产生零序电动势（又称为纵向零序电压），由发电机端 TV 测得的零序电动势可以用来构成匝间短路判据。

纵向零序电压式匝间短路保护利用零序电压作为判据，其关键在于如何区分定子绕组匝间短路与定子绕组单相接地故障。发电机电压系统发生单相接地故障时，三相对地电压不对称，产生零序电压，但发电机相电动势仍然是对称的，没有纵向零序电压，这时发电机纵向零序电压式匝间短路保护不会动作。输入纵向零序电压式匝间短路保护的电压是三相定子绕组机端对发电机中性点的电压，即相电动势（纵向电压）；后面将要介绍的发电机定子绕组单相接地保护则利用机端对地零序电压构成保护判据。

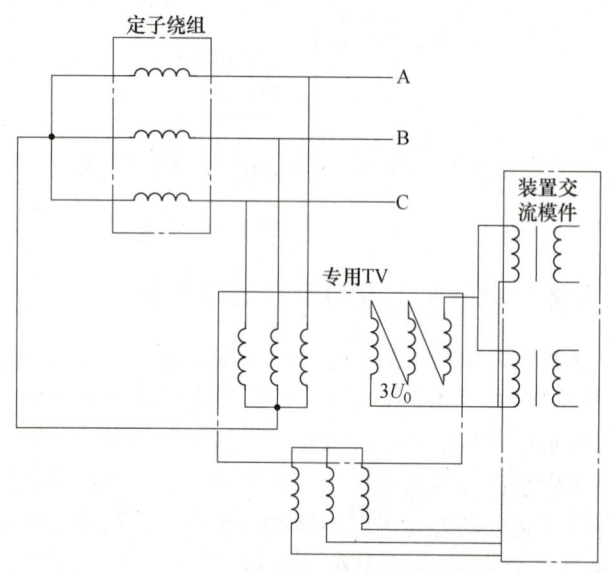

图 8-11 纵向零序电压式匝间保护交流接入回路示意图

保护采用两段式：Ⅰ段为次灵敏段，Ⅱ段为灵敏段。Ⅰ段按躲过区外短路时的最大纵向不平衡基波零序电压进行计算，其动作整定值 $3U_{01.h}$（二次值）一般取 5~10V。Ⅱ段可采用三次谐波电压比率制动型保护或电流比率制动型保护功能，限于篇幅，本书只介绍前者，其动作方程为

$$\begin{cases} 3U_0 \geqslant 3U_{0.1.set} & (U_{0.3\omega} < U_{0.3\omega.set}) \\ 3U_0 \geqslant 3U_{0.1.set} + K_Z(3U_{0.3\omega} - 3U_{0.3\omega.set}) & (U_{0.3\omega} \geqslant U_{0.3\omega.set}) \end{cases} \quad (8-7)$$

式中　$3U_0$——零序电压中的基波分量；

　　　$3U_{0.3\omega}$——零序电压中三次谐波分量计算值；

　　　$3U_{0.1.set}$——零序电压整定低值，机组投运前可取为 2V，满负荷时通过实测加以修正；

　　　K_Z——制动系数，一般取为 0.5；

　　　$U_{0.3\omega.set}$——零序电压三次谐波分量整定值，机组投运前可取为 2V，满负荷时通过实测加以修正。

该保护必须附有负序功率方向闭锁功能。匝间短路时，由于三相电压相对于中性点不对称，故专用 TV 的开口三角形绕组将产生零序电压分量；由于故障点位于发电机内部，故障点所产生的负序功率的功率方向应由发电机内部指向电力系统。判断负序功率方向的电压量

取自发电机端,当系统发生故障时,负序电流超前负序电压 100°~110°,继电保护装置中测得负序功率应为负值,此时匝间短路保护将被闭锁;发电机内部匝间短路时,负序电流滞后负序电压 70°~80°,测得负序功率应为正值,匝间短路保护才有可能动作。

该类匝间短路保护的动作时间为 0.1~0.2s。

8.4 发电机定子绕组的单相接地保护

根据安全要求,发电机的外壳都是接地的,因此,定子绕组因绝缘破坏而引起的单相接地故障比较普遍。发电机中性点一般不接地或经过消弧线圈接地,发生单相接地故障时没有很大的短路电流;故障电流为电容电流;当接地电流比较大,能在故障点引起电弧时,将损伤定子铁心,并且也容易发展成相间短路,造成更大的危害。为了防止单相接地故障损坏发电机,可装设消弧线圈将接地电容电流限制在安全范围以内,发生单相接地故障时,由发电机定子绕组单相接地保护发出信号;如果接地电容电流超过允许值,单相接地保护则动作于跳闸。

8.4.1 定子绕组单相接地的特点

发电机、升压变低压侧中性点不直接接地运行,整个发电机电压系统为小电流接地系统,发生单相接地时的电气量分析方法和特点与前面介绍的 10~35kV 供电系统单相接地故障分析方法和特点一样,不同之处在于零序电压将随发电机内部接地点的位置而改变。

如图 8-12a 所示,假设在 A 相定子绕组距中性点 α 处发生接地,α 表示中性点到故障点的绕组占全部绕组匝数的百分数,则发电机端各相对地电压为

$$\begin{cases} \dot{U}_A = (1-\alpha)\dot{E}_A \\ \dot{U}_B = \dot{E}_B - \alpha\dot{E}_A \\ \dot{U}_C = \dot{E}_C - \alpha\dot{E}_A \end{cases} \quad (8\text{-}8)$$

因此,零序电压为

$$3\dot{U}_0 = \dot{U}_A + \dot{U}_B + \dot{U}_C = -3\alpha\dot{E}_A \quad (8\text{-}9)$$

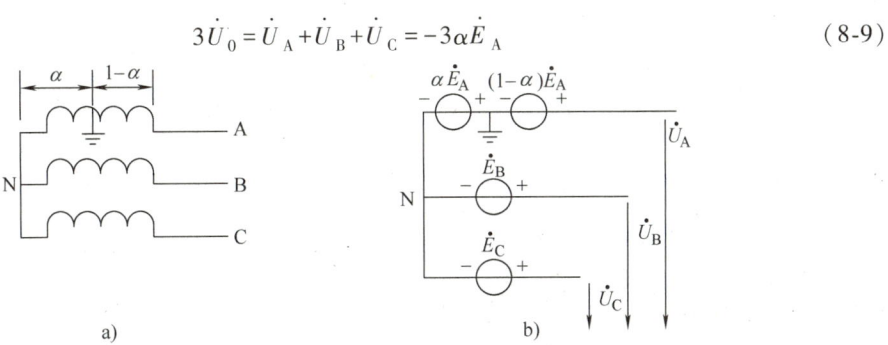

图 8-12 定子绕组单相接地零序电压分析
a) 接地点位置 b) 等效电路

如在定子绕组 50% 处发生单相接地故障,则发电机端公用 TV 开口三角形绕组的零序电压的二次值应为 50V,而根据 TV 二次主绕组输出的三相电压计算出的零序电压值应为 $50\sqrt{3}$ V。

由于发电机气隙磁通密度的非正弦分布和铁磁饱和的影响。在定子绕组中感应的电动势除基波分量外，还含有高次谐波分量，其中三次谐波含量最高，以 $E_{3\omega}$ 表示。如果把发电机的对地电容等效地看作集中在发电机的中性点 N 和机端 T 处，每端为 $C_G/2$，并将发电机端引出线、升压变压器、厂用变压器以及电压互感器等设备的对地电容 C_S 也等效地放在机端，则正常运行情况下的等效网络如图 8-13a 所示，可以看出由于中性点处等效电容小、容抗大，$U_{3\omega.N} > U_{3\omega.T}$。中性点处装设消弧线圈后，经分析发现，仍然是 $U_{3\omega.N}$ 较大，而且 $U_{3\omega.N}/U_{3\omega.T}$ 更大，这里略去推导过程。

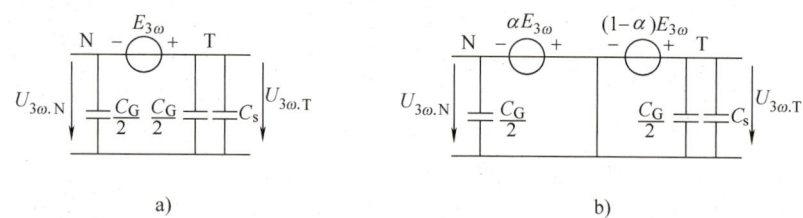

图 8-13 发电机三次谐波电压

a）正常运行 b）单相接地

如图 8-13b 所示，定子绕组单相接地时，$U_{3\omega.N} = \alpha U_{3\omega}$，$U_{3\omega.T} = (1-\alpha)U_{3\omega}$。而且越靠近中性点，$\alpha$ 越小，$U_{3\omega.T}/U_{3\omega.N} = (1-\alpha)/\alpha$ 越大。

8.4.2 基波零序电压式定子接地保护

基波零序电压式定子接地保护，保护范围为由机端至机内 90% 左右的定子绕组单相接地故障，可作小机组的定子接地保护，也可与三次谐波定子接地保护合用，组成大、中型发电机的 100% 定子接地保护。

（1）构成原理 保护接入 $3U_0$ 电压，取自发电机机端 TV 开口三角形绕组两端，或取自发电机中性点单相电压互感器（或配电变压器或消弧线圈）的二次侧。零序电压式定子接地保护交流接入回路如图 8-14 所示。

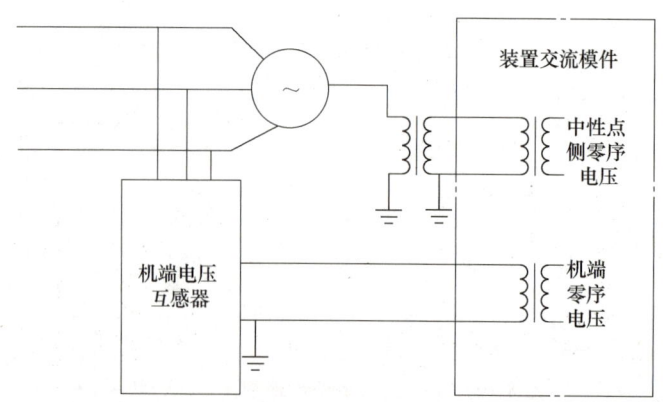

图 8-14 零序电压式定子接地保护交流接入回路

（2）动作方程 动作方程为

$$3U_0 > 3U_{0.g} \tag{8-10}$$

式中　$3U_0$——机端 TV 开口三角形绕组两端电压或中性点 TV（或消弧线圈）二次电压；

$3U_{0.g}$——动作电压整定值。

在保护装置中，设置有性能良好的三次谐波滤波器，因此，$3U_{0.g}$ 应按躲过正常运行时 TV 开口三角形绕组或中性点单相 TV 二次可能出现的最大基波零序电压来整定。当发电机定子引出线不是封闭式母线，而经穿墙套管引自室外时，可取 10~13V。当电厂处于煤矿区时，可取 13V，否则取 10V。当发电机定子引出线为封闭母线时，可取 5~10V。

(3) 逻辑说明　当零序电压式定子接地保护的输入电压取自机端 TV 开口三角形绕组时，为确保 TV 一次断线时保护不误动，需引入 TV 断线闭锁。可采用的保护逻辑框图如图 8-15 所示。当机端 TV 与中性点 TV 都感受到零序电压时，经延时发出信号或跳闸。当机端 TV 开口三角形绕组有零序电压输出时，则经延时（如 10s），发出 TV 断线信号，并闭锁该保护。

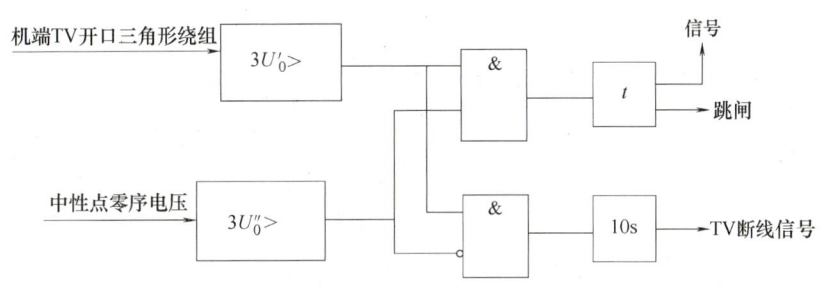

图 8-15　零序电压式定子接地保护逻辑框图

图中的延时元件 t 即保护装置的动作延时，按大于主变高压侧接地短路时后备保护最长动作时间来整定，一般取 6~9s。中性点附近发生接地故障时，零序电压很小，零序电压保护在中性点附近存在死区，死区为 5%~15%。

8.4.3　双频式 100%保护区定子接地保护

利用零序电压构成的接地保护，不能实现 100%保护区的保护。对于大容量的机组，一般动作绕组采用水内冷，由于振动较大而产生的机械损伤或发生漏水（指水内冷的发电机）等原因，都可能使靠近中性点附近的绕组发生接地故障。

双频式 100%定子接地保护又称"利用基波零序电压和三次谐波电压构成的 100%保护区定子接地保护"，由两部分组成：

① 基波零序电压保护，如上所述它能保护定子绕组的 85%~95% 区域，该保护前已述及。

② 三次谐波电压保护，利用三次谐波电压构成保护判据，反应发电机中性点向机内 20%左右定子绕组或机端附近定子绕组单相接地故障。两部分的保护区相互重叠，构成"或"逻辑，获得 100%保护区。

(1) 构成原理　三次谐波电压式定子接地保护，按比较发电机中性点及机端三次谐波电压的大小和相位构成，其中性点三次谐波电压取自发电机中性点单相电压互感器（或配电变压器或消弧线圈）的二次电压中的三次谐波分量，其机端三次谐波取自发电机机端 TV 开口三角形绕组两端电压中的三次谐波分量。其交流接入回路与图 8-14 类似，只是所取得的分量不同。

以下介绍几种实用的动作判据。第一种是三次谐波电压比率定子接地保护,动作方程为

$$U_{3\omega.T}/U_{3\omega.N} > K_{3\omega.set} \tag{8-11}$$

式中 $U_{3\omega.T}$、$U_{3\omega.N}$ ——机端和中性点三次谐波电压值;

$K_{3\omega.set}$ ——三次谐波电压比值整定值,在无实测定值时可暂取 1.2。

机组并网前后,机端等效容抗有较大的变化,因此三次谐波电压比率关系也随之变化,该装置在机组并网前后各设一段定值,随机组出口断路器位置接点变化自动切换。第二种是三次谐波电压差动判据,其原理是比较发电机机端三次谐波电压与发电机中性点端三次谐波电压之相量差,当定子绕组靠近中性点侧发生单相接地时,机端三次谐波电压较大,因此差动判据为

$$|\dot{U}_{3\omega.T} - K_t \dot{U}_{3\omega.N}| > K_{rel} U_{3\omega.N} \tag{8-12}$$

式中 K_t ——自动跟踪调整系数向量;

K_{rel} ——可靠系数,可取 1.2~1.5。

本判据在机组并网且负荷电流大于 0.2 倍发电机额定电流时自动投入。

(2)逻辑框图示例 某保护装置中三次谐波电压比率定子接地保护的逻辑如图 8-16 所示。由图可见,该保护可只投入信号,在 TV 断线闭锁元件输出为"0"、三次谐波电压元件动作、定子接地保护软压板投入三种条件同时满足的情况下经延时发告警信号;只有在 100%定子接地保护硬压板投入并三次谐波电压保护投跳闸的情况下才能经延时实现保护跳闸。

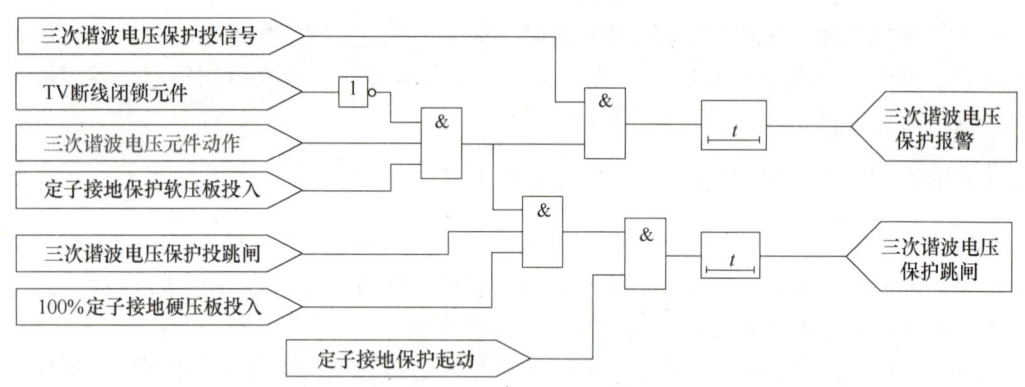

图 8-16 三次谐波电压定子接地保护逻辑框图示例

8.4.4 附加电源的定子接地保护

附加电源的定子绕组单相接地保护使用专用 TV 将附加电源施加于发电机三相绕组对地之间,通过检测回路电流来发现定子绕组接地情况,正常运行时绝缘电阻很大、电流很小;接地故障时,电流增大,保护动作。附加的电源可以为直流,也可以是 15~25Hz 的异频交流电源。附加电源的定子绕组单相接地保护灵敏度与接地点位置无关,本身就具有 100%保护区。如果是附加直流电源方式,发电机中性点必须串入隔直电容;如果是附加异频交流电源,需要考虑定子绕组对地电容的影响。

8.5 发电机过电流与过负荷保护

8.5.1 相间短路后备保护特点

与变压器相同,发电机也应配置后备保护作为本身主保护的近后备保护以及相邻元件保护的远后备保护,由于升压变低压侧为三角形联结,外部发生接地故障时无零序电流进入发电机,发电机不需要配置接地故障后备保护。

发电机的后备保护原理与变压器相同,可采用欠电压或复合电压启动的过电流保护或负序电流保护、阻抗保护。300MW 及以上机组推荐采用阻抗保护,兼起转子表层过热主保护作用。如果是发变组接线,可以只配置 1 套发变组相间短路后备保护;若发变组差动保护配置双重化,相间短路后备保护主要考虑对相邻元件保护起远后备作用,可以适当简化。

复合电压启动的过电流保护在第 7 章中已述及,本节所研究的过电流保护并不考虑欠电压、负序电压等闭锁因素,重点研究发电机过电流保护、发电机励磁回路过负荷保护、厂变分支路过电流保护等。其动作原理主要有以下几类:

① 反应相电流变化的定时限过电流保护。
② 反应相电流变化的反时限过电流保护。
③ 反应负序电流变化的定时限过电流保护;
④ 反应负序电流变化的反时限过电流保护。

8.5.2 对称过电流(过负荷)保护

对于发电机因定子绕组过负荷或区外短路引起的定子绕组过电流,应装设定子绕组过电流保护,由定时限和反时限两部分组成,该保护常被称为对称过电流或对称过负荷保护。

(1) 定时限过负荷 定子过负荷保护反应发电机定子绕组的平均发热状况。保护动作量同时取发电机机端、中性点定子电流;其整定方法类似于变压器的过负荷保护,取发电机额定电流的 1.1~1.15 倍;整定延时要大于线路后备保护动作时间的最大整定值。此保护动作于信号。

(2) 反时限过负荷 反时限保护由三部分组成:下限启动部分;反时限部分;上限定时限部分。上限定时限部分设最小动作时间定值。

当定子电流超过下限整定值 $I_{\text{s.set.down}}$ 时,反时限部分启动,并进行累积。反时限保护热积累值时大于热积累定值时保护发出跳闸信号。反时限保护,模拟发电机的发热过程,并能模拟散热。当定子电流大于 $I_{\text{s.set.down}}$ 时,发电机开始热积累,如定子电流小于额定电流时,热积累值通过散热慢慢减小。

反时限保护动作方程为

$$[(I/I_{\text{s.set.down}})^2 - K_{2.\text{set}}] \times t \geqslant K_{\text{S.set}} \qquad (8\text{-}13)$$

式中 $K_{\text{S.set}}$——发电机允许发热时间常数;

$K_{2.\text{set}}$——发电机散热效应系数;

$I_{\text{s.set.down}}$——反时限启动电流。

如 $I_{s.set.down}$ 为 3.39A,$K_{S.set}$ 为 37.5,$K_{2.set}$ 为 1.05,当输入电流 I 为 10.17A 时,可求得 t 为 4.717s。不难发现,发电机定子电流越大,动作时间越短,反时限动作曲线如图 8-17 所示,图中的 t_{min} 对应于上限整定值 $I_{s.set.up}$。当定子电流大于该值时,保护动作时间维持 t_{min} 不变,不再缩短,称为上限定时限部分。t_{max} 对应于下限整定值 $I_{s.set.down}$。当定子电流达到该值时,如按式(8-13)算出的动作时间大于 t_{max},则只取 t_{max} 不变,不再延长,称为下限定时限部分。在 t_{min} 与 t_{max} 之间部分属于反时限部分。反时限保护很好地配合了发电机的发热

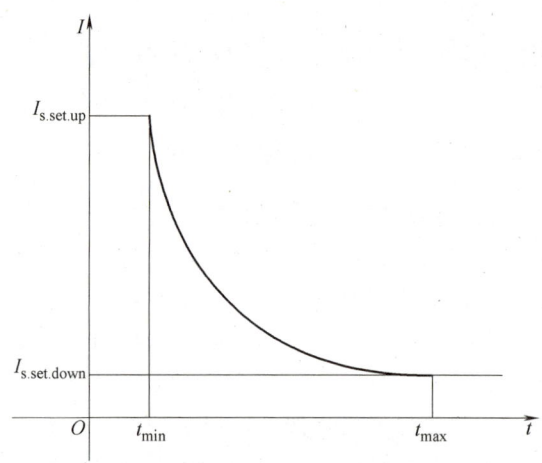

图 8-17 定子绕组过负荷反时限动作曲线示意图

与散热过程,满足了发电机热积累超过 $K_{2.set}$ 才动作的需要;同时在电流值达到上限标准时,按最小动作延时跳闸,该动作延时与主保护相配合。

反时限逻辑示例如图 8-18 所示。图中,定时限过负荷也与反时限保护相关,定时限过负荷启动是反时限定子过负荷保护跳闸的前提条件。同时相应的保护功能控制字(软压板)及硬压板投入也是必需的。图中的积分符号与最小时间符号表示即使按照反时限动作方程算出的动作时间小于最小动作时间,也只能按最小动作时间出口跳闸。

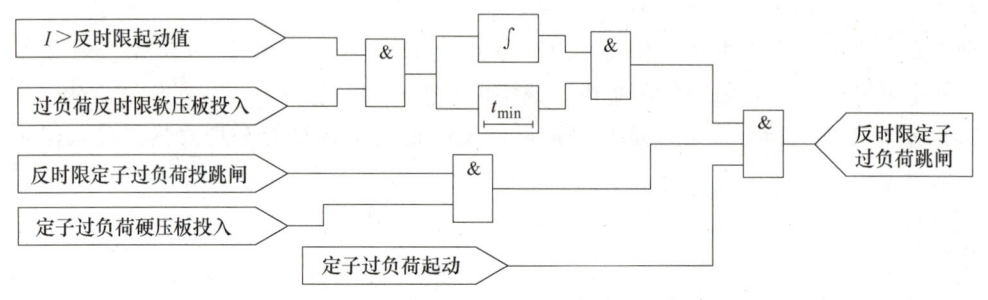

图 8-18 反时限定子过负荷保护逻辑框图

反时限过电流保护的下限动作电流 $I_{s.set.down}$ 与发电机定时限过负荷保护的动作电流配合计算,一般取 1.15~1.2 倍发电机额定电流,反时限过电流保护的动作时间应根据制造厂提供的发电机定子过电流允许发热特性配合计算。如 QSSN2-300-2 型发电机,制造厂提供的发电机定子绕组过电流能力为 1.16 倍发电机额定电流时,允许运行时间为 120s,1.3 倍发电机额定电流时,允许运行时间为 60s。发电机的允许发热时间常数为

$$K_{hp.al} = (1.16^2 - 1) \times 120s = (1.3^2 - 1) \times 60s = 41.5s$$

热效应系数为 $K_{S.set}$ 整定值取为

$$K_{S.set} = (0.9 \sim 1) K_{hp.al} \tag{8-14}$$

一般取为 37.5s。

反时限过电流保护的上限动作电流 $I_{\text{s.set.up}}$，按躲过高压母线上的最大短路电流计算，即

$$I_{\text{s.set.top}} = K_{\text{rel}} \frac{I_{\text{k.max}}^{(3)}}{n_{\text{TA}}} \tag{8-15}$$

式中　K_{rel}——可靠系数，一般取 1.3；

$I_{\text{k.max}}^{(3)}$——对于发电机变压器组，取升压变压器高压母线三相短路的最大短路电流，发电机出口有断路器时，取发电机出口三相短路最大短路电流。

8.5.3　负序过电流（过负荷）保护

（1）负序过电流与转子表层过负荷　当电力系统中发生不对称短路或在正常运行情况下三相负荷不平衡时，在发电机定子绕组中将出现负序电流。负序电流在发电机空气隙中建立的负序旋转磁场与转子的相对运动速度为 2 倍的同步转速，因此将在转子绕组、阻尼绕组以及转子铁心等部件上感应出 100Hz 的倍频电流，产生附加的涡流发热；由于趋肤效应，倍频电流主要导致转子表层发热，称为转子表层过负荷（过热）。倍频电流使得转子上电流密度很大的某些部位（如转子端部、护环内表面等），可能出现局部的灼伤，甚至可能使护环受热松脱，从而导致发电机出现重大事故。此外，负序气隙旋转磁场与转子电流之间，以及正序气隙旋转磁场与定子负序电流之间所产生的 100Hz 交变电磁转矩，同时作用在转子大轴和定子机座上，引起 100Hz 的振动，威胁发电机安全。

负序电流在转子中所引起的发热量，正比于负序电流的二次方及所持续时间的乘积。在最严重的情况下，假设发电机转子为绝热体（即不向周围散热），即不使转子过热所允许的负序电流和时间的关系为

$$\int_0^t i_{2*}^2 \mathrm{d}t = I_{2*}^2 \cdot t = A \tag{8-16}$$

式中　i_{2*}——流经发电机的负序电流（以发电机额定电流为基值的标幺值）；

　　　t——i_{2*} 所持续的时间；

　　　I_{2*}^2——在时间 t 内 i_{2*}^2 的平均值（以发电机额定电流为基准的标幺值）；

　　　A——与发电机型式和冷却方式有关的常数。

关于 A 的数值，应采用制造厂所提供的数据。其参考值为：对凸极式发电机或调相机可取 $A=40$；对于空气或氢气表面冷却的隐极式发电机可取 $A=30$；对于导线直接冷却的 100～300MW 汽轮发电机可取 $A=6\sim15$ 等。随着发电机组容量的不断增大，它所允许的承受负序过负荷的能力也随之下降，例如 600MW 汽轮发电机 A 的设计值为 4。发电机允许负序电流与持续时间的关系如图 8-19 中实线所示。但是由长期的运行实践经验表明，$I_{2*}^2 \cdot t \leq A$ 判据没有考虑转子冷却条件，在长时间区域内是偏于保守的，实际持续允许的负序电流比 $I_{2*}^2 \cdot t = A$ 所确定的值要大。因此负序反时限过电流保护的动作特性通常可以在允许的负序电流曲线之上，如图 8-19 虚线部分所示，保护装置的动作特性可表示为

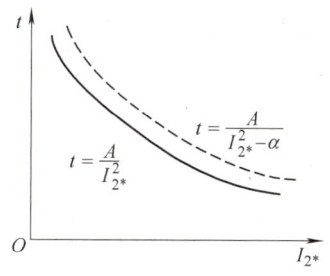

图 8-19　负序反时限过电流保护动作特性

$$t = \frac{A}{I_{2*}^2 - \alpha} \tag{8-17}$$

式中　α——考虑到转子的散热条件的修正常数。

（2）负序电流保护　发电机的负序电流保护以定子负序电流构成保护判据，由两部分组成，即定时限过负荷保护与反时限过电流保护。因为设置定子负序电流保护的目的是防止转子表层过热，负序电流保护也称为转子表层过负荷保护。定时限过负荷保护躲过发电机允许长期运行的负序电流，为了早报警、早发现、早处理，一般动作值取 0.05~0.06 倍发电机额定电流，保护动作经 5~10s 延时发告警信号。

反时限过电流保护动作经延时跳闸，动作时间特性与发电机允许的负序电流曲线配合，保证发电机定子负序电流引起的转子发热不超过允许值。保护动作量取机端、中性点的负序电流，其动作机理与定子过负荷保护类似。

反时限动作电流的下限定值一般取为 0.1 倍发电机额定电流，下限动作时间一般不超过 1000s，其上限动作电流按躲过升压变压器高压母线两相短路时流过发电机的最大负序电流来整定；其最短动作时间与线路保护Ⅰ段时间配合计算，一般取 0.3~0.4s。

8.6　励磁回路接地保护

8.6.1　概述

发电机转子在生产、运输及起停机过程中，可能会造成转子绕组绝缘或匝间绝缘破坏，从而引起转子绕组匝间短路和励磁回路接地故障。

发电机励磁回路一点接地故障，也是常见的故障形式之一，两点接地故障也时有发生。励磁回路一点接地故障对发电机并不直接造成危害，但若再相继发生第二点接地，将严重威胁发电机的安全。当发生两点接地故障时，由于故障点流过相当大的故障电流将烧伤转子本体；由于绕组部分短接，励磁绕组中电流增加，可能因过热而烧伤；由于部分绕组被短接，使气隙磁通失去平衡，从而引起振动，多极机振动特别严重，甚至会因此造成灾难性后果。此外，汽轮发电机励磁回路两点接地，还可能使轴系和汽轮机磁化。因此，励磁回路两点接地故障的后果是严重的。

1MW 及以下水轮发电机，对一点接地故障，宜装设定期检测装置；1MW 以上水轮发电机，应装设一点接地保护，动作于信号，由于水轮发电机为多极机，不能承受励磁回路两点接地故障引起的振动，一点接地后应尽快安排停机检修以避免发生两点接地故障，不装设两点接地保护。

中小型汽轮发电机，只装设可供定期检测用的绝缘检查电压表和正常不投入运行的两点接地保护，不装设一点接地保护。当用绝缘检查电压表检出一点接地故障后，再把两点接地保护装置投入。转子水内冷汽轮发电机和 100MW 及以上汽轮发电机，应装设一点接地保护，并根据实际情况可装设两点接地保护装置。

8.6.2　定期检测装置与励磁回路一点接地保护

（1）励磁回路一点接地定期检测装置　一点接地定期检测装置监视励磁绕组正、负极对地电压，正常时，励磁绕组正、负极对地电压相等，均为励磁电压的一半；正、负极对地电压不再相等，读数小的一侧即判定为接地侧。若励磁绕组中部接地时正、负极对地电压仍然相等，则说明这种检测电路存在死区。

（2）励磁回路一点接地保护 励磁回路一点接地保护原理有直流电桥式和外加电压式，它们能反应于励磁回路故障和对地绝缘的降低。

图 8-20 所示为直流电桥式一点接地保护，R_y 为励磁绕组等效绝缘电阻。在正常情况下，调节电阻 R_1，使电桥尽量平衡，KA 动作值高于不平衡电流。一点接地后，电桥平衡被打破，保护动作，显然接地点靠近中点时，保护存在动作死区。

外加电压式励磁回路一点接地保护的基本原理为在励磁绕组与地（转子大轴）之间施加电源，检测回路电流来发现励磁回路对地绝缘下降，附加电源可以是直流电源，也可以是 50Hz 交流电源。

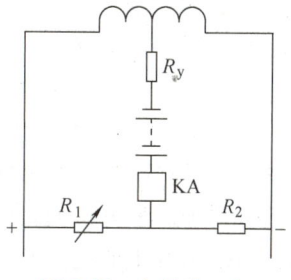

图 8-20 电桥式一点接地保护

图 8-21 所示为一种微机保护实现的叠加直流电压的励磁回路一点接地保护，这种保护叠加的源电压一般为 50V，内阻大于 50kΩ，采用了切换采样的方法（电子开关 S 以固定频率接通、打开），利用微机保护计算功能，能准确地计算出励磁绕组对地的绝缘电阻值。转子分布电容对测量无影响，发电机起动过程中，转子无电压时，保护并不失去作用。

当 S 接通时，电流为

$$i_1 = \frac{U+50}{R_y+30} \quad (8\text{-}18)$$

当 S 断开时，电流为

$$i_2 = \frac{U+50}{R_y+60} \quad (8\text{-}19)$$

由以上两式消去 U，可得

$$R_y = \frac{60i_2 - 30i_1}{i_1 - i_2} \quad (8\text{-}20)$$

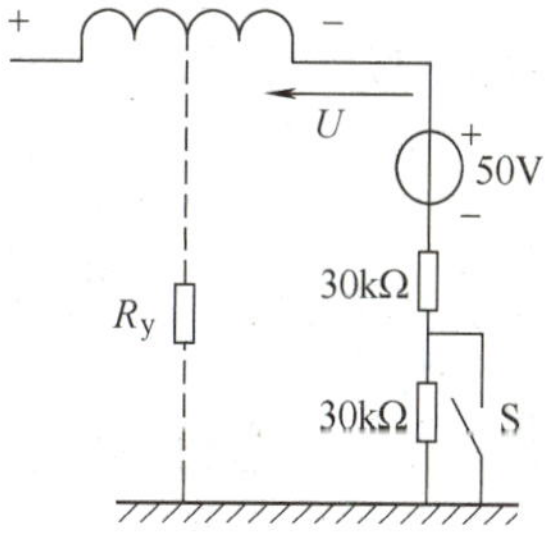

图 8-21 叠加直流电压式一点接地保护

当 R_y 降低时，保护带延时动作。

8.6.3 励磁回路两点接地保护

图 8-20 所示直流电桥式一点接地保护也可以用来实现两点接地保护，当一点接地后，电桥平衡被打破，发出一点接地信号；这时重新调整 R_1，使电桥再次平衡，当发生两点接地时，电桥平衡又被打破，保护经 0.5~1s 延时动作于停机。如果 2 个接地点之间靠得很近，保护存在死区；若故障发展较快，在对电桥进行调整时发生了两点接地，保护尚未投入，也将失去作用。

当发电机励磁回路两点接地时，其气隙磁场将发生畸变，在定子绕组电压中将产生二次谐波负序分量，利用发电机定子电压出现二次谐波分量也可以构成励磁回路两点接地保护判据。

8.7 同步发电机失磁保护

8.7.1 概述

失磁故障指励磁突然全部消失或部分消失。失磁原因主要有励磁供电电源故障、励磁绕组开路或短路、自动灭磁开关误跳、自动调节励磁调节装置故障以及运行人员误操作等。

发电机低励失磁是发电机常见的故障形式。当发电机完全失去励磁时，励磁电流将逐渐衰减至零，将引起转子加速，使发电机的功角 δ 增大，当 δ 超过稳定极限角时，发电机与系统失去同步。发电机的失磁将对机组本身及电力系统产生不良影响，其较明显的特征为机端测量阻抗发生变化、发电机从系统吸收大量无功、机端电压降低、发电机转速增加等。发电机失磁对发电机也有危害。转速将高于同步转速，转子上感应的差频电流使得转子过热；定子过电流使得定子发热；交变的异步转矩造成发电机振动。发电机失去励磁后，会对电力系统产生不利影响。发电机从系统倒吸无功，如果系统无功储备不足，可能导致电压崩溃、系统瓦解。

发电机的失磁过程是一个由发电机与系统同步运行逐渐转入稳定的异步运行的过程，其间可分为三个阶段：①失磁后至失步前，该阶段可认为电磁功率基本不变。②临界失步，也称为异步边界，$\delta=90°$ 时，此时可认为发电机自系统吸收的无功功率为一常数，故临界失步点也可称为等无功点。③失步后的异步运行阶段。失磁后发电机是否能继续运行，取决于电力系统无功储备、母线电压水平以及发电机特性等因素。

发电机失磁后，其机端测量阻抗由位于复平面的第Ⅰ象限向第Ⅳ象限移动，最后稳定运行于第Ⅳ象限。发电机的失磁保护主要通过测量机端阻抗而决定保护动作行为，同时结合有功功率变化、无功功率方向变化、欠电压等判据完善保护功能。对于大型汽轮发电机，失磁后若未危及系统的安全运行，则不应立即停机，而是断开灭磁开关、投入异步电阻，按规定的速度将发电机负荷减少到允许值，维持一段时间的异步运行。值班人员在规定的时间内无法排除故障、恢复励磁时，自动停机或人工操作停机。如果汽轮发电机失磁后母线电压低于允许值，带时限动作为解列或程序跳闸。

8.7.2 失磁过程中的阻抗变化

发电机失磁保护通常采用机端测量阻抗作为失磁的主判据，即机端测量阻抗进入等无功圆（临界失步阻抗圆）或异步圆判为发电机失磁。下面以图8-22所示发电机与无穷大系统并列运行的情况介绍机端测量阻抗变化轨迹，推导过程略去，重点介绍结论。

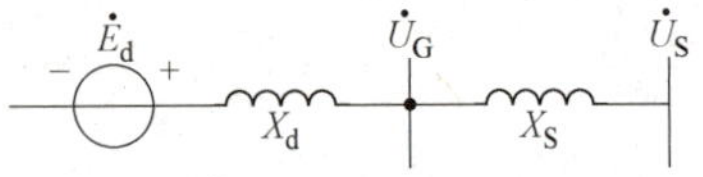

图8-22 发电机与无穷大系统并列运行

发电机从开始失磁到稳定异步运行一般可以分为三个阶段：

(1) 等有功阶段 失磁初始阶段，P 基本不变，称为等有功过程，机端测量阻抗 Z_G 为

$$Z_G = \left(\frac{U_S^2}{2P} + jX_S\right) + \frac{U_S^2}{2P}e^{j2\varphi} \tag{8-21}$$

其中，$\varphi = \arctan\dfrac{Q}{P}$。机端测量阻抗轨迹为一个圆，称为等有功阻抗圆，等有功阻抗圆及阻

抗变化情况如图 8-23 所示，圆心坐标为 $\left(\dfrac{U_S^2}{2P}, X_S\right)$，半径为 $\dfrac{U_S^2}{2P}$。

等有功圆的大小与 P 有关；失磁前，发电机向系统送无功，Q 为正，Z_G 位于第 I 象限；失磁后 Q 减小，然后由正变负，Z_G 从第 I 象限进入第 IV 象限，圆越小，变化速度越快。

（2）等无功阶段　当 $\delta = 90°$ 时，达到静稳定边界，此时 $Q = -\dfrac{U_S^2}{X_d + X_S}$ 为常数，机端测量阻抗为

$$Z_G = -j\dfrac{X_d - X_S}{2} + j\dfrac{X_d + X_S}{2}e^{j2\varphi} \qquad (8-22)$$

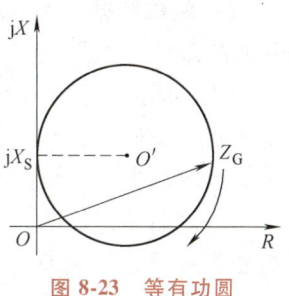

图 8-23　等有功圆

测量阻抗轨迹也是一个圆，称为等无功圆（临界失步圆），如图 8-24 所示，图中等无功圆以虚线画出。

当机端测量阻抗沿着等有功圆变化到 A 点时，表示发电机达到了静稳定极限，越过 A 点后，发电机转入异步运行。可以将机端测量阻抗进入等无功圆（临界失步圆）作为发电机失磁的判据。

（3）失步运行阶段　静稳定破坏后，发电机进入异步运行阶段，机端测量阻抗随转差率 s 改变，发电机稳定异步运行后，s 基本稳定，机端测量阻抗也将稳定在 $(-jX_d', -jX_d)$ 之间。以 $-jX_d'$ 与 $-jX_d$ 的连线为直径的圆称为异步圆，如图 8-25 所示，图中等有功圆、等无功圆均以虚线画出，异步圆为实线。

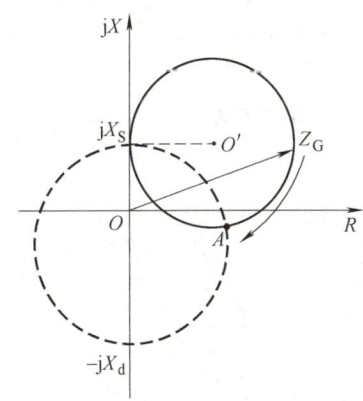

图 8-24　等有功圆与等无功圆

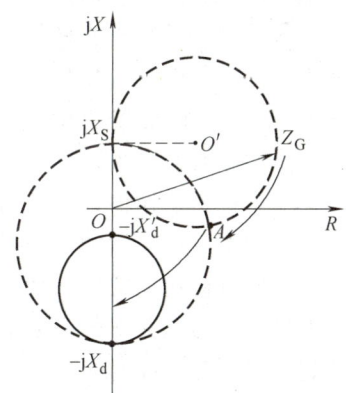

图 8-25　失步运行阶段

机端测量阻抗越过静稳定极限（A 点）后，一定会进入异步圆，最后稳定于 $(-jX_d'$，$-jX_d)$ 之间的某一点。异步圆也可以作为发电机失磁的判据。

8.7.3　失磁保护的主要判据及整定

阻抗型失磁保护，通常由阻抗判据、转子欠电压判据、机端欠电压判据、系统欠电压判据及过功率判据构成。各保护装置对于失磁保护的主要判据有所区别，本书结合实际装置，

重点介绍一些典型的判据。保护输入量主要有：机端三相电压、发电机三相电流、主变高压侧三相电压（或某一相间电压）、转子直流电压。

（1）阻抗判据　正常运行时，机端阻抗的轨迹在阻抗复平面的第Ⅰ象限（滞相运行）或第Ⅳ象限（进相运行）内。发电机失磁后，机端测量阻抗的轨迹将沿着等有功阻抗圆进入异步边界圆内，代表发电机由失磁至失步前状态进入失步运行状态，此时保护判断失磁引起的失步现象确已存在，则经躲开系统振荡及自同步并列时的影响的动作延时发出跳闸命令。

阻抗判据动作判据如图8-26所示。最常用的是异步边界阻抗圆判据。如图中圆2，当测量阻抗进入圆2时，保护动作。X_d、X'_d为发电机同步电抗和暂态电抗。也可采用静稳极限阻抗圆判据，X_S为系统阻抗，如图中圆1所示，α为两根切线$\overrightarrow{OC}$、$\overrightarrow{OD}$的切角，一般选择为$10°\sim15°$；两根切线与圆1围成保护动作区。根据以上各阻抗值，即可设定阻抗动作圆整定值。

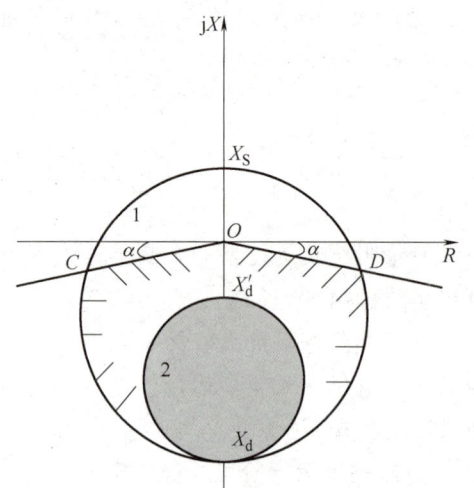

图8-26　失磁保护阻抗圆特性

阻抗判据整定值的核心是异步阻抗圆，决定于X_d、X'_d。在此基础上，阻抗元件辅助判据可整定为：①正序电压≥6V；②负序电压小于0.1倍发电机额定电压；③发电机电流不小于0.1倍额定电流。

（2）转子侧判据　失磁故障时，励磁电压U_r突然下降到零或负值，励磁欠电压判据迅速动作（在发电机实际抵达静稳极限之前）。转子欠电压判据中动作电压与发电机有功有关，常采用变励磁欠电压判据，又称$V_{fd}-P$判据。当励磁电压小于转子欠电压整定值（一般为励磁电压的60%）时，其动作值为图8-27中的水平段。当励磁电压大于转子欠电压初始动作值计算值时，其动作值与发电机测量的二次功率成正比增加。该判据的主要优点是它的整定值随着发电机功率的增大而增大，从而可以灵敏地反映发电机在各种负荷下的失磁故障，当失磁后励磁电压降低到整定值时，此时尚未失步，而是发电机有失步的趋势时，它可以比静稳边界提前约1s的时间动作，使发电机减载，从而可以更容易地获得减载的效益，如恢复同步或进入较小的转差率下的异步运行。

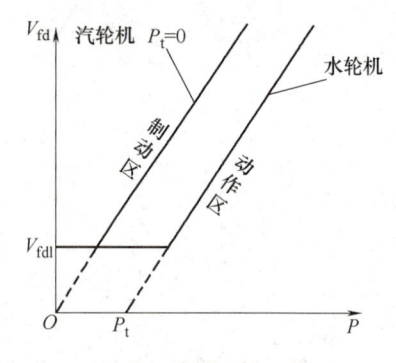

图8-27　失磁保护变斜率欠电压判据示意图

（3）其他判据　失磁时，三相电压将同时降低，可采用三相同时欠电压判据，整定值可取$0.85\sim0.9$倍系统母线允许最低电压值（其值由调度部门确定或取额定电压）。注意TV断线时应闭锁本判据，并发出TV断线信号。失磁时，发电机输出的有功功率将降低，可采用减出力判据。

（4）逻辑框图　图8-28为某数字式保护装置失磁保护Ⅰ段逻辑框图。由图可见，失磁保护出口跳闸将受到阻抗、有功（出力）、转子电压、无功方向等多因素的约束。

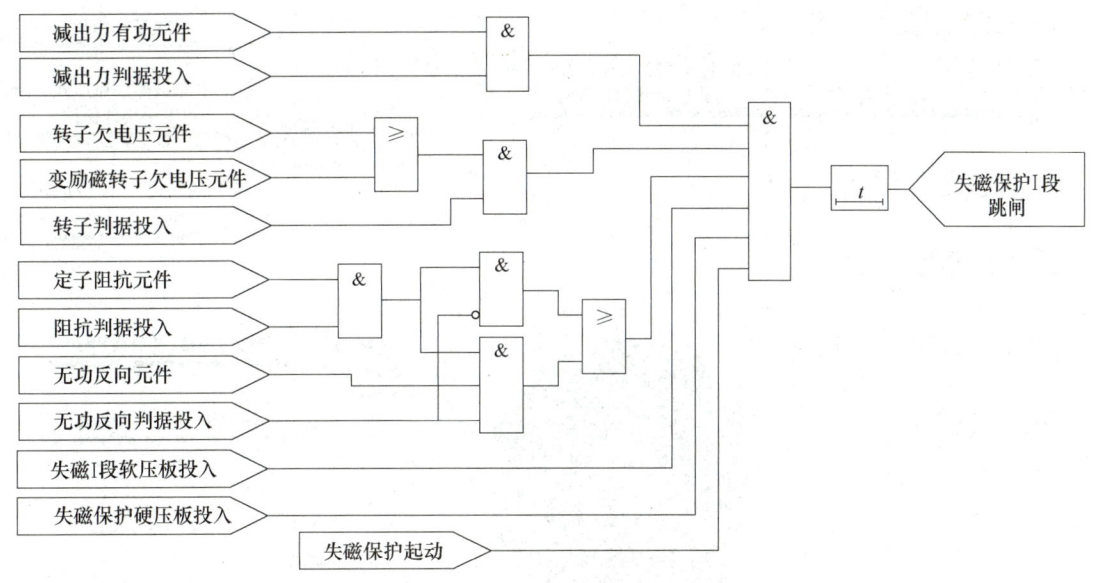

图 8-28 某数字式保护装置失磁保护 I 段逻辑框图

本 章 小 结

第 8 章主要知识点如图 8-29 所示。本章首先介绍了发电机定子与转子故障，其故障类型主要有：定子绕组相间短路、定子绕组匝间短路、定子绕组单相接地、励磁回路一点接地或两点接地、转子励磁回路励磁电流急剧下降或消失等。发电机的保护配置中应重点掌握发电机纵联差动保护、匝间短路保护、单相接地保护、过电流与过负荷保护、励磁回路接地保护以及发电机失磁保护等。继电保护的动作行为也有全停、解列灭磁、程序跳闸等多种形式。

发电机的纵联差动保护相对于变压器纵联差动保护原理更为简单，注意发电机纵联差动保护存在死区问题，其整定原则也与变压器的不同。发电机变压器组纵联差动保护的原理与变压器纵联差动保护的原理基本一致，但需注意发电机变压器组纵联差动保护与发电机纵联差动保护以及变压器纵联差动保护的配置变化。

发电机定子绕组匝间短路保护一节中，应重点掌握横差保护、纵向零序电压保护。了解反应转子回路二次谐波电流的匝间短路保护。注意纵向零序电压保护配置有负序功率方向闭锁元件，发电机内部故障时，负序能量产生于发电机的内部。纵向零序电压保护所取的电压来自于发电机端的专用电压互感器，其中性点直接与发电机中性点相连，并不接地。

发电机定子绕组单相接地保护一节中，应重点掌握定子绕组单相接地的特点，学会计算定子单相接地时的零序电压值。100%保护区定子绕组单相接地保护是本节的重点，应掌握基波部分的保护区域及整定值、三次谐波原理及保护区域、基波零序与三次谐波"双频"的配合效果等知识。

发电机过电流与过负荷保护一节中，应重点掌握定时限过电流与反时限过电流的配合，因为在发电机保护中，两种时限的保护都被采用。应牢固树立能量积累的概念，学习从发电

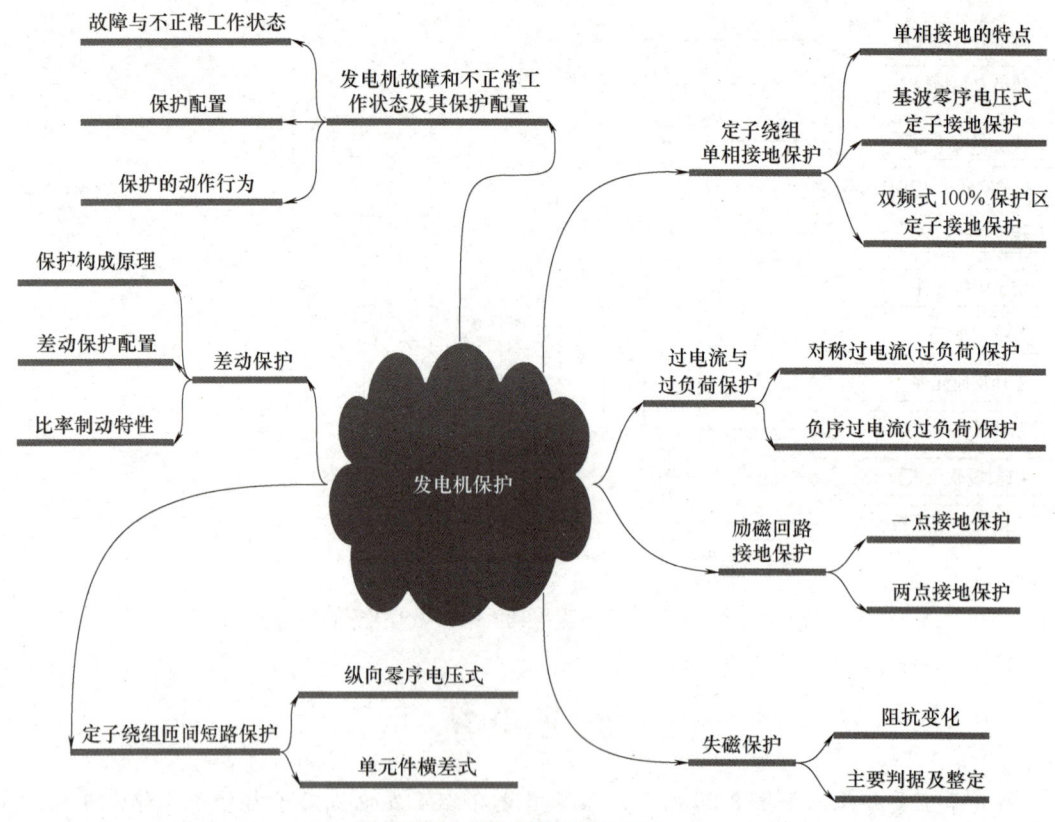

图 8-29　第 8 章主要知识点

机的耐受能力出发进行保护整定的思路。

励磁回路接地保护一节中,应重点掌握一点接地与两点接地时,保护的动作行为。了解各种原理的接地保护原理。

失磁保护在发电机保护中的地位是十分重要的,其难点在于发电机失磁后的电气量值变化及机端测量阻抗的变化规律。应掌握该保护的主要判据及辅助判据。

本章主要复习内容如下:

1) 发电机的故障及不正常工作状态。
2) 发电机的主要配置的保护。
3) 发电机保护构成原理及整定方法。
4) 发变组纵联差动保护的构成原理。
5) 单元件横差保护原理。
6) 纵向零序电压匝间短路保护原理及整定方法。
7) 双频式 100% 保护区定子绕组单相接地保护原理。
8) 失磁保护的主要判据及辅助判据,阻抗圆的整定方法。

习题与思考题

1. 发电机可能发生哪些故障和不正常工作方式?应配置哪些保护?

2. 发电机的纵差保护的方式有哪些？各有何特点？

3. 发电机纵差保护是否可能存在死区？为什么？

4. 发电机纵差保护与变压器纵差保护有什么区别？

5. 已知一台发电机额定电流为 I_N，其纵差动保护采用二折线式比率制动特性，制动电流取两侧电流标量和的一半，其最小动作电流 $I_{set.min} = 0.4I_N$，最小制动电流 $I_{res.min} = I_N$。内部发生两相短路时，从两侧流入短路点的电流相量的相位相同，短路总电流 $I_{k.max} = 8I_N$，此时差动电流的动作整定值为 $1.6I_N$，请计算比率制动系数 K_{res}、制动折线的斜率 S 及此时差动保护的灵敏度 K_{sen}。

6. 如图 8-30 所示，发电机纵差保护在发电机出口发生 BC 两相短路时产生误动作，已知故障相的短路电流为 3000A；发电机纵差保护采用二折线式比率制动特性，差动保护电流取自发电机两侧差动 TA，取其极性端流出电流的相量之差作为差动电流，标量之和的一半作为制动电流；其最小动作电流整定为 0.2A、比率制动系数整定为 0.3、最小制动电流整定为 1.5A，中性点侧 TA 电流比为 600/1，发电机出口侧 TA 电流比为 750/1。请分析：

（1）为什么此动作行为被称为误动作？

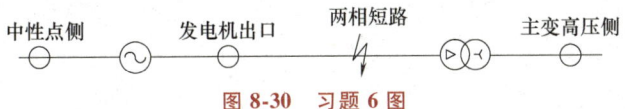

图 8-30　习题 6 图

（2）此时差动保护的差动电流是多少？制动电流是多少？

（3）如何改进才能保证差动保护正确动作？

7. 试简述发电机的匝间短路保护几个方案的基本原理、保护的特点及适用情况。

8. 反应零序电压的匝间短路保护所用的专用电压互感器的中性点与发电机中性点直接相连并不接地，请问为什么要这样接？

9. 在距离定子绕组中性点 80% 处的 A 相发生金属性单相接地故障时，发电机端公用电压互感器开口三角形绕组的电压为多少伏？专用电压互感器开口三角形绕组的电压为多少伏？

10. 如何构成 100% 发电机定子绕组单相接地保护？

11. 为何装设发电机的负序电流保护？为何要采用反时限特性？

第9章 母线保护

母线发生故障的几率较线路低,但故障的影响面很大。这是因为母线上通常连有较多的电气元件,母线故障将使这些元件停电,从而造成大面积停电事故,并可能破坏系统的稳定运行,使故障进一步扩大。母线故障是最严重的电气故障之一,因此利用母线保护清除和缩小故障造成的后果,是十分必要的。

本章主要介绍母线保护与断路器失灵保护。

9.1 母线保护配置原则

9.1.1 母线故障范围

引起母线短路故障的主要原因:断路器套管及母线绝缘子的闪络;母线电压互感器的故障;运行人员的误操作,如带负荷拉隔离开关、带接地线合断路器等。母线故障情况如图 9-1 所示。

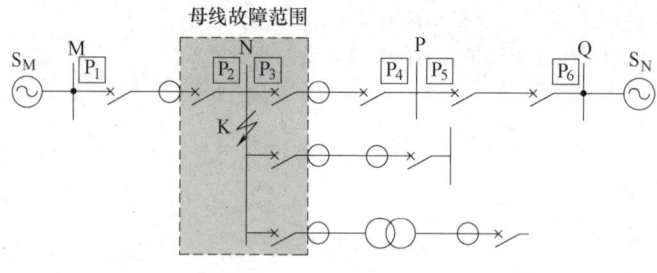

图 9-1 母线故障示意图

9.1.2 母线故障后保护动作行为

显然,母线故障后,为了将故障点从电力系统中隔离出去,必须切除连接在母线上的所有单元(变压器、线路)断路器。

9.1.3 利用线路保护切除母线故障

注意图 9-1,线路保护的保护区从 TA 开始,线路保护、变压器保护均判母线故障为反向故障、区外故障;但如果对侧有电源,则可由对侧保护的 Ⅱ 段跳开断路器。因此,依靠对侧线路保护 Ⅱ 段经 0.5s 可以切除母线故障。

9.1.4 专用母线保护

母线故障保护方式总的来说可以分为两大类型：利用供电元件的保护以及装设专用母线保护。

不装设专用母线保护时，利用对侧保护Ⅱ段切除故障，简单经济，缺点是故障切除时间太长，一般在（0.5~1.1）s以上；当双母线发生故障时，无选择性。

装设专用母线保护的原则是无延时切除故障以提高系统运行的稳定性。本节讨论就是针对专用母线保护。并非每条母线上都装设母线保护。

根据有关规程规定，在下述情况下，应考虑装设专用的母线保护：

① 在双母线同时运行或具有分段断路器的双母线或分段单母线，由于供电可靠性要求较高，要求快速而又有选择性地切除故障母线时，应考虑装设专用母线保护。

② 由于电力系统稳定的要求，当母线上发生故障必须快速切除时，应考虑装设专用母线保护。

③ 当母线发生故障，主要电站厂用电母线上的残余电压低于额定电压的50%~60%时，为保证厂用电及其他重要用户的供电质量，应考虑装设专用母线保护。

对母线保护的基本要求是：应能快速、灵敏而有选择地将故障部分切除。

9.2 母线保护原理

目前母线保护均采用电流差动原理，有时又称"母差保护"，判据为流入母线的电流相量和。图9-2为母线差动保护基本原理示意图。假设母线上接有四条支路，一次电流分别为 $\dot{i}_1$、$\dot{i}_2$、$\dot{i}_3$、$\dot{i}_4$。

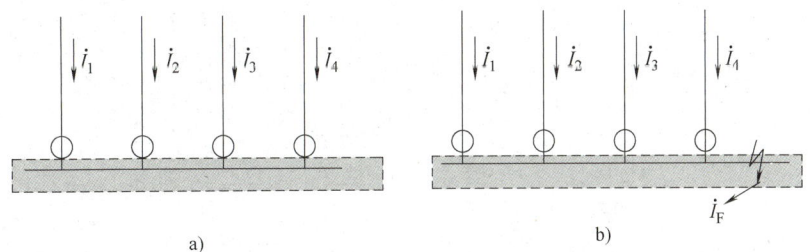

图9-2 母线差动保护基本原理示意图
a）外部故障 b）内部故障

正常运行及区外故障时差动电流一次值为 $I_d = |\dot{i}_1 + \dot{i}_2 + \dot{i}_3 + \dot{i}_4| = |\sum \dot{i}| = I_{unb}$，$I_d \approx 0$，母线保护不应动作。

母线故障时有 $I_d = |\dot{i}_1 + \dot{i}_2 + \dot{i}_3 + \dot{i}_4| = |\sum \dot{i} - \dot{i}_F| = I_F$，即 $I_d = I_F > I_{act}$，母线保护应动作。

传统的母线完全差动保护的原理接线图如图9-3所示，差动继电器KD，由TA二次电流回路保证接入电流为各单元电流之相量和，即差动电流二次值为 $\dot{i}_d' = \dot{i}_1' + \dot{i}_2' + \dot{i}_3' + \dot{i}_4'$，KD动作后跳开所有单元的断路器。图9-3方式构成母线完全差动保护时，必须将母线的连接元件都包括在差动回路中，因此需在母线的所有连接元件上装设具有相同变比和相同特性的专用TA。当外部发生故障，有电源的支路上电流较大，TA可能饱和；无电源的支路上电流较小，TA不会饱和，由于母线差动保护的不平衡电流同样取决于各支路TA励磁特性差异，饱和的 TA 与不饱和的 TA 之间励磁特性差异更大，母线差动保护在外部故障时不平衡电流可能较大。

为了减小母线保护外部故障情况形成的不平衡电流，可以采取措施降低 TA 饱和程度，或与其他差动保护一样采用比率制动技术。根据电流互感器二次侧负载阻抗的大小，母线差动保护又可分为低阻抗母线

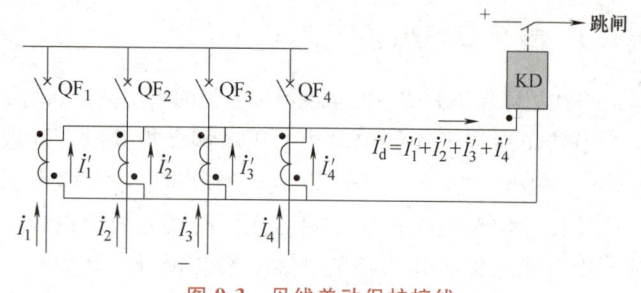

图 9-3 母线差动保护接线

保护、中阻抗母线保护和高阻抗母线保护。图 9-3 中 KD 采用差动电流继电器（例如 BCH-2）时，二次电流回路阻抗较低，称为低阻抗母线保护。为了降低 TA 的饱和程度，图 9-3 中采用电压继电器作为 KD，由于二次电流回路呈现高阻抗，称为高阻抗母线保护。高阻抗母线保护可以降低 TA 饱和情况不一致形成的不平衡电流，但在内部故障时差动电流很大，可能在 KD 上形成危险的高压，需要采取过电压保护措施。中阻抗母线保护最初由国外引进，各元件 TA 二次电流经过差动保护中的变换器转为电压后构成差动判据，电流二次回路呈现中阻抗，约 200Ω，如图 9-4 所示。

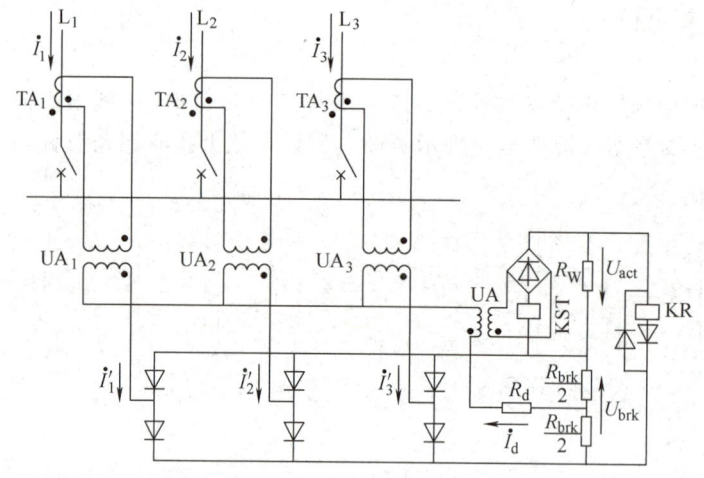

图 9-4 中阻抗母线差动保护

图 9-4 中各支路电流均经过变换器、整流电路，差动回路中串有强制电阻 R_d，使电流二次回路呈现中阻抗。KST 为启动继电器，KR 为差动继电器。KR 上的电压为动作电压减去制动电压。

其中动作电压 $U_{act} = K_2 |\sum i'| R_W$，制动电压 $U_{brk} = K_1 \sum |i'| R_{brk}/2$，当 $U_{act} > U_{brk}$ 时，母线差动保护动作。采用各支路电流绝对值的和作为制动量，当发生外部故障时有很强的制动作用，可靠地避免了不平衡电流的影响。

与线路、变压器保护不同，母线保护误动将切除连接在母线上的所有线路、变压器，后果十分严重。为了提高母线保护的可靠性，可以在母线保护跳闸回路串入电压闭锁触点。如果母线未发生故障，母线保护出现异常使差动电流元件误动，此时母线电压并未异常，电压元件不动作，闭锁母线保护出口回路，有效地防止了母线保护误动。实际采用的电压元件常

为复合电压元件（负序电压、零序电压及相间电压），有时又称为"复压闭锁"。

微机型母线保护由于在内部软件可以设置各单元电流的比例系数，不要求各单元TA电流比一致，同时强大的计算能力使得各种比率制动方式实现非常方便。

需要注意，母线保护动作时，以空触点形式向相应的线路保护、变压器保护发出断路器跳闸命令，母线保护本身没有断路器操作回路；母线保护发出跳闸命令的同时，向相应的线路保护发出闭锁重合闸命令。

9.3 双母线保护特点与配置

9.3.1 双母线保护选择性

对于双母线接线，为了提高其供电的可靠性，通常要求两组母线通过母联断路器并列运行，每组母线上各接有一部分供电元件和一部分受电元件。母线故障时，除要求母线保护能够准确地判断出故障是发生在双母线上外，还要求母线保护能够准确判断出故障是发生在双母线的哪一段母线，使母线保护能够有选择性地切除故障母线，保留非故障母线继续运行。

9.3.2 选择故障母线方法

为了实现双母线保护动作选择性，母线差动保护通常由启动元件、电压闭锁元件和选择元件组成。

图9-5为传统的固定连接式双母线保护原理示意图，其中图9-5a为电流回路接线图，在

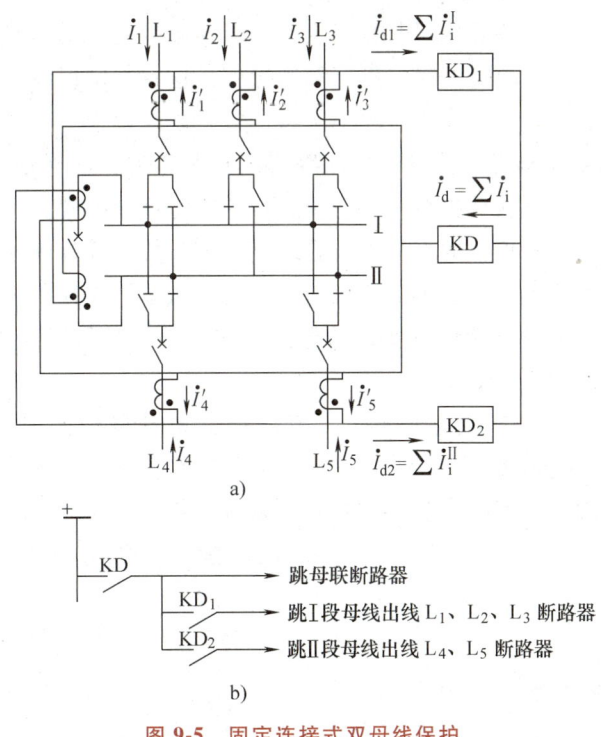

图9-5 固定连接式双母线保护
a) 电流回路接线 b) 保护出口逻辑

整个双母线上装设一套大差动保护 KD 作启动元件，然后再在双母线系统的 I 段和 II 段母线上分别装设一套小差动保护 KD_1、KD_2 作为故障母线选择元件。其中大差动保护用于判断故障是否发生在双母线上，如果故障发生在双母线系统上，则大差动保护动作，跳开母联，缩小故障范围；I 段母线和 II 段母线上的小差动保护作为选择元件，用于判断故障母线，然后有选择性地跳开故障母线，保护出口逻辑如图 9-5b 所示。

大差动保护元件动作使母联断路器跳闸，同时启动 2 个小差动保护元件的跳闸回路。大差动保护动作且 I 段母线小差动保护动作，则切除 I 段母线上所有元件；大差动保护动作且 II 段母线小差动保护动作则切除 II 段母线上所有元件。

传统的"固定连接"式双母线保护，当线路进行"倒闸操作"时，例如线路 L_1 由 I 段母线切至 II 段母线，按道理其 TA 也应由 I 段母线小差动回路切至 II 段母线小差动回路，同时母线保护的跳闸回路也应进行调整。但由于 TA 回路禁止开路，切换时必须先短接二次侧，切换后再断开短接片，操作复杂、易出错误，人工操作切换电流二次回路困难；使用大量辅助继电器进行切换也很难保证可靠性，线路倒闸后，其相应二次电流回路不切换，形成"固定连接被破坏"。例如 L_1 由 I 段母线切至 II 段母线，电流回路不切换、固定连接被破坏时，I 段母线小差动继电器 KD_1 仍将 L_1 电流接入差动回路，"多"测了 1 个电流；II 段母线小差动继电器 KD_2 未将 L_1 电流接入差动回路，"少"测了 1 个电流；2 个小差动保护均有不平衡电流，大差动 KD 测的是整个双母线系统的支路电流，不受倒闸操作影响。正常运行或外部故障时，KD_1、KD_2 可能误动，但 KD 正确测量，不会动作，整套母线保护不会误动。母线内部故障时，大差动继电器 KD 动作，开放母线保护出口，这时母线保护可能误动，同时切除两条母线。

因此，传统的双母线保护要求"固定连接"，即双母线运行时线路固定接于某段母线，仅当运行方式由双母线改为单母线时才进行倒闸操作。这在一定程度上限制了一次系统运行的灵活性。

微机保护采用"软件分组"技术自动跟踪母线运行情况，实时地调整差动方程以及保护出口跳闸逻辑，解除了母线保护对一次系统运行的固定连接限制。

微机型母线保护采集各单元的电流以及母线侧隔离开关位置，以确定各分支运行在哪段母线上，安装母线对各分支进行分组。微机型母线的"大差""小差"电流的形成由软件实现而非硬件电路形成，可以灵活地改变差动电流方程，根据分组情况构造"小差"元件的电流方程，同时调整保护出口逻辑。

目前，微机型母线保护广泛采用比率制动式电流差动保护原理，设有大差动启动元件、小差动选择元件和电压闭锁元件。大差动启动元件和小差动选择元件中有反应任意一相电流突变或电压突变的启动元件，它和差动保护判据一起在每个采样中断中进行实时判断，以确保内部故障时保护正确动作。在同时满足电压闭锁开放条件时跳开故障母线上所有断路器。

9.4　断路器失灵保护简介

电力系统正常运行时，有时会出现某个元件发生故障，该元件的继电保护动作发出跳闸脉冲之后，断路器却拒绝动作（即断路器失灵）的情况。这种情况可能导致事故范围扩大、设备烧毁，甚至使系统的稳定运行遭受破坏。采用相邻元件保护作远后备是最简单、合理的后备方式，既可作保护拒动时的后备，又可作断路器拒动时的后备。但是，远后备方式动作时间较长，在高压电网中由于各电源支路的助增电流和汲出电流的作用，使后备保护的灵敏度得不到满足。因此，对于比较重要的高压电力系统，例如220kV及以上电压等级，应装设断路器失灵保护。

断路器失灵保护，是一种近后备保护。在同一发电厂或变电所内，当断路器拒绝动作时，它能够以较短时限，切除与拒动断路器连接在同一母线上的所有支路断路器。

根据《继电保护和安全自动装置技术规程》规定：在220~500kV电力网中以及110kV电力网的个别重要部分，可按下列规定装设断路器失灵保护：

1）线路保护采用近后备方式且断路器确有可能发生拒动时；对于220~500kV分相操作的断路器，可只考虑断路器单相拒绝动作的情况。

2）线路保护采用远后备方式且断路器确有可能发生拒动时，如果由其他线路或变压器的后备保护切除故障，将扩大停电范围并引起严重后果时。

3）如断路器和电流互感器之间距离较长，在其间发生故障不能由该回路主保护切除，而由其他线路和变压器后备保护切除又将扩大停电范围并引起严重后果时。

断路器失灵保护的判据相对简单，保护发出跳闸命令后断路器应分闸、相应电流应消失，若保护发出跳闸命令后，经一定时间相应的电流仍存在，说明跳闸命令没有被执行，即启动断路器失灵逻辑。例如"A相跳令发出""A相有电流"构成与逻辑输出，即可启动失灵判据，经短延时（考虑断路器分闸时间），失灵保护动作。

目前普遍在220kV线路、变压器上配置断路器失灵保护，图9-6所示为断路器失灵保护、母线保护、线路保护、变压器保护之间的联系情况。各线路及变压器的断路器失灵保护动作后，向本线路（变压器）保护发出重跳命令，同时将失灵启动信号送至母线保护。母线保护收到线路（变压器）失灵启动信号后，0.3s跳开母联断路器，0.6s跳开与失灵启动元件连接在同一段母线上的所有线路及变压器的断路器。

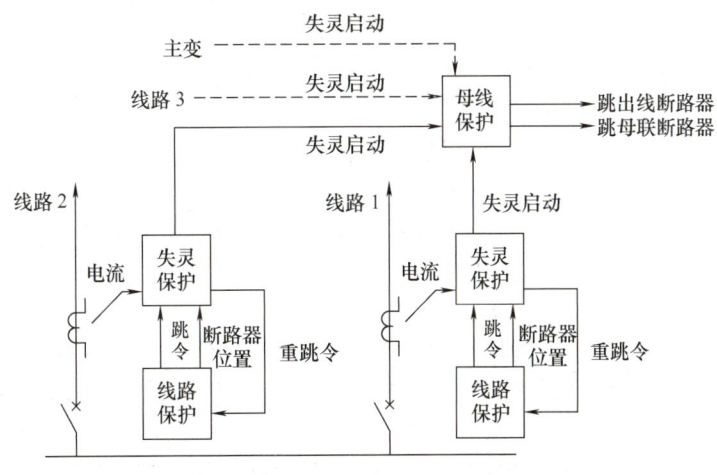

图9-6　断路器失灵保护

本 章 小 结

第9章主要知识点如图9-7所示。母线差动保护的原理与线路纵联差动保护、发电机差动保护、变压器差动保护的基本原理是一致的。由于母线上连接的电气元件较多，并有可能出现运行方式的变化，因此母线保护具有一定的特殊性。母线差动保护装置多采用分相式比率差动元件构成，其动作原理与发电机的纵联差动保护类似，故未做详细分析。学习时应重点掌握如何选择出故障母线，如何防止母线保护在母线近端发生区外故障时TA严重饱和的情况下发生误动等。断路器失灵保护因其动作对象与母线保护的动作对象基本一致，因此常被合并到同一套保护内。断路器失灵保护与母线上各支路元件的继电保护都有关联，存在一定的配合关系。在学习时，应关注失灵保护为何启动、如何启动及后续的动作行为。

主要复习内容如下：
1) 母线保护配置原则。
2) 母线保护基本原理：大差与小差、比率制动、电压闭锁等。
3) 电流互感器严重饱和对于母线差动保护的影响与对策。
4) 电流互感器二次回路断线对于母线差动保护的影响与对策。
5) 断路器失灵保护配置原则与保护行为。

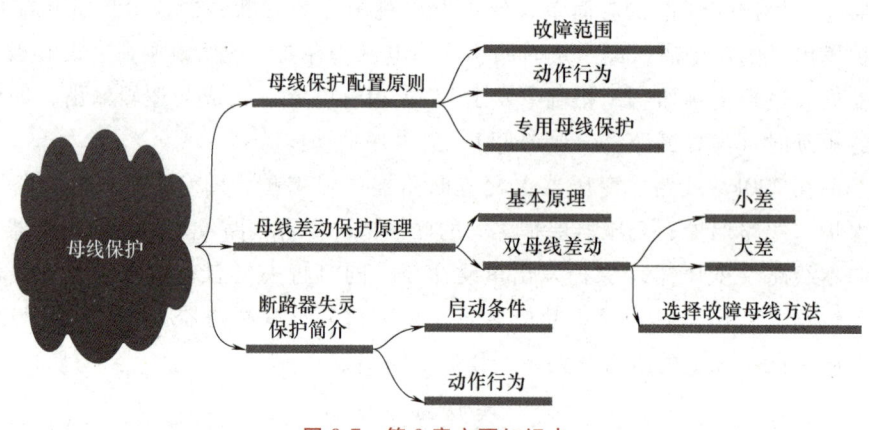

图9-7 第9章主要知识点

习题与思考题

1. 母线故障的原因有哪些？对系统有哪些危害？母线故障的保护方式有哪些？
2. 简述母线完全电流差动保护的基本原理。
3. 双母线接线的母线保护如何实现故障母线选择？
4. 微机母线保护采取什么方法来跟踪双母线系统的运行方式？
5. 什么是断路器失灵保护？断路器失灵保护动作的必要条件是什么？断路器失灵保护动作后有哪些行为？
6. 单母线完全电流差动保护如图9-8所示。已知线路1负荷电流为180A，线路2负荷电流为180A，线路3负荷电流为300A。电流互感器电流比均为300/5。在不考虑不平衡因素的前提下，请问：

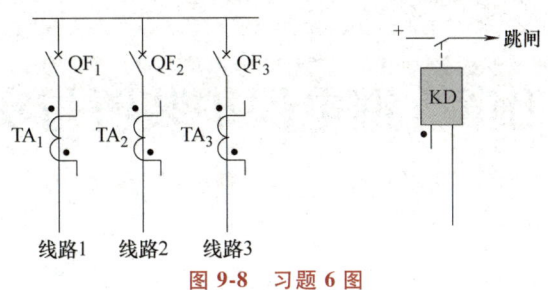

图 9-8 习题 6 图

（1）如电流互感器 TA_3 的极性接反，流入差动保护的电流是多大？

（2）微机型母线差动保护遇此情况会不会误动作，为什么？

（3）完成图中的连线，注意极性的标识及接地。

第10章 继电保护装置与实现

随着电力系统进入智能电网建设时期,电力系统继电保护、安全自动装置进入数字化、智能化、集成化、网络化阶段。微机保护,或称数字式保护因其优异的性能正在全面取代传统的模拟式保护装置。在学习主要继电保护的基本原理后,有必要结合现场实用的数字式保护装置,学习保护装置的工程应用。

10.1 微机保护硬件组成

从功能上说,微机保护装置可以分为六个部分:模拟量输入系统(或称数据采集系统);CPU 主系统;开关量输入/输出回路;人机接口回路;通信回路;电源回路。微机保护硬件系统构成示意图如图 10-1 所示。

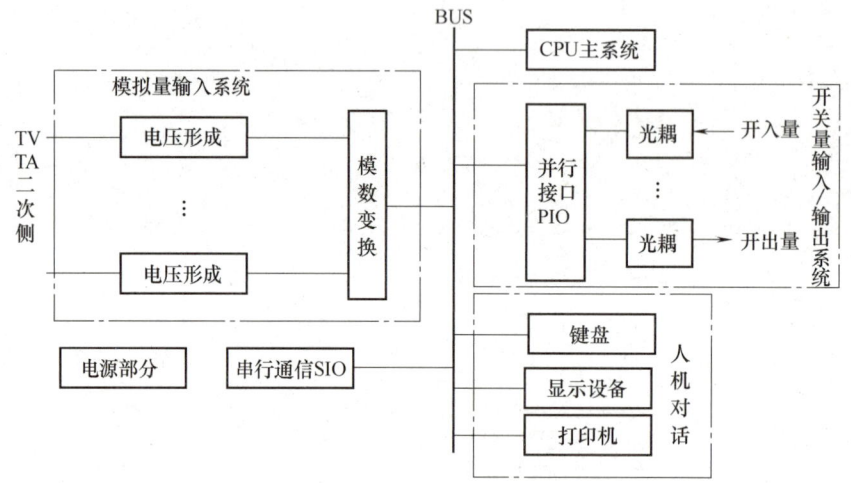

图 10-1 微机保护硬件系统构成示意图

模拟量输入系统的主要功能是采集由被保护设备的电流电压互感器输入的模拟信号,将此信号经过滤波,然后转换为所需的数字量。CPU 主系统包括微处理器 CPU、只读存储器(EPROM)、随机存取存储器(RAM)及定时器(TIMER)等。CPU 执行存放在 EPROM 中的程序,对由数据采集系统输入至 RAM 区的原始数据进行分析处理,并与存放在 EPROM 中的定值比较,以完成各种保护功能。开关量输入/输出回路由并行口、光耦合电路及有触点的中间继电器等组成,以完成各种保护的出口跳闸、信号指示及外部触点输入等工作。人机接口部分主要包括打印、显示、键盘、各种面板开关等,其主要功能用于人机对话,如调试、定值调整等。考虑到保护之间通信及远动的要求，还应有通信接口。电源采用开关电源，提供整个装置的直流电源。

微机保护属于弱电设备。母线（线路）电压互感器、电流互感器输出的二次电压、电流送入继电保护装置后，需要经过再次的变换，成为模拟量向数字量转换（A-D）芯片所能处理的电压量。若测量继电器为机电型继电器，电流或电压互感器二次侧一般直接连接电流继电器、电压继电器的线圈。若保护装置为整流型、晶体管型、微机型的，电流、电压互感器输出的二次电流、电压需要经变换器进行线性变换后，再接入测量电路。因此，变换器的基本作用如下：

1) 电量变换。将互感器二次电压（额定100V）、电流（额定5A或1A），转换成弱电压（数伏），以适应弱电元件的要求。

2) 电气隔离。电流、电压互感器二次侧的保安、工作接地，是用于保证人身和设备安全的，而弱电元件往往与直流电源连接，直流回路不允许直接接地，故需要经变换器实现电气隔离。

3) 调节定值。整流型、晶体管型继电保护可以通过改变变换器一次或二次绕组抽头来改变测量继电器的动作值。

继电保护中常用的变换器有电压变换器（UV）、电流变换器（UA）和电抗变换器（UX），UV的作用是电压变换，UA、UX的作用是将电流变换成与之成正比的电压。

1. 电压变换器（UV）

电压变换器原理接线如图10-2所示，UV一次侧与电压互感器相连，TV二次侧有工作接地，UV二次侧的"直流地"为保护电源的0V，电容C容量很小，起抗干扰作用。电压变换器的总体作用是"电压"变"电压"。

从UV一次侧看进去，输入阻抗很大，对于负载而言UV可以看成一个电压源，UV两侧电压成正比，$\dot{U}_2 = K_U \dot{U}_1$。以某保护装置的电压变换器为例，当TV二次输出为$\dot{U}_1 = 100V$时，$\dot{U}_2 = 5V$。

2. 电流变换器（UA）

电流变换器与电压变换器不同，从UA一次侧看进去，输入阻抗很小，对于负载而言，UA可以看成一个电流源。电流变换器原理接线如图10-3所示。电流变换器的总体作用是"电流"变"电压"。

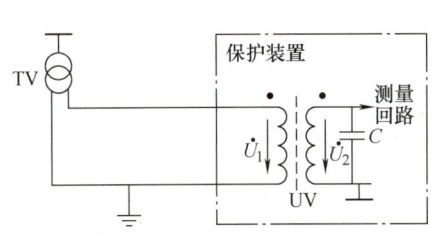

图10-2 电压变换器原理接线

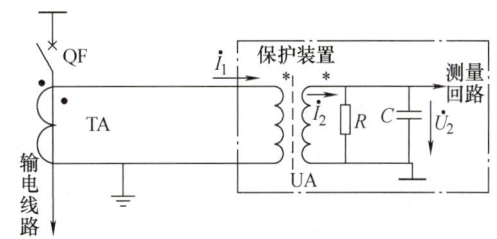

图10-3 电流变换器原理接线

UA的二次电流（一般为mA级）与一次电流成正比，二次电流在电阻上形成二次电压，$\dot{U}_2 = RK_I \dot{I}_1$。以某保护装置的电流变换器为例，当TA二次输出为$\dot{I}_1 = 100A$时，$\dot{I}_2 = 5V$。

3. 电抗变压器（UX）

将 TA 输出的二次电流变换为电压，还可以采用电抗变压器（UX），UX 等效电路如图 10-4 所示，UX 输入阻抗很小，串于 TA 二次回路；对于负载，UX 近似为电压源。UX 励磁阻抗相对于负载来说很小，可以认为一次电流全部用于励磁，即 $\dot{I}_1 = \dot{I}_m$，$\dot{I}_2 \approx 0$，这样负载 Z_{load} 上的电压与励磁绕组上的电压相同，即 $\dot{U}_2 = Z_m \dot{I}_1 = \dot{K}_I \dot{I}_1$，$\dot{K}_I$ 称为 UX 的转移阻抗。电压变换器的总体

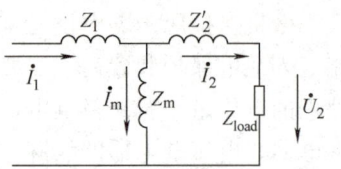

图 10-4 电抗变压器等效电路

作用也是"电流"变"电压"，但与电流变换器不同的是，前者变换后的电压与输入电流是同一相位的，而后者不是。

与 UA 的电压变换电路不同，UX 输出电压超前输入电流一定相位角，具有"电抗特性"。由于 UX 励磁阻抗较小，其铁心一般带有气隙。电抗变压器曾在整流型继电保护及晶体管型继电保护中常用，在数字式继电保护中并不采用。

10.2　10~35kV 线路保护测控装置应用案例

10~35kV 电压等级线路属于配电网的范畴，在城乡电网中得以广泛应用。其中 10kV 的线路长度在 6~20km 之间，送电功率在 200~2000kW 之间。35kV 的线路长度在 20~70km 之间，送电功率在 1000~10000kW 之间。由于该电压等级线路的故障对于系统安全性的影响较小，因此该类线路所配置保护相对简单，装置体积也较小。随着变电站自动化技术的发展，目前该类保护一般都复合有对于被保护线路进行测量与控制的功能。因此常被称为"保护测控一体化"装置。

10.2.1　典型保护测控一体化装置简介

该装置可用于 10~35kV 电压等级的非直接接地系统或小电阻接地系统中的线路保护及测控，保护配置有：

1）三段可经复合电压和方向闭锁的过电流保护。
2）三段零序过电流保护。
3）过电流加速保护和零序加速保护（零序电流可自产也可外加）。
4）过负荷功能（报警或者跳闸）。
5）低频减载功能。
6）三相一次重合闸。
7）小电流接地选线功能（必须采用外加零序电流）。
8）独立的操作回路。

在该数字式继电保护装置中，反应相间短路的电流保护采用三段式，但三段式电流保护可以选择经欠电压闭锁，也可以选择经功率方向闭锁，甚至可以选择两者同时闭锁。过电流 I 段和过电流 II 段固定为定时限保护；过电流 III 段还可以经控制字选择是定时限还是反时限。

方向闭锁电流保护就是利用方向元件控制电流保护，当发生反方向故障时闭锁电流保护

从而解决双电源线路上应用电流保护的问题，该方向元件仍采用 90°接线，这种接线并不是有形的，而是通过数字式保护的软件加以实现。在单侧电源网络的电网保护中，并不需要加入方向闭锁。采用复合电压启动的过电流保护由电流元件与电压元件构成"与"逻辑，该闭锁在一般馈线保护中也很少被采用。

在该数字式继电保护装置中，反应接地短路的零序电流保护也采用三段式，由于馈线多为中性点不接地系统，接地所产生的零序电流很小，因此该保护功能在馈线中一般不被采用。低频率减载功能也被称为低频率减负荷，即当系统的频率下降到某一定值时，切除本线路以使系统的负荷减轻，力争使系统频率上升。三相一次重合闸在馈线保护中已被广泛采用，其目的是提高供电可靠性。过负荷保护在现场使用时一般只动作于告警，在馈线保护中也很少被采用。

如图 10-5 所示，为保护装置背板接线，图中所指示电流输入为"I_A""I_B""I_C"，为保护用三相电流输入。"I_0"为零序电流输入。"I_{am}""I_{cm}"为测量用电流，需从专用测量 CT 输入，以保证遥测量有足够的精度。"U_a""U_b""U_c"为母线电压，在本装置中作为保护和测量共用。"U_x"为线路电压，在重合闸检线路无压和检同期时使用。图中"闭锁重合闸"等多路定义或备用的遥信开入端子，即本章所述的开关量输入，完成本章所述的开关量输入功能。图中"SWI"列端子中含有"保护跳闸信号"等多路遥信开出端子，完成本章所述的开关量输出功能。"保护跳闸出口""保护合闸出口"也属于开出量端子，主要配合断路器控制回路使用。

10.2.2　典型保护测控一体化装置测试

在现场的保护装置调试过程中，要用到微机型继电保护测试装置，该装置是用来对各种类型继电器（电压、电流、功率、差动、阻抗、频率、中间、时间等继电器）和各种类型的成套保护装置（集成电路型、微机型、数字式等保护装置）进行调试的试验装置。微机型继电保护测试装置以微机为主体，由它产生电压、电流信号，然后经电压放大器和电流放大器对信号进行放大，得到继电保护测试中所需要的电压和电流激励量。微机型测试仪能够实现对各种电压等级继电保护装置的校验。一般测试仪都具备手动、递变、频率（df/dt、dv/dt）、时间特性、线路保护定值校验、阻抗特性、整组试验、差动、状态序列、系统振荡、同期测试、故障录波、波形回放等软件功能。

（1）注意事项　明确测试目的、要求和基本原理。熟悉与本次测试相关的理论知识。收集并阅读测试指导书、继电保护装置原理说明书及使用说明书、保护屏原理接线图等资料，了解主要仪器和设备的使用方法。测试过程中，尽量少拔插装置模件，不触摸模件电路，不带电插拔模件。使用的电烙铁、示波器必须与屏柜可靠接地。测试前应检查屏柜及装置在运输中是否有明显的损伤或螺钉松动，特别是 CT 回路的螺钉及连片，不允许有丝毫松动的情况，校对程序名称、版本及程序形成时间。测试前应对照说明书，检查装置的 CPU 插件、出口插件上的跳线是否正确、插件是否插紧等。

（2）交流回路检查　进入"状态显示"菜单中的"采样值显示"子菜单，在保护屏端子上（或者装置背板）分别加入额定的电压、电流量，在液晶显示屏上显示的采样值与实际加入量的误差应小于±2.5%或±0.01 额定值，相位角误差小于 2°；进入"状态显示"菜单中的"遥测量显示"子菜单，在保护屏端子上（或者装置背板）分别加入额定的电压、

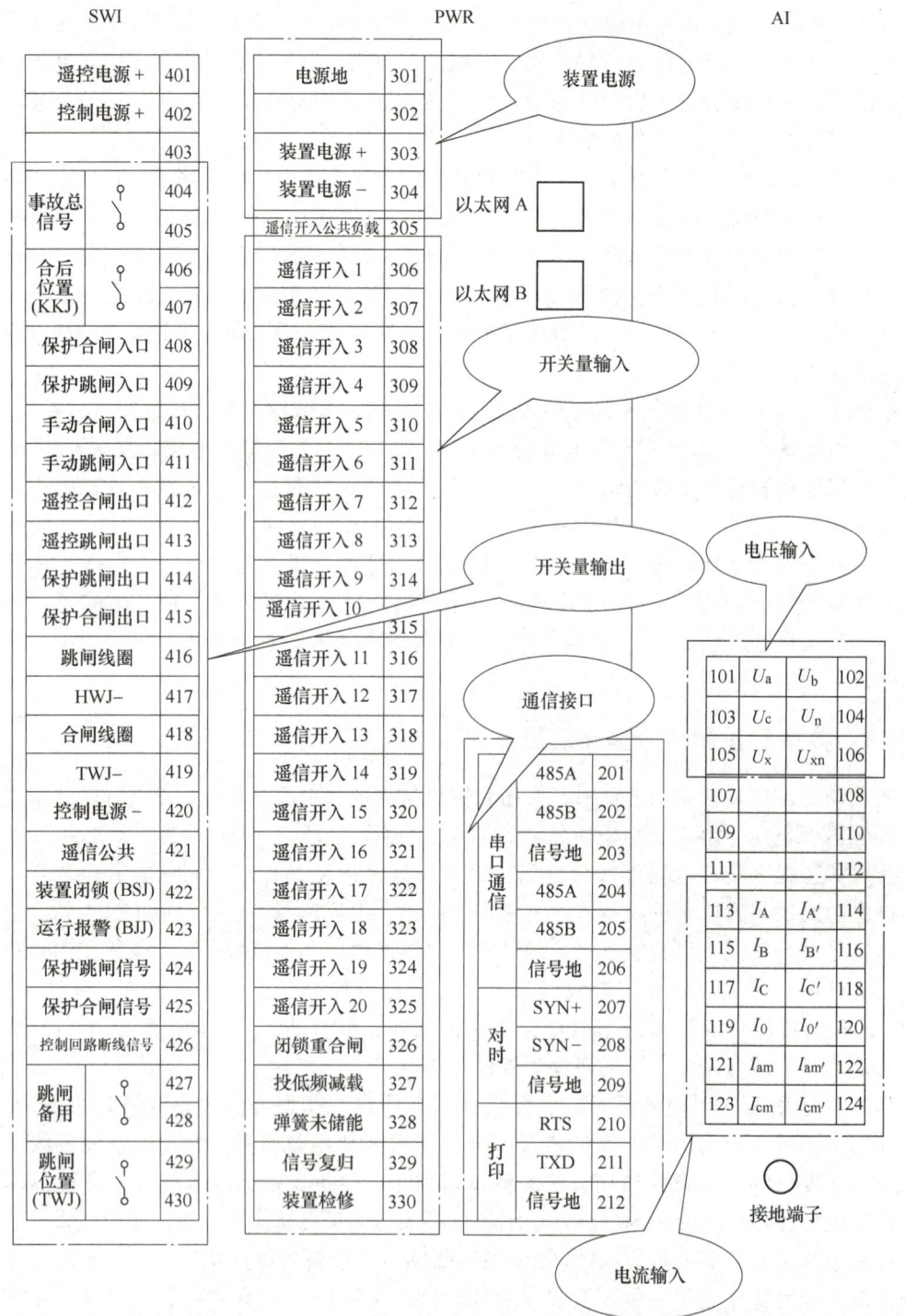

图 10-5 典型保护测控一体化装置背板接线图

测量电流,在液晶显示屏上显示的采样值与实际加入量相等,其误差应小于±2‰,功率的误差应小于±5‰。

(3) 输入接点检查 进入"状态显示"菜单中的"开关量状态"子菜单,在保护屏上

（或装置背板端子）分别进行各接点的模拟导通，在液晶显示屏上显示的开入量状态应有相应改变。

（4）整组试验 进行装置整组试验前，应将对应元件的控制字、软压板、硬压板设置正确，装置整组试验后，应检查装置记录的跳闸报告、SOE 事件记录是否正确等。主要包括阶段式电流保护的测试，重合闸功能测试、后加速测试、低频减载测试。某些应用中，也包括零序电流保护测试、方向闭锁电流保护、电压闭锁电流保护等的测试。要求误差不大于 5%。

（5）运行异常报警试验 进行装置整组试验前，应将对应元件的控制字、软压板、硬压板设置正确，装置整组试验后，应检查装置记录的跳闸报告、SOE 事件记录是否正确等。主要包括频率异常报警、接地报警、TV 断线报警、控制回路断线报警、TWJ（跳闸位置继电器）异常报警、TA 断线报警、弹簧未储能报警等。

限于篇幅，将其他测试项目略去。

10.2.3 保护装置的组屏方式

配电网的线路多属于终端线路，且可能存在多条分支线路。10~35kV 配电装置断路器体积较小，要求的安全净距也较高电压等级小，为了减少占地面积、提高设备可靠性，可以采用户内布置方式。其中更多采用的是成套的高压开关柜，每个间隔的 TA、断路器、刀开关等均装于开关柜内。10~35kV 线路一般配置电流（方向）保护，相对简单，通常将继电保护、测控装置合而为一，称为保护测控装置。

按照断路器安装方式，高压开关柜又可分为"固定式""移开式"。移开式开关柜可以在断路器跳闸后将断路器抽出检修（这种断路器称为"手车断路器"），因为检修时手车断路器可以移出开关柜，不需要考虑检修断路器时采用隔离开关隔断带电部分。根据不同设计，10~35kV 保护测控装置可以将保护测控装置集中在保护室内的保护柜上（称为集中组屏方式）；也可以直接装于开关柜上（称为分散布置方式）。图 10-6 为"集中组屏方式"的 10~35kV 线路保护二次系统示意图。注意图中左侧点画线框内示出了一只典型开关柜的一次设备及相应二次设备的简图，一次配电设备断路器、电流互感器、接地开关均集成在开关

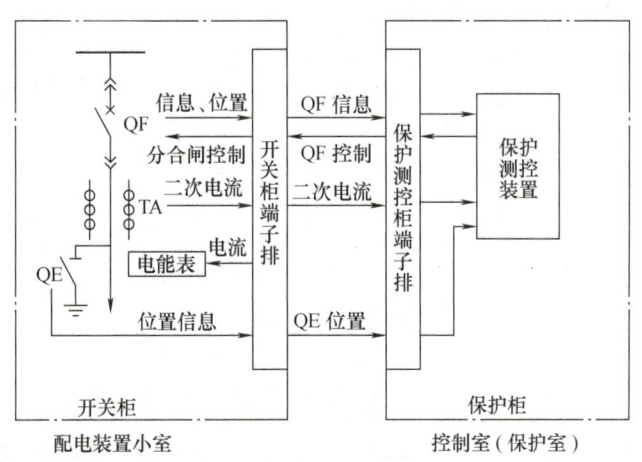

图 10-6 集中组屏方案

柜内，电能表也装于开关柜上。二次系统需要控制断路器的分、合；遥测电流、电压；遥信断路器位置、断路器异常信息、手车位置、接地开关位置；为电能表提供二次电流、电压。这些都在配电装置小室内完成。由于该开关柜配套的保护测控装置处于变电站的控制室内，所有电气量及开关量值必须通过电缆进行相应连接。

集中组屏方案的优点是可以在一面保护柜上集中数条线路的保护测控装置，保护测控装置受到的电磁干扰较小、运行环境较好。缺点是需要电缆将开关柜端子排与保护柜端子排连接起来，而接线的错误或维护不当，将会对继电保护的可靠性产生不利影响。

图 10-7 为"分散布置"方案二次系统示意图。保护测控装置分散装于各开关柜内，这样省去了开关柜到保护柜的二次电缆；保护测控装置与控制室的联系仅是一些小母线（如直流电源、交流电源、事故总告警）和网络联系。当然，分散方案要求保护测控装置有较强的耐受强电磁干扰、高温等相对恶劣环境的能力。

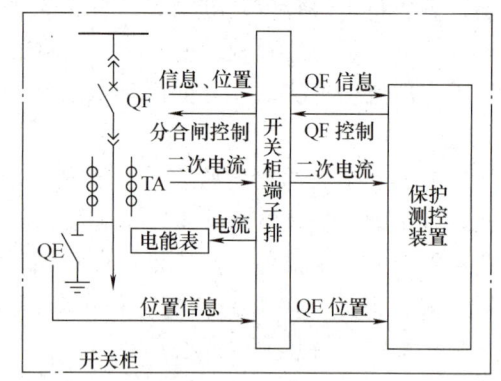

图 10-7 分散组屏方案

10.2.4 装置应用于 10kV 馈线整定案例

图 10-8 示出一条典型的 10kV 馈线，该馈线存在分支线，其配电变压器位置分散；配电变压器数量不等，容量不一。因此，馈线保护范围是出线断路器至各分支线高压熔断器之前的主干线及各分支线路。如图 10-8 中点画线框内所示。10kV 主干线路长度为 6km，为 LGJ185 导线。线路出口附近的配变最大容量为 2MVA，其短路电压百分比 $U_k\% = 5\%$。

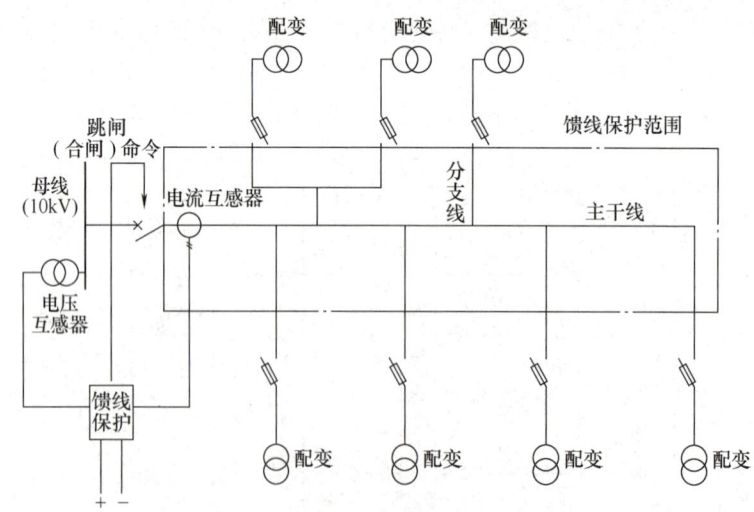

图 10-8 配电网典型 10kV 馈线及保护示意图

按照 1000MV·A 标准容量，10kV 母线背后系统最大运行方式下的等效正序阻抗为 3.8392，最小运行方式下的等效正序阻抗为 4.4642。保护装置采用分散布置。线路 TA 电流比为600A/5A，即 $n_{TA}=120$，TV电压比为10kV/0.1kV，即 $n_{TV}=100$。线路最大负荷电流为600A，实用的保护整定定值单见表10-1。

表 10-1 典型保护测控一体化装置定值清单示例

站　名	110kV×××变	设备名称	××线
互感器变比	600/5	变更理由	变电站更名
保护允许负荷	600A	装置额定电流	$I_N=5A$

装置型号：RCS-9611C_070125　　　软件版本：2.20.2.070125　　校验码：9146

保护定值		
序号	定值名称	整定值
1	过电流保护负序电压闭锁定值	最小值
2	过电流保护低压闭锁定值	最大值
3	Ⅰ段过电流定值	2640/22A
4	Ⅱ段过电流定值	最大值
5	Ⅲ段过电流定值	900/7.5A
6	过电流加速段	最大值
7	过负荷保护定值	660/5.5A
8	零序Ⅰ段过电流	最大值
9	零序Ⅱ段过电流	最大值
10	零序Ⅲ段过电流	最大值
11	零序过电流加速段	最大值
12	低频保护低频定值	最小值
13	低频保护欠电压闭锁定值	最大值
14	df/dt 闭锁定值	5Hz/s
15	欠电压减载定值	最小值
16	dU/dt 闭锁定值	1V/s
17	重合闸同期角	最小值
18	过电流Ⅰ段时间	0s
19	过电流Ⅱ段时间	最大值
20	过电流Ⅲ段时间	0.5s
21	过电流加速段时间	最大值
22	过负荷保护时间	5s
23	零序Ⅰ段电流时间	最大值
24	零序Ⅱ段电流时间	最大值
25	零序Ⅲ段电流时间	最大值
26	零序过电流加速时间	最大值
27	低频保护时间	最大值
28	低压减载时间	最大值
29	重合闸时间	2s
30	过电流Ⅲ段反时限特性	1
31	零序Ⅲ段反时限特性	1

（续）

序号	定值名称	整定值
	以下为整定控制字，置"1"相应功能投入，置"0"相应功能退出。	
1	投过电流Ⅰ段保护	1
2	投过电流Ⅱ段保护	0
3	投过电流Ⅲ段保护	1
4	投过电流Ⅲ段反时限	0
5	过电流Ⅰ段经复压闭锁	0
6	过电流Ⅱ段经复压闭锁	0
7	过电流Ⅲ段经复压闭锁	0
8	过电流Ⅰ段经方向闭锁	0
9	过电流Ⅱ段经方向闭锁	0
10	过电流Ⅲ段经方向闭锁	0
11	PT断线检查投入	1
12	PT断线暂退出与电压有关电流保护	0
13	投过电流加速段	0
14	投零序过电流加速段	0
15	投前加速	0
16	投过负荷保护	0
17	投零序Ⅰ段过电流	0
18	投零序Ⅱ段过电流	0
19	投零序Ⅲ段过电流	0
20	投零序过电流Ⅲ段反时限	0
21	投低频保护	0
22	投 df/dt 闭锁	0
23	投低压减载	0
24	重合闸投入	1
25	重合闸检同期	0
26	重合闸检无压	0
整定原则和说明	1. 过电流Ⅰ段：按线路变压器组接线考虑，动作值按躲过最大方式下线路出口大容量配电变压器低压侧三相短路电流整定，没有特殊要求，无须验证保护范围 2. 过电流Ⅲ段：动作值按躲过最大负荷电流整定，最小方式，线路末端两相短路 $K_{1m} > 1.5$ 3. 重合闸投入	

批准		审核		复核		计算	
调度员		变电值班				试验	
日期							

表10-1中的整定原则与说明中提到"过电流Ⅰ段：按线路变压器组接线考虑，动作值按躲过最大方式下线路出口大容量配电变压器低压侧三相短路电流整定，没有特殊要求，无

须验证保护范围。"10kV 线路实际也是线路变压器组接线方式,只是线路上"T"接的配电变压器数量很多,但根据实际情况和操作性有一定变通。该点在第 3 章电流保护示例中已做过比较,即配电变压器的等效阻抗远大于线路的等效阻抗。

表 10-1 中的整定原则与说明中提到"过电流Ⅲ段:动作值按躲过最大负荷电流整定,最小方式,线路末端两相短路 $K_{1m}>1.5$。" K_{1m} 即灵敏系数。过电流Ⅲ段动作值按"保护所允许最大电流"乘以 1.5 倍得到。"保护所允许最大电流"是按 TA 额定电流与线路末端故障情况下电流保护Ⅲ段有足够灵敏度时的过电流定值反推出最大允许负荷电流综合考虑,取较大值后得到的。

该线路保护的投入很简单,即过电流Ⅰ段、过电流Ⅲ段及过负荷保护,过电流Ⅲ段增加了反时限特性。自动装置方面只投入了自动重合闸功能。

10.3　110kV 线路保护测控装置应用案例

110kV 电压等级线路属于输电线路或城市高压配电线路。由于该电压等级线路的送电距离一般有 50~150km,输送功率在 10~50MW 之间。目前电力系统以 500kV 及更高电压等级变电站为电源支撑点,供应至 220kV 变电站进行能量再分配,再以 110kV 输电线路输送电能至各 110kV 变电站进行配电。可以说 110kV 电压等级线路是电力系统中的"小动脉",其作用不可小觑。目前 110kV 的断路器多采用三相操动方式,其配置的保护相对于配电线路保护要高级许多。

10.3.1　典型 110kV 输电线路保护装置简介

该装置包括完整的三段相间和接地距离保护、四段零序方向过电流保护和低频减载保护;装置配有三相一次重合闸、过负荷告警;装置还带有跳合闸操作回路以及交流电压切换回路。

本装置设有三段式相间、接地距离阻抗元件和两个作为远后备的四边形相间、接地距离阻抗元件。三段式相间阻抗元件反应输电线路相间短路,三段式接地距离阻抗元件以及四段零序方向过电流保护反应输电线路的接地短路。其他保护功能在上一节中已说明。此处重点说明距离保护与零序电流保护。

距离保护设有启动元件,启动元件的主体由反应相间工频变化量的过电流继电器实现,同时又配以反应全电流的零序过电流继电器和负序过电流继电器互相补充。反应工频变化量的启动元件采用浮动门槛,正常运行及系统振荡时变化量的不平衡输出均自动构成自适应式的门槛,浮动门槛始终略高于不平衡输出,在正常运行时由于不平衡分量很小,因而装置有很高的灵敏度。无论故障发生在本线路上,或是下一级线路或保护安装处背后的线路上,距离保护都将会启动,开放出口继电器电源并维持 7s 的时间。只有启动元件动作后,保护有可能会出口跳闸,也有可能只是启动而已。增加启动元件的目的是为了防止非故障时,距离保护内部元件异常的动作行为所造成的保护误动作,是一项提高继电保护可靠性的有效措施。

距离保护的阻抗元件采用正序电压极化原理,可有效地避免出口短路时因测量电压过低造成的阻抗无法正确测量的问题,并有较大的测量故障过渡电阻的能力;当用于短线路时,为了进一步扩大测量过渡电阻的能力，还可将Ⅰ、Ⅱ段阻抗特性向第Ⅰ象限偏移；接地距离继电器设有零序电抗特性，可防止接地故障时继电器超越。

正序极化电压较高时，由正序电压极化的阻抗元件有很好的方向性，而当正序电压下降至 $10\%U_N$ 以下时，进入三相欠电压程序，保证母线三相故障时继电器不失去方向性。Ⅲ段距离继电器三相短路Ⅲ段稳态特性包含原点，不存在电压死区。接地距离继电器设有零序电抗特性，可防止接地故障时继电器超越。

距离保护还为Ⅰ、Ⅱ段配置有振荡闭锁元件，该元件在正常运行突然发生故障时，立即开放并维持 160ms 时间长度，在此期间内，距离保护中的阻抗元件进行判定，如确有故障发生，保护需要出口跳闸，则该动作行为被"固定"住，再预先整定延时跳闸出口；如为系统振荡，则 160ms 时间长度内，阻抗元件不可能动作，正序过电流元件动作，其后再有故障时，该元件已被闭锁，另外当区外故障或操作后 160ms 再有故障时也被闭锁。如在起动元件开放 160ms 以后或系统振荡过程中，如发生三相故障，保护还能通过相应的判据实现延时启动。当然，用户也可以通过控制字选择"投振荡闭锁"去闭锁Ⅰ、Ⅱ段距离保护，否则距离保护Ⅰ、Ⅱ段不经振荡闭锁而直接开放。

本装置设置了四个带延时段的零序方向过电流保护，各段零序可由用户选择是否经方向元件控制。在 TV 断线时，零序Ⅰ段可由用户选择是否退出；四段零序过电流保护均不经方向元件控制。所有零序电流保护都受启动过电流元件控制，因此各零序电流保护定值应大于零序启动电流定值。当最小相电压小于 $0.8U_N$ 时，零序加速延时为 100ms，当最小相电压大于 $0.8U_N$ 时，加速时间延时为 200ms，其过电流定值用零序过电流加速段定值。TV 断线时，本装置自动投入两段相过电流元件，两个元件延时段可分别整定。

10.3.2 典型 110kV 输电线路距离保护测试

在上一节中，已说明了数字式继电保护装置的主要测试方向，本节重点就距离保护与零序保护的功能测试加以说明。

(1) 测试注意事项 距离保护的测试工作是一项复杂而又严谨的工作，因此在测试前应拟定详细的测试方案，主要应包括：人员分工、安全措施、整定值分析计算及测试电气量值计算、测试模块选择、保护定值中软压板的投入（退出）方案、硬压板的投入（退出）方案、测试具体步骤、测试结果记录要点等。

保护装置正确动作的前提是保护装置本身处于良好的工作状态，定值整定无误，各项电气量输入正常。因此在实施故障模拟之前，应重点检查装置的直流电源、交流输入量、整定值、软压板、硬压板的情况，保护装置的运行灯应点亮，在输入被测线路故障前（即三相输入电压为额定值，负载电流为零）电气量二次值后，保护装置的 TV 断线告警灯应熄灭。此时应检查保护装置的状态量显示，对于输入电压、电流的幅值、相序等应仔细检查核对。一切正常就序后，再进行故障模拟。

设置故障前时间的意义在于保证电压互感器（TV）断线消失、重合闸充电、保护整组复归，在此时间内测试仪应向保护装置输出额定电压及负荷电流（为了防止保护频繁启动，一般负荷电流设为零），经验值为 25s。最大故障时间为输出故障的时间，应大于三段阻抗延时、重合闸延时，经验值为 5s。注意：最大故障时间并不是指保护装置每一次模拟故障时都要将故障量值保持，在保护动作后，其动作接点闭合，测试仪感受到开入量变化后，应立即停止故障量的输出，恢复到故障前量值输出状态。

在进行距离保护测试时，应将屏上所有无关的硬压板全部退出，只保留"距离保护"压板投入；在保护定值中，如进行相间距离保护测试，则应退出接地距离保护相应的软压板，反之亦然。如只测试阻抗元件特性，也可将重合闸功能先退出，以减少测试时间。

测试之初，尽可能地采用测试仪的"手动模块"进行阻抗元件动作的测试，测试者必须对电气量值的变化非常熟悉，针对各测试软件的特点，制订合理的测试方案，这样做，既能加深测试者对于故障分析原理、继电保护原理的认识，也能提高测试效率，解决重点难点问题。

由于测试仪需要进行各种相间、接地元件的各段的测试工作，所以不能用保护的保持接点，只能用瞬时接点以保证接点正确反映每次故障保护的动作行为。

短路阻抗角设置为线路正序阻抗角。零序补偿系数如未给定，则一般按零序阻抗为正序阻抗的 3 倍计算得出，$K=0.667$。

（2）**测试模型的选择** 在进行阻抗元件测试时，保护装置根据测试仪向其提供的电压、电流计算出阻抗值及其变化规律，决定是否动作，而测试仪的短路计算模型不同，其输出电压、电流的方式也不同。短路计算模型通常有短路电流恒定、短路电压恒定和系统阻抗 Z_s 恒定三种计算模型。

简单地说，短路电流恒定模型即在固定输入电流的条件下，调节电压输入量，使阻抗元件动作或返回，为计算方便，电流一般设置为 1A 或 5A，但电流不宜设置为小于保护的最小启动电流，这种模型可用于测试阻抗元件的静态特性。这也是我们在保护测试中较常用的一种方法。

短路电压恒定模型即在固定输入电压的条件下，调节电流输入量，使阻抗元件动作或返回，短路电流由短路电压及短路阻抗得出，这种模型也可用于测试阻抗元件的静态特性。但这种方法很少被采用。

系统阻抗 Z_s 恒定模型与电网的实际运行状态最为接近，该模型的显著特点是，根据短路阻抗的不同，计算出保护安装处在故障状态下实际的母线电压与线路电流，将其作为输入量突然输入保护装置，以测试阻抗元件的暂态特性。这种方法涉及的计算有一定难度，但这种测试有助于模拟系统故障时的实际状态以考验保护的动作行为，因此也被广泛采用。

阻抗元件本身有静态和暂态两种动作特性。为了消除出口短路时的动作死区和保证动作的选择性，方向阻抗元件一般都有带极化电压的记忆回路，此电压有记忆故障以前电压的功能。在短路初瞬，保护装置所表现出的动作特性称为暂态阻抗特性。随着记忆回路中过渡过程的延续，当极化电压过渡到稳态测量电压后，此时阻抗元件的动作特性为静态阻抗特性。一般而言，利用微机保护测试仪的线路保护模块或者状态序列模块等测试手段，都是测试阻抗元件的暂态阻抗特性，而用手动模块的测试手段，则测试阻抗元件的静态阻抗特性。

（3）**阻抗边界搜索方法的选择** 阻抗元件特性的测试目的是搜索阻抗元件的动作边界，在传统的圆特性阻抗元件测试中这项试验被称为"摇圆"。测出动作边界有利于测试人员对阻抗元件的动作特性有更直观的了解，也便于发现保护装置性能或保护整定所存在的问题。采用微机型测试仪进行阻抗特性测试，可采用"二分搜索法"及"定点测试法"两种方法。

"二分搜索法"即是针对相间阻抗或者接地阻抗装置，在明确静态或暂态特性的测试任务后，通过设定相应的故障类型，在某一设定的阻抗角或阻抗角序列下，对某一边界进行搜索扫描，扫描线的首端必须在动作区内，扫描线的末端必须在动作区外，设定相应的扫描精度。开始测试后，测试仪自动按扫描线逐条扫描动作边界，第一次扫描时，扫描线首端在动作区内，保护动作；扫描线的末端在动作区外，保护不动作。在此条件下，将扫描区域分为两半，出现一个中点，如中点使保护动作，则扫描线首端改为该中点，末端不变，继续二分下去，如中点未使保护动作，扫描线的末端变为该中点，继续二分下去。测试仪根据二分法变步长逼近阻抗动作边界，直至满足所设置的扫描精度。

该方法的优点是测试结果精确，缺点是非常耗时，尤其是对于整组复归时间较长的微机保护装置。

"定点测试法"是指根据整定阻抗边界、校验精度点进行定时的测试，如果阻抗特性区内的所有测试点都动作，而动作区外的所有测试点都不动作，则说明阻抗元件的动作边界在用户所设置的校验精度内是准确的，显然，这种方法大大减少了测试时间，但前提是，测试人员必须对所测试阻抗元件的特性及整定值预先有准确的把握。

（4）相间阻抗 I 段定值校验测试方法举例 将 220V 直流接入 RCS-941 保护屏"ZD"（直流端子排）的"ZD-1"（正极）、"ZD-11"（负极）（注意合上 1ZK 保护装置才能得电）。微机型继电保护测试仪三相电压输出（四根线）"UA、UB、UC、UN"接入 RCS-941 保护屏"1D"端子排的 15、16、17、18（注意合上 1ZK 后，保护装置才会有交流电压）。微机型继电保护测试仪三相电流输出（四根线）"IA、IB、IC、IN"接入 RCS-941 保护屏"1D"端子排的 1、3、5、7 号端子。将端子排的 2、4、6、8 号端子短接。继电保护测试仪开关量 A（任意一组即可）与保护屏"1D"端子排的 118、120 号端子相接。

仅投保护屏上的距离保护 I 段压板；打开 RCS-941 装置，进入"保护定值"菜单，整定保护定值控制字中"投 I 段相间距离"置"1"、"投重合闸"置"0"、"投重合闸不检"置"0"。记录下保护装置阻抗 I 段定值及正序阻抗角、零序阻抗角值。修改定值后输入密码，方法为按保护装置上对应的四个按钮"+""左""上""−"。

测试步骤简要介绍如下：

1）继电保护测试仪设置。选择"状态序列"，序列总数选择 2 个，对每一个状态进行电气量值的设置。

2）设置第一个状态为故障前状态。初始电压为正序电压，三相均为 57.7V，初始相电流为 1A。设置第二个状态为故障状态，设置每相电流 $I_\varphi = 5A$，故障电压 $U_\varphi = 0.95 \times I_\varphi \times Z_{\text{set.I}}$（$Z_{\text{set.I}}$ 为距离 I 段阻抗定值）情况下的三相正方向瞬时故障的各相电压与电流。注意灵敏角应为正序阻抗角。设置第一个状态的保持时间为 25s，第二个状态的保持时间为 0.01s。

3）开始实验，故障前状态应能使等保护充电，直至"充电"灯亮；约 25s 后，装置面板上相应灯亮，液晶上显示"距离 I 段动作"，动作时间为 10～30ms，动作相为"ABC"；记录下动作电压与动作电流值，停止实验。

4）改变故障状态，三相短路电流设置 $I_\varphi = 5A$，故障电压 $U_\varphi = 1.05 \times I_\varphi \times Z_{\text{set.I}}$。

5）开始实验，故障前状态应能使等保护充电，直至"充电"灯亮；约 20s 后，保护装置应不动作，停止实验。

6）加故障电流 20A，故障电压 0V，模拟三相反方向故障，距离保护应不动作。

7）结束实验，关闭测试仪，打开屏后所有开关，断开所有电源开关。

（5）接地阻抗Ⅰ段定值校验测试方法举例　实验接线同相间阻抗特性实验。仅投保护屏上的距离保护Ⅰ段压板；打开 RCS-941 装置，进入"保护定值"菜单，整定保护定值控制字中"投Ⅰ段接地距离"置"1"、"投重合闸"置"0"、"投重合闸不检"置"0"。记录下保护装置阻抗Ⅰ段定值及正序阻抗角、零序阻抗角、零序补偿系数，不需改动。修改定值后输入密码，方法为按保护装置上对应的四个按钮"+""左""上""-"。

测试步骤简要介绍如下：

1）继电保护测试仪选择"状态序列"，序列总数选择 2 个，对每一个状态进行电气量值的设置。

2）设置第一个状态为故障前状态，初始电压为正序电压，三相均为 57.7V，初始相电流为 1A。设置第二个状态为故障状态，设置 A 相电流 $I_A = 5A$，其他两相电流与第一状态相同，A 相电压为 $U_A = 0.95 \times (1+K) \times I_A \times Z_{set.Ⅰ}$（$Z_{set.Ⅰ}$ 为距离Ⅰ段阻抗定值，K 为零序补偿系数），其他两相电压为 57.7V。注意灵敏角应为正序阻抗角。设置第一个状态的保持时间为 25s，第二个状态的保持时间为 0.01s。

3）开始实验，故障前状态应能使等保护充电，直至"充电"灯亮；约 25s 后，装置面板上相应灯亮，液晶上显示"距离Ⅰ段动作"，动作时间为 10~30ms，动作相为"A"；记录下动作电压与动作电流值，停止实验。

4）改变故障状态，改变 A 相电压 $U_A = 1.05 \times (1+K) \times I_A \times Z_{set.Ⅰ}$。开始实验，故障前状态应能使等保护充电，直至"充电"灯亮；约 20s 后，保护装置应不动作，停止实验。以下步骤同相间距离保护测试，只是故障相别发生了改变。

（6）方向零序电流保护Ⅰ段定值校验测试方法举例　方向元件测试是该保护测试工作的难点所在。需要预先说明的是：保护正方向发生故障时，$3\dot{U}_0$ 滞后 $3\dot{I}_0$ 的相角为 110°~95°；而且不受过渡电阻 R_g 的影响。保护反方向发生接地故障时，$3\dot{U}_0$ 超前 $3\dot{I}_0$ 的相角为 70°~80°。

所有零序电流保护都受启动过电流元件控制，因此各零序电流保护定值应大于零序启动电流定值。在 TV 断线时，零序Ⅰ段可由用户选择是否退出；四段零序过电流保护均不受方向元件控制。

测试应注意仅投入"零序保护投入"压板，设置各段零序定值校验点。分别模拟正方向 A 相、B 相、C 相单相接地瞬时故障，模拟故障电压 $U = 50V$，模拟故障时间应大于Ⅳ段保护的动作时间定值，阻抗角为零序灵敏角。要求在 0.95 倍定值时零序保护可靠不动作，1.05 倍定值时零序保护可靠动作，在 1.2 倍定值时测量零序保护动作时间。

从表面上看，只要零序电流大于相应段的定值，故障时间达到整定时间零序电流保护就应动作。但实际上，由于零序功率方向的要求，保护要动作还应满足以下几个条件：①保护装置应能做好动作的准备，主要是 TV 断线灯不能亮起，装置定值应准确，其主要标志是装置的运行灯应亮，且无任何告警信号。②应满足零序功率为"负"。③相应的硬压板位置应准确。

根据测试内容的不同，可采用不同的测试手段，如在校验零序电流保护定值时，可采用模拟正方向接地短路故障的方法，如设置 A 相接地，正方向故障，短路阻抗角为 70°~80°。

实验接线同相间阻抗特性实验。仅投保护屏上的零序电流保护Ⅰ段压板；装置上电后，进入"保护定值"菜单，整定保护定值控制字中"投Ⅰ段零序电流保护"置"1"、"投重合闸"置"0"、"投重合闸不检"置"0"。其他参数不变，记录下各段零序电流定值。修改定值后，输入密码，方法为按保护装置上对应的四个按钮"+""左""上""-"。

测试步骤简要介绍如下：

1）测试仪菜单设置选择"状态序列"，第一个状态为故障前状态。初始电压为正序电压，三相均为57.7V，初始相电流为0A。第二个状态为故障状态，设置为接地故障，故障电压30V，加入对应的Ⅰ段电流的1.05倍电流值。状态触发条件选择"最大时间"：定义某一状态的输出时间及最大时间到后进入下一状态。时间设置为"最大时间"：输出当前状态电压电流的最长时间及本实验故障前状态的"最大时间"设置为"20s"。故障状态的"最大时间"设置为"0.01s"。触发后延时时间设置为"0s"。

2）开始实验，等保护充电，直至"充电"灯亮；约20s后，装置面板上相应灯亮，液晶上显示"零序电流Ⅰ段动作"，动作时间为10~30ms，动作相为"A"；记录下动作电流值，停止实验。

3）改变故障状态，故障电压30V，加入对应的Ⅰ段电流的0.95倍电流值。开始实验，故障前状态应能使等保护充电，直至"充电"灯亮；约20s后，保护装置应不动作，停止实验。做好记录。

4）改变相别为B、C两相，重新实验。做好记录。

5）改变故障类型为两相接地短路，如AB相接地，重新实验。做好记录。停止实验。

只要能够模拟正方向接地短路故障，方向元件将满足动作条件，不会影响零序方向电流保护的测试。如想学习校验零序功率方向动作区，找到其动作的边界，可采用状态序列或手动试验的方法，但前提是要明确动作区的范围，以方便加故障量值。以下用一示例加以说明。

【例10-1】 零序Ⅰ段的动作电流整定值为5A，零序功率方向灵敏角为70°，如采用手动菜单，请给出一种动作区的校验方法。

【解】

根据题意，功率方向动作区为 $160° \leq \arg \dfrac{3\dot{U}_0}{3\dot{I}_0} \leq 340°$，其动作边界1为 $\arg \dfrac{3\dot{U}_0}{3\dot{I}_0} = 340°$ 或 $-20°$，以 $3\dot{U}_0$ 为参考相量，如图10-9所示，当 $3\dot{I}_0$ 超前 $3\dot{U}_0$ 的角度大于20°（即 $3\dot{U}_0$ 超前 $3\dot{I}_0$ 的角度小于或等于340°）时，零序功率方向应动作。"进入"边界1，以进入边界的角度值为动作角度 φ_1，当 $3\dot{U}_0$ 超前 $3\dot{I}_0$ 的角度大于或等于160°时，"进入"边界2，以该角度为动作角度 φ_2，取 φ_1、φ_2 平均值为灵敏角度，理想角度应为250°，即 $\arg \dfrac{3\dot{U}_0}{3\dot{I}_0} \leq 250°$。

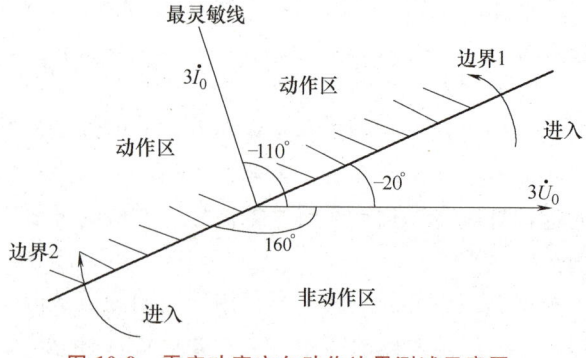

图10-9 零序功率方向动作边界测试示意图

采用手动菜单时，先设定三相电压为额定电压（57.7V），其中 A 相电压相位角设为 180°，相序设为正序；三相电流为零，并使保护装置准备好动作条件，通过调节变量或保持输出的方法，将 A 相电压突然变为 0V，相当于获得了 $3\dot{U}_0 = 57.7\angle 0°$，A 相电流设为 6A，相位角设为 15°，选择变化量为 A 相电流的相位角，步长为 1°，改变相位角，使零序功率方向由不动作进入动作状态，记录下动作角度 φ_1；对于边界 2，A 相电流幅值不变，设定初始变化相位角为 155°，步长为 1°，改变相位角，使零序功率方向由不动作进入动作状态，记录下动作角度 φ_2。注意，在变化过程中 TV 断线闭锁信号不能出现，或者通过对保护装置的控制字进行相应的设定，以保证边界校验的顺利进行。

10.3.3 110kV 线路保护相关二次部分简介

110kV 线路保护一般配置单套距离、零序电流保护，灵敏度不满足要求时可以改配单套的纵联距离、零序保护。一条 220kV 线路保护需要 2 个保护柜；110kV 线路保护则由 2 条线路保护组成一个保护柜。220kV 线路保护需要 3 个分相合闸、2 路各 3 相跳闸回路，操作箱需要控制断路器的 3 个合圈、6 个跳圈，操作箱接线较复杂，必须单独组一个机箱；110kV 线路保护只需要一个三相合闸回路、一个三相跳闸回路，接线相对简单，可以单独组一个机箱，也可以将操作箱部分做成微机保护内部的插件，减少体积以及柜内电缆联系。

（1）常规组屏方法示例　图 10-10 为典型 110kV 线路保护测控屏，线路保护、测控采用同一个厂家的产品。示例中将一条线路的保护、测控装置组成一个线路保护测控柜。

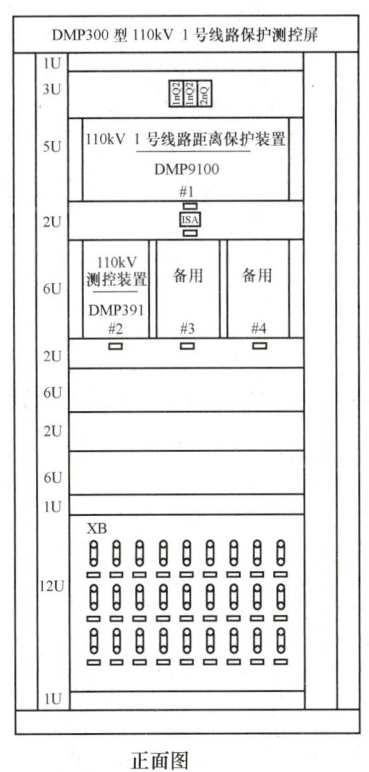
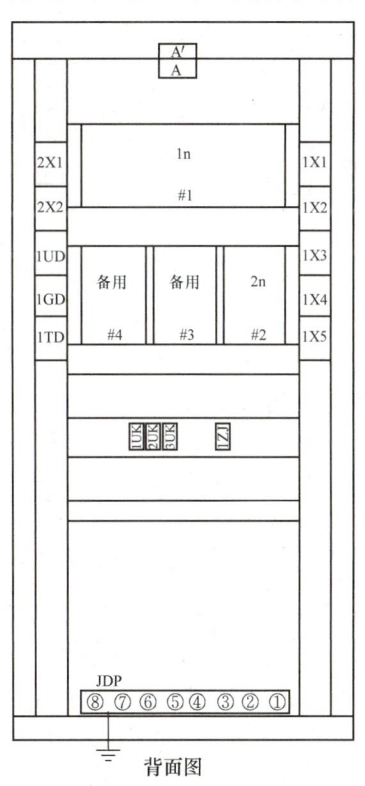

图 10-10　110kV 线路保护测控柜配置图

柜中的主要装置有：①110kV 线路距离保护装置（装置内含操作插件），装置代号为 1n；②110kV 线路测控装置，装置代号为 2n。这样组屏，2n 测控装置至 1n 保护装置的遥控回路、保护装置至测控装置的二次电压传送、保护信息传送均为柜内接线，出厂时已经接好，现场安装施工时减少了保护柜与测控柜之间的电缆联系。

微机线路保护装置包括工频变化量距离保护、完整的三段相间和接地距离保护、四段零序方向过电流保护、零序方向过电流反时限、不对称相继速动保护、双回线相继速动保护、低频解列保护、双回线跨线不接地保护、TV 断线后紧急状态保护；配置有三相一次重合闸、合闸后加速、故障测距、过负荷告警、频率跟踪采样等功能；装置还带有跳合闸操作回路和交流电压切换回路。

（2）端子箱示例 断路器端子箱（又称线路端子箱）是根据本线路二次部分设计定制的，主要是将电流互感器、断路器机构、刀开关机构、线路 TV 的户外设备的接线汇总起来，电缆由断路器端子箱统一连接到户内设备。以电流回路为例，如图 10-11 所示，三相电流互感器由 3 根电缆连接到断路器端子箱，在端子箱内接成星形，再由 4 根电缆分别送到户内的线路保护柜、母线保护柜、测控柜、电能表柜。差动保护电流回路接地点在控制室，其余电流回路在变电场地端子箱内接地。

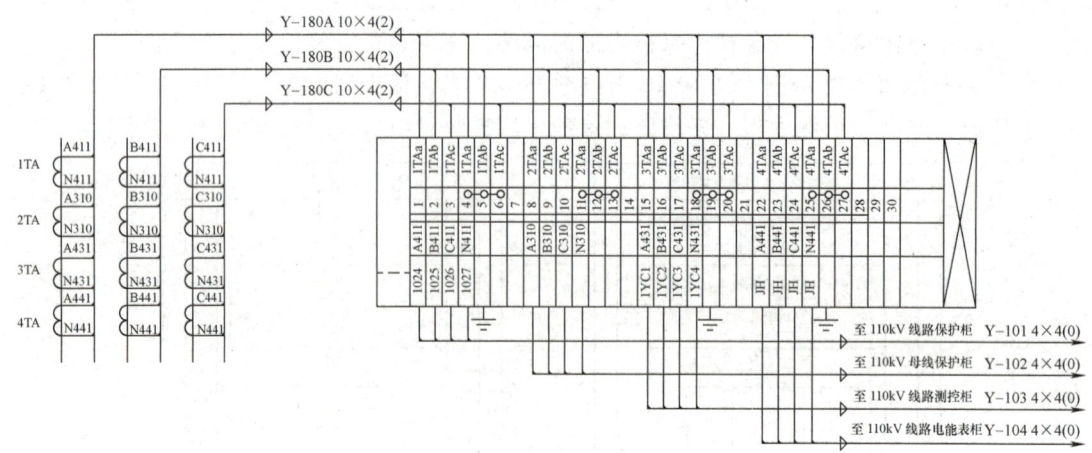

图 10-11　断路器端子箱电流回路接线图

电动隔离开关的操作以及手动刀开关的闭锁均可以在断路器端子箱内实现电气闭锁，即将断路器辅助接点、刀开关辅助接点等按照一定逻辑连接起来，串入刀开关控制回路中，当不满足操作条件时，切断刀开关操作回路，达到防止误操作的目的。

10.3.4　装置应用于 110kV 线路的整定案例

实用的 110kV 线路继电保护装置的整定内容较本书所介绍的继电保护原理要复杂许多。为突出继电保护的应用性，以下结合一条实际的 110kV 线路的实际整定结果，给出相应的说明，其一次系统简图如图 10-12 所示。图中 A 为 110kV 母线，保护安装于 A 母线出口处，A 母线背后系统 S 对应的

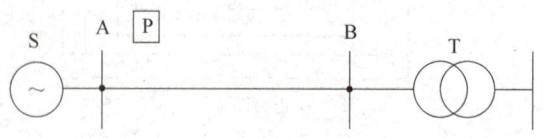

图 10-12　110kV 线路一次系统简图

正序阻抗为大方式 0.52758，小方式 0.75788；母线背后系统 S 对应的零序阻抗为大方式 0.43052，小方式 0.45132。阻抗为标幺值表示，其基准容量为 1000MVA。

图中 A、B 母线之间为 110kV 线路，长度为 9.43km，LGJ300 导线。所供主变 T 的容量为 40MVA，短路电压百分比为 $U_k\% = 11.85\%$。线路 TA 电流比为 1200/5，即 $n_{TA} = 240$，A 母线上 TV 电压比为 110kV/0.1kV，即 $n_{TV} = 1100$。线路最大负荷电流为 600A，母线最低运行电压为 90kV，负荷功率因数设为 0.8。实用的保护整定定值单见表 10-2。

表 10-2 110kV 线路保护定值清单示例

站　名		×××变电站		设备名称		××线
互感器变比		TA:1200/5、TV:110/0.1		变更理由		
最大负荷电流		600A		最低运行电压		90kV
		保护装置型号:RCS-941A		版本:V2.00 校验码:4F69		
距离及零序保护和重合闸定值清单						
1	电流变化量启动值	120/0.5A	26	零序过电流Ⅱ段时间		0.3s
2	零序启动电流	120/0.5A	27	零序过电流Ⅲ段定值		480/2A
3	负序启动电流	120/0.5A	28	零序过电流Ⅲ段时间		0.6s
4	零序补偿系数	0.55	29	零序过电流Ⅳ段定值		288/1.2A
5	振荡闭锁过电流	10A	30	零序过电流Ⅳ段时间		1.1s
6	接地距离Ⅰ段定值	10.08/2.2Ω	31	零序过电流加速段		1440/6A
7	距离Ⅰ段时间	0s	32	相电流过负荷定值		648/2.7A
8	接地距离Ⅱ段定值	10.08/2.2Ω	33	相电流过负荷时间		5s
9	接地距离Ⅱ段时间	0.3s	34	低频转差闭锁值		5Hz/s
10	接地距离Ⅲ段定值	13.75/3Ω	35	低频低压闭锁定值		60V
11	接地Ⅲ段四边形	13.75/3Ω	36	低频保护低频值		48Hz
12	接地距离Ⅲ段时间	1.1s	37	低频保护时间定值		10s
13	相间距离Ⅰ段定值	10.08/2.2Ω	38	TV 断线过电流Ⅰ段定值		1440/6A
14	相间距离Ⅱ段定值	13.75/3Ω	39	TV 断线过电流Ⅰ段时间		0.3s
15	相间距离Ⅱ段时间	0.3s	40	TV 断线过电流Ⅱ段定值		960/4A
16	相间距离Ⅲ段定值	51.33/11.2Ω	41	TV 断线过电流Ⅱ段时间		2.1s
17	相间Ⅲ段四边形	51.33/11.2Ω	42	固定角度差定值		0°
18	相间距离Ⅲ段时间	2.1s	43	重合闸时间		2s
19	正序灵敏角	75°	44	同期合闸角		0°
20	零序灵敏角	75°	45	线路正序电抗		3.67/0.8Ω
21	接地距离偏移角	30°	46	线路正序电阻		0.96/0.21Ω
22	相间距离偏移角	15°	47	线路零序电抗		10.27/2.24Ω
23	零序过电流Ⅰ段定值	1440/6A	48	线路零序电阻		2.7/0.59Ω
24	零序过电流Ⅰ段时间	0s	49	线路总长度		9.43km
25	零序过电流Ⅱ段定值	720/3A	50	线路编号		16W0

(续)

	控制字 SW(n)整定"1"表示投入,整定"0"表示退出				
1	投振荡闭锁	0	15	投Ⅳ段零序方向	0
2	投Ⅰ段接地距离	1	16	投相电流过负荷	0
3	投Ⅱ段接地距离	1	17	投低频保护	0
4	投Ⅲ段接地距离	1	18	投低频转差闭锁	0
5	投Ⅰ段相间距离	1	19	投重合闸	1
6	投Ⅱ段相间距离	1	20	投检同期方式	0
7	投Ⅲ段相间距离	1	21	检线无压母有压	0
8	重合加速Ⅱ段距离	0	22	检母无压线有压	0
9	重合加速Ⅲ段距离	1	23	检线无压母无压	0
10	双回路相继速动	0	24	投重合闸不检	1
11	不对称相继速动	0	25	TV 断线保留零序Ⅰ段	1
12	投Ⅰ段零序方向	1	26	TV 断线闭锁重合	0
13	投Ⅱ段零序方向	0	27	Ⅲ段及以上闭锁重合	0
14	投Ⅲ段零序方向	0	28	多相故障闭锁重合	0
	软压板整定"1"表示投入,整定"0"表示退出				
1	投高频保护/双回线相继速动压板	0	6	投零序Ⅳ段压板	1
2	投距离保护压板	1	7	不对称速动压板	0
3	投零序Ⅰ段压板	1	8	投低频保护压板	0
4	投零序Ⅱ段压板	1	9	投闭锁重合闸压板	0
5	投零序Ⅲ段压板	1			
	整定原则和说明				

1. 相间距离Ⅰ段,接地距离Ⅰ段及Ⅱ段:按躲过所供变压器中压母线故障 $K_{rel}<0.5$ 整定,线路末端故障 $K_{sen}>2$
2. 相间距离Ⅱ段,接地距离Ⅲ段:按躲过所供变压器中压母线故障 $K_{rel}<0.7$ 整定
3. 相间距离Ⅲ段:按躲过最小负荷阻抗整定
4. 方向零序Ⅰ段:按最小方式线路末端单相接地短路 $K_{sen}>2$ 整定,方向指向线路
5. 零序Ⅳ段:按线路经电阻接地故障有规定灵敏度整定,电流值不大于 300A(一次值)
6. TV 断线过电流Ⅰ段:按最小方式线路末端两相短路 $K_{sen}>2$ 整定。TV 断线过电流Ⅱ段:按最大负荷电流整定

批准		审核		复核		计算	
调度员		变电值班				试验	
日期							

(1) 启动电流整定的相关说明 为了区分故障与正常运行状态,同时为区分故障与振荡,保护设置了较为完善的电流变化量启动值、零序启动电流、负序启动电流启动元件。启动元件不动作,整个保护将被闭锁,保证了保护不误动作。

(2) 距离保护整定的相关说明 表 10-2 中的整定原则与说明中提到"相间距离Ⅰ段,

接地距离Ⅰ段及Ⅱ段：按躲过线路所供变压器中压母线故障 $K_{rel}<0.5$ 整定，线路末端故障 $K_{sen}>2$。" K_{rel} 即可靠系数，K_{sen} 即灵敏系数。示例 110kV 线路为开环运行方式，即单侧电源线路，根据 DL/T 584—2017《3~110kV 电网继电保护装置运行整定规程》（表 2、表 3）中线路变压器组接线方式进行整定，示例中可靠系数选取比规程更小，更可靠。

表 10-2 中的整定原则与说明中提到"相间距离Ⅱ段，接地距离Ⅲ段：按躲过所供变压器中压母线故障 $K_{rel}<0.7$ 整定。"上条提到接地距离Ⅰ段及Ⅱ段整定为一样，相当于本线路接地距离只设Ⅰ段和Ⅲ段，示例中的 110kV 线路接一终端变电所，并无下一级线路。接地距离Ⅰ段的整定原则已能使本线路发生故障时速断动作，再增设一段带延时的保护，在规程允许范围内适当增大可靠系数，提高了线路末端故障的灵敏度。相间距离Ⅰ、Ⅱ段整定也采用了类似思路。

表 10-2 中的整定原则与说明中提到"相间距离Ⅲ段：按躲过最小负荷阻抗整定。"按线路上所接变压器容量折算成电流、线路及一次设备的额定电流（本例为 600A）这两者的最小值确定最大负荷电流。参考式（4-46），$Z_{Lo.min} = U_{min}/(\sqrt{3} I_{L.max})$。$U_{min} = 90kV$，$I_{L.max}$ 按 40MV·A 变压器在 U_{min} 的额定电流计算为 256.6A。计算所得最小负荷阻抗为 202.5Ω。按距离Ⅲ段整定公式，可靠系数及返回系数设置为 1.3，自启动系数设置为 3。相间距离Ⅲ段定值为：$202.5/(1.3 \times 1.3 \times 3 \times \cos 38.91°) = 51.33Ω$。38.91° 为线路正序阻抗角与本例中功率因数（0.8）所对应阻抗角的差值。

这种整定方式是根据整定规程，结合电网实际运行方式自行考虑的，除了相间距离Ⅲ段，其余各段距离保护的整定原则都是相同的，即保证线路末端故障有足够灵敏度，同时应保证线路末端主变低压侧母线故障，线路保护可靠不动作。

（3）零序电流保护整定的相关说明 表 10-2 中的整定原则与说明中提到"方向零序Ⅰ段：按最小方式线路末端单相接地短路 $K_{sen}>2$ 整定，方向指向线路。"由于线路开环，零序电流没必要躲线路末端故障，而由于所供主变低压侧中性点不接地，零序电流保护的保护范围不会超出变压器。因此让零序Ⅰ段带方向，目的是防止误动。此例中Ⅱ段、Ⅲ段任意整定，无配合考虑，Ⅱ段整定为Ⅰ段定值的一半，Ⅲ段整定为Ⅰ段定值的 1/3。

表 10-2 中的整定原则与说明中提到"零序Ⅳ段：按线路经电阻接地故障有规定灵敏度整定，电流值不大于 300A（一次值）。"是根据 DL/T 584—2017《3~110kV 电网继电保护装置运行整定规程》7.2.1.6 进行整定的。

表 10-2 中的整定原则与说明中提到"TV 断线过电流Ⅰ段：按最小方式线路末端两相短路 $K_{sen}>2$ 整定。TV 断线过电流Ⅱ段：按最大负荷电流整定。"TV 断线时，零序保护是正常运行的。但距离保护必须退出运行，防止误动。TV 断线过电流主要弥补 TV 断线时失去距离保护带来的问题，主要考虑对相间故障的保护，由于相电流保护受运行方式影响，同时可能伸到变压器其他侧（零序电流不可能伸出变压器），TV 断线过电流Ⅰ段带延时，代替距离Ⅱ段作用，保护线路故障，带短延时 0.3s，与 220kV 主变 110kV 侧后备保护稳定段 0.6s 配合，TV 断线过电流Ⅱ段按躲负荷电流整定，代替相间距离Ⅲ段作用。

（4）控制字及软压板的相关说明 控制字的作用在于控制保护功能的"投"与"退"。如投入，则控制字设置为"1"；如退出，则控制字设置为"0"。控制字 SW（1）设置为"0"为振荡闭锁不投入，原因是本线路为单侧电源，不可能发生振荡。SW（2）~SW（7）设置为"1"，代表保护投入相间距离保护与接地距离保护。SW（9）、SW（19）、SW（24）

代表本装置将采用三相自动重合闸元件，采用不检重合（即无条件重合）、重合后加速距离保护Ⅲ段的功能。三相重合闸属于复合于本继电保护装置中的一种安全自动装置。它的加入使本装置能在线路发生瞬时故障保护动作跳开断路器后，进行一次重合，如不成功则加速跳开断路器，这样做可以提高供电可靠性。SW（12）设置为"1"，而 SW（13）~SW（15）设置为"0"，目的是让零序电流Ⅰ段带有方向闭锁，而其他段不带方向闭锁，此处只是控制其带不带方向闭锁条件，而非控制零序电流保护是否投入。SW（25）设置为"1"即特别约定 TV 断线后零序电流Ⅰ段并不退出，这样设置是基于 TV 断线和背后的接地故障不可能同时发生的假设。

软压板严格意义上也属于控制字范畴，但其主要作用是与保护屏上的硬压板配合使用，1~8 项软压板与屏上硬压板是"与"的关系，第 9 项与屏上硬压板之间是"或"的关系。本例中所有设置为"1"的软压板，对应的硬压板只要投入，即代表该项保护功能已投入，将动作于跳闸出口。

10.4 220kV 线路保护实例

220kV 电压等级线路属于高压输电线路。由于该电压等级线路的送电距离一般有 100~300km，输送功率在 100~200MW 之间，220kV 电压等级线路相对于 110kV 线路的重要性又提高了一个层次。目前 220kV 的断路器多采用分相操动方式，其配置的保护相对于 110kV 线路保护的主要区别是增加了全线速动保护。

10.4.1 典型 220kV 输电线路保护装置简介

220kV 线路保护需要配置两套保护，以实现保护双重化。

第一套保护装置主要包括以分相电流差动和零序电流差动为主体的快速主保护，由工频变化量距离元件构成的快速Ⅰ段保护，由三段式相间距离保护、三段式接地距离及多个零序方向过电流保护构成的全套后备保护。该保护有分相跳闸出口，配有自动重合闸功能，对单或双母线接线的开关实现单相重合闸、三相重合闸和综合重合闸。

第一套保护装置所采用的纵联差动保护，广泛应用于 220kV 及以上电压等级线路。由于其主保护的原理完全满足基尔霍夫定律，利用对线路两侧电流的矢量和进行计算，能较为方便地识别区内和区外故障。对于区外发生的故障，同时 TA 饱和造成保护装置采样到差流，保护装置通过带斜率的比率制动方程进行可靠制动。针对重负载线路区内发生单相经过渡电阻接地，配置有工频变化量差动和零序差动保护。

第二套保护以纵联距离和纵联零序作为全线速动主保护，其后备保护配置与第一套保护类似，重合闸功能也类似。保护也采用分相跳闸出口。

10.4.2 典型 220kV 输电线路主保护测试

本节重点就第一套主保护中的电流差动保护的功能测试加以说明。

(1) 注意事项 将光端机（在 CPU 插件上）的接收"RX"和发送"TX"用尾纤短接，构成自发自收方式。定值问题：差动电流高定值，按不小于 4 倍的电容电流整定；差动电流低定值，按不小于 1.5 倍的电容电流整定；整定时还需注意零序容抗要大于正序容抗。

控制字中将"投纵联差动保护""专用光纤""通道自环""投重合闸"和"投重合闸不检"均置"1";软压板中"投纵联差动保护"置"1";仅投主保护硬压板。

(2) 纵联差动保护定值校验——差动电流高定值（差动保护Ⅰ段） 模拟对称或不对称故障（所加入的故障电流必须保证装置能启动），使故障电流为：$I=m×0.5×I_{max1}$（I_{max1} 为"差动电流高定值"、4倍电容电流两者的大值），注意 $m=0.95$ 时差动保护Ⅰ段应不动作，$m=1.05$ 时差动保护Ⅰ段能动作，在 $m=1.2$ 时测试差动保护Ⅰ段的动作时间（10~25ms）。

(3) 纵联差动保护定值校验——差动电流低定值（差动保护Ⅱ段） 模拟对称或不对称故障（所加入的故障电流必须保证装置能启动），使故障电流为：$I=m×0.5×I_{max2}$（I_{max2} 为"差动电流低定值"、2倍电容电流两者的大值），要求 $m=0.95$ 时差动保护Ⅱ段应不动作，$m=1.05$ 时差动保护Ⅱ段能动作，在 $m=1.2$ 时测试差动保护Ⅱ段的动作时间（40~60ms）。

(4) 纵联差动保护定值校验——正序容抗定值（零序差动） 抬高差动电流高定值、低定值，建议整定为2倍额定电流，零序启动电流可整定为0.1倍的额定电流。整定正序容抗 X_{c1}，使额定电压与正序容抗的比值 $U_N/X_{c1}>0.1$ 倍额定电流，建议为0.4倍额定电流，将零序容抗 X_{c0} 定值整定为比 X_{c1} 适当大一点。加正常三相对称电压，大小为 U_N，三相对称电流超前电压90°，大小为 $I=U_N/2X_{c1}$，使差动满足补偿条件。增加任意一相电流（另外两相电流不变），使零序电流大于 $0.3I_N$。零序差动保护选相动作，动作时间为120ms左右。

以某综合自动化变电所的一条220kV线路的继电保护装置为例，介绍线路保护二次部分主要相关设备的配置与功能。

10.4.3 典型220kV输电线路一次接线简介

如图10-13所示，图中W1、W2代表220kV双母线；QF为断路器；1QS~3QS为隔离开关；1QE、3QE1、3QE2为接地开关；1TA~5TA为本线路电流互感器的5个二次绕组，分别接至每一套微机保护及故障录波器、第二套微机保护、母差保护、测量设备、计量设备等；线路电压互感器为单相式；母线电压互感器为各线路共用，图中未画出。TA、TV、断路器、隔离开关、接地开关安装在变电场地；微机保护柜、测控柜、故障录波器柜等安装在保护室内。

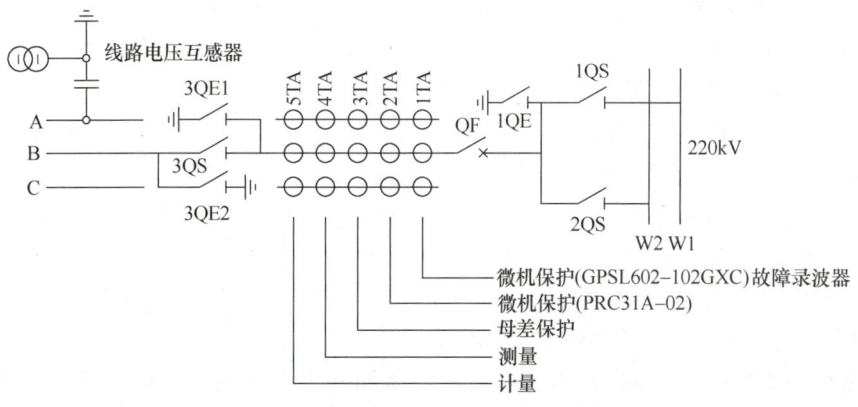

图10-13 220kV线路一次接线示意图

10.4.4 主要相关二次设备之间的联系

主要相关二次设备之间的联系如图 10-14 所示，图中带有箭头的线表示二次电缆，虚线代表网络。变电场地上相关设备有 TA、TV 接线箱，引出二次电流、电压；QF 机构箱，QF 电源、控制、信号等回路均由其机构箱接入；QS、QE 机构箱，接入 QS、QE 电源、控制、信号；断路器端子箱，汇集了除二次电压外的所有变电场地到保护室的电缆，同时箱内还设有刀开关防误操作回路。TV 二次电压由电缆送至 TV 并列重动柜后接于柜顶电压小母线，由柜顶电压小母线送至各相关保护柜、电能表柜的柜顶，也可以由电缆接入各保护柜。线路保护采用双套光纤纵联保护配置，两个保护柜，型号分别为 PRC31A-02 以及 GPSL602-102GXC。

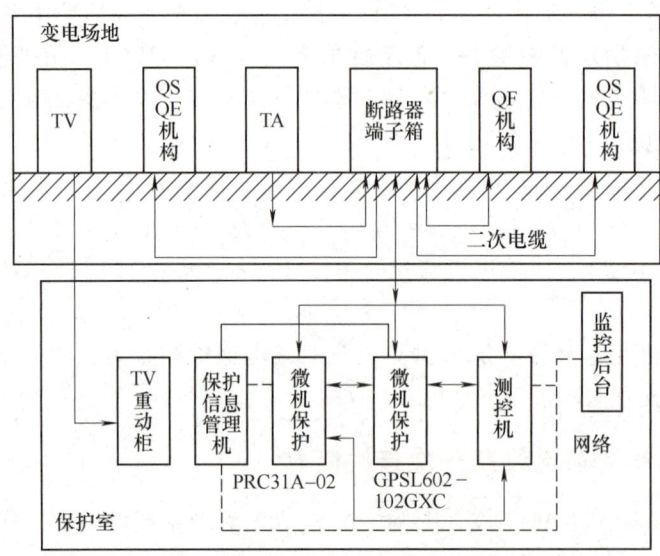

图 10-14 主要二次设备连接示意图

10.4.5 第一套保护柜

保护柜由微机保护装置、操作箱、打印机、信号复归按钮（1FA、4FA）、打印试验按钮（1YA）、重合闸方式选择开关（1QK）、光纤终端盒、交流空气断路器（ZKK）、直流空气断路器（DK）、连接片（压板）、端子排（1D、4D、JD、RD）组成，主要承担起双重化保护中的一套所有功能。保护柜平面布置图如图 10-15 所示。

保护装置正面如图 10-16 所示，有液晶显示屏、信号灯、小键盘、调试通信口、模拟量输入口。

组成装置的插件有：电源插件（DC）、交流插件（AC）、低通滤波器（LPF）、CPU 插件（CPU）、通信插件（COM）、24V 光耦插件（OPT1）、高压光耦插件（OPT2，可选）、信号插件（SIG）、跳闸出口插件（OUT1、OUT2）、扩展跳闸出口（OUT，可选）、显示面板（LCD）。RCS-931 保护背面布置如图 10-17 所示。

从装置的背面（见图 10-17）看，左边第一个插件为电源插件，输入 220V（110V）直流，输出 5V、±12V、24V 电源，其中 5V 电源供应 CPU 使用，±12V 电源用于采样电路，

第10章 继电保护装置与实现

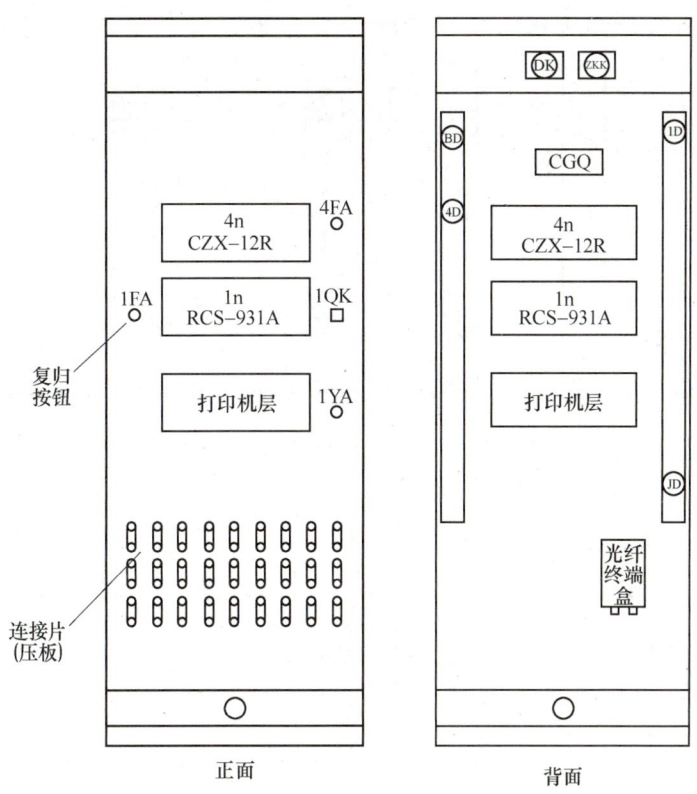

图 10-15　PRC31A-02 保护柜布置图

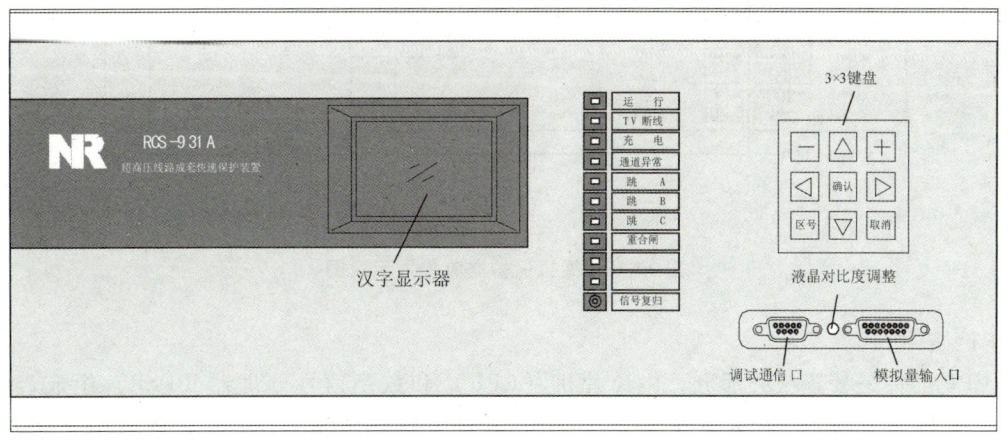

图 10-16　第一套保护正面面板布置

24V 电源用于光耦回路（开关量输入）。

　　图 10-17 中左边第 2 个插件为交流输入变换插件（AC），与一次设备的联系如图 10-18 所示。

　　图 10-18 交流输入为母线电压、单相线路电压、线路电流，变换器输出至低通滤波

253

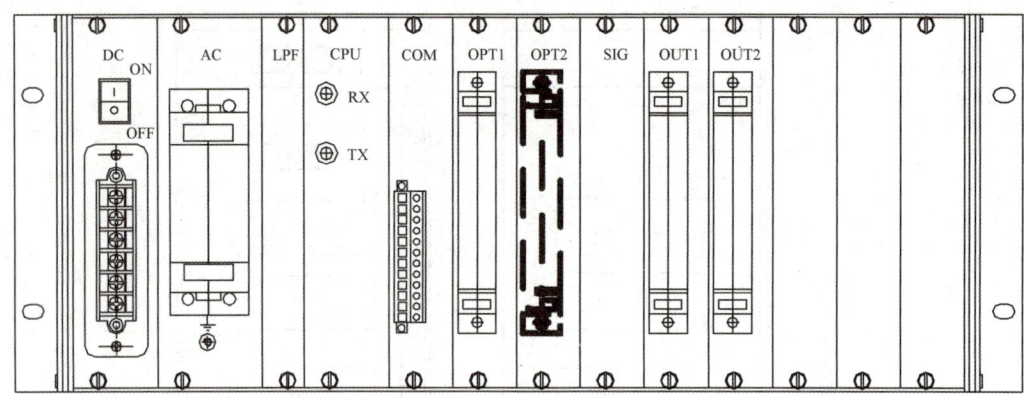

图 10-17　RCS-931 保护背面布置

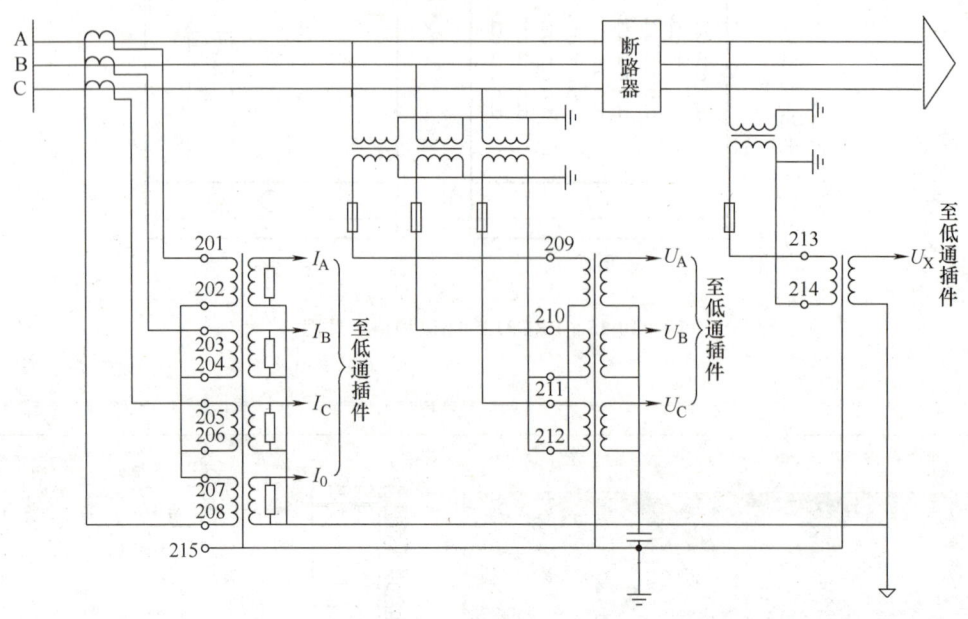

图 10-18　微机保护交流输入示意图

（LPF）插件。

CPU 插件是装置核心部分，由单片机（CPU）和数字信号处理器（DSP）组成，CPU 完成装置的总启动元件和人机界面及后台通信功能，DSP 完成所有的保护算法和逻辑功能。装置采样率为每周波 24 点，在每个采样点对所有保护算法和逻辑进行并行实时计算，使得装置具有很高的固有可靠性及安全性。

启动 CPU 内设总启动元件，启动后开放出口继电器的正电源，同时完成事件记录及打印、保护部分的后台通信及与面板通信；另外还具有完整的故障录波功能，录波格式与 COMTRADE 格式兼容，录波数据可由单独串口输出或打印输出。CPU 插件还带有光端机，它通过 64kbit/s 高速数据通道（专用光纤或复用 PCM 设备），用同步通信方式与对侧交换电流采样值和信号。

通信插件（COM）的功能是完成与监控计算机或 RTU 的连接，实现三类通信：①插件设置了两个用于向监控计算机或 RTU 传送报告的 RS485 接口或以光纤接口通过以太网上送报告。②设置了一个用于对时的 RS485 接口，该接口只接收 GPS 发送的秒脉冲信号，不向外发送任何信号。③一个用于打印的 RS485 或 RS232 接口连接打印机。

24V 光耦插件（OPT1）、高压光耦插件（OPT2）用于开关量输入。保护柜上的一些压板、选择开关（如重合闸选择开关）、操作箱送来的断路器位置等触点信号经光耦转换为数字信号"0""1"供微机保护使用。GPS 对时信号也可由光耦插件接入，RS485 口与光耦 GPS 对时方案不能同时使用，只能选用一种。

信号插件（SIG）主要是将 5V 的动作信号经晶体管转换为 24V 信号，从而驱动继电器。

跳闸出口插件（OUT1、OUT2），OUT1 以空触点形式输出信号以及开关量供其他保护使用；OUT2 为出口插件，输出分、合闸命令。

分相操作箱内部设有操作回路及电压切换回路。保护跳闸、重合命令以及测控柜来的手动分、合闸命令均接入操作回路，线路断路器的分、合控制命令由操作箱经断路器端子箱送入断路器机构箱执行。两路母线二次电压由电压小母线送至 PRC31A-02 保护柜柜顶，由柜顶经端子排 1D 接入操作箱，同时母线侧隔离开关 1QS、2QS 的位置信号也经断路器端子箱送入，电压切换回路依据母线侧刀开关位置判别当前线路接于哪条母线，选出相应的母线二次电压送入保护及测控单元。二次电压回路中接有交流空气断路器 ZKK。

DK 为直流空气断路器，直流电源由小母线送至保护柜顶，经 DK 分成几路分别用作保护电源、控制电源 1、控制电源 2。1FA、4FA 为信号复归按钮，分别复归 1n、4n 单元。1QK 为重合闸方式切换开关。

连接片（压板）有的直接串在保护出口回路，可投、退保护；有的接在微机保护开关量输入回路，经光耦电路采集后变为电位信号送入保护装置，实现保护方式的切换。

各单元、开关、按钮、压板接线均接于柜端子排，其他设备与保护柜的联系也通过柜端子排进行。

CGQ 为直流接地检测传感器，接至直流系统接地检测设备，用于探查直流系统接地情况。

10.4.6 第二套保护柜

第二套保护柜布置如图 10-19 所示，保护柜由微机线路保护、微机断路器保护、光纤传输装置以及复归按钮、打印机、切换开关、交流空气断路器、直流空气断路器、连接片（压板）等构成，主要承担起双重化保护中的另一套的所有功能。

数字式超高压线路保护装置可用作 220kV 及以上电压等级的输电线路的主保护和后备保护。光纤信号传输装置通过专用光缆或 64kbit/s 同向接口复接 PCM 设备传输继电保护及安全自动装置信息。数字式断路器保护装置包括断路器失灵启动、三相不一致保护、充电保护及独立的过电流保护等功能，主要适用于 220kV 及以上电压等级的双母线接线方式。保护柜交流电压由 PRC31A-02 保护柜 4n 单元（CZX-12R）电压切换回路送入，出口分、合闸也接至 PRC31A-02 保护柜 4n 单元。

信号复归按钮，交、直流空气断路器，连接片（压板）作用类同 PRC31A-02，微机保

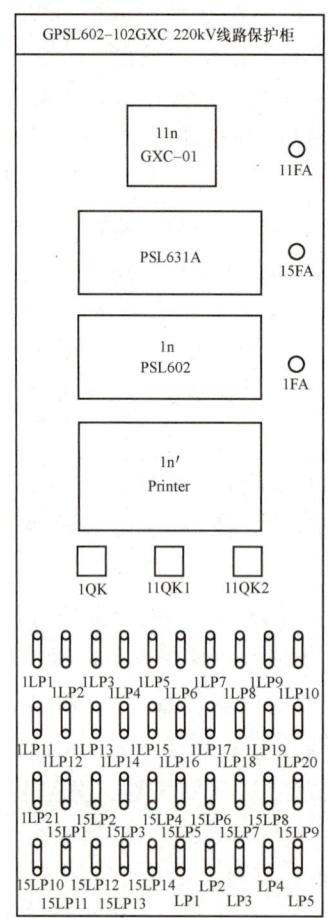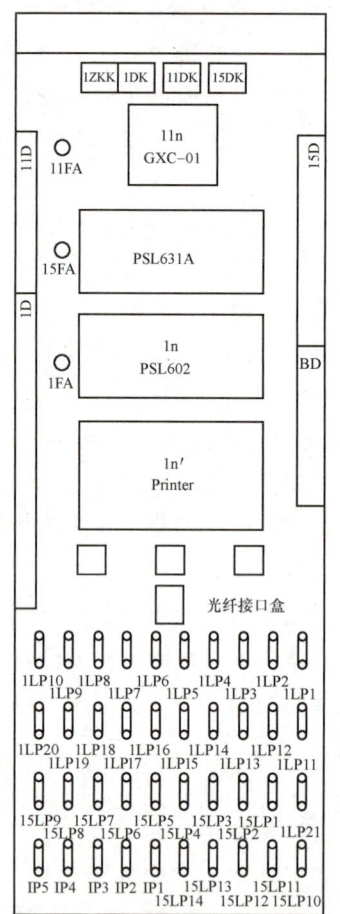

图 10-19　GPSL602-102GXC 保护柜布置

护装置结构基本相同，由电源、CPU、光耦、信号、输出等插件组成，不再详细说明。1QK 为重合闸方式选择开关，11QK1、11QK2 为用于通道切换的开关。

10.4.7　测控柜

线路保护所配置的测控柜作用可分为"遥测""遥信""遥控"三类。

遥测量为交流量，有线路电流、切换后母线电压、线路电压，测控单元将采集的二次电流、电压进行采样处理。采样过程与微机保护类似，只是在测控装置中，不对采集到的电流、电压信号做判别，而是将采样后的电流、电压信号转为数字信号由网络上传至监控后台服务器，同时通过调度网络可将遥测信息送至集控中心以及调度所。

遥信量为开关量。开关量包括刀开关位置、断路器位置、断路器信息（如弹簧未储能、SF_6 泄漏等）、保护信息（分/合闸出口、保护动作、保护告警、TV 断线等），这些开关量由空接点输入测控装置，经过光耦电路转为"0""1"信号。转成数字信号的开关量信息同样通过网络上传到变电所监控后台以及集控中心、调度中心。

线路保护二次系统遥控量主要是断路器分、合，电动操动机构刀开关分、合，同时测控柜还提供手动操作的刀开关机构的防误闭锁。

后台遥控分、合断路器命令由网络送入测控单元,转为触点形式后送入操作箱 CZX-12R 执行。遥控命令可在变电所监控后台机上操作发出,也可由上级调度自动化系统经网络发出。

后台遥控分、合使用电动机构的隔离开关命令由网络送入测控单元,经防误闭锁逻辑以触点形式送出,经断路器端子箱送入隔离开关机构执行,同时测控柜还可以输出隔离开关操作闭锁触点供防误回路使用。图 10-20 为某 220kV 测控柜布置图,测控柜上配有 4 个相对独立的测控单元,分别作为 4 条 220kV 线路的测控装置。另外测控柜还配有直流电源断路器、断路器操作开关、隔离开关控制压板等附件。

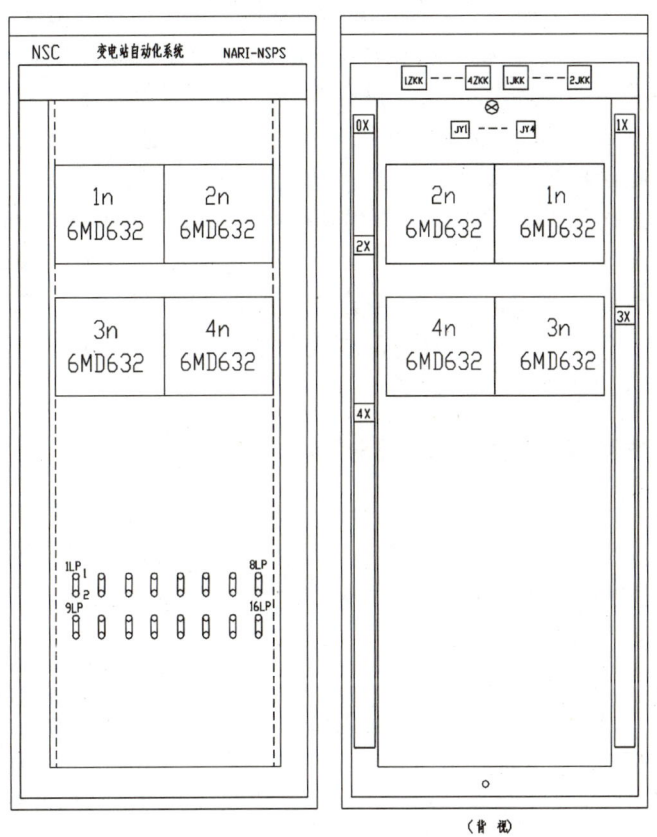

图 10-20　线路测控柜配置图

遥测量有 A、B、C 相电流,A、B、C 相母线电压(由保护柜电压切换后送来),A 相线路电压。遥控量由断路器控制(经保护柜操作箱控制断路器),3 路电动隔离开关控制(经断路器端子箱内隔离开关防误接线控制隔离开关),3 路接地开关闭锁输出(经断路器端子箱接通手动操作的接地开关电磁锁,当满足操作条件时,接通电磁锁电源,解锁,允许接地开关手动操作)。

10.4.8　其他户内设备

微机保护在每次事故或异常处理后均会形成一份报告,内容包括故障时间、保护动作情况、跳闸、重合闸相别、时间等情况,故障前后的电流、电压采样值等,这份报告由网络上传,称为"报文"。与传统的信息相比,微机保护报文非常详细,有利于事故的判别以及对保护系统动作情况做出评价；但是微机保护必须首先处理故障情况，待故障处理完毕后，才能去生成报文，报文的实时性不如空接点传送的信息。所以，目前的情况是由接点上传诸如"保护动作""断路器跳闸"等简单信息，时间响应快；报文通过网络把更加详细的信息传送到变电所监控后台以及调度部门，有一定的延时。微机保护与监控系统生产厂家采用的通信规约可能不同，这时就需要保护信息管理机柜，由微机保护的报文通过网络通信接口（如 RS485 口）送入信息管理机，进行规约转化后，再由网络上传至监控后台机。

信息管理机还有 GPS 对时功能，保证变电所各微机保护等数字化设备统一时钟。

为了帮助对事故、异常情况做出正确判断，还可以配置故障录波器柜，记录每次系统异常情况时的线路电流、母线电压、保护动作、断路器位置等信息。系统正常时故障录波器不断采集各种模拟量（电流、电压）、开关量，这些数据仅放在暂存内，不断刷新；系统异常、满足录波器启动条件时，自动将启动时刻前、后一定时间范围内的数据由内存转入硬盘中永久保存，供事故分析使用。虽然目前微机保护多自带故障录波功能，但是故障录波器的采样频率要高很多，而且可以配置谐波分析等辅助软件，分析事故时更加准确、方便。故障录波器记录的数据还可以用于"事故回放"，即将数据导入微机保护测试仪中，再输入保护，实现事故情况再现，这对查找继电保护误动原因、制定反事故措施十分有意义。

10.4.9　220kV 线路保护相关二次部分简介

（1）交流回路　电流回路如图 10-21 所示，TA 二次绕组分配使用情况对照 220kV 线路一次接线示意图，注意电流二次回路只能一点接地。二次电流先送至断路器端子箱，再送入保护室内的线路保护柜、母线保护柜、测控柜、电能表柜、故障录波器柜。目前也有 220kV 线路配置 6 组 TA 的，如果配置了 6 组 TA，故障录波器就可以单独使用一组 TA 二次绕组，不再与线路保护共用二次电流回路。

电压回路如图 10-22 所示，二次电压送入保护室内的 TV 重动并列柜，接至电压小母线。操作箱依据母线侧刀开关位置进行电压切换，切换后电压送入保护、测控装置。

线路电压不需要经过电压切换回路，由线路电压互感器或电压抽取装置经线路断路器端子箱接至线路保护柜 1，再转至线路保护柜 2 以及线路测控柜。

对电能计量精度要求较高时，单独配置一组电压互感器二次侧用于计量用电压回路，即单独设置计量电压小母线。计量电压小母线设于电能表柜的柜顶，双母线接线线路计量电压回路可以利用手动把手进行切换，也可以将 2 路计量电压送入保护柜，在操作箱内自动切换后送回电能表柜。

（2）控制回路　图 10-23 为断路器控制信号回路示意图。断路器机构箱上设有远方/就地切换开关及分、合闸按钮，可进行就地操作，便于实验；断路器远方控制时由保护操作箱控制，手动操作可使用测控柜上的分、合断路器切换开关，也可由监控后台或调度中心由综合自动化网络下达命令。同时还应该注意，母线发生故障时，母线保护动作（详见第 5 章，跳开故障母线上所有线路、变压器、母联断路器。母线保护本身不配置操作箱，母线保护动作跳线路断路器的命令由线路保护操作箱执行，母线保护使用 2 对空触点将 2 路跳闸命令（220kV 断路器配置双跳圈）送至线路保护操作箱。

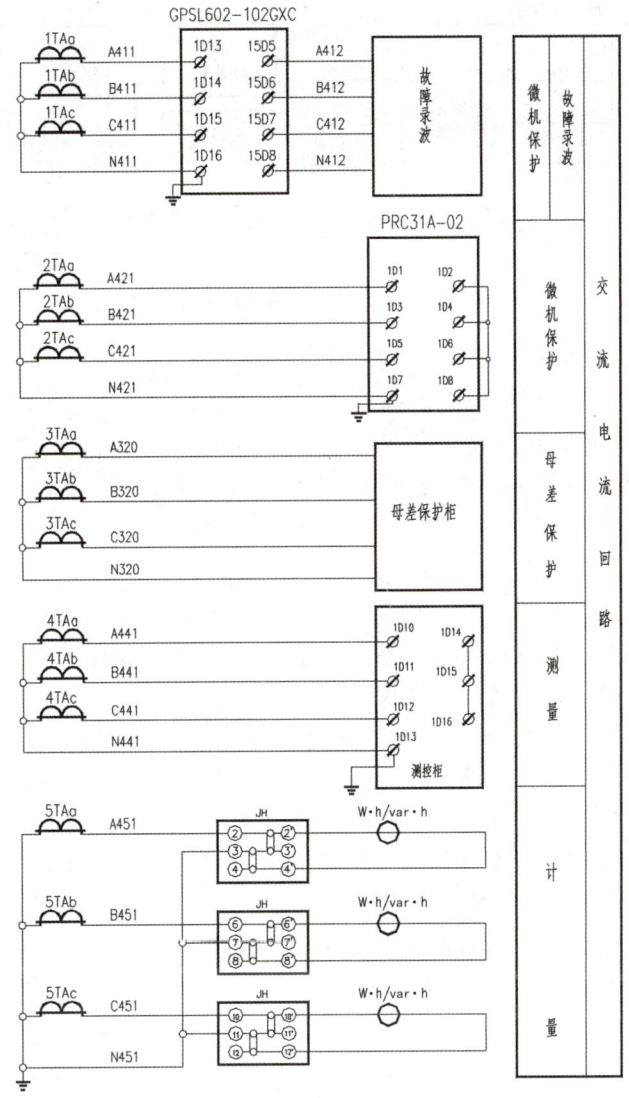

图 10-21　电流回路

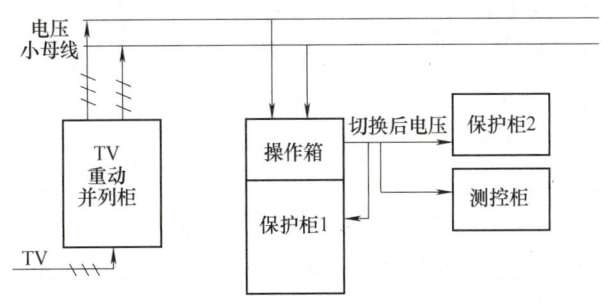

图 10-22　电压回路示意图

图 10-24 为隔离开关、接地开关控制信号回路示意图。对于电动机构的隔离开关，由测控柜经防误逻辑输出触点控制隔离开关分、合。测控柜的防误逻辑是将采集到的断路器、隔

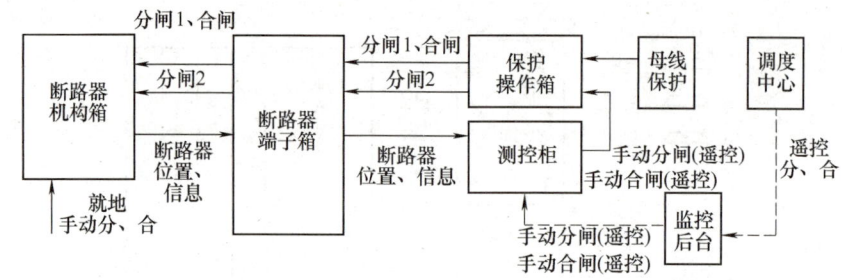

图 10-23 断路器控制信号回路示意图

离开关、接地开关位置信息按照事先制订的逻辑进行运算，当满足操作条件时，驱动一只继电器，继电器触点接通，串入这个继电器的隔离开关控制回路接通，即可开放隔离开关操作。

对于手动机构的隔离开关，由测控柜根据防误逻辑输出触点控制接地开关电磁锁，不满足操作条件时，电磁锁失电，闭锁手动机构，防止误操作；而操作条件满

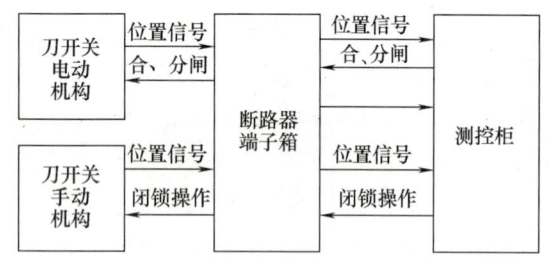

图 10-24 隔离开关、接地开关
控制信号回路示意图

足时，监控系统"闭锁"触点接通，电磁锁得电、解锁、允许手动操作。

隔离开关防误逻辑可以由断路器、隔离开关辅助触点等构成，也可以在测控柜或专门的微机防误装置中以程序形式完成。

（3）信号回路　各微机设备由网络通信口送出的"报文"数字信号，经信息管理机规约转换为统一格式后进入监控系统；其余交流电流、电压以及大量触点信号由测控柜采集并转为数字信号接入监控系统。信号回路如图 10-25 所示，虚线表示变电站综合自动化网络，其余信号由二次电缆传送。

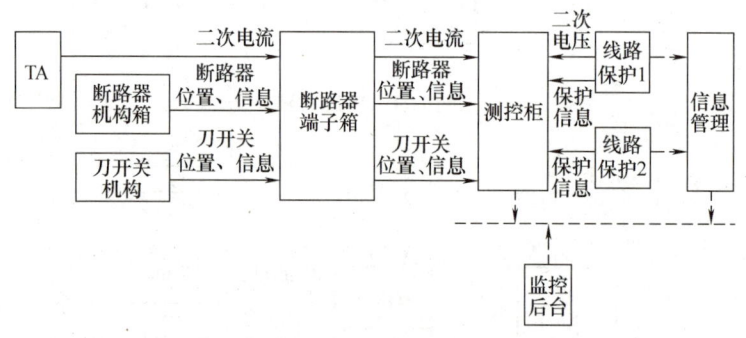

图 10-25 信号回路示意图

表 10-3 为某条 220kV 线路的遥信表，从表中可以看到，该条 220kV 线路共有 40 路遥信量，其中有断路器、隔离开关、接地开关位置信息，断路器异常及控制方式信息，隔离开关控制方式信息，保护动作、报警信息，线路是否带电信息等。每个工程使用的断路器、保护设备不尽相同，遥信量也有差异。由于是 220kV 线路，所以遥信量既转发市调，同时转发省调。

表 10-3　线路遥信表实例

遥信序号	回路编号	信 息 说 明	监控		
			主站	市调	省调
289YX	E801	220kV ×××线 断路器三相分闸位置	√	√	√
290YX	E802	220kV ×××线 断路器三相分闸位置	√	√	√
291YX	E803	220kV ×××线 断路器 A 相合闸位置	√	√	√
292YX	E804	220kV ×××线 断路器 B 相合闸位置	√	√	√
293YX	E805	220kV ×××线 断路器 C 相合闸位置	√	√	√
294YX	E806	220kV ×××线 1G 分闸位置	√	√	√
295YX	E807	220kV ×××线 1G 分闸位置	√	√	√
296YX	E808	220kV ×××线 2G 分闸位置	√	√	√
297YX	E809	220kV ×××线 2G 分闸位置	√	√	√
298YX	E810	220kV ×××线 3G 分闸位置	√	√	√
299YX	E811	220kV ×××线 3G 分闸位置	√	√	√
300YX	E812	220kV ×××线 1GD 分闸位置	√	√	√
301YX	E813	220kV ×××线 1GD 分闸位置	√	√	√
302YX	E814	220kV ×××线 3GD1 分闸位置	√	√	√
303YX	E815	220kV ×××线 3GD1 分闸位置	√	√	√
304YX	E816	220kV ×××线 3GD2 分闸位置	√	√	√
305YX	E817	220kV ×××线 3GD2 分闸位置	√	√	√
306YX	E818	220kV ×××线 1G 就地操作	√	√	√
307YX	E819	220kV ×××线 2G 就地操作	√	√	√
308YX	E820	220kV ×××线 3G 就地操作	√	√	√
309YX	E821	220kV ×××线 隔离开关就地解锁	√	√	√
310YX	E822	220kV ×××线 断路器低气压报警	√	√	√
311YX	E823	220kV ×××线 断路器低气压闭锁分合闸	√	√	√
312YX	E824	220kV ×××线 断路器弹簧未储能	√	√	√
313YX	E825	220kV ×××线 断路器就地操作	√	√	√
314YX	E826	220kV ×××线 断路器电动机回路失电	√	√	√
315YX	E827	220kV ×××线 非全相运行	√	√	√
316YX	E828	220kV ×××线 控制回路断线	√	√	√
317YX	E829	220kV ×××线 断路器低气压闭锁重合闸	√	√	√
318YX	E830	220kV ×××线 出口跳闸	√	√	√
319YX	E831	220kV ×××线 三相不一致保护动作	√	√	√
320YX	E832	220kV ×××线 直流电源消失	√	√	√
321YX	E833	220kV ×××线 切换继电器同时动作	√	√	√
322YX	E834	220kV ×××线 PT 失电压	√	√	√
323YX	E835	220kV ×××线 微机保护动作	√	√	√
324YX	E836	220kV ×××线 重合闸动作	√	√	√
325YX	E837	220kV ×××线 保护装置异常	√	√	√
326YX	E838	220kV ×××线 保护装置呼唤	√	√	√
327YX	E839	220kV ×××线 线路无电压	√	√	√
328YX	E840	220kV ×××线 远方/就地控制	√	√	√

10.4.10 装置应用于 220kV 线路的整定案例

表 10-4 为某条 220kV 线路的定值清单。定值说明如下：

表 10-4　220kV 线路保护定值清单示例

站　　名	×××变电站	设备名称	××线
互感器变比	CT：1200/5、PT：220/0.1	变更理由	
保护装置型号：RCS-931A	版本：V1.32 校验码：883C		
保护定值单			

1	电流变化量启动值	250/1.04A	26	零序过电流Ⅱ段时间	1.4s
2	零序启动电流	250/1.04A	27	零序过电流Ⅲ段定值	250/1.04A
3	工频变化量阻抗	2.2/0.24Ω	28	零序过电流Ⅲ段时间	3.2s
4	TA变比系数	0.48	29	零序过电流加速段	720/3A
5	差动电流高定值	500/2.08A	30	TV断线相过电流定值	1600/6.67A
6	差动电流低定值	250/1.04A	31	TV断线时零序过电流	720/3A
7	TA断线差流定值	2500/10.42A	32	TV断线时过电流时间	1.5s
8	零序补偿系数	0	33	单相重合闸时间	0.8s
9	振荡闭锁过电流	2500/10.42A	34	三相重合闸时间	9s
10	接地距离Ⅰ段定值	2.2/0.24Ω	35	同期合闸角	30°
11	接地距离Ⅱ段定值	18/1.96Ω	36	线路正序电抗	3.68/0.4Ω
12	接地距离Ⅱ段时间	1.4s	37	线路正序电阻	0.65/0.07Ω
13	接地距离Ⅲ段定值	45/4.91Ω	38	线路正序容抗	116Ω（二次值）
14	接地距离Ⅲ段时间	3.2s	39	线路零序电抗	17.25/1.88Ω
15	相间距离Ⅰ段定值	2.5/0.27Ω	40	线路零序电阻	2.58/0.28Ω
16	相间距离Ⅱ段定值	18/1.96Ω	41	线路零序容抗	168Ω（二次值）
17	相间距离Ⅱ段时间	1.4s	42	线路总长度	12.59km
18	相间距离Ⅲ段定值	45/4.91Ω	43	线路编号	4×42
19	相间距离Ⅲ段时间	3.2s	44	同期合闸角	0°
20	负荷限制电阻定值	40/4.36Ω	45	线路正序电抗	3.67/0.8Ω
21	正序灵敏角	80°	46	线路正序电阻	0.96/0.21Ω
22	零序灵敏角	81°	47	线路零序电抗	10.27/2.24Ω
23	接地距离偏移角	15°	48	线路零序电阻	2.7/0.59Ω
24	相间距离偏移角	0°	49	线路总长度	9.43km
25	零序过电流Ⅱ段定值	1500/6.25A	50	线路编号	16W0
控制字 SW(n)整定"1"表示投入，整定"0"表示退出					
1	工频变化量阻抗	0	8	电压接线路TV	0
2	投纵联差动保护	1	9	投振荡闭锁元件	1
3	TA断线闭锁差动	0	10	投Ⅰ段接地距离	1
4	主机方式	0	11	投Ⅱ段接地距离	1
5	专用光纤	1	12	投Ⅲ段接地距离	1
6	通道自环试验	0	13	投Ⅰ段相间距离	1
7	远跳受本侧控制	1	14	投Ⅱ段相间距离	1

(续)

	控制字SW(n)整定"1"表示投入,整定"0"表示退出				
15	投Ⅲ段相间距离	1	27	相间距离Ⅱ闭重	1
16	投负荷限制距离	1	28	接地距离Ⅱ闭重	0
17	三重加速Ⅱ段距离	0	29	零序Ⅱ段三跳闭重	0
18	三重加速Ⅲ段距离	0	30	投选相无效闭重	1
19	零序Ⅲ段经方向	1	31	非全相故障闭重	1
20	零序Ⅲ段跳闸后加速	1	32	投多相故障闭重	1
21	投三相跳闸方式	0	33	投三相故障闭重	1
22	投重合闸	0	34	内重合把手有效	1
23	投检同期方式	0	35	投单重方式	1
24	投检无压方式	0	36	投三重方式	0
25	投重合闸不检	1	37	投综重方式	0
26	不对应启动重合	1			
	软压板整定"1"表示投入,整定"0"表示退出				
1	投主保护压板	1	3	投零序保护压板	1
2	投距离保护压板	1	4	投闭重三跳压板	0
	整定原则和说明				

1. 保护测量方向:指向线路
2. 定值单中,分子为一次值,分母为二次值
3. 重合闸压板退出

批准		审核		复核		计算	
调度员		变电值班			试验		
日期							

(1) 启动电流整定的相关说明 电流变化量启动值按躲过正常负荷电流波动最大值整定,一般整定为 $0.2I_N$。对于负荷变化剧烈的线路(如电气化铁路、轧钢、炼铝等),可以适当提高定值以免装置频繁启动,定值范围为 $0.1I_N \sim 0.5I_N$;线路两侧建议按一次电流相同整定。

零序启动电流按躲过最大零序不平衡电流整定,定值范围为 $0.1I_N \sim 0.5I_N$;线路两侧建议按一次电流相同整定。

(2) 主保护整定的相关说明 工频变化量阻抗按全线路阻抗的 0.8~0.85 整定;TA 电流比系数将电流一次额定值大的线路一侧的保护定值整定为 1,电流一次额定值小的一侧整定为本侧电流一次额定值与对侧电流一次额定值的比值。与两侧的电流二次额定值无关;例如:本侧一次电流互感器电流比为 1250/5,对侧电流比为 2500/1,则本侧 TA 电流比系数整定为 0.5,对侧整定为 1。

差动电流高定值:按不小于 4 倍的电容电流整定;一般而言,应按不小于 0.2 倍额定电流整定,根据区内故障短路电流校验其灵敏度。线路两侧应按一次电流相同整定。

差动电流低定值：按不小于1.5倍的电容电流整定；一般按不小于0.1倍额定电流整定，根据最小运行方式下区内故障短路电流校验其灵敏度。线路两侧应按一次电流相同整定。

TA断线差流定值：当TA不闭锁差动保护时，差动保护的动作值按如下方式整定。

本侧纵联码、对侧纵联码：将本侧纵联码在0~65535之间任意整定，注意一条线路两侧保护装置的本侧纵联码不要相同，对侧纵联码整定为对侧保护装置的纵联码。自环试验时将本侧纵联码和对侧纵联码整定为一致。建议一个电网内任意两套保护的纵联码不要重复。

零序补偿系数计算方法在距离保护原理中已介绍。建议采用实测值，如无实测值，则将计算值减去0.05作为整定值。

（3）后备保护整定的相关说明 振荡闭锁过电流元件：按躲过线路最大负荷电流整定；接地距离Ⅰ段定值按全线路阻抗的0.8~0.85倍整定，对于有互感的线路，应适当减小；相间距离Ⅰ段定值按全线路阻抗的0.8~0.9倍整定；距离Ⅱ、Ⅲ段的阻抗和时间定值按段间配合的需要整定，并对本线末端故障有足够的灵敏度；负荷限制电阻定值按重负荷时的最小测量电阻整定。正序灵敏角、零序灵敏角分别按线路的正序、零序阻抗角整定。

接地距离偏移角：为扩大测量过渡电阻能力，接地距离Ⅰ、Ⅱ段的特性圆可向第Ⅰ象限偏移，建议线路长度≥40km时取0°，≥10km并<40km时取15°，<10km时取30°；

相间距离偏移角：为扩大测量过渡电阻能力，相间距离Ⅰ、Ⅱ段的特性圆可向第Ⅰ象限偏移，建议线路长度≥10km时取0°，≥2km并<10km时取15°，<2km时取30°。

保护不设零序电流保护Ⅰ段。零序过电流Ⅱ段定值应保证线路末端接地故障有足够的灵敏度；零序过电流Ⅲ段定值应保证经最大过渡电阻故障时有足够的灵敏度；零序过电流加速段应保证线路末端接地故障有足够的灵敏度；TV断线相过电流定值、TV断线时零序过电流仅在TV断线时自动投入；同期合闸角：检同期合闸方式时，母线电压对线路电压的允许角度差。

（4）其他定值整定的相关说明 线路正序电抗、线路正序电阻、线路零序电抗及线路零序电阻为线路全长的参数，用于测距计算。当线路的电容电流较大，即超高压长线路时，线路的正序、零序容抗按线路全长的实际参数整定（二次值）。当整定的容抗比实际线路容抗大，满足实测的电容电流大于U_N/X_{c1}时，装置报"容抗整定出错"。整定时还需注意零序容抗大于正序容抗。

线路总长度按实际线路长度整定，单位为公里，用于测距计算。线路编号可整定范围为0~65535，按实际线路编号整定。

对于阻抗定值，即使某一元件不投入，仍应按整定原则和配合关系整定，如Ⅲ段阻抗大于Ⅱ段阻抗，Ⅱ段阻抗大于Ⅰ段阻抗，Ⅱ段阻抗对本线路末端故障有足够的灵敏度；对于各零序电流定值，均应大于零序启动电流定值，且Ⅱ段零序电流定值大于Ⅲ段零序电流定值；对于启动元件（电流变化量启动和零序电流启动），线路两侧宜按一次电流定值相同，折算至二次整定。

10.5　110kV变压器保护实例

110kV主变压器一般采用三相油浸式变压器，其容量在6300kVA~120MVA之间，目前常用的降压变压器容量一般选择20MVA、31.5MVA、40MVA。其配置的主保护为纵联差动保护及气体保护，后备保护主要有相间短路后备保护、接地短路后备保护、过负荷保护等。

10.5.1 典型 110kV 变压器保护装置简介

110kV 变压器保护装置一般由非电量保护（气体、油温、强迫油循环风冷变压器失电）、变压器差动保护、变压器后备保护组成。

其非电量保护接收从变压器本体来的非电量信号（如气体信号等）经过装置重动后，根据预先设置的定值启动装置的跳闸继电器或向变电站的控制系统发出相应的信息，并记录非电量的动作情况。

变压器差动保护主要包括差动速断保护，经二次谐波制动的比率差动保护，并具有电流互感器二次回路断线闭锁保护功能。

变压器后备保护主要包括复合电压闭锁过电流保护（可带方向闭锁）、一段不带任何闭锁的过电流保护、阶段式零序电流保护（可带方向闭锁）。阶段式零序电压保护及过负荷保护，具有启动主变压器风冷、过载闭锁有载调压等功能。

限于篇幅，本书仅说明该装置中 110kV 主变压器差动保护比率制动特性的基本原理。该装置为由多微机实现的变压器差动保护，适用于 110kV 及以下电压等级的双绕组、三绕组变压器，满足四侧差动的要求。由于电压比和联结组别的不同，变压器在运行时各侧电流的大小及相位也不相同。装置通过软件进行 Y 向 d 侧变换及平衡系数调整，对变压器各侧电流的幅值和相位进行补偿。以下差动保护的说明均以各侧电流已完成幅值和相位补偿为前提。

装置采用三折线比率差动原理，并设有低值比率差动保护、高值比率差动保护和差动速断保护。差动保护动作特性如图 10-26 所示。

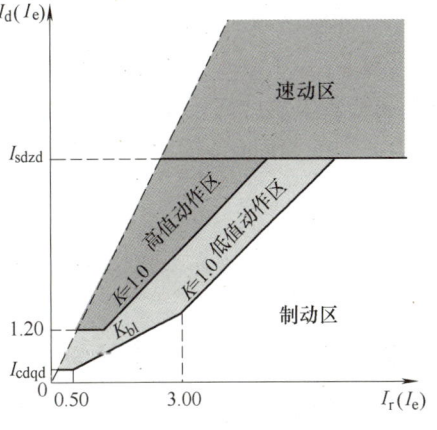

图 10-26 RCS-9671C 差动保护动作特性

图中差动保护动作区包括三个部分：低值比率差动保护动作区、高值比率差动保护动作区和差动速断保护动作区，部分标注说明如下：I_{cdqd} 为差动电流启动值；I_{sdzd} 为差动速断定值；K_{bl} 为比率差动制动系数；I_d 为差动电流；I_r 为制动电流。变压器差动保护的差动电流（即动作电流），取各侧差动电流互感器 TA 二次电流相量和的绝对值。以 Yd11 型双绕组变压器的两侧差动，说明差动电流与制动电流。

$$I_d = |\dot{I}_1 + \dot{I}_4|$$

式中 $\dot{I}_1$——Yd11 型双绕组变压器的"1"侧电流，即高压侧电流；

$\dot{I}_4$——Yd11 型双绕组变压器的"4"侧电流，即低压侧电流。

差动电流的取法确定后，保护装置将自动地调整制动电流的取值，因此，制动电流取高压侧（1 侧）、低压侧（4 侧）TA 二次电流幅值和的一半，即

$$I_r = (|\dot{I}_1| + |\dot{I}_4|)/2$$

以低值比率差动保护为例，其特性属于三折线式，动作方程如下：

$$\begin{cases} I_d > I_{cdqd} & I_r \leq 0.5 I_e \\ I_d > K_{bl} \times (I_r - 0.5 I_e) + I_{cdqd} & 0.5 I_e < I_r \leq 3 I_e \\ I_d > I_r - 3 I_e + K_{bl} \times 2.5 I_e + I_{cdqd} & I_r > 3 I_e \end{cases}$$

不难看出，当制动电流小于或等于额定电流的 0.5 倍时，差动保护的动作条件是差动电流大于最小启动电流 I_{cdqd}；而当制动电流在额定电流的 0.5~3 倍之间时，按比率制动系数 K_{bl} 所代表的折线来计算最小差动电流，K_{bl} 是需要人工整定的；而当制动电流在额定电流 3 倍之上时，比率制动系数固定为 1。

当变压器联结组标号为 Yd11 时，如变压器各侧电流互感器二次均采用星形联结时，可简化 TA 二次接线，增加了电流回路的可靠性。而在这种接线方式下，为消除各侧变压器联结组别引起的 TA 二次电流之间的 30°角度差，必须由保护软件通过算法进行调整，称为"内转角"。本保护装置采用星形侧向角形侧调整，即 Y 向 d 侧转角的方式。

【例 10-2】 某三绕组变压器，容量 $S_T = 63 \text{MV} \cdot \text{A}$，高压侧（1 侧）额定电压 U_{N1} 为 110kV，高压侧 TA 电流比 $n_{TA1} = 800\text{A}/5\text{A}$；低压侧额定电压 U_{N4} 为 10.5kV，低压侧 TA 电流比 $n_{TA4} = 4000\text{A}/5\text{A}$。试计算保护装置采用外转角方法时，各侧的额定电流二次值。

【解】

装置所采用的高压侧额定电流二次值为

$$I_{e1} = \frac{S_T}{U_{N1} n_{TA1}} = \frac{63 \times 10^3}{110 \times 160} \text{A} = 3.58 \text{A}$$

装置所采用的低压侧额定电流二次值为

$$I_{e4} = \frac{S_T}{\sqrt{3} U_{N4} n_{TA4}} = \frac{63 \times 10^3}{\sqrt{3} \times 10.5 \times 800} \text{A} = 4.33 \text{A}$$

注意，在此例中，高压侧的额定电流计算公式与低压侧额定电压计算公式相比，少除了 $\sqrt{3}$。这样做是为下一步的相位补偿做准备。

【例 10-3】 同例 10-2 所用系统参数，试根据保护装置所采用的内转角方法，计算出在额定运行情况下，高压侧与低压侧经校正后（即相位补偿与数值补偿后）的各相电流幅值分别相对于各侧额定电流的比值。

【解】

额定运行情况下，高压侧、低压侧各相电流计算值如例 10-2 的计算结果。保护装置所采用的内转角方法为 Y（星形侧）向 d 侧（角形侧）转角，其高压侧（星形侧）的相位补偿（转角）公式为

$$\begin{cases} \dot{I}'_{A1} = (\dot{I}_{A1} - \dot{I}_{B1})/I_{e1} \\ \dot{I}'_{B1} = (\dot{I}_{B1} - \dot{I}_{C1})/I_{e1} \\ \dot{I}'_{C1} = (\dot{I}_{C1} - \dot{I}_{A1})/I_{e1} \end{cases} \tag{10-1}$$

式中　$\dot{I}_{A1}$、$\dot{I}_{B1}$、$\dot{I}_{C1}$——星形侧 TA 二次电流；

i'_{A1}、i'_{B1}、i'_{C1}——星形侧校正后的各相电流。

可见，在这种运行工况下，高压侧各相电流幅值在装置中已被计算成为相对于该侧额定电流的倍数值，即标幺值，其值为 1。

其低压侧（角形侧）的相位补偿（转角）公式为

$$i'_{a4} = i_{a4} / i_{e4}$$
$$i'_{b4} = i_{b4} / i_{e4} \quad (10\text{-}2)$$
$$i'_{c4} = i_{c4} / i_{e4}$$

式中　i_{a4}、i_{b4}、i_{c4}——角形侧 TA 二次电流；

　　　i'_{a4}、i'_{b4}、i'_{c4}——角形侧校正后的各相电流。

可见，低压侧经校正后的各相电流也是标幺值，其值为 1。

通过以上两例不难发现，经过软件校正后，在正常运行工况下，差动回路两侧电流之间的相位一致，其标幺值相等。这也说明，通过这种校正后，保护装置已通过内部计算实现了数值的平衡，不再需要人为设定各侧的平衡系数。

为实现两侧差动测试，将定值整定菜单下（主菜单->装置整定->保护定值）"二侧 TA 额定一次值"和"三侧 TA 额定一次值"整定为 0，选择 $K_{\text{mode}} = 01$（或 02、03）即可。

10.5.2　典型 110kV 变压器差动保护测试

将 220V 直流接入相应保护屏直流端子排"ZD"的"ZD-1"（正极）、"ZD-11"（负极）（注意合上 1ZK 保护装置才能得电）。微机型继电保护测试仪三相电流输出（四根线）"I_A、I_B、I_C、I_N"准备接入保护屏"1ID"端子排。继电保护测试仪开关量 A（任意一组即可）与保护屏"PD"端子排的 11 号端子及"ND"端子排的 1 号端子相接。

投入定值中"投比率差动"控制字，对应的软压板投入，差动保护硬压板投入。起始动作电流 I_{cdqd} 取为 0.3 倍额定电流值，比率制动系数取为 0.5，差动速断倍数取为 5，其他参数采用默认定值。修改定值后输入密码，方法为按保护装置上对应的四个按钮"+""左""上""-"。可按例 10-2 设定相应的系统参数。

首先做启动电流测试，测试仪设置成"手动测试"界面。做起始动作电流实验，在第 1 侧（高压侧）通入 A 相电流［微机型继电保护测试仪三相电流输出（两根线）"I_A、I_N"接入保护屏"1ID"第 1、4 号端子排］设置动作电流为 0.95×3.58A×0.3 = 1.02A，比率差动应可靠不动作；在第 1 侧（高压侧）通入 A 相为 1.05×3.58A×0.3 = 1.12A 的电流，鼠标单击"测试"按钮，比率差动应可靠动作。也可在 1.02~1.12A 间取值，以求得较为精确的动作值。改变相别，每一相做三次取平均值，进行相应记录。

对于比率制动特性校验（$K_{\text{mode}} = 01$），当在高压侧 A 相通入电流后，相当于在 A、C 两相通入了大小相等，方向相同的两相电流。因此比率制动特性测试需解决的首要问题在于：通过合理接线，对校正过程中所产生的副产品——"C 相"电流，也进行同样的差电流计算，相当于有两相差动元件同时动作。测试 A 相，即测试 A、C 两相差动元件；测试 B 相，即测试 B、A 两相差动元件；测试 C 相，即测试 C、B 两相差动元件。

测试步骤简要介绍如下：

1）测试仪设置成"手动测试"界面。

2）以 A 相差动测试说明接线方法，微机型继电保护测试仪三相电流输出（两根线）"I_A、I_N"接入保护屏"1ID"第 1、4 号端子排；"I_B"接入保护屏"1ID"第 13 号端子排，将保护屏"1ID"第 15 号端子与第 4 号端子短接（相当于接测试仪 I_N），如图 10-27 所示。

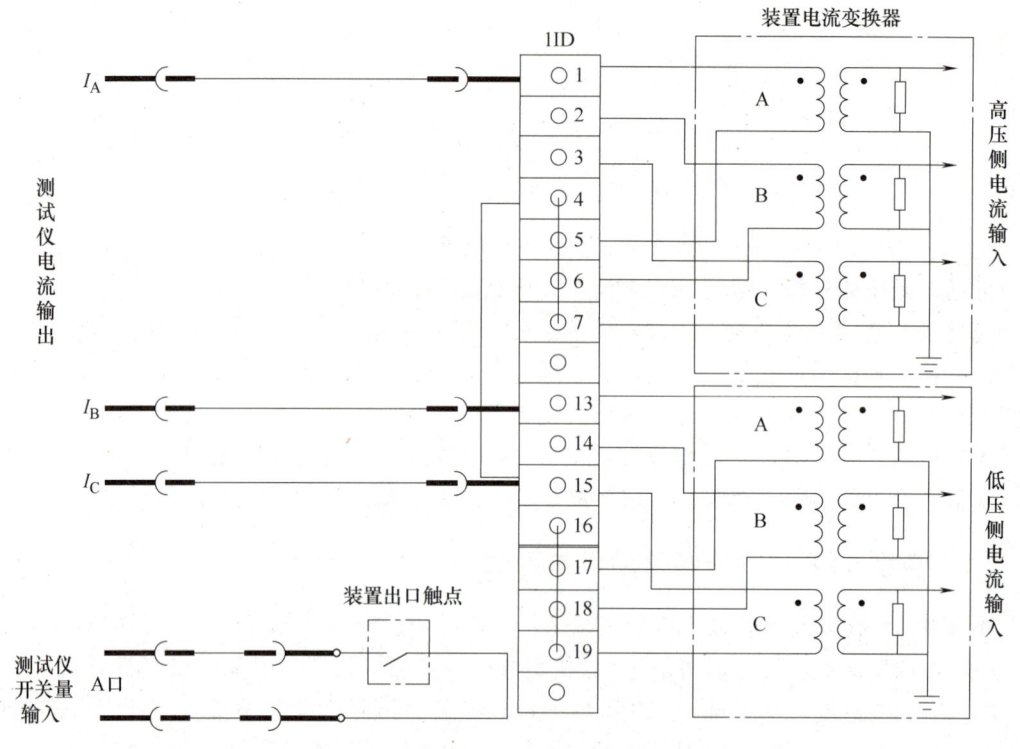

图 10-27 分相测试接线示意图（图中示出 A 相接线）

3）在第 1 侧（高压侧）通入 A 相大小为 3.58A 的电流，在第 4 侧（低压侧）通入 A、C 相大小均为 4.33A 的电流，并保证测试仪 I_A 与测试仪 I_B 电流反向，此时差流应为 0。减小第 1 侧（高压侧）电流的大小，保持第 4 侧（低压侧）电流不变，直到比率差动保护动作，记下测试仪 I_A 的电流（约为 2.13A）。以 A 相为例，此时所得的 $\dot{I}'_{A1}$ 应为 0.56、$\dot{I}'_{a4}$ 为 1。此时差流的标幺值为 0.44，制动电流的标幺值为 0.78。

4）在第 1 侧（高压侧）通入 A 相大小为 3 倍额定电流，在第 4 侧（低压侧）通入相应两相（A，C 相）大小均为 3 倍额定电流，并保证测试仪 I_A 与测试仪 I_B 电流反向，此时差流应为 0。减小高压侧（第 1 侧）电流的大小，保持低压侧（第 4 侧）电流不变，直到比率差动保护动作，可得到一组差流和制动电流的标幺值，约为 2.24、2.38。

5）根据 3）、4）两步所得到的两组数据计算实际测出的比率差动制动系数，此系数与比率差动制动系数 K_{b1} 整定值相等（误差<5%）。做三次，取比率差动制动系数平均值。

6）改变相别，接线方法见表 10-5，注意，表中 1 侧代表高压侧，4 侧代表低压侧。重复 3）、4）、5），并做好相应的记录。

7）结束实验，关闭测试仪，打开屏后所有开关，断开所有电源开关。

表 10-5　分相测试接线表（星-角两侧）

测试项目	1侧A相	1侧B相	1侧C相	1侧N	4侧A相	4侧B相	4侧C相	4侧N
A相差动测试	测试仪I_A			测试仪I_N	测试仪I_B		测试仪I_N	
B相差动测试		测试仪I_A		测试仪I_N	测试仪I_N	测试仪I_B		
C相差动测试			测试仪I_A	测试仪I_N		测试仪I_N	测试仪I_B	

10.5.3　变压器保护相关二次部分简介

首先介绍一下目前常见的几种电压等级的变压器保护配置情况，电压等级不同、变压器结构不同，设备配置亦不同。

1）无配电房的 10kV 配变，如路边的杆变、箱变等，多配跌落式熔丝作为保护电器。

2）在配电房内配置有开关柜控制的 10kV 配变，例如目前很多新建住宅小区内的变压器配有断路器、保护测控装置。一般将保护测控装置装于开关柜上，由于容量较小，10kV 变压器可以采用电流保护，设速断段和过电流后备段，如果变压器不是干式的、配有气体保护，将气体继电器跳闸触点接入跳闸回路即可。

3）110kV、35kV 变电所主变，配有主变保护装置、主变测控装置等，一般这些设备需要一个保护测控柜。

4）220kV 主变，配置双重化保护，通常需要 2 个保护柜、1 个测控柜，可能还需要消防控制设备。下面以某 110kV 变电所为例介绍变压器保护二次系统配置。

一次系统如图 10-28 所示，主变高压侧为 110kV，外桥式接线；低压侧为 20kV，单母分段接线，次总开关装于开关柜内。主变接线为 y/d，中性点配有接地开关、避雷器、放电间隙，有载调压。主变还配有风冷系统。

二次系统涉及的户外设备有电流互感器接线箱、电压互感器接线箱、断路器机构箱、隔离开关机构箱、接地开关机构箱、主变端子箱、主变接线箱、风冷控制箱、有载调压机构箱、20kV 侧开关柜等。

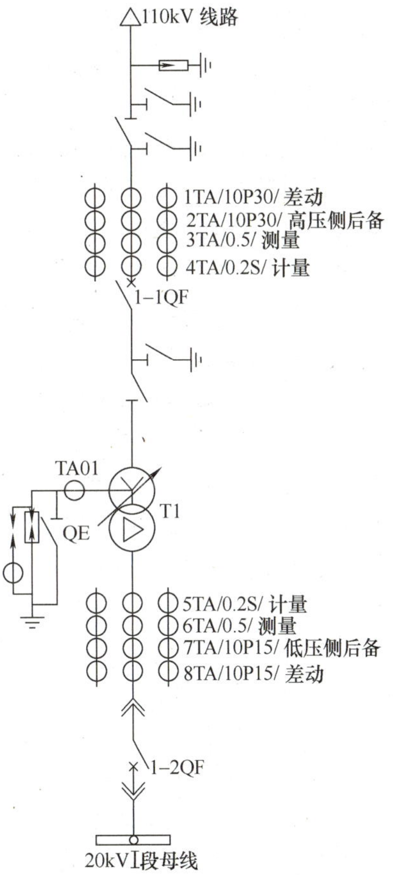

图 10-29 为主变接线箱配置示意图，主变接线箱位于主变上，套管、气体继电器、油位计、油温控制器等均由主变接线箱引出接线，接线箱内主要有：

1）套管（装于出线绝缘子套管内），将中性点电流（零序电流）送入保护装置。

2）气体继电器触点，送入非电量保护装置，发信号（轻瓦斯）或跳闸（重瓦斯）。需

图 10-28　某 110kV 主变一次接线示意图

要注意的是，这台主变为有载调压，主变本体、有载调压油箱分别配有气体继电器。

3）变压器油温控制器，当变压器油、绕组达到一定温度时，温控继电器触点闭合。一组温控触点送入风冷控制箱，用于启动风冷，另两组温控触点送入非电量保护装置，启动变压器温度高报警信号或温度高跳闸。

4）油位计，当变压器油位异常（偏高或偏低）时，油位计触点送入非电量保护装置启动油位异常信号。

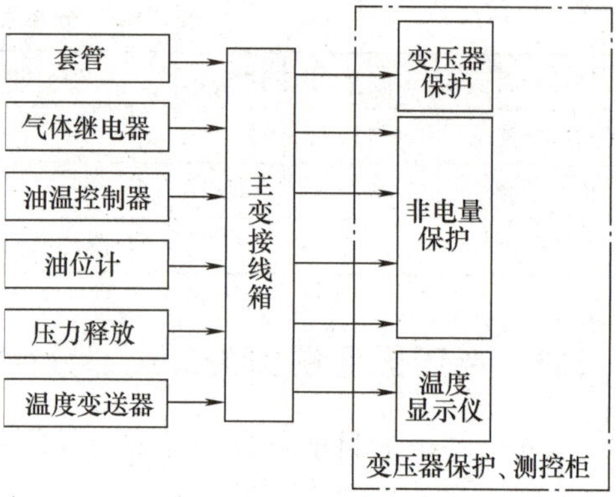

5）压力释放，当变压器油箱内压力突然增大时，压力释放动作，同时压力释放触点送入非电量保护装置启动信号或跳闸。

图 10-29 主变接线箱配置示意图

6）温度变送器，将温度传感信号送入温度显示仪，温度显示仪装在户内的变压器保护测控柜上，将温度传感信号变换成温度，可以在当地显示以及将温度由网络上传到监控后台及调度中心。

风冷控制箱负责控制冷却风扇的起停及风冷电源的保护、切换，当风冷电源或风扇故障时启动冷却故障信号。图 10-30 为风冷控制箱联系示意图，风冷电源一般配置双路，当其中一回路故障时，能够进行自动切换同时发出告警信号；风扇起动输入由断路器辅助触点、变压器温度控制（来自主变接线箱）、变压器负荷（来自主变保护）组成，当主变投入后根据主变温度、负荷状况确定是否起动风扇以及起动风扇的数量。

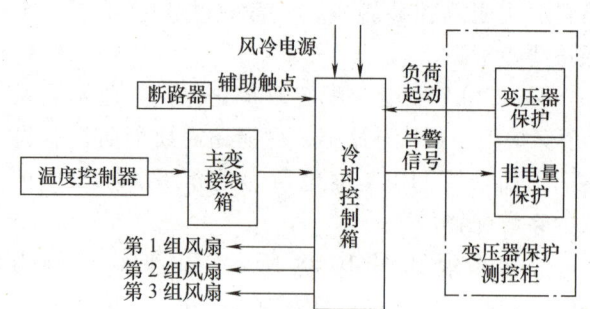

图 10-30 风冷控制箱联系示意图

有载调压机构箱内有调压控制（升、降、停）、档位变送等接线，调压命令由测控装置或专门的调压控制装置以空触点形式触入调压机构箱，控制电动机的正转、反转、停止，从而改变分接头位置；分接头档位则由触点送至测控装置。

一次系统中断路器、刀开关控制方式与线路保护相同，断路器由保护操作箱控制；刀开关由主变测控装置控制；与线路保护相同，TA、断路器、刀开关等相关设备接线先汇总至变压器端子箱，再由电缆接入各个户内设备。

主变保护测控柜配置如图 10-31 所示。

保护测控柜上配有：2n 单元，数字式变压器保护装置（差动保护）；3n 单元，数字式变压器保护装置（高压侧后备保护）；5n 单元，数字式变压器保护装置（低压侧后备保护）；6n 单元测控装置；1n 单元，操作箱及本体保护。另外，保护测控柜上还装有温度显示仪、直流电源开关、二次电压开关、操作把手、按钮、连接片（压板）、端子排、插座等。

1n 单元由两部分组成：操作箱，控制高、低压侧断路器分闸、合闸；本体保护（又称非电量保护），主变各种非电量信息如气体保护动作、油温异常、油位异常、压力释放、冷

第10章 继电保护装置与实现

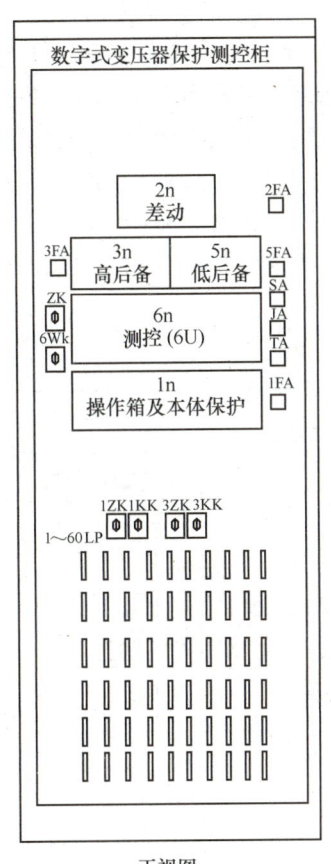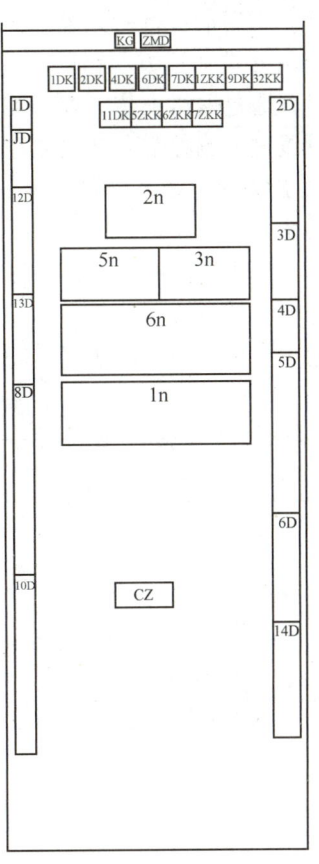

图 10-31　保护测控柜柜面布置图

却故障等由空触点接入本体保护，经重动继电器转接后，这些非电量信息送入操作箱（跳闸情况）或送入测控装置（发信号）。思考一下，为什么非电量信息（触点）需要转接？因为每个信息对应多种操作，例如主变本体重气体动作，由主变接线箱将一对空触点送入非电量保护，而重气体动作后应该跳主变高压侧、低压侧断路器，发出告警信号，这样至少需要3对触点。主变重气体触点启动非电量保护内的中间继电器，再由中间继电器的触点去接通变压器各侧跳闸回路、发信号，实现了触点数量的扩展以及保护出口逻辑的灵活配置。非电量保护主要与主变接线箱、冷却控制箱联系，如图 10-29、图 10-30 所示。

2n 单元为数字式变压器差动保护，保护装置为二次谐波闭锁原理的差动保护单机，主要配置有差动电流速断保护、二次谐波闭锁原理的比例差动保护（可选择经 TA 断线闭锁），变压器过负荷（信号），启动冷却器（根据变压器负荷情况输出空触点至风冷控制箱），闭锁有载调压（当变压器异常、故障时闭锁调压机构动作）。

3n、5n 单元为数字式变压器后备保护，主要配置有：①相间后备保护。复合电压闭锁方向过电流保护，方向元件可经控制字选择、投退，变压器各侧复合电压元件可并联。②接地后备保护。零序方向过电流保护（方向元件可经控制字选择、投退），间隙保护。

6n 单元为测控装置，实现"四遥"功能，即①遥测：将主变各侧电流、电压转换为数字信号，包括温度变送器数据，通过网络上传至监控后台服务器，再通过调度网络传至集控中心以及各级调度。②遥信：将断路器、刀开关位置、断路器控制方式（远方/就地）、异常信息、刀开关控制方式（远方/就地）、主变本体信息、冷却信息、变压器档位等触点信号转换为数字信号，通过网络上传。③遥控：数字化操作命令由调度、集控中心下行至监控后台，再经现场总线进入测控装置，在测控装置内转换成空触点。控制断路器的空触点送入1n 操作箱；控制刀开关的空触点则送入变压器端子箱，最终接入各刀开关的机构箱，实现刀开关的控制以及防误操作闭锁。④遥调：数字化操作命令同样由调度、集控中心下行至监控后台，再经现场总线进入测控装置，在测控装置内转换成空触点，送入户外的有载调压机构箱控制变压器分接头档位改变。

保护测控柜的主要联系示意图如图 10-32 所示。

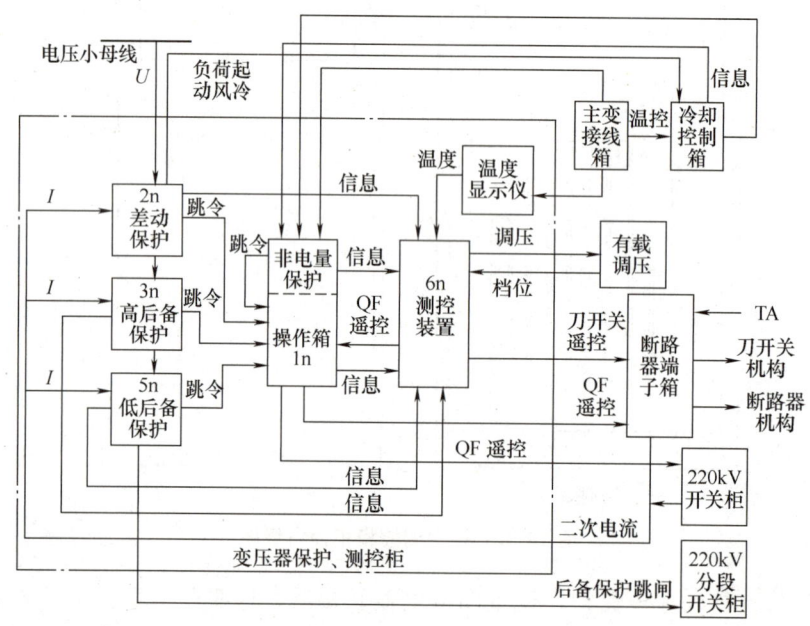

图 10-32　变压器保护测控柜主要联系示意图

主变保护的出口回路相对较多，除了控制主变各侧断路器，为了缩小故障范围，主变后备保护还需要以较短时限跳开母联断路器或分段断路器。

220kV 主变需要配置双重化保护，一般配置 2 个主变保护柜、1 个主变测控柜。主变保护 A 柜、B 柜各配有 1 套主变保护装置，分别具有完整的差动保护、相间后备保护、接地保护，其中 2 套差动保护的励磁涌流闭锁原理应当不相同。一般在 A 柜上配置高压侧、中压侧、低压侧操作箱分别控制各侧断路器，在 B 柜上配置高压侧断路器失灵保护（失灵保护原理见本书 9.4 节）。

当容量较大时，220kV 主变一般还配有消防系统。由重气体、压力释放启动消防系统，一方面向变压器油箱充入惰性气体氮气，将变压器油压出、排至油池（简称为充氮排油）；另一方面喷出大量泡沫，快速覆盖变压器。

自耦变压器与三绕组变压器保护配置有一定区别，主要是因为中性点运行方式不同。自耦变压器中性点必须直接接地运行，接地后备保护不必配置间隙放电保护。自耦变中性点 TA 上流过的电流是高压侧、中压侧零序电流之和，不能用于高压侧、中压侧的零序电流接地后备保护，各侧零序电流保护均采用相电流合成；同时自耦变压器应设置公共绕组过负荷保护。

10.5.4 装置应用于110kV主变压器的整定案例

变压器型号为SSZ11-63000/110，(110±8)×1.25%/(21±2)×2.5%/10.5kV，联结组标号为YNyn0d11。本定值中纵差保护计算用平均额定电压为110kV/21kV/10.5kV。各侧额定电压按变压器各侧平均额定电压整定；差动启动电流值按0.6~0.8倍主变额定电流整定，差动速断定值按8~10倍主变额定电流整定。比率系数按厂家推荐值整定；二次谐波制动系数按经验值整定；TA报警门槛值按厂家推荐值整定。按技术规程要求，TA断线不闭锁保护。整定结果见表10-6。

表10-6 110kV主变压器保护定值清单示例

站　名	110kV×××变	设备名称	1#主变（差动保护）
互感器变比	800/5A（高压侧） 2000/5A（中压侧） 4000/5A（低压侧）	变更理由	新投
允许负荷	—	装置额定电流	5A
装置型号：RCS-9671C		软件版本：2.22　校验码：BF46	
系　统　参　数			
序号	定值名称	符　号	整　定　值
1	变压器容量	S	63MV·A
2	一侧额定电压	U_{1N}	110kV
3	二侧额定电压	U_{2N}	0
4	三侧额定电压	U_{3N}	21kV
5	四侧额定电压	U_{4N}	10.5kV
6	二次额定电压	U_N	100V
7	变压器接线方式	KMODE	01
保　护　定　值			
序号	定值名称	符　号	整　定　值
1	一侧TA额定一次值	CT11	0.8kA
2	一侧TA额定二次值	CT12	5A
3	二侧TA额定一次值	CT21	0
4	二侧TA额定二次值	CT22	5A
5	三侧TA额定一次值	CT31	2kA
6	三侧TA额定二次值	CT32	5A
7	四侧TA额定一次值	CT41	4kA
8	四侧TA额定二次值	CT42	5A
9	差动启动电流值	I_{cdqd}	$0.6I_e$
10	差动速断定值	I_{cdzd}	$8I_e$

（续）

序号	定值名称	符号	整定值
	保护定值		
11	比率差动制动系数	K_{bl}	0.4
12	二次谐波制动系数	K_{xb}	0.15
13	TA 报警门槛值	I_{bj}	$0.15I_e$
14	三侧过电流定值	I_{3zd}	99A
15	四侧过电流定值	I_{4zd}	99A
16	三侧过电流时间定值	T_{3zd}	10s
17	四侧过电流时间定值	T_{4zd}	10s
	以下为整定控制字 SW(n)，当该位置"1"时投入，置"0"时相应功能退出		
1	投差动速断	CDSD	1
2	投比率差动	BLCD	1
3	CTDX 闭锁比率差动	DXBS	0
4	投三侧过电流	GL3	0
5	投四侧过电流	GL4	0

本 章 小 结

本章主要知识点如图 10-33 所示。

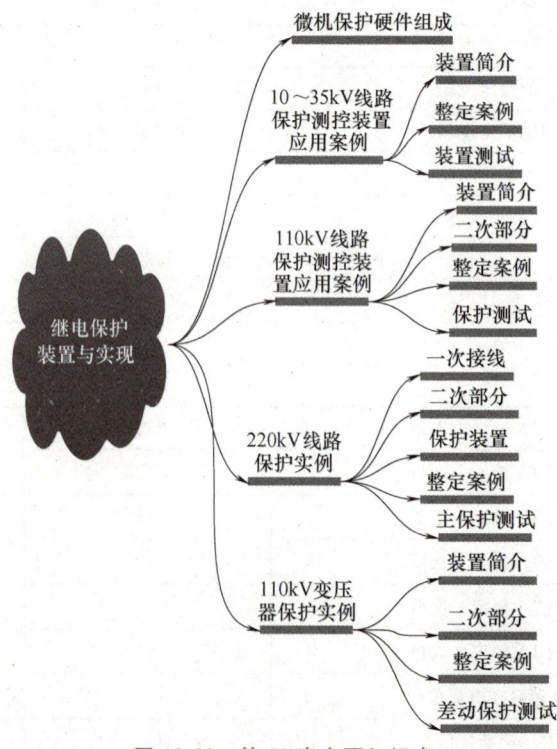

图 10-33 第 10 章主要知识点

本章介绍了电网微机保护的软、硬件基本构成，并给出了相应的配置、组屏、整定、测试的实例，其核心内容归纳如下：

1. 微机保护的构成

微机保护装置从硬件上可以分为模拟量输入系统（或称数据采集系统）等六个部分。对于电网保护而言，模拟量输入系统（或称数据采集系统）主要采集三相电压与三相电流，获得电气模拟量的相关信息；开关量输入回路主要获得断路器状态、保护装置外部设置（如压板）等开关量信息；输出回路相当于继电保护装置的执行部分；CPU 主系统完成继电保护装置的逻辑部分的功能；人机接口回路用于设置定值、查询电气量、开关量及事故报告等信息；通信回路用于和变电站计算机监控系统交互信息；电源回路用于提供微机保护装置的直流电源。

对于初学者，应重点掌握采样、采样周期、采样频率，模-数转换的层数、位数、精度，逐次逼近的方法等概念，理解开关量如何输入、输出保护装置，同时要理解模拟量输入、开关量输入过程中如何实现电气隔离以保证微机芯片及内部电路的安全等。

微机保护装置软件功能相对复杂，本书主要介绍了主程序、中断服务程序及故障处理程序等基本概念，学习时重点偏重于保护装置功能原理框图、动作行为等外在体现等内容，不对内部核心算法做具体研究。

2. 10~35kV 线路保护实例

主要介绍了 10~35kV 线路微机保护装置的实际配置情况及二次接线的特点。给出了相应的整定示例。在学习 10kV 线路保护整定时应加深理解"远后备""保护与测控""自动装置""保护整定"等概念。

RCS-9611C 保护装置属于小接地电流电网保护，通过学习可以发现，采用按线路出口处的最大容量配变进行相应的保护整定，扩大了线路Ⅰ段的保护范围，另外，由于该线路无下级线路，电流保护Ⅱ段可省去。Ⅰ段按短路电流进行整定，Ⅲ段按负荷电流进行整定，且增加了反时限功能，即提高了继电保护的"速动性"与"灵敏性"，又很好地保证了后备功能的实现，提高了继电保护的"选择性"。RCS-9611C 保护装置集保护、测控及自动装置于一体，且有可能与断路器操动机构安装于一个柜中。

3. 110kV 线路保护实例

介绍了 110kV 线路保护的组屏方法，给出了相应的整定示例。在学习 110kV 线路保护配置时应重点理解"远后备""保护与测控""自动装置""保护整定"等概念。

RCS-941A 装置所配置的相间距离、接地距离、零序电流保护能反应相间故障与接地故障，采用远后备方式。由于 110kV 线路未采用纵联保护，如按照本线路末端故障进行保护整定，则无法实现全线速动，但对于本章所举实例中，由于线路末端为一台 110kV 终端变压器，通过合理的整定，也能实现"全线速动"，提高了保护的"速动性"，进一步提高了电力系统的暂态稳定水平。同时，由示例中线路无下一级线路，保护在整定时的"段数"可以减少。

RCS-941A 装置的继电保护装置与测量及控制回路是复合于一台装置中的，体现了继电保护"集成化"的发展趋势，学习时应比较并理解为什么 220kV 线路保护装置要配置独立的操作箱，而 110kV 线路可以采用集成的方式。另外，在学习时要掌握三相操作与分相操作的区别，理解 110kV 线路因断路器本身多采用三相操动机构，因此保护装置只能实现三相跳闸，无法实现分相跳闸。

RCS-941A 装置将自动重合闸与低频减载两种自动装置集成到继电保护装置中。自动重合闸功能设计已考虑了线路两侧存在电源的情况，但本例中为单侧电源，因此采用"投重合闸不检"的方式。

RCS-941A 装置保护整定必须具有系统性。通过实例学习整定时，应按以下步骤：

1) 掌握系统参数，如 TV 电压比、TA 电流比、二次额定电流（本例中为 5A）、标准容量、线路长度、末端变压器容量、短路电压百分数、最大运行方式下及最小运行方式下的系统正序阻抗与零序阻抗、线路最大负荷电流、母线最低运行电压等关键参数。

2) 明确本线路在系统中所处的地位及特点，如示例时，本线路为终端线路，因此不用设振荡闭锁功能。本线路为单侧电源线路，重合闸装置不用检定同期，经整定延时后可直接合闸，本线路无相邻线路。

3) 各序阻抗计算、短路计算，获得本线路末端及变压器低压侧各点三相短路故障电流最大值、单相接地故障零序电流最小值、两相短路故障电流最小值，求取最小负荷阻抗等。

4) 对照整定原则进行相间距离保护、接地距离保护、零序电流保护定值的整定。

5) 自动重合闸的时间及低频减载的频率值在实际工作时会根据现场实际情况，由相应调度机构直接给定。

6) 相应控制字及软压板的设定。

4. 220kV 线路保护实例

在学习 220kV 线路保护配置时应重点理解"全线速动""保护双重化""主保护""后备保护"等概念。

实例中所配置的双套纵联保护实现了保护双重化、近后备方式。特别注意两套保护测量电流分别由不同的 TA 二次绕组引入，跳闸出口回路相对独立。断路器具有双跳圈，保护也具有两个出口跳闸回路。这样做的目的是防止继电保护装置拒动，突出继电保护的"可靠性"。

RCS-931A 包括以分相电流差动和零序电流差动为主体的快速主保护，由工频变化量距离元件构成的快速Ⅰ段保护，PSL-602A 数字式超高压线路保护装置以纵联距离和纵联零序作为全线速动主保护，其目的是为了实现全线速动，突出继电保护的"速动性"。

RCS-931A 由三段式相间和接地距离及两个延时段零序方向过电流构成的全套后备保护。PSL-602A 以距离保护和零序方向电流保护作为后备保护。

以上措施的协调配合，在突出可靠性及速动性的基础上，完善了继电保护的"四性"功能，既实现了近后备，又实现了远后备，既实现了本线路继电保护的全线速动，又实现对相邻线路的保护功能。为简化内容，未对其实际线路的整定进行说明，重点学习保护的配置及二次回路构成等概念。

5. 110kV 变压器保护实例

变压器差动保护主要包括差动速断保护，经二次谐波制动的比率差动保护，并具有电流互感器二次回路断线闭锁保护的功能。应重点理解"纵差动""数字补偿""相位补偿""比率制动特性""差动速断"等概念。

变压器后备保护主要包括复合电压闭锁过电流保护，根据需要可带方向闭锁。一段不带任何闭锁的过电流保护主要是考虑与其他保护的配合。阶段式零序电流保护，可带方向闭锁。除此之外，还有阶段式零序电压保护、过负荷保护，并具有起动主变风冷、过载闭锁、有载调压等功能，上述保护功能的配置，要紧密结合变压器的保护需求，加以取舍。

二次系统涉及的户外设备有电流互感器接线箱、电压互感器接线箱、断路器机构箱、隔离开关机构箱、接地开关机构箱、主变端子箱、主变接线箱、风冷控制箱、有载调压机构箱、中低压侧开关柜等。上述设备的连接方案需要理解掌握。

变压器保护的整定过程中，需要突出纵差动保护的整定。同时，后备保护的主要保护对象应是变压器本身，在此基础上考虑与其他保护的配合关系。

6. 保护测试

本章所介绍的继电保护的测试，建议通过微机型继电保护测试仪来完成。保护是一门艺术，保护的测试同样是一门艺术。随着新原理、新技术在数字式保护中的应用，保护装置需要被测试的内容很多，保护测试所涉及的知识很多，保护的测试手段很多，保护中所遇到的实际问题也很多。本章所介绍的测试内容只是继电保护测试的一小部分。如距离保护测试中，阻抗元件的极化电压采用当前正序电压，实际上仅以 RCS-941A 型微机型线路保护装置为例，该装置就配置有多种阻抗特性。又如变压器差动保护测试中所用到的微机型变压器保护装置就有多种相位补偿方式，差动保护的测试内容也有许多。这些都要求读者主动地去掌握。

习题与思考题

1. 请说明采样、采样周期、采样频率、采样定理的概念。
2. 模-数转换的层数、位数、精度之间有什么关系？
3. 什么叫"逐次逼近"？假设位数为 16 位，请问要"逐次逼近"几次？
4. 保护装置如何感知保护屏的压板已经投入？
5. 模拟量输入、开关量输入过程中如何实现电气隔离以保证微机芯片及内部电路的安全？
6. 保护装置与保护柜有什么区别？
7. 结合本章所述 220kV 保护的二次回路，请说明在哪些地方可以进行断路器的分、合操作。
8. 通过测试理解二折线式比率差动与变斜率差动特性的区别。理解你所测试的微机型变压器保护装置如何实现数值补偿、内转角与谐波制动。（配合项目教学使用）
9. 在测试馈线保护装置时，装置闭锁可能会有哪些原因？
10. 保护的"软压板"与保护屏上的"硬压板"是一一对应的吗？为什么？
11. 在测试线路保护时，"充电"灯亮代表着什么？说出三种使其不亮的原因。
12. 保护测试报告应包含哪些内容？
13. 试比较阻抗保护测试中所采用的"二分逼近法"与"定点测试法"，怎么用好这两种方法？
14. 给出相间方向阻抗动作圆特性的测试方案，二次整定值为 3Ω，动作时间为 0.5s，灵敏角为 78°。（配合项目教学使用）
15. 零序方向电流保护的方向元件测试主要有哪些测试项目？（配合项目教学使用）
16. 常用的阻抗保护特性测试模型有哪几种？简要说明各自的特点。
17. 简要说明接地阻抗元件整组测试过程。（配合项目教学使用）
18. 结合实际装置简要说明变压器星-角两侧进行 A 相测试时的试验接线。（配合项目教学使用）
19. 已知某变压器星形侧额定电流（二次值）为 1.965A，角形侧额定电流（二次值）为 4.945A。起动电流取星形侧额定电流的 0.3 倍，斜率取 0.2。在以上接线基础上进行 A 相最小动作电流及动作时间测

试时，测试仪 A 相、B 相给出电流的值与相位各是多少？保护装置、保护屏要进行哪些相应设置？（配合项目教学使用）

20. 微机型差动保护，保护对象为 Yd11 型降压变压器，其 TA 极性定义为"内部故障为正极性"，采用高压侧向低压侧转角，两侧 TA 平衡系数都取 1，如在高压侧输入 A 相二次电流幅值为 8.66A，相位为 0°；低压侧输入 A 相二次电流为 6A，相位为 0°，则此时保护测得的差动电流为多大？（配合项目教学使用）

参 考 文 献

[1] 能源部西北电力设计院. 电力工程电气设计手册:第2册[M]. 北京:水利电力出版社,1990.
[2] 崔家佩,等. 电力系统继电保护与安全自动装置整定计算[M]. 北京:中国电力出版社,1993.
[3] 国家电力调度通信中心. 电力系统继电保护规定汇编[M]. 3版. 北京:中国电力出版社,2014.
[4] 国家电力调度通信中心. 电力系统继电保护实用技术问答[M]. 2版. 北京:中国电力出版社,2000.
[5] 江苏省电力公司. 电力系统继电保护原理与实现技术[M]. 北京:中国电力出版社,2006.
[6] 中国华电集团公司电气及热控技术研究中心. 电力主设备继电保护的理论实践及运行案例[M]. 北京:中国水利水电出版社,2009.
[7] 李宏任. 实用继电保护[M]. 北京:机械工业出版社,2002.
[8] 许正亚. 电力系统安全自动装置[M]. 北京:中国水利水电出版社,2006.
[9] 许正亚. 变压器及中低压网络数字式保护[M]. 北京:中国水利水电出版社,2004.
[10] 许正亚. 输电线路新型距离保护[M]. 北京:中国水利水电出版社,2002.
[11] 洪佩孙,李九虎. 输电线路距离保护[M]. 北京:中国水利水电出版社,2008.
[12] 贺家李,宋从矩. 电力系统继电保护原理:增订版[M]. 北京:中国电力出版社,2004.
[13] 李玉海,刘昕,李鹏. 电力系统主设备继电保护试验[M]. 北京:中国电力出版社,2005.
[14] 郭光荣. 电力系统继电保护[M]. 北京:高等教育出版社,2006.
[15] 张保会,尹项根. 电力系统继电保护[M]. 北京:中国电力出版社,2022.
[16] 罗士萍. 微机保护实现原理及装置[M]. 北京:中国电力出版社,2001.
[17] 李斌,隆贤林. 电力系统继电保护及自动装置[M]. 北京:中国水利水电出版社,2008.
[18] 韩笑,宋丽群. 电气工程专业毕业设计指南继电保护分册[M]. 2版. 北京:中国水利水电出版社,2005.
[19] 韩笑,赵景峰,邢素娟. 电网微机保护测试技术[M]. 北京:中国水利水电出版社,2005.
[20] 韩笑,向前,邢素娟. 电厂微机保护测试技术[M]. 北京:中国水利水电出版社,2010.
[21] 韩笑,刘微,杨建伟. 继电保护自动装置测试技术实验指导书[M]. 北京:中国水利水电出版社,2008.
[22] 英国AREVA公司. 电网继电保护及自动化应用指南[M]. 林湘宁,等译. 北京:科学出版社,2008.